# 非线性观测器的设计及应用

李颖晖　祝晓辉　徐浩军　袁国强　郑无计　著

科学出版社

北　京

## 内 容 简 介


本书应用非线性系统微分几何理论分析了定义在微分流形上的永磁同步电机模型方程的局部弱能观性及全局能观性，设计了非线性系统的滑模变结构观测器、基于流形变换的非线性观测器、非线性高增益观测器及其相应的转子角位置与速度估计算法。针对永磁同步电机运行状态准周期性的特点，提出了基于有限样本数据序列关联与泛化、数据挖掘的转子信息智能估算方法；开发了一类适用于具有强耦合性的内插式永磁同步电机的有限样本数据挖掘转子信息预测估计算法；研究了电流控制器对状态观测的适应性问题，从定性和定量两个方面分析了传统控制器和预测控制器调节电机电流的特点；提出了一种新型的小波控制器设计方法，以提高控制器的稳定性及可靠性。

本书可供控制科学与工程、电气工程等学科相关研究方向的科研人员及高年级本科生、研究生学习参考。



**图书在版编目（CIP）数据**

非线性观测器的设计及应用 / 李颖晖等著．—北京：科学出版社，2019.3

ISBN 978-7-03-060750-8

Ⅰ．①非…　Ⅱ．①李…　Ⅲ．①非线性器件-测磁仪器　Ⅳ．①TM936

中国版本图书馆 CIP 数据核字（2019）第 043126 号

责任编辑：张海娜　赵微微 / 责任校对：郭瑞芝

责任印制：吴兆东 / 封面设计：蓝　正

科学出版社 出版

北京东黄城根北街 16 号

邮政编码：100717

http://www.sciencep.com

北京凌奇印刷有限责任公司印刷

科学出版社发行　各地新华书店经销

*

2019 年 3 月第　一　版　开本：720 × 1000 1/16

2023 年 2 月第三次印刷　印张：15

字数：300 000

**定价：120.00 元**

（如有印装质量问题，我社负责调换）

# 前　言

制造业是现代工业的基石，为了推进智能制造的发展，加快我国从制造业大国向制造业强国转变，中国发布了《中国制造 2025》，全面推进制造强国战略。智能制造战略的“五大工程”涵盖了经济、社会、国防、民生等方方面面，它们都离不开基础的制造装备及集成制造系统，其中以伺服电机和控制器为核心的高档数控机床和机器人开发最为关键。现代电力电子技术、微芯片技术及先进控制理论的发展使开发高效集成的永磁同步电机无传感器控制系统需求迫切。

永磁同步电机作为高性能运动控制、高精度加工控制及高功率伺服驱动的执行单元，以其调速性能好、体积小、重量轻、维护方便、运行可靠、单位功率密度大、效率高等独特优点，成为交流调速系统的首选。在发达国家，交流伺服电机的市场占有率已经超过 80%。作为一种自控变频的电动机，其控制严格取决于永磁转子位置信息的获取，逆变器功率器件导通及关断取决于转子空间位置信息的获取。各种先进控制策略在交流调速系统的应用(如电流环、转速环及转矩环的调节)最终要依靠逆变器实现。从控制器集成化、一体化设计的角度考虑，可将控制器与位置及速度检测单元进行整合设计，构成复合控制器。综合电流环、转速环、位置环的三环全数字控制产品不断涌现，数字信号处理芯片的应用使软件伺服技术成为可能，各种现代控制理论先进算法得以在调速伺服系统中获得实际应用。同时，伺服系统控制器的集成化也大大拓展了交流伺服系统的应用范围，控制器的集成化不仅体现为速度伺服单元与位置伺服单元的集成化，也体现为控制单元与位置及速度反馈单元的集成化。

为了获得转子位置及速度信息，早期的方法是在定、转子上加装电磁式、光电式以及霍尔磁敏式等外置式传感器进行检测。电磁式位置传感器有开口变压器、铁磁谐振电路等，体积大且安装复杂。光电式位置传感器的体积也较大，尤其是正弦型位置传感器，价格昂贵、结构可靠性差。霍尔磁敏式位置传感器的体积小、使用方便，但往往存在一定程度的磁不敏感区且位置检测的分辨率较低。外置式传感器增大了电机体积及成本，不能适应高温、高湿、污浊空气等恶劣的工作环境，更不适合一些需要微型控制的场合。外置式传感器使电机连线增多，抗干扰性能变差。考虑到高危、航空、航天等特殊场合电机的余度控制问题，永磁同步电机无外置传感器控制技术日益受到研究者的关注。

无传感器是指无须借助光电编码器等物理传感器，通过对电机终端电气信号的处理间接获得精确的转子位置及速度信息。这样，永磁同步电机的速度、位置估计问题可以转化为非线性系统状态观测器的设计与应用问题。

非线性系统状态观测器的研究背景是近似线性化方法日益显示出其不足。近似线性化方法将系统在选定的某一平衡点处加以近似线性化，当系统实际状态偏离设计中选定的平衡状态甚远时，控制效果会大大削弱甚至起相反作用；而现代数学、控制科学以及计算机技术的发展为非线性系统及其状态观测器设计提供了客观条件，特别是微分几何理论在非线性系统的应用，使人们能够从数学的角度对非线性系统开展普遍意义上的研究。

本书是作者近几年对非线性观测器设计以及在永磁同步电机速度、位置状态估计方面研究工作的总结。第 1 章介绍永磁同步电机调速系统的基本工作原理及控制策略与技术基础，阐述转子信息估计的技术体系、关键技术及发展趋势。第 2 章围绕非线性系统能观性与构造非线性状态观测器的关系，应用微分几何理论研究非线性系统能观性的若干概念，分析永磁同步电机系统局部弱能观性及全局能观性，介绍非线性状态观测器的基本理论及主要设计方法。永磁同步电机转子磁链定向全阶模型是非弱能观及非全局能观的，因此直接基于此动态方程无法应用非线性观测器获取转子位置及速度信息。其降阶模型方程是局部弱能观及全局能观的，这为应用非线性观测器重构转子状态信息提供了必要的理论依据。第 3 章应用非线性系统流形变换方法设计有确定模型的一般高阶非线性系统的状态观测器，通过构造适当的非线性映射，使变换后的系统具有完全可观测的线性等价形式或有利于构造收敛观测器的具有一定规范型的等价形式，并给出一般非线性系统方程的矩阵描述形式、确定各阶 Taylor 系数矩阵的方法以及单输入单输出系统化为二次能观规范型的变换矩阵。第 4 章探讨一般非线性系统基于扰动的滑模观测器设计的基本方法：如果非线性系统经过坐标变换或输入输出浸入等方法能使其化为线性部分能观的特殊系统，则滑模观测器的设计问题就转化为输出反馈的滑模变结构控制系统的设计问题。基于扰动滑模观测器的思想设计建立在 $\alpha$-$\beta$ 坐标系上正弦波无刷直流电机的永磁转子的位置及速度状态观测器，考虑具有变截止频率相位补偿策略及自适应转速估计的具体技术指标。第 5 章基于对永磁同步电机转子磁链定向系模型方程的能观性分析，设计全局能观降阶子系统基于非线性坐标变换后能观规范型的高增益观测器，研究适用于永磁同步电机模型方程非线性观测器设计的坐标变换方法，设计三类内核形式的高增益速度观测器并对比分析其性能特点；转子位置估计采用基于直轴电流微分插值校正方法，结合所提出的高增益速度观测器算法，重点分析两套估计算法结合到一起的相互收敛校正机制。第 6 章应用灰色系统理论和支持向量机方法研究一类基于有限样本数据序列关联与泛化的转子信息估计问题，提出基于支持向量机的分类细化特性曲线区，提高用灰色 GM(1,1)预测建模数据的指数光滑度，改善转子信息估计精度的灰色近似支持向量机分类预测算法。电流控制器对位置及速度估计算法或状态观测的适应性问题是一个较新的研究领域。从状态估计与控制的内在联系来看，一方面需要控制的精确性，即实测电流准确跟踪指令电流，永磁转子实现空间自同步精确定位，位置/速度估计单元与控制指令生成单元组成的闭环反馈系统稳定协调运行；另一方面需要控制的平稳性，即电机出线端电流平滑，除基频以外谐波成分较少。据此，第 7 章基于电流控制器对状态观测适应性的思想研究比例积分电流控制器以及预测电流控制器的主要性能，分析电流控制器设计中误差电流低频及高频反馈成分对预测电流控制器稳定性及指令电流跟踪性能的影响。具体研究一类适应于永磁同步电机无传感器矢量控制(PMSM sensorless vector control，PMSM-SVC)系统，能对电机终端电流跟踪性能及频谱分布进行有效控制的小波控制器设计。第 8 章针对永磁同步电机无传感器矢量控制稳定性及可靠性对电流调节环节的性能需求，分析并设计两类对终端响应电流时频域进行改进的小波控制器。多分辨率小波 PID(multi-resolution wavelet base PID，MRW-PID)控制器通过对偏差信号的多分辨率分析，在不同尺度上解析出信号低频趋近系数及中高频细节系数，能够实现控制器带宽对观测器带宽的动态匹配，对改善系统状态估计的动态特性具有显著作用；多分辨率小波预测电流(multi-resolution wavelet based predictive current controller，MRW-PCC)控制器在预测电流控制器前端相应频率成分提取环节采用小波分辨率分析方法，在保证低频段能量分布集中的前提下具有一般数字滤波器的平坦通频特性，且具有较小相位延迟，可显著抑制状态估计的高频发散，提高了稳态过程状态估计的精度及稳定性。

本书的出版得到了国家重点基础研究发展计划项目(编号：2015CB755805)、国家自然科学基金项目(编号：61074707)的联合资助。

由于作者水平有限，书中难免存在不足之处，恳请专家、读者批评指正。

# 目　录

# 第1章　永磁同步电机无位置/速度传感器技术的发展

近年来，随着具有高磁能积稀土永磁材料技术、电力电子变换技术以及数字信号处理芯片技术的快速发展，利用电子换相代替机械换相的永磁同步电机交流调速控制系统已经在工业、军事等领域得到了广泛应用。常规的永磁同步电机驱动系统需要外置机械位置传感器来获取转子位置及速度信息以实现永磁同步电机的自同步驱动，但从电机的结构空间、环境适应性、可靠性、集成化及系统成本等方面考虑，外置式传感器的存在一定程度上限制了其进一步普及与应用，因此，永磁同步电机无机械式位置传感器控制成为研究热点之一。

## 1.1　永磁同步电机调速系统及其发展现状

### 1.1.1　永磁同步电机的基本结构及工作原理

众所周知，电机是以磁场为媒介进行机械能与电能相互转换的电磁装置。宏观上，电机可以用一组麦克斯韦方程组的数学模型来描述；微观上，其满足一切由电子运动产生的磁矩效应[1]。为了在电机内建立进行机电能量转换所必需的气隙磁场，可以有两种方法：一种是在转子绕组内通以电流产生磁场(如普通直流电机与同步电机)，这种电励磁的电机既需要有专门的绕组和相应的装置，又需要不断供给能量以维持电流流动；另一种是由永磁体产生磁场，由于永磁材料的固有特性(高剩磁密度、高矫顽力及高磁能积)，它经过预先磁化以后不再需要外加能量就能在其周围空间建立磁场，这既可简化电机结构又可节约能量。定子绕组通以对称三相正弦交流电时产生旋转磁势矢量 $\boldsymbol{F}_s$，它与转子产生的转子磁势矢量 $\boldsymbol{F}_r$ 相互作用，就产生了转子的旋转运动。

当由永磁转子组成的电动机在没有转子位置传感器及速度传感器的情况下开环运行时，只需要改变供电电源的频率便可调节电动机的转速。由于此时电动机的转速和电源频率严格保持一致，因此称这样的调速永磁电机为永磁同步电机(permanent-magnet synchronous motor，PMSM)。如果变频器供电的永磁同步电动机加上转子位置检测组成闭环控制系统，便构成自同步永磁同步电机。本书研究的对象就是由转子空间位置决定逆变器工作状态的闭环型永磁同步电机。进一步地，按照永磁同步电机气隙磁场的分布情况，本书研究的是一类气隙磁场呈正弦分布的正弦波永磁同步电机，简称永磁同步电机[2]①。

按照永磁体在转子安装位置的不同，永磁同步电机转子磁路结构可分为三种：表面式永磁同步电机(surface permanent-magnet synchronous motor，SPMSM)、内置式永磁同步电机(inner permanent-magnet synchronous motor，IPMSM)及爪极式永磁同步电机。表面式永磁同步电机转子磁路结构又分为表面凸出式与表面插入式。内置式永磁同步电机转子磁路结构又分为内置径向式与内置切向式。以上介绍的典型的永磁同步电机结构径向剖面如图 1.1 所示。

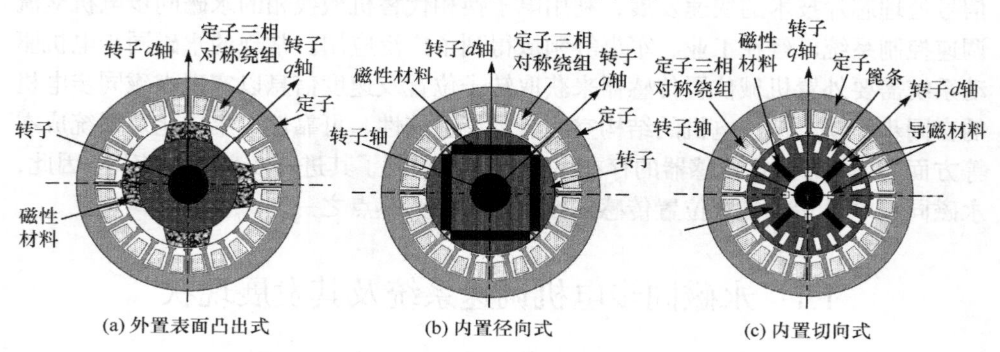


图 1.1 永磁同步电机径向剖面图(24 槽 2 对极)

对于采用稀土永磁材料的永磁同步电机，由于永磁材料的相对回复磁导率接近 1(即永磁体的磁导率很小)，故表面式转子结构在电磁性能上属于隐极转子结构；而内置式转子结构相邻两永磁磁极间存在磁导率很大的铁磁材料，故在电磁性能上属于凸极转子结构。一般用建立在转子旋转坐标系上的等效直轴电感 $L_d$ 及交轴电感 $L_q$ 表征这种凸极性，且通常 $L_q>2L_d$。

随着人们对永磁材料的机理、构成及制造技术的深入研究，永磁同步电机的磁性材料不断得到升级换代。最初使用的碳钢、钨钢的最大磁能积约为 2.7kJ/m$^3$，钴钢的最大磁能积约为 7.2kJ/m$^3$，20 世纪 30 年代出现的铝镍钴永磁材料的最大磁能积现可达 85kJ/m$^3$，而 50 年代出现的铁氧体永磁材料的最大磁能积可达 40kJ/m$^3$。这些永磁材料的面世，使各种微型和小型电机纷纷采用永磁体励磁。

铝镍钴永磁材料的矫顽力偏低(36～160kA/m)，铁氧体永磁材料的剩磁密度不高(0.2～0.44T)，这限制了永磁同步电机向高功率化、高性能化方向发展。直到 20 世纪 60 年代及 80 年代稀土永磁材料的发明，才改变了永磁同步电机的应用现状。稀土永磁材料具有高剩磁密度、高矫顽力、高磁能积及线性退磁曲线等优异

① 气隙磁场呈正弦分布的永磁同步电机调速性能好、转矩脉动小，特别适合精密伺服系统的应用，但其控制也相对复杂，需要获取转子较高精度的连续位置信息；而气隙磁场呈矩形分布的永磁同步电机具有较大的转矩纹波，其控制仅需要知道间隔 60°电角度的 6 个位置信息。

的磁性能，这使其特别适合用来制造电机。1967 年问世的钐钴永磁材料为第一代稀土永磁材料，其最大磁能积已超过 199kJ/m³；1973 年问世的第二代稀土永磁材料的最大磁能积已达 258.6kJ/m³；而 1983 年日本住友特殊金属有限公司与美国通用汽车有限公司研制成功的第三代稀土永磁材料——钕铁硼永磁材料的最大磁能积高达 431.3kJ/m³(见图 1.2)。这些新型永磁材料的出现，使永磁同步电机的研究开发与使用达到全新的阶段，永磁同步电机正向大功率化(高转速、高转矩)、高功能化及微型化方向并行发展。目前，永磁同步电机单台容量已经超过 1000kW，最高转速已超过 300000r/min，最低转速低于 0.1r/min，最小电机的外径只有 0.8mm[2]。

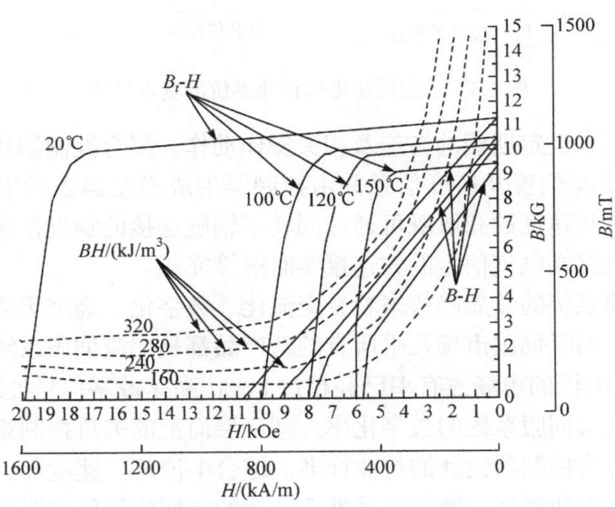


图 1.2　不同温度下钕铁硼永磁材料的内禀退磁曲线和退磁曲线(NTP-256H)

### 1.1.2　永磁同步电机调速系统的组成及发展

高性能永磁材料的出现及永磁同步电机设计生产技术的不断提高，使由永磁同步电机本体及变频器组成的交流调速系统正逐步取代传统的直流调速系统乃至异步电机调速系统[3]。作为高性能运动控制、高精度加工控制及高功率伺服驱动的执行单元，永磁同步电机以其调速性能好、体积小、重量轻、维护方便、运行可靠、单位功率密度大、效率高等独特优点，成为交流调速系统的首选元件。

作为一种自控变频的电动机，其控制严格取决于永磁转子位置信息的获取，也就是说逆变器功率器件导通及关断完全取决于转子空间位置信息的获取；同时，各种先进控制策略在交流调速系统的应用(如电流环、转速环及转矩环的调节)最终也要依靠逆变器对精细控制信号实现较为完整的复现。从这个意义上说，逆变器单元是永磁同步电机调速系统中的最直接执行器，而永磁同步电机则成为次级执行器，逆变单元与永磁同步电机构成一个复合执行器。从控制器集成化、一体化设计的角度考虑，可将控制器与位置及速度检测单元进行整合设计，构成复合控制器。从这一层面阐述永磁同步电机调速系统的基本组成，其构成如图 1.3 所示。

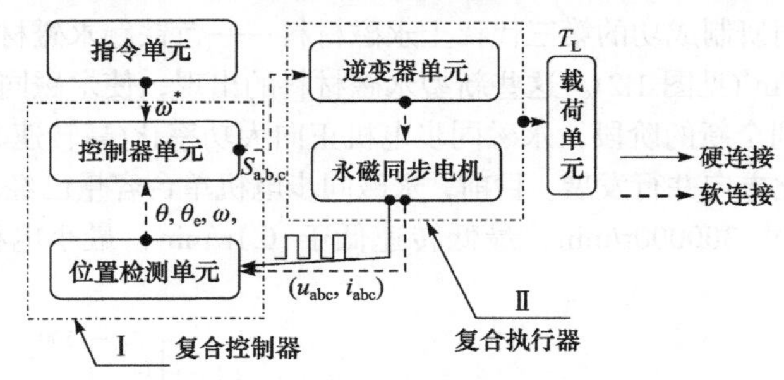


图 1.3　永磁同步电机调速系统的基本组成

指令单元用来设定期望的转速及相关操作动作；复合控制器用来检测永磁同步电机转子的空间位置及速度信息并由控制器生成逆变器主功率器件的开关信号，其中，位置与速度的获取既可通过同转子轴硬连接的物理传感器完成，也可以通过输入电机终端电气信号的软连接实时解算完成。

从交流调速系统的发展趋势来看，交流化、数字化、高度集成化日益成为主流方向。目前，国际伺服市场几乎所有的新产品都是交流伺服系统。在工业发达国家，交流伺服电机的市场占有率已经超过 80%。高速数字信号处理芯片的发展，极大地提升了交流伺服系统的数字化率。理论层面上的矢量控制策略在数控芯片的推动下已经成为控制器设计的行业标准。综合电流环、速度环、位置环的三环全数字控制产品不断涌现。数字信号处理芯片的应用使软件伺服技术成为可能。各种现代控制理论先进算法(如最优控制、人工智能控制、模糊控制、自适应控制、滑模变结构控制、预测控制等)得以在调速伺服系统中获得实际应用。同时，伺服系统控制器的集成化也大大拓展了交流伺服系统的应用范围，控制器的集成化不仅体现在速度伺服单元与位置伺服单元的集成化上，也体现在控制单元与位置及速度反馈单元的集成化上[4,5]。

### 1.1.3　永磁同步电机调速系统的控制技术

永磁同步电机调速系统的控制策略是决定其性能优异的关键组成部分。目前，应用在永磁同步电机调速伺服系统的控制技术主要有如下几种。

1. 矢量控制技术[6,7]

矢量控制技术是由德国西门子公司的 Blaschke 于 1971 年提出的，其基本思想是先以转子磁链这一旋转空间矢量为参考坐标，将定子电流 $\dot{I}$ 分解为相互正交的两个分量：一个与转子磁链同方向，代表定子电流的励磁分量，称为直轴分量(part of direct axis)；另一个则与励磁方向正交，代表定子电流的转矩分量，称为交轴分量(part of quadrature axis)。然后分别对其进行独立的解耦控制，可以获得像直流电机一样良好的动态特性(见图 1.4)。

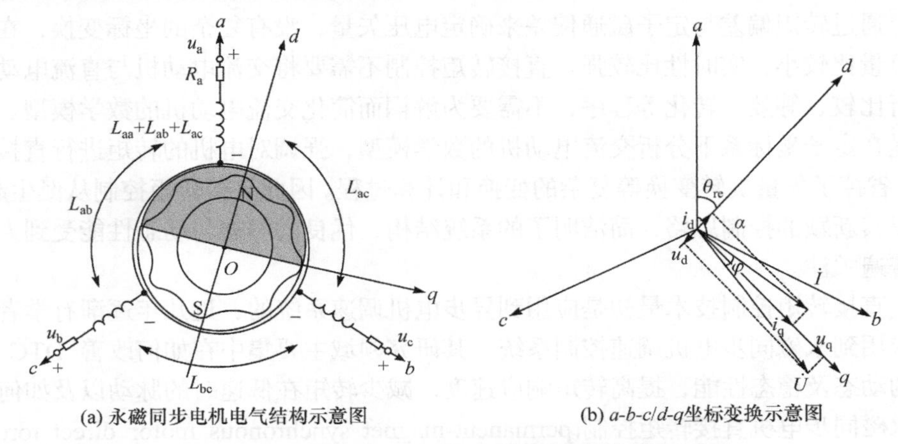

(a) 永磁同步电机电气结构示意图　(b) a-b-c/d-q坐标变换示意图

图 1.4　永磁同步电机以转子磁链定向的旋转坐标系

由于转子磁链空间定位对定子电流矢量正交分解、逆变器触发信号生成以及控制效果的实现具有决定作用，因此转子位置角信息的获取在永磁同步电机矢量控制中具有重要作用。

永磁同步电机矢量控制的核心思想在于对电流变换($i_{dq}\rightarrow i_{abc}$)的调节，电流变换可以采用不同的策略，如 $i_d$=0 策略、力矩电流比最大策略及 $\cos\varphi$=1 策略等，不同的策略对力矩的调节方式是不同的。电流变换的概念与内部电流环控制的概念是截然不同的。内部电流环控制是在外部电流变换的基础上，直接针对逆变器功率器件及永磁同步电机本体采取的控制方式，其控制特性直接影响到外环的实际控制效果，对无传感器控制的实现具有重要的技术支撑作用。第 4、5 章将重点研究其控制方式与控制方法。

2. 直接转矩控制技术[8-10]

直接转矩控制(direct torque control, DTC)是由德国的 Depenbrolk 于 1985 年提出的一种新型交流电机调速控制方法。根据电机统一理论，定子电流产生定子磁势矢量 $\boldsymbol{F}_s$，转子产生转子磁势矢量 $\boldsymbol{F}_r$，二者合成得到合成磁势矢量 $\boldsymbol{F}_\Sigma$，$\boldsymbol{F}_\Sigma$ 产生磁链矢量 $\boldsymbol{\Psi}_m$。电动机的电磁转矩 $T_e$ 是由这些磁势矢量的相互作用产生的，即等于它们中任何两个矢量的矢量积：

$$T_e = C_m(\boldsymbol{F}_s \times \boldsymbol{F}_r) = C_m \boldsymbol{F}_s \boldsymbol{F}_r \sin\angle(\boldsymbol{F}_s, \boldsymbol{F}_r)$$
$$= C_m(\boldsymbol{F}_s \times \boldsymbol{F}_\Sigma) = C_m \boldsymbol{F}_s \boldsymbol{F}_\Sigma \sin\angle(\boldsymbol{F}_s, \boldsymbol{F}_\Sigma)$$
$$= C_m(\boldsymbol{F}_r \times \boldsymbol{F}_\Sigma) = C_m \boldsymbol{F}_r \boldsymbol{F}_\Sigma \sin\angle(\boldsymbol{F}_r, \boldsymbol{F}_\Sigma) \tag{1.1}$$

通过控制两磁链矢量的幅值与两磁势矢量之间的夹角就可以达到对电机转矩的瞬时控制。直接转矩控制将矢量控制中的以转子磁链定向更换为以定子磁链定向，通过转矩偏差与定子磁通偏差来确定电压矢量，没有复杂的坐标变换，在线计算量比较小，实时性比较强。直接转矩控制不需要将交流电动机与直流电动机进行比较、等效、转化等程序，不需要为解耦而简化交流电动机的数学模型。它只是在定子坐标系下分析交流电动机的数学模型，强调对电机的转矩进行直接控制，省掉了矢量旋转变换等复杂的变换和计算过程。因此直接转矩控制从诞生起，就以其新颖的控制思路、简洁明了的系统结构、优良的静态与动态性能受到人们的普遍关注。

直接转矩控制技术最初是应用到异步电机调速系统的，近几年逐渐有学者将其应用到永磁同步电机调速控制系统，其研究领域主要集中在如何改善 DTC 系统的动态及稳态性能，提高转矩响应速度，减少转矩在低速时的脉动以及如何实现永磁同步电机直接转矩控制(permanent-magnet synchronous motor direct torque control，PMSM-DTC)系统无速度传感器运行[11-13]。

3. 非线性控制技术

从本质上说，永磁同步电机是一类非线性多变量系统，所以应用非线性控制理论研究其控制策略应该更能揭示问题的本质，控制效果也应该更好[14]。基于微分几何理论的反馈线性化控制通过非线性状态反馈及非线性坐标变换实现系统的动态解耦与全局线性化[15]。文献[16]应用微分几何理论实现了永磁同步电机混沌运动控制；文献[17]和文献[18]应用微分几何反馈线性化理论实现了永磁同步电机线性化解耦控制。滑模变结构控制依据系统的状态使系统的结构以阶跃方式有目的地变化。当滑动模态发生时，系统被强制在开关平面附近滑动，因此滑模控制对系统耦合、外部扰动及参数摄动等因素均不敏感，表现出良好的鲁棒性，并且滑模变结构控制不需要任何在线辨识，很容易实现[19,20]。文献[21]和文献[22]根据矢量控制永磁同步电机调速系统的特点，设计了一种易于实现的滑模控制器(sliding mode controller, SMC)，较大地提高了系统的鲁棒性与快速性，有效地改善了电机的动静态特性。自适应控制所需要的关于模型与扰动的先验知识比较少，需要在线获取这些信息，不断在系统运行过程中提取有关模型的信息，因此它对模型参数的依赖性比较小，可以克服参数变化对控制精度的影响。电机控制领域的自适应控制方法有模型参考自适应系统(model reference adaptive system，MRAS)、参数辨识自校正控制及非线性自适应控制[23,24]。

4. 智能控制技术

以上各种控制技术基本上是根据经典及现代控制理论提出的，其特点是依赖电机的精确模型，当模型受到参数摄动与扰动作用影响时，系统性能将受到很大的影响。一般来说，自适应控制与滑模变结构控制可在一定程度上解决这个问题，但其本质决定了它们各自有其不足之处。而智能控制能摆脱对控制对象数学模型的依赖，能够在处理不精确性和不确定性的问题中获得可处理性、鲁棒性，因此近年来智能控制得到了迅速的发展。以模糊控制及人工神经网络为代表的智能控制技术在永磁同步电机参数在线辨识、速度控制及电机效率优化控制等方面进行了积极的研究与探讨[25-27]。

5. 预测控制技术[28,29]

预测控制将人类通过对未来情况的把握来确定当前行动的能力引入控制领域。在控制领域，如何恰当地利用未来信息并因此提高控制系统的性能方面已经在理论上取得了许多引人注目的进展。在数控机床、交流伺服调速等机电领域中，可以利用未来目标值等未来信息的情况是很多的，在这种情况下，根据当前目标值，以及未来目标值与未来外部干扰等信息来共同确定当前的控制方案，无疑是一个很有价值的思路。预测伺服控制系统就是希望通过对目标信号及干扰信号的未来信息的利用来改善系统的控制性能。从结构上来看，采用预测控制技术的伺服系统就是在通常采用的控制策略的伺服系统上增加一个利用未来信息的前馈预测补偿环节，因此，可望使系统在保持原有稳定性及鲁棒性的同时，通过对未来信息的利用使系统的性能指标得到进一步改善。

## 1.2　永磁同步电机位置及速度估计方法研究现状

早期获得转子位置及速度信息的方法是在定、转子上加装电磁式、光电式以及霍尔磁敏式等各种外置式传感器进行检测。电磁式位置传感器有开口变压器、铁磁谐振电路等，体积大而且安装复杂。光电式位置传感器体积也较大，尤其是正弦型位置传感器，价格昂贵、结构可靠性差。霍尔磁敏式位置传感器体积小、使用方便，但往往存在一定程度的磁不敏感区且位置检测的分辨率较低。外置式传感器增大了电机的体积及成本，不能适应高温、高湿、污浊空气等恶劣的工作环境，更不适合一些需要微型控制的场合；外置式传感器使电机连线增多，抗干扰性能变差；同时考虑到高危、航空、航天等特殊场合电机的余度控制问题，永磁同步电机无外置传感器控制技术日益受到重视并逐渐得到深入研究。

结合转子位置及速度估计方法的永磁同步电机无传感器控制引起了国内外学者的广泛关注。无传感器就是不需要借助光电编码器等物理传感器，通过对电机终端电气信号的处理间接获得精确的转子位置及速度信息。这种优异的结构可靠性、环境适应性及维护简便性使其在高性能调速及位置伺服领域具有广阔的应用前景，其在航空航天领域也逐步得到研究与应用[30-32]。

我国是稀土永磁材料蕴藏与生产大国，而且拥有雄厚的科研实力与加工制作能力。抓住机遇，大力开展交流伺服系统的设计与开发，尤其是一体化复合控制器的研究与应用，必将产生深远的经济与国防军事效益。国内外已经对永磁同步电机无传感器控制技术进行了数十年的研究，在相关的理论基础、实现技术及硬件支撑上均取得了丰硕的研究成果与经验。在此基础上深入开展永磁同步电机无位置传感器控制技术的研究，开发性能更为优越的一体化伺服驱动器是有深刻的理论意义与应用价值的。

### 1.2.1　位置及速度估计的基本技术体系

永磁同步电机位置及速度的估计理论与方法一直是工程界的研究重点。国外知名研究机构(如 Wisconsin Electric Machines and Power Electronics Consortium，WEMPEC 以及 European Power Electronics and Drives Association)、IEEE 顶级会刊(如 *IEEE Transactions on Industry Applications* 和 *IEEE Transactions on Industrial Electronics*)以及电机控制界的知名国际会议(如 International Conference on Electrical Machines and Systems, ICEMS 和 International Conference on Power Electronics and Motion Control, PEMC)数十年来密切跟踪与关注永磁同步电机无传感器控制技术，相关研究成果一直占据重要地位与版面。各大研究机构及知名伺服系统开发公司(如西门子电机公司、安川电机公司及富士电机公司)也竞相在这一领域展开竞争。

总体看来，永磁同步电机无传感器控制集中体现在以下三种技术体系上。

1. 基波反电势估计法[33-39]

基波反电势估计法的基本原理是利用绕组反电势与永磁转子位置之间的相互关系进行估算，其实现框图如图 1.5 所示②。反电势信息一般由滑模观测器等效控制信号通过滤波及补偿获得，原理简单、实施简便，但在零速或低速时因反电势难以精确获取而失效，故一般用于中高转速运行场合。美国德州仪器(TI)公司在

② 作者在《基于扰动滑模观测器的永磁同步电机矢量控制》(电机与控制学报, 2007, 11(5): 456～461)一文中实现了基于此框图流程的转子位置角及速度估算。

其高速数字信号处理芯片 TMS320C28x 及 TMS320C24x 系列上已经实现了基于反电势估计法的永磁同步电机无传感器控制实用化产品[40]。

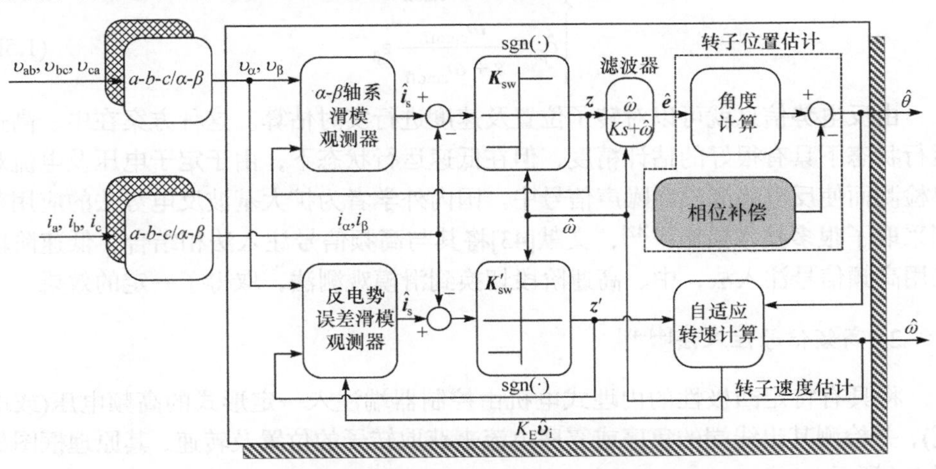


图 1.5　基波反电势法位置角及速度估计原理框图

基波反电势估计法建立在永磁同步电机等效两相 $\alpha$-$\beta$ 坐标系上，其数学模型为

$$\dot{\boldsymbol{i}}_s = \boldsymbol{A}\boldsymbol{i}_s + \boldsymbol{B}\boldsymbol{\upsilon}_s + K_E\boldsymbol{\upsilon}_i + \boldsymbol{\zeta}_s \tag{1.2}$$

式中，$\boldsymbol{i}_s = (i_\alpha,\ i_\beta)^T$ 为静止 $\alpha$-$\beta$ 坐标系电流矢量；$\boldsymbol{\upsilon}_s = (\upsilon_\alpha,\ \upsilon_\beta)^T$ 为静止 $\alpha$-$\beta$ 坐标系电压矢量；$\boldsymbol{\upsilon}_i = (-\omega\sin\theta,\ \omega\cos\theta)^T$ 为反电势矢量；$\boldsymbol{A} = (-R_s / L_s)\cdot\boldsymbol{I}_2$，$\boldsymbol{B} = (-1 / L_s)\cdot\boldsymbol{I}_2$，$R_s$ 与 $L_s$ 分别为定子绕组等效电阻与电感，$\boldsymbol{I}_2$ 为 2×2 的单位矩阵；$K_E$ 为反电势常数；$\boldsymbol{\zeta}_s = (\zeta_\alpha,\ \zeta_\beta)^T$ 为模型不确定性及干扰矢量。设计滑模状态观测器如下：

$$\dot{\hat{\boldsymbol{i}}}_s = \boldsymbol{A}\hat{\boldsymbol{i}}_s + \boldsymbol{B}\boldsymbol{\upsilon}_s + \boldsymbol{K}_{sw}\,\mathrm{sgn}(\hat{\boldsymbol{i}}_s - \boldsymbol{i}_s) \tag{1.3}$$

式中，$\boldsymbol{K}_{sw} = k\boldsymbol{I}_2$ 为观测器滑模切换增益；$\mathrm{sgn}(\hat{\boldsymbol{i}}_s - \boldsymbol{i}_s) = (\mathrm{sgn}(\hat{i}_\alpha - i_\alpha),\ \mathrm{sgn}(\hat{i}_\beta - i_\beta))^T$。若滑模超曲面取为 $\boldsymbol{S} = \hat{\boldsymbol{i}}_s - \boldsymbol{i}_s \equiv \boldsymbol{e}_s = \boldsymbol{0}$ 且滑模增益 $\boldsymbol{K}_{sw}$ 的选取使广义滑模可达性条件 $\boldsymbol{e}_s^T\dot{\boldsymbol{e}}_s<0$ 得以满足，则可以产生滑动模态运动，此时 $\dot{\boldsymbol{e}}_s = \boldsymbol{e}_s = \boldsymbol{0}$。定义

$$\boldsymbol{z} = \begin{pmatrix} z_\alpha \\ z_\beta \end{pmatrix} = K_E\begin{pmatrix} -\omega\sin\theta \\ \omega\cos\theta \end{pmatrix} + \begin{pmatrix} \zeta_\alpha \\ \zeta_\beta \end{pmatrix} \tag{1.4}$$

可见，由 $\boldsymbol{z} = (z_\alpha,\ z_\beta)^T$ 表示的关于电流估计偏差的切换信号 $\boldsymbol{K}_{sw}\,\mathrm{sgn}(\boldsymbol{e}_s)$ 中包含了反电势信息及参数不确定性和外部扰动，一般情况下，反电势信息占主导地位。切换信号通过具有一定截止频率 $\omega_{cutoff}$ 的低通滤波器就可以获得光滑连续的反电势的估计值 $\hat{e}_\alpha$、$\hat{e}_\beta$：

$$
\begin{cases}
\hat{e}_{\alpha} = \dfrac{\omega_{\text{cutoff}}}{s + \omega_{\text{cutoff}}} z_{\alpha} & (1.5\text{a}) \\
\hat{e}_{\beta} = \dfrac{\omega_{\text{cutoff}}}{s + \omega_{\text{cutoff}}} z_{\beta} & (1.5\text{b})
\end{cases}
$$

由反电势信息就可以对转子位置及速度进行实时估算。这种方案在中、高速运行状态下具有很好的估计精度，但在低速运行状态下，由于定子电压及电流难以检测而使反电势淹没在噪声信号中。国内外学者为扩大基波反电势法的应用范围采取了很多技术措施[41,42]，文献[43]将其与高频信号注入法相结合，低速阶段采用高频信号注入法，中、高速阶段切换到滑模观测法，取得了一定的效果。

2. 高频信号注入法[44-48]

将具有特定凸极性的内埋式电机由控制器端注入一定形式的高频电压(或电流)，并检测其出线端的负序或零序电流来获取转子的位置及转速，其原理框图如图 1.6 所示。

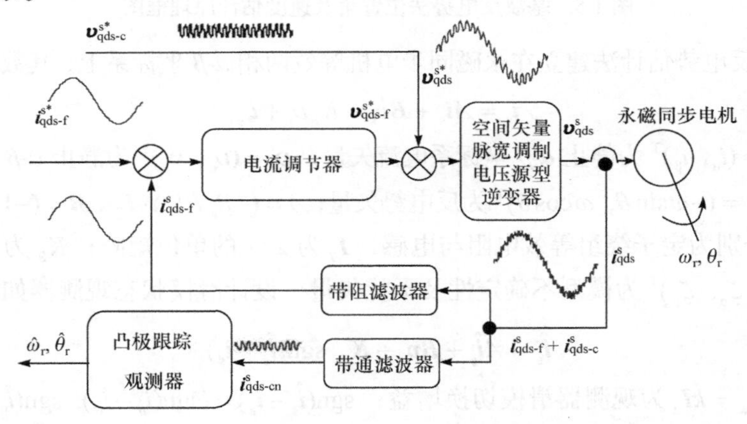


图 1.6 高频信号注入法位置及转速估计原理框图

高频信号注入法的调速范围宽，在低速及零速时仍可获得满意的估计效果，且由于这种方法追踪的是电机转子结构的空间凸极效应，因此对电机参数变化不敏感，鲁棒性较好。

高频信号注入法建立在永磁同步电机转子同步旋转 $d$-$q$ 坐标系上[45,46]，其数学模型如下：

$$
\begin{pmatrix} \upsilon_{\text{qs}}^{r} \\ \upsilon_{\text{ds}}^{r} \end{pmatrix} = \begin{pmatrix} r_s & 0 \\ 0 & r_s \end{pmatrix} \begin{pmatrix} i_{\text{qs}}^{r} \\ i_{\text{ds}}^{r} \end{pmatrix} + \begin{pmatrix} \mathrm{D} & \omega_e \\ \omega_e & \mathrm{D} \end{pmatrix} \begin{pmatrix} \lambda_{\text{qs}}^{r} \\ \lambda_{\text{ds}}^{r} \end{pmatrix} \tag{1.6}
$$

$$\begin{pmatrix} \lambda_{qs}^{r} \\ \lambda_{ds}^{r} \end{pmatrix} = \begin{pmatrix} L_d & 0 \\ 0 & L_q \end{pmatrix} \begin{pmatrix} i_{qs}^{r} \\ i_{ds}^{r} \end{pmatrix} + \begin{pmatrix} 0 \\ \lambda_m \end{pmatrix} \tag{1.7}$$

式中，$\boldsymbol{\upsilon}$、$\boldsymbol{i}$、$\boldsymbol{\lambda}$ 分别为电压、电流、磁链；$\boldsymbol{r}$、$\boldsymbol{L}$ 分别为绕组电阻、电感；下标 d、q 表示永磁同步电机 $d$、$q$ 轴的坐标分量；s、m 分别表示定子及转子磁链；上标 r 表示同步旋转 $d$-$q$ 坐标系中的变量；$\omega_e$ 为电源同步角速度；$D=d/dt$ 为微分算子。变换到静止坐标系中，上述方程可改写为

$$\begin{pmatrix} \upsilon_{qs}^{s} \\ \upsilon_{ds}^{s} \end{pmatrix} = \begin{pmatrix} r_s & 0 \\ 0 & r_s \end{pmatrix} \begin{pmatrix} i_{qs}^{s} \\ i_{ds}^{s} \end{pmatrix} + \begin{pmatrix} D & 0 \\ 0 & D \end{pmatrix} \begin{pmatrix} \lambda_{qs}^{s} \\ \lambda_{ds}^{s} \end{pmatrix} \tag{1.8}$$

$$\begin{pmatrix} \lambda_{qs}^{s} \\ \lambda_{ds}^{s} \end{pmatrix} = \begin{pmatrix} L+\Delta L\cos 2\theta_r & -\Delta L\sin 2\theta_r \\ -\Delta L\sin 2\theta_r & L-\Delta L\cos 2\theta_r \end{pmatrix} \begin{pmatrix} i_{qs}^{s} \\ i_{ds}^{s} \end{pmatrix} + \begin{pmatrix} \lambda_m \sin\theta_r \\ \lambda_m \cos\theta_r \end{pmatrix} \tag{1.9}$$

式中，$L=(L_d+L_q)/2$ 称为平均电感；$\Delta L=(L_q-L_d)/2$ 称为半差电感；$\theta_r$ 为定子($A$ 相)与转子($d$ 轴)间的空间位置角；上标 s 表示静止坐标系中的变量。在空间矢量脉宽调制(space vector pulse-width modulation, SVPWM)电压源型逆变器供电的情况下，可将如下形式的高频电压信号直接叠加至电机的基波激励上：

$$\boldsymbol{\upsilon}_{qds\text{-}c}^{s^*} = \begin{pmatrix} \upsilon_{qs\text{-}c}^{s^*} \\ \upsilon_{qs\text{-}c}^{s^*} \end{pmatrix} = \upsilon_{s\text{-}c}^{*} \begin{pmatrix} \cos\omega_c t \\ -\sin\omega_c t \end{pmatrix} = \boldsymbol{\upsilon}_{s\text{-}c}^{*} e^{j\omega_c t} \tag{1.10}$$

电机总的输入电压可表示为

$$\boldsymbol{\upsilon}_{qds}^{s^*} = \upsilon_{s\text{-}f}^{*} \begin{pmatrix} \cos\omega_e t \\ -\sin\omega_e t \end{pmatrix} + \upsilon_{s\text{-}c}^{*} \begin{pmatrix} \cos\omega_c t \\ -\sin\omega_c t \end{pmatrix} = \boldsymbol{\upsilon}_{s\text{-}f}^{*} e^{j\omega_e t} + \boldsymbol{\upsilon}_{s\text{-}c}^{*} e^{j\omega_c t} \tag{1.11}$$

注入的高频电压信号频率 $\omega_c \gg \omega_e$，故高频激励下的永磁电机模型可简化为

$$\boldsymbol{\upsilon}_{qds\text{-}c}^{s} \approx \boldsymbol{L}_{qds}^{s} \frac{d\boldsymbol{i}_{qds\text{-}c}^{c}}{dt} \tag{1.12}$$

式中，电感矩阵：

$$\boldsymbol{L}_{qds}^{s} = \begin{pmatrix} L+\Delta L\cos 2\theta_r & -\Delta L\sin 2\theta_r \\ -\Delta L\sin 2\theta_r & L-\Delta L\cos 2\theta_r \end{pmatrix} \tag{1.13}$$

根据式(1.12)和式(1.13)可得到高频激励下永磁同步电机的电流响应为

$$\boldsymbol{i}_{qds}^{s} = i_{ip} e^{j(\theta_i(t)-\pi/2)} + i_{in} e^{j(2\theta_r-\theta_i(t)+\pi/2)} \tag{1.14}$$

式(1.14)中正、负相序电流分量的幅值分别为

$$i_{ip} = \left(\frac{L}{L^2-\Delta L^2}\right)\frac{\upsilon_{s\text{-}c}}{\omega_c}, \quad i_{in} = \left(\frac{\Delta L}{L^2-\Delta L^2}\right)\frac{\upsilon_{s\text{-}c}}{\omega_c} \tag{1.15}$$

将负序电流通过凸极跟踪观测器就可以提取出转子的空间位置角。

高频信号注入法对电机终端信号的处理过程复杂。为了检测零序或负序电流，需要综合使用数字式带通滤波器(band pass filter, BPF)及带阻滤波器(band stop filter, BSF)等，运算量大、易受电机寄生凸极效应的干扰，从而导致误检测；高频信号注入的同时破坏了电机气隙磁通分布而引发转矩脉动，因此这种方法仅适用于特定电机的大功率应用[48]。文献[49]对此进行了改进，提出了一种新型的转速调制椭圆高频电压注入法，出线端通过锁相环技术对高频凸极效应电流进行解调制就可以获取转子位置信息。该方法的突出优点是省略了带通滤波器及带阻滤波器，显著减少了运算量。

3. 状态观测器法

状态观测器法的基本原理是根据电机的模型方程，通过构造卡尔曼滤波器[50,51]或非线性状态观测器[52-54]重构电机内部状态，其突出优点是状态估计的实时性强、无相位延迟。如果设计合理还可以达到任意指数级的状态收敛速度，因此具有很高的估计精度与收敛速度。但其对电机参数依赖较强，实现观测器的硬件成本较高、运算量比较大。随着高性能专用数字信号处理芯片的不断出现，这一情形将逐渐得到改善。

尤其值得一提的是以美国威斯康星大学的 Lorenz 为代表的研究共同体，其提出的交流电机高频信号注入位置估计技术近几年来得到很大的关注与发展，已经成为整合这一研究领域的权威。

与此同时，新的方法也在不断涌现。文献[55]和文献[56]应用模型并参考自适应理论实现了对交流电机速度及定子电阻参数等的较为精确的辨识，基本思路是根据参考模型与可调模型的输出差值设计自适应调节机制，而待辨识的速度就是可调模型中的可调参数。模型参考自适应法的优点是可根据 Popov 超稳定性理论设计全局收敛的调节律，但其本质上仍是一种基于模型的方法，对参数摄动及外部干扰的鲁棒性不强。

国内相关研究机构及高校一直追踪永磁同步电机无传感器控制技术，有代表性的是浙江大学、清华大学及东北大学等。浙江大学的贺益康等以国家自然科学基金“电力电子系统集成理论与若干关键技术的研究”项目为出发点，开展了永磁同步电机无传感器控制的研究，一方面借鉴国外的高频信号注入技术，一方面探索模型参考自适应方法在这一领域的应用[57,58]。清华大学的有关学者也开展了基于 MRAS 的永磁同步电机无传感器位置估计技术研究[59,60]。天津大学的孙凯等[61]应用我国学者韩京清提出的自抗扰控制器(active-disturbance rejection controller, ADRC)理论，研究了一种新颖的永磁同步电机无位置传感器矢量控制系统，并进行了探索。沈阳工业大学的孙海军等[62,63]应用灰色系统预测理论对永磁同步电机无传感器控制进行了研究。西北工业大学的司利云[64]应用支持向量机理论研究了开关磁阻电机磁特性曲线建模并设计了在线转子位置估计器，结果表明，利用支持向量机在较小的训练样本集上，只需要很小的计算量便可获得精度高、实时性强的在线位置估计器。国内电工技术类的核心期刊《中国电机工程学报》《电工技术学报》以及《电机与控制学报》等每年都刊发一定数量的关于永磁同步电机无传感器控制技术的最新研究成果。

另外，从实际应用情况来看，除了非线性观测器方法偏重于理论分析与数值仿真分析外，其他几种技术体系都体现了理论分析与实验验证相结合的研究路线。文献[34]给出了基于基波反电势估计法的无传感器控制实验结果。美国德州仪器公司在其高速数字信号处理芯片 TMS320C28x 及 TMS320C24x 上实现了基于反电势估计法的无传感器控制实用化产品，这一成果体现在其技术报告当中[40]。文献[46]～文献[48]给出了基于高频信号注入法的无传感器控制实验结果。实验表明，这种方法可以实现任意转速范围内的无传感器矢量控制，但未见有文献报道其实用化商业产品。美国国家航空航天局(National Aeronautics and Space Administration，NASA)在太空飞轮能量存储系统关于无传感器的研究成果中重点介绍了将反电势估计法与高频信号注入法相结合的研究思路[32]。浙江大学的贺益康近年来不断探索无轴承永磁同步电机的控制问题，在永磁同步电机无传感器控制领域一直保持国内领先水平。文献[65]和文献[66]基于高速现场可编程门阵列(field programmable gate array，FPGA)，从硬件角度实现了永磁同步电机无传感器的高性能控制。由此可见，随着新型高速处理芯片的出现，永磁同步电机的无传感器控制有着巨大的应用前景。

### 1.2.2　位置及速度估计所涉及的关键技术

永磁同步电机位置及速度估计方法及其相应无传感器控制技术经历了二十多年的发展历程，国内外学者做了大量的研究工作，取得了诸多成果，但此项技术仍有很多方面工作需要进一步研究，涉及的问题要点如下：

(1) 低速运行区域的算法研究；

(2) 弱磁扩速运行区域的算法研究；

(3) 再生模式运行区域的算法研究；

(4) 逆变器死区补偿；

(5) 数字控制器的软件实现问题；

(6) 抑制终端电流纹波、提高系统性能的控制策略研究；

(7) 转速辨识的稳态精度问题；

(8) 动态负载转子位置及速度辨识问题；

(9) 数字控制系统采样延迟效应的研究；
(10) 系统关于参数变化的稳定性问题；
(11) 磁饱和因素；
(12) 集肤效应因素。
其中涉及的关键技术可归纳如下。

1. 基于无传感器控制的稳定起动

永磁同步电机从静止状态加速到以一定转速稳定运行状态的过程称为起动过程。对起动过程最基本的要求就是不存在失步及反转现象、起动时间短。在加装外置式位置传感器的情形下(以光电编码器为例)，通过将编码器信号的零位与电动机对位即可实现自同步运行情形下的稳定起动,起动过程中不存在失步及反转，且能实现最大转矩起动。在无位置传感器控制方式下，由于一般转子的初始位置未知，如何实现稳定起动就成为重要的研究内容，尤其是对一些在零速及低速下无法观测转子位置及速度的算法(如常规的基于检测反电势(electromotive force，EMF)的算法)，如何可靠地完成起动并加速到能准确对位置进行估算的速度就显得尤为重要。

永磁同步电机无传感器控制通常有两种起动方法：一种是通过持续激励三相绕组中的任意两相完成起动时的转子预先定位，再按照换相逻辑完成整个起动过程；另一种是折中的办法，即在完全开环的情况下，通过逐步增加定子绕组激励电流的频率完成对永磁转子的牵引同步，但其存在的最大问题是由于转子的初始位置未知，起动过程中极易出现反转现象，甚至根本不能完成起动过程[67]。对于第一种方法，在转子定位的过程中同样会出现反转及停转现象。因此，如何在静止状态下获得较为精确的转子初始位置信息就成为完成无传感器控制起动过程的关键技术。

文献[68]和文献[69]应用转子磁体产生的转子铁心磁饱和效应，通过检测对应输入电压空间矢量的相电流峰值或其差值来判断转子所在基本扇区，但由于所施加的基本电压空间矢量数目有限，其最高分辨率只能达到30°电角度。文献[70]对此加以改进，通过持续追加电压空间矢量并检测变换到同步旋转坐标系的 $d$ 轴电流的幅值，有效地提高了初始位置的估算精度。但在实际应用中，其对电流检测硬件电路的要求较高，要求采样电路能够准确反映电枢电流的微小变化，且如果施加的电压空间矢量不合适或者电流采样电路受到干扰，很难准确判断出永磁转子的磁极，导致判断错误甚至失败，因此，要可靠地估计转子的初始位置，实现起来有一定的难度。文献[71]据此进一步加以改进，将施加电压空间矢量与等宽电压脉冲相结合，对检测结果进行综合判断，有效提高了初始位置估计的准确性及可靠性。文献[72]和文献[73]从电机自身的凸极效应出发，在电机控制器端注入高频电压信号，通过检测终端电流信号，经过差动滤波处理后得到转子的初始位置信息。

完成了转子初始位置估计后，在具体的起动过程中，速度的变化应遵循连续平缓的原则，没有超调、无电流及转矩振荡现象发生。文献[74]采用广义预测控制(generalized predictive control, GPC)算法输出给定转矩序列，控制器将其与下一采样时刻预测的转矩参考值进行比较，得到磁链相位角增量后，通过控制器求出最优电压空间矢量，迫使下一次采样时刻的转矩以最优特性跟踪下一时刻的参考转矩，达到了较好的起动控制效果。文献[75]采用场路结合有限元法对永磁同步电机的起动过程进行了暂态仿真，为提升电机的起动性能提供了研究思路。

总体看来，目前关于永磁同步电机稳定起动的研究主要集中在如何确定转子的初始位置角问题上，如何将其与起动过程的优化控制结合起来还是有待进一步解决的问题。

2. 位置及速度估计算法的稳定性与实时性

位置及速度估计算法的稳定性是指当电机工作状态发生变化(如调速、反转及弱磁扩速等)、负载转矩增减或受到扰动、电机参数由于温度变化等发生摄动及存在测量噪声干扰等情况下，仍能得到准确的转子位置及速度信息。实时性则要求在一定硬件平台支撑下，能在相应的采样周期及控制周期内完成对位置及速度信息的解算，同时完成其他控制算法(如电流调节及逆变器触发信号生成等)，使电机的运行状态得到实时更新与控制，即算法具有快速性。

文献[76]研究了基于控制坐标系内反电势调节法的非凸极永磁同步电机无传感器控制律，应用李雅普诺夫线性法(Lyapunov’s linearization method)分析了系统在平衡点的局部稳定性，通过定子电阻的在线辨识、设计反电势扰动观测器及控制器参数调整等方法，实现了稳定鲁棒的估计算法，且该算法在转子初始位置估计误差较大的情况下仍能保证估计的准确性，但整个算法实现复杂，计算周期长。文献[52]在转子旋转坐标系内借助实时更新的交、直轴电流对模型方程中的非线性项进行规避，从而可以应用线性系统状态方程的极点配置理论设计观测器，保证了算法的理论稳定性，但由于系统矩阵在每个控制周期内都是随电流变化的，需要同时调整 3 个增益值，增加了系统设计负担，观测准确性受参数变化影响较大，且由于在这种方案下转子位置是开环观测的，无法保证整个控制系统的稳定性。一般针对定子两相坐标系的反电势滑模观测器也存在观测稳定性问题[37,67,77]，这是因为永磁同步电机的调速系统工作范围比较大(有时调速比可达 1∶$10^4$)，使滑模切换增益的设计既要考虑滑模面可达条件，又要考虑如何尽量减小估计反电势的纹波。

在转子位置及速度估算中，如何保证算法的稳定性与实时性是实现整个控制系统正常工作的最基本条件，也是最关键的部分，因此一直是研究的热点与难点问题。

3. 电流控制器对估计算法的适应性

电流控制器对位置及速度估计算法或状态观测的适应性问题是一个较新的研究领域。从状态估计与控制的内在联系来看，一方面需要控制的精确性，即实测电流准确跟踪指令电流，永磁转子实现空间自同步精确定位，位置/速度估计单元与控制指令生成单元组成的闭环反馈系统稳定协调运行；另一方面需要控制的平稳性，即电机出线端电流平滑，除基频外谐波成分较少，电机在暂态过程中对指令电流的跟踪平滑、无振荡与超调，这样可以保证状态观测的稳定性与精确性。由此可见，改进电流控制器的控制策略与控制技术、提高控制的精确性与平稳性对改善估计算法的稳定性与准确性具有重要的理论意义与实际应用价值。

文献[78]在应用扩展反电势(extended electromotive forces, EEMF)估算转子位置及速度的方案中，提出了利用傅里叶变换抽取电流控制器生成的指令电压中某些特定的谐波成分，由重复控制器(repetitive controller)产生补偿信号进行前馈补偿控制，达到了削减电压及电流高次谐波成分、提高稳态及暂态状态观测效果的目的。文献[79]在永磁同步电机的预测电流控制器设计中综合考虑逆变器输出电压限制、相邻采样周期的转子位置角差值，获得了较高的电流跟踪精度且无相位延迟。文献[80]通过在逆变器输出端加装无源滤波器抑制高频切换产生的谐波成分，有效减少了控制电压谐波成分，并且指出控制器端是产生高频谐波的一个主要来源。文献[81]在电流控制器端增加了误差电流校正器环节，用以抑制由电机参数不精确及逆变器死区造成的误差电流中的低频成分，提高了控制器对指令电流的跟踪速度及精度。

以上文献的研究工作充分说明：适应于特定位置及速度估计算法的电流控制器设计理论与方法研究是永磁同步电机无传感器控制研究领域的重要组成部分。

### 1.2.3 永磁同步电机无传感器控制的发展方向

综上所述，永磁同步电机无传感器控制的发展趋势是进一步提高系统的动、静态特性，建立更为完善的逆变器/电机模型，综合考虑不同运行条件下的电机磁路饱和、逆变器非线性以及电机参数变化等因素。在更为精确的自适应电机模型基础上，提高转子位置及速度估计的准确性与快速性，进一步减小低速转矩脉动，提高稳速精度，获得对负载扰动的更快响应，进一步加强位置估计及控制环节对电机参数变化的鲁棒性。特别是具有宽范围调速(包括零速)与高精度转速调节、转矩控制(而不仅是转矩限定)的无传感器矢量控制系统将有望取代部分伺服应用领域。随着直接转矩控制技术在永磁同步电机领域逐步获得应用，无传感器直接转矩控制系统也必将获得快速发展。

同时也可以预见，基于机器学习及智能预测理论的永磁同步电机转子位置及速度估计技术将逐步得到研究与重视。因为通过研究发现，现有估计理论与算法的共同点是基于电机的某种特性(如反电势、凸极性及精确模型等)进行实时估算，需要获取系统大量的先验信息(如模型参数、状态方程、噪声统计特性等)，状态估计机械性较强、计算量偏大。这些方法从本质上决定了其普适性不强、参数摄动鲁棒性差。事实上，永磁同步电机的调速及伺服运行状态具有较强的周期性与规律性，如果能结合一定的机器学习方法、预测理论及先进控制理论，则有望对此问题有一个较为全面的解决方案，将永磁同步电机的控制与检测反馈有机结合到一起，这必将对交流伺服系统控制器的一体化设计产生重要的促进作用。

未来的一些发展趋势还将体现在高速处理器及外设上：DSP+ASIC/FPGA 的控制器结构使系统的信号并行处理能力更为强大，在此基础上可以支持核心程序以非常快的速度运行，保证无传感器控制系统对速度指令及负载变化有更快的响应，这对高性能的数字控制系统来讲是非常重要的。此外，无传感器控制方式下的多机运行以及在高功率低速运行方面的应用也将成为未来的发展方向。

总体看来，以上发展趋势需要控制技术与转子信息反馈技术的有机结合，这样才能开发出性能更卓越、可靠性更高的集成化、一体化伺服驱动器[82,83]。

## 1.3　本书主要内容

第 1 章在介绍永磁同步电机调速系统基本工作原理及控制策略与技术基础上，对转子信息估计的技术体系、关键技术及发展趋势进行阐述。

第 2 章围绕非线性系统能观性与构造非线性状态观测器的关系，应用微分几何理论研究非线性系统能观性的若干概念，分析永磁同步电机系统局部弱能观性及全局能观性；介绍非线性状态观测器的基本理论及主要设计方法。

第 3 章应用非线性系统流形变换方法，设计有确定模型的一般高阶非线性系统的状态观测器，通过构造适当的非线性映射，使变换后的系统具有完全可观测的线性等价形式或有利于使收敛观测器具有一定规范型的等价形式。给出一般非线性系统方程的矩阵描述形式及确定各阶 Taylor 系数矩阵的方法，推导出单输入单输出(single-input single-output，SISO)系统化为二次能观测规范型的变换矩阵。

第 4 章研究一类不确定仿射非线性系统在输入输出数相等(或不相等)情形下系统的滑动模对于任意的未知扰动或参数变化都具有鲁棒性及自适应性的不变性条件，探讨一般非线性系统基于扰动的滑模观测器设计的基本方法：若非线性系统经过坐标变换或输入输出浸入等方法能使其转化为线性部分能观测的特殊系统，则滑模观测器的设计问题就转化为输出反馈的滑模变结构控制系统的设计问题。基于扰动滑模观测器的思想设计建立在 $\alpha$-$\beta$ 坐标系下的正弦波无刷直流电机永磁转子的位置及速度状态观测器，考虑具有变截止频率相位补偿策略及自适应转速估计的具体技术指标。

第 5 章基于对永磁同步电机转子磁链定向系模型方程能观性分析得出的相关结论，设计全局能观降阶子系统基于非线性坐标变换后能观测规范型的高增益观测器(based nonlinear transformed observability canonical forms high-gain obserber，NTOCF-HGO)，研究适用于永磁同步电机模型方程非线性观测器设计的坐标变换方法，设计三类内核形式的高增益速度观测器并对比分析其性能特点；转子位置估计采用基于交轴电流微分差值校正的 RPECM-DDC(rotor position error correction mechanism based on differentiation of dirrect current)方法，重点分析两套估计算法结合到一起的相互收敛校正机制；对提出的估计算法进行数值模拟及实验验证。

第 6 章应用灰色系统理论和支持向量机方法研究一类基于有限样本数据序列关联与泛化的转子信息估计问题；提出基于支持向量机分类细化特性曲线区，提高以灰色 GM(1,1)预测建模数据的指数光滑度，改善转子信息估计精度的灰色近似支持向量机分类预测算法。

第 7 章基于电流控制器对状态观测适应性思想研究比例积分微分(proportional integral and differential，PID)电流控制器以及预测电流控制器(predictive current controller，PCC)的主要性能，分析电流控制器设计中误差电流低频及高频反馈成分对预测电流控制器稳定性及指令电流跟踪性能的影响。具体研究一类适应于永磁同步电机无传感器矢量控制(permanent-magnent synchronous motor sensorless vector control，PMSM-SVC)系统、能对电机终端电流跟踪性能及频谱分布进行有效控制的小波控制器设计。

第 8 章针对永磁同步电机无传感器矢量控制稳定性及可靠性对电流调节环节的性能需求，分析并设计两类对终端响应电流时频域进行改进的小波控制器。MRW-PID(multi-resolution wavelet based PID)小波控制器通过对偏差信号的多分辨率分析，在不同尺度上解析出信号低频趋近系数及中高频细节系数，能够实现控制器带宽对观测器带宽的动态匹配，对改善系统状态估计的动态特性具有显著的作用；多分辨率小波预测电流控制器(multi-resolution wavelet based PCC，MRW-PCC)在预测电流控制器前端相应频率成分提取环节采用小波分辨率分析方法，在保证低频段能量分布集中的前提下具有一般数字滤波器的平坦通频特性，且具有较小的相位延迟，可显著抑制状态估计的高频发散，提高稳态过程的状态估计精度及稳定性。

# 第 2 章　非线性状态观测器理论基础及永磁同步电机系统能观性分析

## 2.1　引　言

永磁同步电机控制系统是典型的多变量、非线性、强耦合系统。构造用于转子位置及速度信息估计的非线性状态观测器具有重要的研究价值。但综观国内外文献，在应用观测器法解决此类系统状态重构问题方面，其设计思想通常基于某一平衡点或工作点的线性系统观测器设计思想，且已有方法多基于仿真或实验验证而缺乏对由非线性能观性反构内部状态必要的理论分析[84]：文献[53]在某一工作点处通过近似线性化方法分析了所设计速度观测器的偏差收敛问题；文献[52]借助实时更新的交、直轴电流对方程中的非线性项进行了巧妙的规避，从而达到利用线性系统观测器理论设计具有自适应增益律速度观测器的目的，但这种观测器本质上仍是线性的；文献[85]构造静止坐标系内经非线性坐标变换后线性部分能观测中间系统的降阶非线性观测器，然而其采用定子电流微分作为观测误差校正参量，显然，这样的观测器对外部噪声及转矩变化异常敏感，降低了状态估计的稳定性。

同时注意到：非线性动力学系统具有复杂的动态特性。研究表明，在一定条件下，永磁同步电机控制系统会出现非周期性振荡的混沌及复杂形态分岔行为[86,87]，这使应用非线性观测器法重构系统状态遇到困难。因此，结合一定的数学理论与方法对非线性能观性及其与构造非线性状态观测器的相互关系进行深入系统的研究也是必要且有实际应用意义的。

本章系统阐述非线性状态观测器的基本概念、理论体系及主要设计方法，分析非线性状态观测器的结构特点、收敛特性及应用场合，针对永磁同步电机转子磁链定向系模型方程特点，重点分析一类基于能观测规范型的高增益 Luenberger-Like 观测器设计方法；在此基础上，应用微分几何理论研究几种非线性系统能观性的定义及物理含义，并据此分析永磁同步电机控制系统模型方程局部工作点及全局工作范围内的非线性能观性，应用状态不可区分性及能观性概念研究永磁同步电机观测器设计中遇到的相关问题。

## 2.2 非线性状态观测器理论基础

### 2.2.1 非线性状态观测器的基本概念

确定(或不确定)性非线性系统通常具有如下一般形式[88]：

$$\boldsymbol{\Sigma}:\begin{cases}\dot{\boldsymbol{x}}=\boldsymbol{f}(\boldsymbol{x},\boldsymbol{u},t)\\ \boldsymbol{y}=\boldsymbol{h}(\boldsymbol{x},\boldsymbol{u},t)\end{cases} \tag{2.1}$$

式中，$\boldsymbol{x}\in\mathbf{R}^n$ 、$\boldsymbol{u}\in\mathbf{R}^m$ 、$\boldsymbol{y}\in\mathbf{R}^p$ 分别为系统的状态变量、输入变量及输出变量，$\boldsymbol{f}$: $\mathbf{R}^n\times\mathbf{R}^m\times\mathbf{R}\to\mathbf{R}^n$ 和 $\boldsymbol{h}$: $\mathbf{R}^n\times\mathbf{R}^m\times\mathbf{R}\to\mathbf{R}^p$ 分别表示状态向量映射及输出向量映射。

对于式(2.1)所示的一般非线性系统，如果存在另一系统 $\boldsymbol{\Sigma}'$：

$$\boldsymbol{\Sigma}':\dot{\hat{\boldsymbol{x}}}=\boldsymbol{g}(\boldsymbol{x},\boldsymbol{u},\boldsymbol{y},t) \tag{2.2}$$

式中，$\hat{\boldsymbol{x}}\in\mathbf{R}^n$；$\boldsymbol{g}$: $\mathbf{R}^n\times\mathbf{R}^m\times\mathbf{R}^p\times\mathbf{R}\to\mathbf{R}^n$ 为连续可微分，输入分别为 $\boldsymbol{u}$ 及 $\boldsymbol{y}$，输出为 $\hat{\boldsymbol{x}}$ 。记式(2.1)与式(2.2)相对于同一输入及分别经过初始状态 $\boldsymbol{x}_0$ 与 $\hat{\boldsymbol{x}}_0$ 的解为 $\boldsymbol{x}(t,\boldsymbol{x}_0,\boldsymbol{u})$ 与 $\hat{\boldsymbol{x}}(t,\hat{\boldsymbol{x}}_0,\boldsymbol{u})$ ，分别简记为 $\boldsymbol{x}(t)$ 与 $\hat{\boldsymbol{x}}(t)$ ，使得：

(1) 当 $\boldsymbol{x}_0=\hat{\boldsymbol{x}}_0$ 时，$\boldsymbol{x}(t)=\hat{\boldsymbol{x}}(t)$ ，$\forall t\geqslant 0$ 及所有的输入 $\boldsymbol{u}$；

(2) 当 $\boldsymbol{x}_0\neq\hat{\boldsymbol{x}}_0$ 时，存在原点的一个开邻域 $U\in\mathbf{R}^n$ 使得 $\boldsymbol{x}_0-\hat{\boldsymbol{x}}_0\in U$ ，意味着 $\boldsymbol{x}(t)-\ \hat{\boldsymbol{x}}(t)\in U$ 并且 $\lim\limits_{t\to\infty}\|\boldsymbol{x}(t)-\hat{\boldsymbol{x}}(t)\|=0$ ；

那么，式(2.2)就称为式(2.1)的一个(局部)渐近观测器。

进一步地，如果将(2)进行如下修改：

(3) 当 $\boldsymbol{x}_0\neq\hat{\boldsymbol{x}}_0$ 时，存在原点的一个开邻域 $U\in\mathbf{R}^n$ 使得 $\boldsymbol{x}_0-\hat{\boldsymbol{x}}_0\in U$ ，意味着 $\boldsymbol{x}(t)-\hat{\boldsymbol{x}}(t)\in U$ 并且 $\lim\limits_{t\to\infty}\|\boldsymbol{x}(t)-\hat{\boldsymbol{x}}(t)\|\leqslant M\exp(-ct)$ ，其中，$M,c\in\mathbf{Z}^+$ 。

那么，式(2.2)就称为式(2.1)的一个(局部)指数型观测器。

因此，非线性状态观测器的设计包括如下两方面问题：

(1) 状态观测器的构造方法问题；

(2) 所构造状态观测器偏差收敛性的证明问题。

非线性系统微分方程组解的多值性问题使非线性系统观测器的设计遇到诸多困难。

### 2.2.2 非线性状态观测器的设计方法

对非线性状态观测器的研究是从 20 世纪 70 年代开始的，直至目前仍然是一个非常活跃的研究领域。许多学者对此开展了大量的研究工作，在观测器设计理论及设计方法上取得了一系列突破与进展，有代表性的有李雅普诺夫方法、基于非线性能观测规范型(nonlinear observability canonical forms)的坐标变换方法、高增益 Luenberger-Like 观测器设计方法、基于输入-输出浸入(input-output injection)的坐标变换方法、基于正规形理论的近似等价方法[89-91]、扩展 Kalman 滤波器(extended Kalman filter, EKF)方法、滑模变结构状态观测器设计方法[92-94]以及基于神经网络的智能观测器设计方法[95,96]等。以下重点介绍与坐标变换法相关的几种观测器设计方法。

1. Lyapunov 方法[88]

早期提出的 Lyapunov 方法寻求状态观测器方程(2.2)的一种构造形式：$\dot{\hat{\boldsymbol{x}}}=\boldsymbol{g}(\hat{\boldsymbol{x}},\boldsymbol{u},\boldsymbol{y},t)=\boldsymbol{f}(\hat{\boldsymbol{x}},\boldsymbol{u},t)+\boldsymbol{\Phi}(\hat{\boldsymbol{x}},\boldsymbol{y},t)$，根据观测器构造条件，$\boldsymbol{\Phi}(\hat{\boldsymbol{x}},\boldsymbol{y},t)$ 满足：当 $\hat{\boldsymbol{x}}(0)=\boldsymbol{x}(0)$ 时，$\boldsymbol{\Phi}(\hat{\boldsymbol{x}},\boldsymbol{y},t)\equiv 0$。设系统状态估计的偏差为 $\tilde{\boldsymbol{x}}(t)=\hat{\boldsymbol{x}}(t)-\boldsymbol{x}(t)$，则

$$\dot{\tilde{\boldsymbol{x}}}=\boldsymbol{f}(\boldsymbol{x}+\tilde{\boldsymbol{x}},\boldsymbol{u},t)-\boldsymbol{f}(\boldsymbol{x},\boldsymbol{u},t)+\boldsymbol{\Phi}(\boldsymbol{x}+\tilde{\boldsymbol{x}},\boldsymbol{h}(\boldsymbol{x}+\tilde{\boldsymbol{x}},\boldsymbol{u},t),t) \tag{2.3}$$

观测器构造条件要求：对于 $\tilde{\boldsymbol{x}}(t)$，原点是式(2.3)渐近稳定的驻点，从而可以利用 Lyapunov 第二方法构造函数 $V(\tilde{\boldsymbol{x}})$ 对观测器偏差方程(2.3)的收敛性进行判别。Lyapunov 方法对于如下非线性系统是一种较好的观测器设计方法[97]：

$$\boldsymbol{\Sigma}'':\begin{cases}\dot{\boldsymbol{x}}(t)=\boldsymbol{f}(\boldsymbol{x},t)+\boldsymbol{A}(t)\boldsymbol{x}(t)+\boldsymbol{B}(t)\boldsymbol{u}(t)\\ \boldsymbol{y}(t)=\boldsymbol{C}(t)\boldsymbol{x}(t)\end{cases} \tag{2.4}$$

对于非时变情形，系数矩阵 $\boldsymbol{A}(t)$、$\boldsymbol{B}(t)$ 及 $\boldsymbol{C}(t)$ 为定常矩阵，不妨假定 $(\boldsymbol{A},\boldsymbol{C})$ 具有完全能观性，则必存在 $\boldsymbol{K}(\boldsymbol{K}\in\mathbf{R}^{n\times p})$ 使 $\sigma(\boldsymbol{A}-\boldsymbol{KC})\subset C^{-}$，即将矩阵 $(\boldsymbol{A}-\boldsymbol{KC})$ 的特征值全部配置到复平面的负半平面；再假定 $\boldsymbol{f}(\boldsymbol{x})$ 满足 Lipschitz 条件，即 $\|\boldsymbol{f}(\hat{\boldsymbol{x}})-\boldsymbol{f}(\boldsymbol{x})\|\leqslant\gamma\|\hat{\boldsymbol{x}}-\boldsymbol{x}\|$，$\forall\boldsymbol{x},\hat{\boldsymbol{x}}\in\mathbf{R}^{n}$。其中，$\|\cdot\|$ 表示取向量空间的 Euclidean 范数，$\gamma$ 为 Lipschitz 常数。则可构造系统的状态观测器方程为

$$\dot{\hat{\boldsymbol{x}}}=\boldsymbol{f}(\hat{\boldsymbol{x}})+\boldsymbol{A}\hat{\boldsymbol{x}}+\boldsymbol{K}(\boldsymbol{y}-\boldsymbol{C}\hat{\boldsymbol{x}}) \tag{2.5}$$

由此可得到观测器的动态偏差方程为

$$\dot{\tilde{\boldsymbol{x}}}=(\boldsymbol{A}-\boldsymbol{KC})\tilde{\boldsymbol{x}}+(\boldsymbol{f}(\hat{\boldsymbol{x}})-\boldsymbol{f}(\boldsymbol{x})) \tag{2.6}$$

由于 $\sigma(\boldsymbol{A}-\boldsymbol{KC})\subset C^{-}$，因此对于任意正定矩阵 $\boldsymbol{Q}$，总有唯一的正定矩阵 $\boldsymbol{P}$ 使 $(\boldsymbol{A}-\boldsymbol{KC})^{\mathrm{T}}\boldsymbol{P}+\boldsymbol{P}(\boldsymbol{A}-\boldsymbol{KC})=-2\boldsymbol{Q}$。用 $\boldsymbol{P}$ 构造 Lyapunov 函数：$V(\tilde{\boldsymbol{x}})=\tilde{\boldsymbol{x}}^{\mathrm{T}}\boldsymbol{P}\tilde{\boldsymbol{x}}$，直接验证可以得到：

$$\begin{aligned}\dot{V}(\tilde{\boldsymbol{x}})&=2\tilde{\boldsymbol{x}}^{\mathrm{T}}\boldsymbol{Q}\tilde{\boldsymbol{x}}+2\tilde{\boldsymbol{x}}^{\mathrm{T}}\boldsymbol{P}(\boldsymbol{f}(\tilde{\boldsymbol{x}})-\boldsymbol{f}(\boldsymbol{x}))\\&\leqslant-2\tilde{\boldsymbol{x}}^{\mathrm{T}}\boldsymbol{Q}\tilde{\boldsymbol{x}}+2\gamma\|\boldsymbol{P}\|\cdot\|\tilde{\boldsymbol{x}}\|\end{aligned} \tag{2.7}$$

用 $\lambda_{\min}\boldsymbol{Q}$ 和 $\lambda_{\max}\boldsymbol{P}$ 表示 $\boldsymbol{Q}$ 与 $\boldsymbol{P}$ 的最小及最大特征值，如果

$$(\lambda_{\min}\boldsymbol{Q}/\lambda_{\max}\boldsymbol{P})>\gamma \tag{2.8}$$

那么$\dot{V}(\tilde{x})<0$，则式(2.5)就成为系统(2.4)的状态观测器。以上结论只给出了Lipschitz 非线性系统观测器存在的充分性条件，至于如何设计观测器，即寻找满足充分性条件(2.8)的观测器增益矩阵$\boldsymbol{K}$的问题并没有得到较好的解决。

针对这一问题，Rajamani[98]进一步研究得出结论，若可选取增益矩阵$\boldsymbol{K}$使$(\boldsymbol{A}-\boldsymbol{K}\boldsymbol{C})$稳定且满足

$$\min_{\omega\in\mathbf{R}^+}\sigma_{\min}(\boldsymbol{A}-\boldsymbol{K}C-\mathrm{j}\omega\boldsymbol{I})>\gamma \tag{2.9}$$

则可构造式(2.2)所示形式的状态观测器。但这一结论仍然没有给出构造增益矩阵$\boldsymbol{K}$的方法。同时，Raghavan 等[99]基于一个代数 Riccati 方程也讨论了观测器存在的充分性条件。从 Lyapunov 方法的基本原理出发，许多学者又讨论了非线性指数型观测器的存在性及其设计问题[100-102]。

这种方法可以推广到时变系统的情形[103]。但是这种方法存在的缺点是系统非构造性的，如选取$\boldsymbol{Q}$具有一定的随意性与猜测性；而且寻找满足收敛性要求的非线性映射$\boldsymbol{\Phi}(\hat{x},y,t)$及构造相应的 Lyapunov 函数并不是一件简单的工作。因此，这种方法适合验证而不适合作为非线性状态观测器设计的一般方法。应该指出的是，Lyapunov 稳定性理论在非线性动态偏差方程的收敛性讨论方面具有广泛的应用，这在后续章节可以得到印证。

2. 基于非线性能观测规范型的坐标变换方法

线性系统能观测标准型给线性状态观测器的综合带来了极大的便利[104]。受这一思想启发，人们尝试将非线性系统经过适当的坐标变换$z=\boldsymbol{\Phi}(\boldsymbol{x})$化为类似线性系统的能观测规范型。在新的坐标下通过极点配置设计中间系统的状态观测器，通过反变换获得原系统的状态。Bestle 等[105]首先定义了非线性单输入单输出系统的规范型。考虑系统(2.1)，可以定义其一种规范型为

$$\begin{cases}\dot{z}=\boldsymbol{A}z+\boldsymbol{a}(y)+\boldsymbol{b}(y,\boldsymbol{u})\\ \boldsymbol{\omega}=\boldsymbol{C}z=\boldsymbol{\psi}(y)\end{cases} \tag{2.10}$$

式中

$$\boldsymbol{A}=\begin{pmatrix}\boldsymbol{A}_1 & & \boldsymbol{0}\\ & \boldsymbol{A}_2 & \\ & & \ddots & \\ \boldsymbol{0} & & & \boldsymbol{A}_p\end{pmatrix},\quad \boldsymbol{A}_k=\begin{pmatrix}0&0&\cdots&0&0\\1&0&\cdots&0&0\\0&1&\cdots&0&0\\ \vdots&\vdots&&\vdots&\vdots\\0&0&\cdots&1&0\end{pmatrix}\subset\mathbf{R}^{l_k\times l_k},\quad 1\leqslant k\leqslant p$$

$$\boldsymbol{C}=\begin{pmatrix}\boldsymbol{C}_1 & & & \boldsymbol{0}\\ & \boldsymbol{C}_2 & & \\ & & \ddots & \\ \boldsymbol{0} & & & \boldsymbol{C}_p\end{pmatrix},\quad \boldsymbol{C}_k=(0,\cdots,0,1)\in\mathbf{R}^{1\times l_k},\quad \sum_{k=1}^{p}l_k=n$$

$$\boldsymbol{a}(\boldsymbol{y})=(a_1(\boldsymbol{y}),a_2(\boldsymbol{y}),\cdots,a_n(\boldsymbol{y}))^{\mathrm{T}}$$

$$\boldsymbol{b}(\boldsymbol{y},\boldsymbol{u})=(b_1(\boldsymbol{y},\boldsymbol{u}),b_2(\boldsymbol{y},\boldsymbol{u}),\cdots,b_n(\boldsymbol{y},\boldsymbol{u}))^{\mathrm{T}}$$

经计算可以得到系统(2.10)的线性矩阵对 $(\boldsymbol{A},\boldsymbol{C})$ 完全可观测。不难看出，对于由原系统经坐标变换得到的中间系统(2.10)，很容易构造其状态观测器为

$$\dot{\hat{\boldsymbol{z}}}=\boldsymbol{A}\hat{\boldsymbol{z}}+\boldsymbol{a}(\boldsymbol{y})+\boldsymbol{b}(\boldsymbol{y},\boldsymbol{u})+\boldsymbol{K}(\boldsymbol{\psi}(\boldsymbol{y})-\boldsymbol{C}\hat{\boldsymbol{z}}) \tag{2.11}$$

令 $\tilde{\boldsymbol{z}}=\boldsymbol{z}-\hat{\boldsymbol{z}}$，由式(2.10)及式(2.11)可以得到系统动态偏差方程为

$$\dot{\tilde{\boldsymbol{z}}}=(\boldsymbol{A}-\boldsymbol{K}\boldsymbol{C})\tilde{\boldsymbol{z}} \tag{2.12}$$

由此可见，若存在坐标变换 $\boldsymbol{z}=\boldsymbol{\Phi}(\boldsymbol{x})$ 以及输出映射 $\boldsymbol{\psi}:\boldsymbol{y}\mapsto\boldsymbol{\omega}$ 使原系统化为式(2.10)所示的形式，则观测器偏差方程可以完全实现线性化。这样就可以通过配置 $\boldsymbol{A}-\boldsymbol{K}\boldsymbol{C}$ 的极点达到观测偏差任意指数级收敛速度的目的。

通过坐标反变换或偏差逼近的方法即可以得到原系统的状态观测器为

$$\begin{aligned}\dot{\hat{\boldsymbol{x}}}=\boldsymbol{f}(\hat{\boldsymbol{x}},\boldsymbol{u},t)&+\left(\frac{\partial\boldsymbol{\Phi}}{\partial\boldsymbol{x}}\right)^{-1}(\hat{\boldsymbol{x}})\cdot(\boldsymbol{a}(\boldsymbol{y})-\boldsymbol{a}(\boldsymbol{h}(\hat{\boldsymbol{x}})))\\&+(\boldsymbol{b}(\boldsymbol{y},\boldsymbol{u})-\boldsymbol{b}(\boldsymbol{h}(\hat{\boldsymbol{x}}),\boldsymbol{u}))+\boldsymbol{K}(\boldsymbol{\psi}(\boldsymbol{y})-\boldsymbol{\psi}(\boldsymbol{h}(\hat{\boldsymbol{x}})))\end{aligned} \tag{2.13}$$

确定 $\boldsymbol{z}=\boldsymbol{\Phi}(\boldsymbol{x})$ 以及输出映射 $\boldsymbol{\psi}:\boldsymbol{y}\mapsto\boldsymbol{\omega}$ 是该方法的关键。通常将非线性系统(2.1)定义在 $n$ 维光滑流形 $M$ 上，这样研究非线性系统就有较严密的数学理论作为支撑，坐标变换的计算也有一定的规律可循。文献[105]首先研究了单输入单输出系统在可观测前提下计算坐标变换的方法，给出了确定坐标变换的微分方程组；Li 等[106]给出了变换存在的充分必要条件，同时证明了变换可由单标量函数的积分来确定。值得指出的是，并不是所有的非线性系统都可以通过坐标变换变换为非线性系统规范型，且这种设计方法对系统有着较为苛刻的要求，不能适用于一般非线性系统。因此，基于非线性能观测规范型的坐标变换方法只是部分解决了非线性系统观测器的设计问题。围绕坐标变换的选取，人们对此类非线性系统的状态观测器设计方法进行了诸多探讨[107,108]。

### 3. 高增益 Luenberger-Like 观测器设计方法

考虑如下特殊情况下的非线性系统：

$$\begin{cases}\dot{\boldsymbol{x}}=\boldsymbol{f}(\boldsymbol{x})+\boldsymbol{g}^1(\boldsymbol{x})u_1+\cdots+\boldsymbol{g}^m(\boldsymbol{x})u_m\\ \boldsymbol{y}=\boldsymbol{h}(\boldsymbol{x})\end{cases} \tag{2.14}$$

式中，$x \in \mathbf{R}^n$ 为系统的状态变量；$y \in \mathbf{R}^p$ 为可测量的输出变量；$u = (u_1, \cdots, u_m)^{\mathrm{T}}$ 为输入变量；$f$ 和 $g^i (1 \leqslant i \leqslant m)$ 为 $C^\infty$ 光滑向量场；$h$ 为 $p$ 维的光滑函数。这种形式的非线性系统称为仿射非线性系统(affine nonlinear systems，ANS)，其特点是虽然系统整体是非线性的，但对输入变量 $u$ 是线性的，因此完全可以用向量场 $f(x)$ 与 $g(x)$ 来描述系统的动态特性。

构造这类系统的状态观测器，首先要求系统对于任意输入 $u$ 具有一致能观性(observable uniformly)以及在全局范围内满足 Lipschitz 条件(或状态有界)。文献[109]和文献[110]分别对单输入单输出系统及多输入多输出系统的一致能观性进行了定义。

高增益 Luenberger-Like 观测器设计思想同样是基于坐标变换的原则，将系统化为线性部分完全能观测形式：

$$\begin{cases} \dot{z} = Az + \eta(z, u) \\ \omega = \psi(y) = Cz \end{cases} \tag{2.15}$$

构造该系统状态观测器：

$$\dot{\hat{z}} = A\hat{z} + K(\psi(y) - C\hat{z}) + \eta(\hat{z}, u) \tag{2.16}$$

令 $\tilde{z} = z - \hat{z}$，由式(2.15)及式(2.16)可以得到观测器动态偏差方程为

$$\dot{\tilde{z}} = (A - KC)\tilde{z} + \eta(z, u) - \eta(\hat{z}, u) \tag{2.17}$$

可见，此时偏差方程无法实现如式(2.12)所示的精确线性化，但是可以通过设计增益矩阵 $K$ 使偏差方程具有足够快的收敛速度，从而抵消非线性项 $\eta(z,u) - \eta(\hat{z},u)$ 对偏差收敛特性的影响。文献[109]和文献[110]从选取一定的坐标变换后使系统满足一类特殊结构的角度设计高增益矩阵；而文献[111]则从优化坐标变换的角度达到选取高增益矩阵使偏差渐近收敛的目的。

这种方法的一个显著特点是高增益矩阵的选取只依赖系统的阶数而与其他参数无关从而使观测器具有鲁棒性，但是坐标选取的计算量较大且需要满足一系列假设条件(如一致能观性)。高增益 Luenberger-Like 观测器设计方法主要用于解决具有强能观性的非线性对象的观测器设计问题。

4. 基于输入-输出浸入的坐标变换方法

Krener 等[112]首次研究了采用输入-输出浸入方法进行非线性系统的状态观测器设计，这一思想起源于控制系统的输入输出反馈解耦，能够充分利用系统的输入输出信息使系统化为所期望的规范形式。设输入-输出浸入的一般形式为

$$\mathrm{IO}_{\mathrm{injec}} = \beta(y) + \gamma(y)u \tag{2.18}$$

式中，$\beta(y) \in \mathbf{R}^n$；$\gamma(y) \in \mathbf{R}^{n \times m}$。结合适当的坐标变换 $z = \Phi(x)$ 就可以将系统(2.1)

化为有利于使偏差方程线性化的各种能观测规范型。文献[113]讨论了一般情形下的能观测规范型：

$$\begin{cases} \dot{\boldsymbol{z}} = \boldsymbol{A}\boldsymbol{z} + \boldsymbol{\beta}(\boldsymbol{y}) + \boldsymbol{\gamma}(\boldsymbol{y})\boldsymbol{u} + \boldsymbol{\eta}(\boldsymbol{z},\boldsymbol{u}) \\ \boldsymbol{\omega} = \boldsymbol{C}\boldsymbol{z} = \boldsymbol{\psi}(\boldsymbol{y}) \end{cases} \tag{2.19}$$

这是一种特定坐标变换下的能观测规范型。

文献[114]基于输出浸入的思想讨论了一般自治系统的能观测规范型：

$$\begin{cases} \dot{\boldsymbol{z}} = \boldsymbol{A}\boldsymbol{z} - \boldsymbol{\beta}(\boldsymbol{y}) \\ \boldsymbol{y} = \overline{\boldsymbol{h}}(\boldsymbol{z}) = \boldsymbol{h}(\boldsymbol{\Phi}^{-1}(\boldsymbol{z})) \end{cases} \tag{2.20}$$

可以看出，这种形式的标准型十分便于设计具有任意指数级收敛特性的状态观测器，但这种变换需要满足一组偏微分方程：

$$\frac{\partial \boldsymbol{\Phi}}{\partial \boldsymbol{x}}(\boldsymbol{x})\boldsymbol{f}(\boldsymbol{x}) = \boldsymbol{A}\boldsymbol{\Phi}(\boldsymbol{x}) - \boldsymbol{\beta}(\boldsymbol{y}) \tag{2.21}$$

通常情况下很难满足这样的可积性条件，文献[115]讨论了二阶等价的能观测规范型问题，降低了可积性的阶数，但同样要满足一组偏微分方程的求解。这种方法是对坐标变换方法的一种拓展，能充分利用系统的输入输出信息，为观测器设计带来极大的方便，是一种广泛使用的设计方法。

值得指出的是，我国学者在这方面也做了许多有益的探讨。南京理工大学的胡维礼课题组研究了一类多输入多输出非线性时变系统的降维状态观测器设计问题，所设计的降维状态观测器具有收敛速度可调的特性[116]；中国科学院的韩京清[117]提出的扩张状态观测器法解决了一类单输入单输出高阶非线性系统的状态重构问题，为自抗扰控制提供了非常好的手段。

## 2.3　基于微分几何理论的永磁同步电机能观性分析

### 2.3.1　微分几何数学方法简介

构造非线性状态观测器的基本思想是从确定性非线性系统的输入量及输出测量量中通过一定的算法估计其不可测的内部状态。由于缺少了线性这个特点，对非线性系统的研究不能再应用线性系统很成熟的一些数学手段与方法(如线性代数理论、矩阵理论等)；同时，在考虑非线性系统能观性与构造状态观测器的关系时又出现与线性系统不同的特点，研究证明，非线性系统的能观性不再直接蕴含状态观测器的存在，而且其能观性更多地依赖控制输入[118]。

近年来发展起来的非线性系统微分几何理论[119-121]，从几何的角度深入分析非线性系统的许多一般性质。它将状态变量看作 $n$ 维光滑流形 $M$ 上的局部坐标；

系统(2.1)中的非线性映射 $\boldsymbol{f}(\boldsymbol{x},\boldsymbol{u},t)$ 则视为光滑流形上的切向量场，$\boldsymbol{h}_i(\boldsymbol{x},\boldsymbol{u},t)$ 是流形上的光滑函数。由于光滑流形上的切向量场及光滑函数具有重要的线性结构，即切向量场在流形 $M$ 一点上所诱导的切向量组成的切空间规定了该点处任意光滑函数的一个线性结构；而光滑流形 $M$ 一点处的余切空间则规定了该点处任意切向量的一个线性结构。线性结构的存在使应用微分几何理论研究非线性系统成为可能。通过对比研究线性系统中的不变子空间与非线性系统的不变分布，在理论上更好地解释了非线性系统能观性、能控性以及动态解耦等一些基本概念，因此成为研究非线性系统有力的数学工具。微分几何理论建立了线性系统与非线性系统几何方法之间近似的对应关系：状态空间∽微分流形；向量∽向量场；子空间∽子流形、分布；线性代数方法∽李代数方法。

这些成果的取得极大地推动了非线性系统研究的进展。本节从研究非线性系统能观性及构造观测器的需要出发，简要介绍微分几何理论的基本概念与方法。

1. 微分流形的概念

**定义 2.1**(流形) 设 $(M,\tau)$ 为一拓扑空间且是具有可数基的 Hausdorff 空间。如果 $\forall A \in M$，均存在 $A$ 的邻域 $U$ 以及同胚映射 $\varphi: A \mapsto \varphi(A) \subset \mathbf{R}^n$，$\varphi(A)$ 为 $\mathbf{R}^n$ 中的开集，则称 $M$ 为 $n$ 维流形。

$(U,\varphi)$ 称为 $M$ 的一个局部坐标邻域。如果 $(U,\varphi_U)$ 与 $(V,\varphi_V)$ 为 $M$ 上的两个局部坐标邻域且 $U \cap V \neq \varnothing$，那么 $\varphi_V \circ \varphi_U^{-1}\big|_{\varphi_U(U\cap V)}: \varphi_U(U \cap V) \to \varphi_V(U \cap V)$ 定义了 $\mathbf{R}^n$ 上的两个开集间的一个同胚映射。若这个映射及其逆映射都是无穷次可微的，则称 $(U,\varphi_U)$ 与 $(V,\varphi_V)$ 是 $C^\infty$ 相容的。

**定义 2.2**(微分流形) 一个 $n$ 维流形 $M$，若在它上面存在一族坐标邻域 $\{(U_i,\varphi_i) | i \in I\}$，使

(1) $\bigcup(U_i) = M(i \in I)$；

(2) 这族坐标邻域中任何两个相交的坐标邻域都是 $C^\infty$ 相容的；

(3) 与这族中的每一个坐标邻域均 $C^\infty$ 相容的坐标邻域本身也属于这个族。

这样则称 $M$ 为一个 $C^\infty$ 微分流形或光滑流形，简称微分流形。流形的概念是欧氏空间概念的推广，即流形在每一点的附近和欧氏空间的一个开集是同胚的，因此可以在每一点邻域内引进局部坐标系，流形正是一块块欧氏空间粘起来的结果。

在流形上可以自由选择局部坐标，这为讨论非线性系统带来了极大的便利。基于坐标变换的非线性状态观测器设计方法主要就是采用定义在流形上的局部坐标的思想。这里所说的局部也是相对的，事实上，这样的局部范围可以很大，从而有可能在大范围内研究非线性系统的性质。

2. 向量场的概念

流形 $M$ 上点 $\boldsymbol{x}$ 处的切向量是对欧氏空间切向量的推广，这样的切向量全体记为 $T_{\boldsymbol{x}}M$，其元在普通加法及数乘运算下构成线性空间，故将 $T_{\boldsymbol{x}}M$ 称为 $\boldsymbol{x}$ 点的切空间。

**定义 2.3**(切向量场)　设 $M$ 为 $n$ 维微分流形。$M$ 上的一个向量场 $\boldsymbol{f}$ 是一个映射，它将 $M$ 上任一点 $\boldsymbol{x}$ 映射成 $\boldsymbol{x}$ 点的一个切向量，即

$$\boldsymbol{f}: M \mapsto T_{\boldsymbol{x}}M, \boldsymbol{x} \mapsto T\boldsymbol{f}(\boldsymbol{x}) \in T_{\boldsymbol{x}}M \tag{2.22}$$

光滑流形间的光滑映射自然诱导出在对应点的切空间之间的线性映射。

**定义 2.4**(切映射)　若 $\varphi: M \to N$ 是从光滑流形 $M$ 到光滑流形 $N$ 的光滑映射，则对于任意一点 $\boldsymbol{x} \in M$，$\varphi$ 诱导出从 $C^{\infty}_{\varphi(\boldsymbol{x})}$ 到 $C^{\infty}_{\boldsymbol{x}}$ 的映射 $\varphi^*$，定义为

$$\varphi^*(\boldsymbol{g}) = \boldsymbol{g} \circ \varphi, \quad \forall \boldsymbol{g} \in C^{\infty}_{\varphi(\boldsymbol{x})} \tag{2.23}$$

这样，对于任意切向量 $\boldsymbol{v} \in T_{\boldsymbol{x}}M$，可以定义映射 $\varphi_{*\boldsymbol{x}}(\boldsymbol{v}): C^{\infty}_{\varphi_{\boldsymbol{x}}} \to \mathbf{R}$，使得对于任意 $\boldsymbol{g} \in C^{\infty}_{\varphi(\boldsymbol{x})}$ 有

$$\varphi_{*\boldsymbol{x}}(\boldsymbol{v})(\boldsymbol{g}) = \boldsymbol{v}(\varphi^* \boldsymbol{g}) = \boldsymbol{v}(\boldsymbol{g} \circ \varphi) \tag{2.24}$$

$\varphi_{*\boldsymbol{x}}: T_{\boldsymbol{x}}M \to T_{\varphi(\boldsymbol{x})}N, \boldsymbol{v} \mapsto \varphi_{*\boldsymbol{x}}(\boldsymbol{v})$ 称为光滑映射 $\varphi$ 在点 $\boldsymbol{x}$ 诱导的切映射。

切空间 $T_{\boldsymbol{x}}M$ 的对偶空间称为光滑流形 $M$ 在点 $\boldsymbol{x}$ 的余切空间，记作 $T^*_{\boldsymbol{x}}M$。余切空间 $T^*_{\boldsymbol{x}}M$ 的元素称为光滑流形 $M$ 在点 $\boldsymbol{x}$ 处的余切向量。点 $\boldsymbol{x}$ 处的余切向量是切空间 $T_{\boldsymbol{x}}M$ 上的线性函数。例如，取定 $\boldsymbol{f} \in C^{\infty}_{\boldsymbol{x}}$，则任意一个切向量 $\boldsymbol{v} \in T_{\boldsymbol{x}}M$ 在 $\boldsymbol{f}$ 上的作用给出了从 $T_{\boldsymbol{x}}M$ 到 $\mathbf{R}$ 的一个线性映射：$\boldsymbol{v} \mapsto \boldsymbol{v}(\boldsymbol{f}) \in \mathbf{R}$。这就是说，函数 $\boldsymbol{f} \in C^{\infty}_{\boldsymbol{x}}$ 决定了在点 $\boldsymbol{x}$ 处的一个余切向量，记作 $\mathrm{d}\boldsymbol{f} \in T^*_{\boldsymbol{x}}M$，它的定义是

$$\mathrm{d}\boldsymbol{f}(\boldsymbol{v}) = \langle \mathrm{d}\boldsymbol{f}, \boldsymbol{v} \rangle = \boldsymbol{v}(\boldsymbol{f}) \tag{2.25}$$

余切向量 $\mathrm{d}\boldsymbol{f} \in T^*_{\boldsymbol{x}}M$ 称为函数 $\boldsymbol{f}$ 在点 $\boldsymbol{x}$ 的微分。

3. 子流形与分布的概念

**定理 2.1**　设 $M$ 与 $N$ 是两个 $n$ 维微分流形，$\boldsymbol{f}: M \to N$ 为光滑映射。若 $\exists p \in M$，切映射 $\boldsymbol{f}_*: T_p(M) \to T_{\boldsymbol{f}(p)}(N)$ 是同构的，则存在点 $p$ 在 $M$ 中的邻域 $U$，使得 $V = \boldsymbol{f}(U)$ 是点 $\boldsymbol{f}(p)$ 在 $N$ 中的一个邻域且 $\boldsymbol{f}: U \to V$ 为可微同胚。

假设 $M$ 是 $m$ 维微分流形，$N$ 是 $n$ 维微分流形，$\boldsymbol{f}: M \to N$ 是光滑映射，当切映射 $\boldsymbol{f}_*$ 在点 $p \in M$ 是单一映射时，则称切映射 $\boldsymbol{f}_*$ 在该点是非退化的。

**定义 2.5**(嵌入子流形)　设 $M$ 与 $N$ 为微分流形。若光滑映射 $\varphi: M \to N$，使得

(1) $\varphi$ 是单一的；

(2) 对任一点 $p \in M$，切映射 $\varphi_*: T_p(M) \to T_{\varphi(p)}(N)$ 都是非退化的，则 $(\varphi, M)$ 称为 $N$ 的一个光滑子流形，或称 $(\varphi, M)$ 是 $N$ 的嵌入子流形。

**定义 2.6**(光滑分布) 设 $\Delta \subset C^\infty$ 为光滑向量场集合，$\forall \boldsymbol{x} \in \boldsymbol{X}, \Delta(\boldsymbol{x}) \subset T_x\boldsymbol{X}$，即 $\Delta(\boldsymbol{x})$ 为 $\boldsymbol{x}$ 点切空间的子集。若 $\forall \boldsymbol{x} \in \boldsymbol{X}$，$\Delta(\boldsymbol{x})$ 为 $T_x\boldsymbol{X}$ 子空间，则称 $\Delta$ 为光滑分布。

4. 李代数方法

给定一个向量场 $\boldsymbol{X} \in V(M)$，根据微分方程解的存在定理，对于任一给定点 $\boldsymbol{x}_0 \in M$，总存在着从 $\mathbf{R}^1$ 上的包含 0 点的开区间 $I$ 到 $M$ 的一个映射 $\Phi_i^X(\boldsymbol{x}_0)$，使得

$$\begin{cases} \dfrac{\mathrm{d}\Phi_t^X(\boldsymbol{x}_0)}{\mathrm{d}t} = \boldsymbol{X}(\Phi_t^X(\boldsymbol{x}_0)) \\ \Phi_0^X(\boldsymbol{x}_0) = \boldsymbol{x}_0 \end{cases} \tag{2.26}$$

这个映射 $\Phi_i^X(\boldsymbol{x}_0)$ 称为向量场 $\boldsymbol{X}$ 的通过 $\boldsymbol{x}_0$ 点的积分曲线。显而易见，它对参数 $t$ 构成一个加法群。因此，它也称为 $\boldsymbol{X}$ 的单参数群。由于 $\boldsymbol{X}$ 是 $C^\infty$ 向量场，它的积分曲线 $\Phi_i^X(\boldsymbol{x}_0)$ 显然是一个可微映射。

为了讨论的方便，把向量场 $\boldsymbol{X}$ 生成的此类单参数可微变换群统一记作 $\Phi_t$。

以下讨论三种李导数的概念。预先给定一个向量场 $\boldsymbol{X}$，考察任意一个 $C^\infty$ 函数、向量场或微分一型在给定向量场 $\boldsymbol{X}$ 方向上的变化率，这样就产生了如下三种李导数的概念及其计算方法。

(1) 设 $h \in C^\infty(M)$，$h$ 对向量场 $\boldsymbol{X}$ 的李导数 $L_X: C^\infty(M) \to C^\infty(M)$ 定义为

$$L_X(h) = \lim_{t\to 0}\frac{1}{t}((\varphi_t)^* h - h) \tag{2.27}$$

在局部坐标下，如果 $\boldsymbol{X} = (a_1(\boldsymbol{x}), \cdots, a_n(\boldsymbol{x}))^{\mathrm{T}}$，那么

$$L_X(h) = \sum_{i=1}^n a_i(\boldsymbol{x})\frac{\partial}{\partial x_i}h(\boldsymbol{x}) \tag{2.28}$$

(2) 设 $\boldsymbol{Y} \in V(M)$，$\boldsymbol{Y}$ 对向量场 $\boldsymbol{X}$ 的李导数 $ad_X\boldsymbol{Y}: V(M) \to V(M)$ 定义为

$$ad_X\boldsymbol{Y} = \lim_{t\to 0}\frac{(\varphi_{-t})_*\boldsymbol{Y}_{\varphi_t(p)} - \boldsymbol{Y}_p}{t} = \lim_{t\to 0}\frac{\boldsymbol{Y}_p - (\varphi_t)_*\boldsymbol{Y}_{\varphi-t(p)}}{t} \tag{2.29}$$

在局部坐标下，如果 $\boldsymbol{Y} = (b_1(x), \cdots, b_n(x))^{\mathrm{T}}$，那么

$$ad_X\boldsymbol{Y} = \left(\frac{\partial \boldsymbol{Y}}{\partial x}\right)\cdot\boldsymbol{X} - \left(\frac{\partial \boldsymbol{X}}{\partial x}\right)\cdot\boldsymbol{Y} \text{ 或 } (\boldsymbol{X},\boldsymbol{Y}) = \left(\frac{\partial \boldsymbol{Y}}{\partial x}\right)\cdot\boldsymbol{X} - \left(\frac{\partial \boldsymbol{X}}{\partial x}\right)\cdot\boldsymbol{Y} \tag{2.30}$$

$(\boldsymbol{X},\boldsymbol{Y}) = (\partial\boldsymbol{Y}/\partial x)\cdot\boldsymbol{X} - (\partial\boldsymbol{X}/\partial x)\cdot\boldsymbol{Y}$ 反映了向量场 $\boldsymbol{Y}$ 在向量场 $\boldsymbol{X}$ 方向上的变化率，故 $(\boldsymbol{X},\boldsymbol{Y})$ 也称为 $\boldsymbol{Y}$ 对 $\boldsymbol{X}$ 的李导数。这里，$\partial\boldsymbol{Y}/\partial x$ 和 $\partial\boldsymbol{X}/\partial x$ 分别为向量场 $\boldsymbol{Y}$ 与 $\boldsymbol{X}$ 在局

部坐标下的 Jacobian 矩阵。

(3) 设 $\boldsymbol{\omega}\in V^*(M)$，$\boldsymbol{\omega}$ 对向量场 $\boldsymbol{X}$ 的李导数 $L_{\boldsymbol{X}}:V^*(M)\to V^*(M)$ 定义为

$$L_{\boldsymbol{X}}(\boldsymbol{\omega})=\lim_{t\to 0}\frac{1}{t}((\varphi_t)^*\boldsymbol{\omega}(\varphi_t(p))-\boldsymbol{\omega}(p)) \tag{2.31}$$

在局部坐标下，如果 $\boldsymbol{\omega}=(c_1(x),\cdots,c_n(x))$，那么

$$L_{\boldsymbol{X}}(\boldsymbol{\omega})=\left(\frac{\partial\boldsymbol{\omega}^{\mathrm{T}}}{\partial x}\cdot\boldsymbol{X}\right)^{\mathrm{T}}+\boldsymbol{\omega}\cdot\frac{\partial\boldsymbol{X}}{\partial x} \tag{2.32}$$

式中，$\partial\boldsymbol{\omega}^{\mathrm{T}}/\partial x$ 为 $\boldsymbol{\omega}^{\mathrm{T}}$ 在局部坐标下的 Jacobian 矩阵。

### 2.3.2　非线性系统能观性基础

应用微分几何理论研究非线性系统的能观性实际上就是从空间几何的观点出发阐述局部流形上状态轨迹曲线在输入激励下的不可接近性。

线性系统几何理论是在 20 世纪 70 年代提出的，应用几何理论能够对一些困难问题给出明确的解释。对于线性系统，可以把状态空间分解为一些特定的子空间，如能控子空间及能观子空间等；而系统的状态轨迹、输出或干扰等只属于某些子空间或由其生成的超平面，讨论这些子空间的性质即可了解线性系统的性质。

对于非线性系统，运动轨迹或输出等一般来说都不能用子空间来描述，它们往往只属于某些低维子流形。类似于线性系统几何理论，可以通过对低维子流形的讨论来了解非线性系统的性质。这样，微分几何方法就被有效地应用到非线性系统的研究中。借助 Frobenius 定理及 Chow 定理可将低维子流形与其切向量场形成的分布联系在一起，因此可以把对低维子流形的讨论转换为对向量场及其分布性质的研究。从子流形到分布，这是非线性系统几何方法讨论中比线性系统几何方法多出的一个环节，也是非线性系统的一种特征。

为了便于应用微分几何理论讨论系统的能观性，不妨将系统(2.1)定义在光滑流形上，即状态空间是一个 $n$ 维流形 $M$，输出空间是一个 $p$ 维流形 $N$，$\boldsymbol{x}$、$\boldsymbol{y}$ 分别为 $M$ 和 $N$ 上的一个局部坐标，而式(2.1)则认为是这个动态系统在局部坐标下的一个表达式。这样，对于每个给定的常值控制 $u$，$f(\boldsymbol{x},\cdot)$ 就可以看作 $\mathbf{R}^n$ 上的一个 $C^\infty$ 向量场，而相应的状态运动轨迹则可看作这个向量场的一条积分曲线(integral curve)。这样，非线性系统就可以用向量场以及其他微分几何的工具来讨论了。

在线性系统的能观性分析中可以看到，控制输入并不影响系统的能观性，但对于非线性系统情况则不然，以下通过两个例子说明这个问题。

**例 2.1**　考虑如式(2.33)所示的非线性系统(van der Pol 方程[122])：

$$\begin{cases} \dot{x}_1 = x_2 \\ \dot{x}_2 = -x_1 + (u - x_1^2)x_2 \\ y = x_1 + u + x_1^2 x_2^3 \end{cases} \tag{2.33}$$

式中，$u \in \mathbf{R}^1$ 为一维控制输入。

**定义 2.7**(状态可区分性) 对于非线性系统(2.1)，称初始状态 $\boldsymbol{x}_{01} \in \mathbf{R}^n$ 和 $\boldsymbol{x}_{02} \in \mathbf{R}^n$ 是可区分的，如果 $\exists \boldsymbol{u}(t) \in \mathbf{R}^m$ ，s.t. $\forall t \geqslant 0$ ，$y(t, \boldsymbol{x}_{01}, \boldsymbol{u}(t)) \neq y(t, \boldsymbol{x}_{02}, \boldsymbol{u}(t))$ ；否则称它们是不可区分的(记为 $\boldsymbol{x}_{01} I \boldsymbol{x}_{02}$ )。

集合 $I(\boldsymbol{x}_0) = \{\boldsymbol{x} \in \mathbf{R}^n \mid \boldsymbol{x}和\boldsymbol{x}_0是不可区分的\}$ 包含所有与 $\boldsymbol{x}_0$ 不可区分的点。

图 2.1(a)说明在指定控制输入 $u = 1$ ，初始状态不同时系统存在状态不可区分点的情况，这时系统对这两点是不能观测的；图 2.1(b)说明了在指定控制输入 $u = -3$ 时系统对同样的两点可区分，即这时系统是能观测的。由此可见，系统的能观性随控制输入的不同而发生了改变。

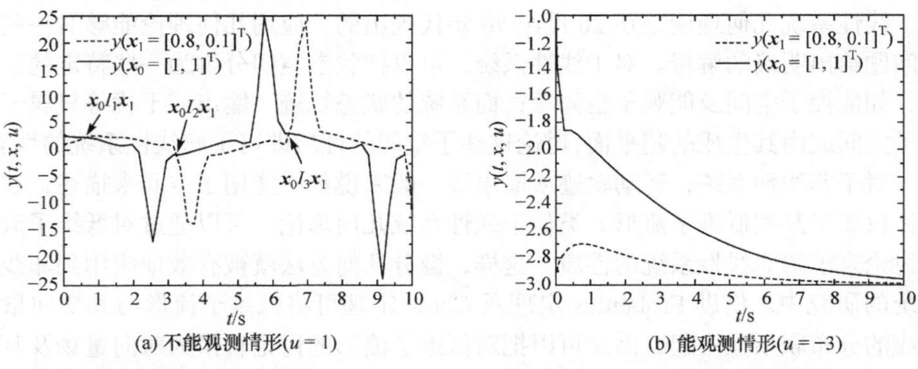


(a) 不能观测情形($u = 1$)　　(b) 能观测情形($u = -3$)

图 2.1 控制输入不同时对初始状态 $\boldsymbol{x}_0$=[1, 1]$^\mathrm{T}$ 与 $\boldsymbol{x}_1$=[0.8, 0.1]$^\mathrm{T}$ 的能观性情况

**例 2.2** 给定非线性系统[123] $\dot{x} = u$ ，$y = \sin x$ ，当 $u = 0$ 时系统能观测；而当 $u \neq 0$ 时系统是不能观测的，因为对于输入 $x_0$ 和 $x_0+2k\pi(k = 0, \pm1, \cdots)$，其输出总是一样的。

由例 2.1 和例 2.2 得出的结论是非线性系统能观性严重依赖控制输入 $u$ ，且由于非线性系统状态解的多值性(如分岔非线性系统)，往往使系统的能观性并不是全局的，却在一个确定范围内能观测从而可以构造局部状态观测器。由此可见，构造非线性系统的状态观测器必须要对系统能观性有一个全面的认识。

### 2.3.3 永磁同步电机系统局部能观性分析

1. 非线性系统局部弱能观的定义

应用定义 2.7 阐述的不可区分性的概念，可以得到如下非线性系统能观性的定义[123]。

**定义 2.8**　如果$\exists \boldsymbol{u} \in \Re \subset \mathbf{R}^m$，s.t. $\forall \boldsymbol{x} \in M$，$I_x = \{\boldsymbol{x}\}$，系统(2.1)称为能观测的。

据此定义，系统的能观性并不意味着对于任何输入都有$I_x = \{\boldsymbol{x}\}$；同时可以看出，这种能观性是一种全局(空间及时间)意义上的能观性，即系统可能在大范围或较长时间内才能区分开流形上的某两个点。由于实际的非线性系统往往是时间连续的并且工作在某一平衡点附近，因此这里引入局部弱能观的定义。

**定义 2.9**(局部弱能观)　如果$\forall \boldsymbol{x} \in M$，$\exists \boldsymbol{x}$的开邻域$U$，s.t. $\forall \boldsymbol{x} \in V$，$V \subseteq U$，$I_V(\boldsymbol{x}) = \boldsymbol{x}$，那么系统(2.1)称为局部弱能观的。

对于复杂的非线性系统，局部弱能观是一种更具有实际应用意义的能观性。对于给定的非线性系统，如何判断其局部弱能观性以及是否存在同线性系统一样的统一判据，Hermann 等在提出局部弱能观定义的基础上应用李代数方法给出了能观性秩判据。

$\forall \boldsymbol{x}_0, \boldsymbol{x}_1 \in V$，若系统弱能观，则$y(t, \boldsymbol{x}_0, \boldsymbol{u}) \neq y(t, \boldsymbol{x}_1, \boldsymbol{u})$。现取$\boldsymbol{u}_1 \in \Re \subset \mathbf{R}^m$且$f_1(\boldsymbol{x}) = f(\boldsymbol{x}, \boldsymbol{u}_1) \neq 0$，令单参数变换群$t \to \gamma_t^1(\boldsymbol{x})$为向量场$f_1$通过$\boldsymbol{x}$点的积分曲线，即$\mathrm{d}\gamma_t^1(\boldsymbol{x}) / \mathrm{d}t = f_1(\gamma_t^1(\boldsymbol{x}))$，则$\exists \varepsilon > 0$，集合$V_1 = \{\gamma_t^1(\boldsymbol{x}) : 0<t<\varepsilon\}$为开邻域$U$的一个一维子流形。设控制输入是一个有限集合：$\boldsymbol{u}_1, \cdots, \boldsymbol{u}_k \in \Re \subset \mathbf{R}^m$，$0<k<\infty$，类似地有$V^k = \{\gamma_{t_k}^k \circ \gamma_{t_{k-1}}^{k-1} \circ \cdots \circ \gamma_{t_1}^1(\boldsymbol{x}) : (t_1, \cdots t_k)\}$为开邻域$U$的一个$k$维子流形，其中，$\gamma_{t_i}^i(\boldsymbol{x})$为对应向量场的积分曲线。对于足够小的$t_1, \cdots, t_k \geqslant 0$，若$\exists \boldsymbol{x}_0, \boldsymbol{x}_1 \in V$，s.t. $\boldsymbol{x}_0 I_V \boldsymbol{x}_1$，则必有$h_i(\gamma_{t_k}^k \circ \gamma_{t_{k-1}}^{k-1} \circ \cdots \circ \gamma_{t_1}^1(\boldsymbol{x}_0)) = h_i(\gamma_{t_k}^k \circ \gamma_{t_{k-1}}^{k-1} \circ \cdots \circ \gamma_{t_1}^1(\boldsymbol{x}_1))$，$\forall i = 1, 2, \cdots, p$。依次对$t_k, \cdots, t_1$微分并取$t_k = 0, \cdots, t_1 = 0$可以得到：

$$L_{f_1} L_{f_2} \cdots L_{f_k}(h_i)(\boldsymbol{x}_0) = L_{f_1} L_{f_2} \cdots L_{f_k}(h_i)(\boldsymbol{x}_1) \tag{2.34}$$

注意到由这样的李导数构成的$C^\infty$光滑函数的数目是有限的，不妨将其组成的集合表示为$\boldsymbol{\Gamma}$。由此定义对偶向量场：$\mathrm{d}\boldsymbol{\Gamma} = \{\mathrm{d}\varphi : \varphi \in \boldsymbol{\Gamma}\}$。若系统在$\boldsymbol{x}_0$存在不可区分点$\boldsymbol{x}_1$，则必有$\boldsymbol{\Gamma}$的元素全部为零，其目的就是寻找这样一种条件，当其得以满足时使$\forall \varphi \in \boldsymbol{\Gamma}$，$\varphi(\boldsymbol{x}_0) \neq \varphi(\boldsymbol{x}_1)$。这样的条件就是对偶向量场$\mathrm{d}\boldsymbol{\Gamma}$在$\boldsymbol{x}_0$点的维数为 $n$，称为系统在$\boldsymbol{x}_0$点满足能观性秩条件。因为若$\mathrm{d}\boldsymbol{\Gamma}(\boldsymbol{x}_0) = n$，则必有$\varphi_1, \varphi_2, \cdots, \varphi_n \in \boldsymbol{\Gamma}$使得$\mathrm{d}\varphi_1(\boldsymbol{x}_0), \mathrm{d}\varphi_2(\boldsymbol{x}_0), \cdots, \mathrm{d}\varphi_n(\boldsymbol{x}_0)$彼此线性独立。这样，映射$\boldsymbol{\Phi} : \boldsymbol{x} \mapsto \mathbf{col}(\varphi_1(\boldsymbol{x}), \cdots, \varphi_n(\boldsymbol{x}))$在$\boldsymbol{x}_0$点的 Jacobian 矩阵非奇异，故$\boldsymbol{\Phi}$建立了$\boldsymbol{x}_0$点邻域的一个光滑同胚，不妨设此邻域为 $U$。则对于此邻域内的任何一点$\boldsymbol{x}_1 \neq \boldsymbol{x}_0$，至少有一个$\varphi_i \in \boldsymbol{\Gamma}$，s.t. $\varphi_i(\boldsymbol{x}_1) \neq \varphi_i(\boldsymbol{x}_0)$。由于系统局部弱能观的一个充分条件是前面阐述的$\forall \varphi \in \boldsymbol{\Gamma}$，$\varphi(\boldsymbol{x}_0) \neq \varphi(\boldsymbol{x}_1)$，故可得到$I_V\{\boldsymbol{x}_0\} = \boldsymbol{x}_0$。至此，从分析非线性系统定义在流形上一点的不可区分性得到了非线性系统局部弱能观的充分条件。

反之，系统局部弱能观并不一定推出满足能观性秩条件。系统局部弱能观的必要条件可表述为定理 2.2。

**定理 2.2**[121] 若系统是局部弱能观的，则能观性秩条件在一个开稠集上成立。

2. 永磁同步电机系统局部弱能观分析

下面应用上述微分流形理论分析永磁同步电机建立在 $d\text{-}q$ 轴转子磁链定向系动态方程的局部弱能观性。分别考虑表面式永磁同步电机及内置式永磁同步电机两种情形。

1) 表面式永磁同步电机 ($L_\mathrm{d}=L_\mathrm{q}$)

给定表面式永磁同步电机建立在 $d\text{-}q$ 轴转子磁链定向系状态方程与输出方程如下(不失一般性地设电机为一对极，暂不考虑摩擦阻力的影响)：

$$\boldsymbol{\Sigma}_\mathrm{e}:\begin{cases}\dfrac{\mathrm{d}\theta}{\mathrm{d}t}=\omega\\ \dfrac{\mathrm{d}\omega}{\mathrm{d}t}=\dfrac{3K_\mathrm{E}}{2J}i_\mathrm{q}-\dfrac{f_\mathrm{s}}{J}\omega-\dfrac{T_\mathrm{L}}{J}\\ \dfrac{\mathrm{d}i_\mathrm{q}}{\mathrm{d}t}=-\dfrac{R}{L}i_\mathrm{q}-\omega i_\mathrm{d}-\dfrac{K_\mathrm{E}}{L}\omega+\dfrac{1}{L}u_\mathrm{q}\\ \dfrac{\mathrm{d}i_\mathrm{d}}{\mathrm{d}t}=-\dfrac{R}{L}i_\mathrm{d}+\omega i_\mathrm{q}+\dfrac{1}{L}u_\mathrm{d}\\ h_1(\boldsymbol{x})=i_\mathrm{q}\\ h_2(\boldsymbol{x})=i_\mathrm{d}\end{cases}\tag{2.35}$$

式中，$\theta$ 为转子位置角；$\omega$ 为转速；$R$ 为定子绕组电阻；$L$ 为 $d$、$q$ 轴等效电感($L=L_\mathrm{d}=L_\mathrm{q}$)；$K_\mathrm{E}$ 为反电势常数；$f_\mathrm{s}$ 为黏滞摩擦系数；$J$ 为转子转动惯量；$T_\mathrm{L}$ 为负载转矩。

写成集总参数形式为

$$\boldsymbol{\Sigma}_\mathrm{e}:\begin{cases}\dot{\boldsymbol{x}}=\boldsymbol{f}(\boldsymbol{x})+\sum\limits_{i=1}^{3}\boldsymbol{g}_i(\boldsymbol{x})\cdot u_i\\ y_j=h_j(\boldsymbol{x}),\quad i=1,2,3;\ j=1,2\end{cases}\tag{2.36}$$

式中，$\boldsymbol{x}=(x_1,\ x_2,\ x_3,\ x_4)^\mathrm{T}=(\theta,\ \omega,\ i_\mathrm{q},\ i_\mathrm{d})^\mathrm{T}$；$\boldsymbol{f}(\boldsymbol{x})=(x_2,-(f_\mathrm{s}/J)x_2+(3K_\mathrm{E}/(2J))x_3,-(R/L)x_3-x_2x_4-(K_\mathrm{E}/L)x_2,-(R/L)x_4+x_2x_3)^\mathrm{T}$；$\boldsymbol{g}_1(\boldsymbol{x})=(0,0,1/L,0)^\mathrm{T}$；$\boldsymbol{g}_2(\boldsymbol{x})=(0,0,0,1/L)^\mathrm{T}$；$\boldsymbol{g}_3(\boldsymbol{x})=(0,-1/J,0,0)^\mathrm{T}$；$u_1=u_\mathrm{q}$；$u_2=u_\mathrm{d}$；$u_3=T_\mathrm{L}$；$h_1(\boldsymbol{x})=x_3$；$h_2(\boldsymbol{x})=x_4$。

显然，系统(2.36)为定义在一个四维流形 $\boldsymbol{M}=\{(\theta,\omega,\boldsymbol{i})\in\mathbf{R}^4\}$ 上的仿射非线性多变量系统。对该系统计算李导数可得到：$(\boldsymbol{f},\boldsymbol{g}_1)=(0,-3K_\mathrm{E}/(2JL),R/L^2,-x_2/L)^\mathrm{T}$，$(\boldsymbol{f},\boldsymbol{g}_2)=(0,0,x_2/L,R/L^2)^\mathrm{T}$，$(\boldsymbol{f},\boldsymbol{g}_3)=(1/J,\ 0,-x_4/(J-K_\mathrm{E}/(JL)),x_3/J)^\mathrm{T}$。如果

构造分布 $\Delta=\mathrm{span}(\boldsymbol{g}_1, \boldsymbol{g}_2, \boldsymbol{g}_3, (\boldsymbol{f},\boldsymbol{g}_3))$，则 $|\Delta(\boldsymbol{x})|=1/(J^2L^2)\neq 0$ 且 $(\boldsymbol{f},\boldsymbol{g}_1)\subset\Delta$、$(\boldsymbol{f},\boldsymbol{g}_2)\subset\Delta$，故 $\Delta$ 是包含 $\Delta_0=\mathrm{span}(\boldsymbol{f}, \boldsymbol{g}_1, \boldsymbol{g}_2, \boldsymbol{g}_3)$ 且关于系统是不变的最小分布，由于 $\dim(\Delta(\boldsymbol{x}))=4=n$，因此由文献[123]可知系统在 $\boldsymbol{M}$ 上是弱可控的；进一步通过计算可以得到：$L_{\boldsymbol{f}}(\mathrm{d}h_1)=(0,-x_4-K_{\mathrm{E}}/L,-R/L,-x_2)$，$L_{\boldsymbol{f}}(\mathrm{d}h_2)=(0, x_3, x_2,-R/L)$，$L_{(\boldsymbol{f},\boldsymbol{g}_3)}(\mathrm{d}h_1)=(0, 0, 0,-1/J)$，$L_{(\boldsymbol{f},\boldsymbol{g}_3)}(\mathrm{d}h_2)=(0, 0, 1/J, 0)$，$L_{\boldsymbol{g}_i}(\mathrm{d}h_j)=(0, 0, 0, 0)$ $(\forall i=1,2,3; j=1,2)$，可以证明：$\boldsymbol{\omega}(\boldsymbol{x})=\mathrm{span}(\mathrm{d}h_1, \mathrm{d}h_2, L_{\boldsymbol{f}}(\mathrm{d}h_1))$ 是包含 $\boldsymbol{\omega}_0(\boldsymbol{x})=\mathrm{span}(\mathrm{d}h_1, \mathrm{d}h_2)$ 且关于系统是不变的最小对偶分布 $(x_4\neq -K_{\mathrm{E}}/L)$。显然，由于 $\forall\boldsymbol{x}\in\boldsymbol{M}$，$\dim(\Delta(\boldsymbol{x}))=3<4=n$，故系统不满足能观性秩条件，所以表面式永磁同步电机(surface PMSM，SPMSM)动态系统是非局部弱能观的，也就是非弱能观的。

2) 内置式永磁同步电机 $(L_{\mathrm{d}}<L_{\mathrm{q}})$

给定内置式永磁同步电机状态方程及输出方程如下：

$$\boldsymbol{\Sigma}_{\mathrm{i}}:\begin{cases}\dfrac{\mathrm{d}\theta}{\mathrm{d}t}=\omega\\ \dfrac{\mathrm{d}\omega}{\mathrm{d}t}=((3n_{\mathrm{p}}K_{\mathrm{E}}/2)i_{\mathrm{q}}+n_{\mathrm{p}}(L_{\mathrm{d}}-L_{\mathrm{q}})i_{\mathrm{d}}i_{\mathrm{q}}-T_{\mathrm{L}}-f_{\mathrm{s}}\omega)/J\\ \dfrac{\mathrm{d}i_{\mathrm{q}}}{\mathrm{d}t}=(-Ri_{\mathrm{q}}-\omega L_{\mathrm{d}}i_{\mathrm{d}}-K_{\mathrm{E}}\omega+u_{\mathrm{q}})/L_{\mathrm{q}}\\ \dfrac{\mathrm{d}i_{\mathrm{d}}}{\mathrm{d}t}=(-Ri_{\mathrm{d}}+\omega L_{\mathrm{q}}i_{\mathrm{q}}+u_{\mathrm{d}})/L_{\mathrm{d}}\\ h_1(\boldsymbol{x})=i_{\mathrm{q}}\\ h_2(\boldsymbol{x})=i_{\mathrm{d}}\end{cases}\tag{2.37}$$

写成集总参数形式为

$$\boldsymbol{\Sigma}_{\mathrm{i}}:\begin{cases}\dot{\boldsymbol{x}}=\boldsymbol{f}(\boldsymbol{x})+\displaystyle\sum_{i=1}^{3}\boldsymbol{g}_i(\boldsymbol{x})\cdot u_i\\ y_j=h_j(\boldsymbol{x}),\quad i=1,2,3;\ j=1,2\end{cases}\tag{2.38}$$

式中，$\boldsymbol{x}=(x_1,x_2,x_3,x_4)^{\mathrm{T}}=(\theta, \omega, i_{\mathrm{q}}, i_{\mathrm{d}})^{\mathrm{T}}$；$\boldsymbol{f}(\boldsymbol{x})=(x_2,-(f_{\mathrm{s}}/J)x_2+(3n_{\mathrm{p}}K_{\mathrm{E}}/(2J))x_3+(n_{\mathrm{p}}(L_{\mathrm{d}}-L_{\mathrm{q}})/J)x_3x_4,-(R/L_{\mathrm{q}})x_3-(L_{\mathrm{d}}/L_{\mathrm{q}})x_2x_4-(K_{\mathrm{E}}/L_{\mathrm{q}})x_2,-(R/L_{\mathrm{d}})x_4+(L_{\mathrm{q}}/L_{\mathrm{d}})x_2x_3)^{\mathrm{T}}$；$\boldsymbol{g}_1(\boldsymbol{x})=(0,0,1/L,0)^{\mathrm{T}}$；$\boldsymbol{g}_2(\boldsymbol{x})=(0,0,0,1/L)^{\mathrm{T}}$；$\boldsymbol{g}_3(\boldsymbol{x})=(0,-1/J,0,0)^{\mathrm{T}}$；$u_1=u_{\mathrm{q}}$；$u_2=u_{\mathrm{d}}$；$u_3=T_{\mathrm{L}}$；$h_1(\boldsymbol{x})=x_3$；$h_2(\boldsymbol{x})=x_4$。通过计算可得到：$L_{\boldsymbol{f}}(\mathrm{d}h_1)=(0,-(L_{\mathrm{d}}/L_{\mathrm{q}})x_4-K_{\mathrm{E}}/L_{\mathrm{q}},-R/L_{\mathrm{q}},-(L_{\mathrm{d}}/L_{\mathrm{q}})x_2)$；$L_{\boldsymbol{f}}(\mathrm{d}h_2)=(0,(L_{\mathrm{q}}/L_{\mathrm{d}})x_3,(L_{\mathrm{q}}/L_{\mathrm{d}})x_2,-R/L_{\mathrm{d}})$；$L_{(\boldsymbol{f},\boldsymbol{g}_3)}(\mathrm{d}h_1)=(0,0,0,-(L_{\mathrm{q}}/L_{\mathrm{d}})/J)$；$L_{(\boldsymbol{f},\boldsymbol{g}_3)}(\mathrm{d}h_2)=(0,0,-(L_{\mathrm{q}}/L_{\mathrm{d}})J,0)$，$L_{\boldsymbol{g}_i}(\mathrm{d}h_j)=(0, 0, 0, 0)(\forall i=1,2,3; j=1,2)$，则可证明 $\boldsymbol{\omega}(\boldsymbol{x})=\mathrm{span}(\mathrm{d}h_1, \mathrm{d}h_2, L_{\boldsymbol{f}}(\mathrm{d}h_1))$

仍是包含$\boldsymbol{\omega}_0(\boldsymbol{x})=\text{span}(\mathrm{d}h_1,\mathrm{d}h_2)$且关于系统是不变的最小对偶分布$(x_4\neq -K_{\mathrm{E}}/L)$。显然，由于$\forall \boldsymbol{x}\in \boldsymbol{M}$，$\dim(\Delta(\boldsymbol{x}))=3<4=n$，因此系统不满足能观性秩条件，内置式永磁同步电机(inner PMSM，IPMSM)也是非弱能观的。

文献[124]研究了永磁同步电动机在不考虑转子位置机械子系统时的弱能观性，得出此时系统相邻状态是可区分的结论。但由关于弱能观性的分析可以看出，若基于观测转子位置信息的需要考虑位置机械子系统，则系统是非弱能观的，这从理论上说明此类旋转机械系统具有高度对称性，同时也说明直接基于这样的动态方程应用构造状态观测器的方法是无法获得精确的转子位置信息的。

### 2.3.4　永磁同步电机系统全局能观性分析

1. 非线性系统全局能观性的定义

非线性系统全局能观性是构造全局状态观测器的一个基本的必要条件。但由前面关于系统局部弱能观性的分析可以看出，若系统的局部弱不可区分点$I_U\{\boldsymbol{x}_0\}\neq\{\boldsymbol{x}_0\}$，则这样的不可区分性可以把状态空间分为若干类。

定义拓扑空间上的一个等价关系～[121]，它满足：

(1) 自反性：$\boldsymbol{x}\sim\boldsymbol{x}$；

(2) 对称性：如果$\boldsymbol{x}\sim\boldsymbol{y}$，那么$\boldsymbol{y}\sim\boldsymbol{x}$；

(3) 传递性：如果$\boldsymbol{x}\sim\boldsymbol{y}$，$\boldsymbol{y}\sim\boldsymbol{z}$，那么$\boldsymbol{x}\sim\boldsymbol{z}$。

局部弱能观性并不是状态空间上的一个等价关系，因为系统(2.1)在$U$上的限制不是完备的，所以其不具有传递性。

**定义 2.10**(商空间)　在拓扑空间$(M,\tau)$中，如果存在一个等价关系～，$\forall \boldsymbol{x}\in M$，记$\{\boldsymbol{x}\}$为$\boldsymbol{x}$的等价类，则从$M$到它的等价类集合$M/\sim$之间存在一个自然映射$f:\boldsymbol{x}\to\{\boldsymbol{x}\}$，对于$M/\sim$中的一个子集$U$，若它在$f$下的原象$f^{-1}(U)$是$M$中的开集，则称$U$为$M/\sim$中的开集，即令$\psi\overset{\text{def}}{=}\{U\,|\,f^{-1}(U)\in\tau\}$，那么$(M/\sim,\ \psi)$也是一个拓扑空间，这个空间称为$M$在等价关系～下的商空间。

一般意义上的$M'=M/I$并不是连通的和可区分的(即Hausdorff空间)，故由系统的局部弱能观性并不能保证全局弱能观性。但是定义在强不可区分意义上的局部弱能观是能够保证全局弱能观的。

**定义 2.11**(状态强不可区分性)　若存在一条连续曲线$\alpha:[0,1]\to M$，s.t. $\alpha(0)=\boldsymbol{x}_0$，$\alpha(1)=\boldsymbol{x}_1$且$\boldsymbol{x}_0 I\alpha(s)$，$\forall s\in[0,1]$，则称$\boldsymbol{x}_0$与$\boldsymbol{x}_1$为强不可区分的(记为$\boldsymbol{x}_0\mathrm{SI}\boldsymbol{x}_1$)。

强不可区分性是$M$上的一个正则等价关系，由等价关系的传递性可知，如果在全空间上$\forall \boldsymbol{x}_1,\ \boldsymbol{x}_2\in M$，s.t. $\boldsymbol{x}_1\mathrm{SI}\boldsymbol{x}_2$，那么系统是完全不能观的；反之，若存在若

干强不可区分点集，则可以在强不可区分关系商空间的补集上研究全局能观性；若系统是全局完全能观的，则点与点之间强不可区分性在全状态空间上处处不成立。

2. 永磁同步电机系统全局能观性分析

这里应用非线性系统全局能观性的定义讨论永磁同步电机系统的全局能观性。这对应用非线性状态观测器解决此类系统位置及速度估计问题具有理论指导意义。

面贴式永磁同步电动机转子磁链定向系模型为

$$
\boldsymbol{\Sigma}'_{\mathrm{e}}:\begin{cases}\dot{\theta}=\omega \\ \dot{\omega}=\left(\dfrac{3K_{\mathrm{E}}n_{\mathrm{p}}}{2J}\right)i_{\mathrm{q}}-\left(\dfrac{f_{\mathrm{s}}}{J}\right)\omega-\dfrac{T_{\mathrm{L}}}{J} \\ \dot{i}_{\mathrm{d}}=-\left(\dfrac{R}{L}\right)i_{\mathrm{d}}+n_{\mathrm{p}}\omega i_{\mathrm{q}}+\left(\dfrac{1}{L}\right)u_{\mathrm{d}} \\ \dot{i}_{\mathrm{q}}=-\left(\dfrac{R}{L}\right)i_{\mathrm{q}}-n_{\mathrm{p}}\omega i_{\mathrm{d}}-\left(\dfrac{K_{\mathrm{E}}n_{\mathrm{p}}}{L}\right)\omega+\left(\dfrac{1}{L}\right)u_{\mathrm{q}}\end{cases} \tag{2.39}
$$

考虑两个完全一样的电机模型 $\boldsymbol{\Sigma}'_{\mathrm{e1}}$、$\boldsymbol{\Sigma}'_{\mathrm{e2}}$，它们具有相同的输入变量 $\boldsymbol{u}=(u_{\mathrm{d}},\ u_{\mathrm{q}})^{\mathrm{T}}$ 与负载转矩 $T_{\mathrm{L}}$；状态变量为 $(\theta_k,\ \omega_k,\ \boldsymbol{i}_k)$，$k=1, 2$。定义偏差变量为

$$
\varepsilon=\theta_1-\theta_2,\ \ \Delta=\omega_1-\omega_2,\ \ \boldsymbol{e}=\boldsymbol{i}_1-\boldsymbol{i}_2 \tag{2.40}
$$

式中，$\boldsymbol{i}=(i_{\mathrm{d}},\ i_{\mathrm{q}})^{\mathrm{T}}$。若初始状态为 $(\theta_{10},\ \omega_{10},\ \boldsymbol{i}_{10})$，则在同胚变换 $(\theta_1,\omega_1,\boldsymbol{i}_1,\theta_2,\omega_2,\boldsymbol{i}_2)\to(\theta,\omega,\boldsymbol{i},\varepsilon,\Delta,\boldsymbol{e})$ 下可得偏差的动态方程为

$$
\boldsymbol{\Xi}_{\mathrm{e}}:\begin{cases}\dot{\varepsilon}=\Delta \\ \dot{\Delta}=\lambda\boldsymbol{e}^{\mathrm{T}}\boldsymbol{I}-\zeta\Delta \\ \dot{\boldsymbol{e}}=-\tau\boldsymbol{e}+n_{\mathrm{p}}(\omega-\Delta)\boldsymbol{\Pi}\boldsymbol{e}+n_{\mathrm{p}}\Delta\boldsymbol{\Pi}\boldsymbol{i}\end{cases} \tag{2.41}
$$

式中，$\lambda=3(K_{\mathrm{E}}\times n_{\mathrm{p}})/n$；$\tau=(K_{\mathrm{E}}\times n_{\mathrm{p}})/n$；$\zeta=f_{\mathrm{s}}/J$；$\boldsymbol{I}=(0,\ 1)^{\mathrm{T}}$；$\boldsymbol{\Pi}=(0,1;-1,\ 0)$。

偏差方程 $\boldsymbol{\Xi}_{\mathrm{e}}$ 的初始条件为 $\varepsilon_0=\theta_{10}-\theta_{20}$，$\Delta_0=\omega_{10}-\omega_{20}$，$\boldsymbol{e}_0=\boldsymbol{i}_{10}-\boldsymbol{i}_{20}$。若 $(\theta_{i0},\omega_{i0},\boldsymbol{i}_{i0})(i=1,2)$ 为系统 $\boldsymbol{\Sigma}'_{\mathrm{e}}$ 的任意两个 $(T_{\mathrm{L}}(\cdot),\boldsymbol{u}(\cdot))$ 不可区分状态，则系统 $(\boldsymbol{\Sigma}'_{\mathrm{e}},\boldsymbol{\Xi}_{\mathrm{e}})$ 在这样的初始状态及输入作用下必然有 $\boldsymbol{e}(t)=0,\ \ \dot{\boldsymbol{e}}(t)=0,\ \ \forall t\geqslant 0$。由此可得到系统不可区分轨迹为如下方程组的解集：

$$
\boldsymbol{\Theta}_{\mathrm{e}}:\begin{cases}\dot{\theta}=\omega \\ \dot{\omega}=\lambda\boldsymbol{i}^{\mathrm{T}}\boldsymbol{I}-\zeta\omega-T_{\mathrm{L}}/J \\ \dot{\boldsymbol{i}}=-(R/L)\boldsymbol{i}+n_{\mathrm{p}}\omega\boldsymbol{\Pi}\boldsymbol{i}-\tau\omega\boldsymbol{I}+(1/L)\boldsymbol{u} \\ \dot{\varepsilon}=0 \\ \dot{\Delta}=\Delta=0\end{cases} \tag{2.42}
$$

式(2.42)可称为永磁同步电机控制系统不可区分动态(indistinguishable dynamics)[125]，也可称为系统$(\boldsymbol{\Sigma}_{\mathrm{e}}',\boldsymbol{\Xi}_{\mathrm{e}})$的零动态(zero dynamics)，因为此时系统的运动轨迹产生零输出$\boldsymbol{e}(t)$。

由文献[126]可知，可将式(2.42)定义在如下 5 维非连通微分流形上：$\boldsymbol{M}'=\{(\theta,\omega,\boldsymbol{i},\varepsilon)\in\mathbf{R}^5 \mid \varepsilon\neq 0\}$。从几何上说，$\boldsymbol{M}'$是系统$(\boldsymbol{\Sigma}_{\mathrm{e}}',\boldsymbol{\Xi}_{\mathrm{e}})$状态空间$\mathbf{R}^8$上的 5 维非连通子流形，系统$(\boldsymbol{\Sigma}_{\mathrm{e}}',\boldsymbol{\Xi}_{\mathrm{e}})$中任何一条位于$\boldsymbol{M}'$上的轨迹对应于永磁同步电机系统的不可区分轨迹；否则对应于永磁同步电动机的可区分轨迹。

由于$\varepsilon\neq 0$时式(2.42)的解总是存在，因此自控式永磁同步电动机在 $d$-$q$ 轴的转子磁链定向系模型方程是全局不可区分的，也就是全局不能观的。

这是一个重要的结论，因为式(2.42)说明电机的全状态$(\theta,\omega,\boldsymbol{i})$是全局强不可区分的。其物理意义为：对于变换到转子磁链定向系模型方程，对应恒定转速$\omega$的电流是恒定的，因此转子位置角$\theta$不可区分；同时，其蕴含的一个重要启示是若转子初始位置角已知，则偏差$\varepsilon\to 0$，此时可构造转子位置角渐近观测器。

同时注意到，若不考虑$\dot{\theta}=\omega$子系统，则系统不可区分动态退化为

$$\boldsymbol{\Theta}_{\mathrm{e}}':\begin{cases}\dot{\omega}=\alpha\boldsymbol{i}^{\mathrm{T}}\boldsymbol{I}-\gamma\omega-T_{\mathrm{L}}/J\\ \dot{\boldsymbol{i}}=-(R/L)\boldsymbol{i}+n_{\mathrm{p}}\omega\boldsymbol{\Pi}\boldsymbol{i}-\beta\omega\boldsymbol{I}+(1/L)\boldsymbol{u}\end{cases}\tag{2.43}$$

显见此时系统是全局能观的，这与文献[124]分析得出的结论相一致。内置式永磁同步电机全局能观性的分析与此推导过程类似。

## 2.4 非线性系统能观性与构造状态观测器关系探讨

### 2.4.1 观测器存在性定理

从上述关于非线性系统能观性的分析可以得到如下基本结论。

(1) 若构造全局状态观测器，则应满足全局能观性条件，即在全局范围内状态轨迹对任意输入总是可区分的，如若不然至少也应该满足全局可检测条件，即$\forall\boldsymbol{u}\in\Re\subset\mathbf{R}^m$，满足$\forall\hat{\boldsymbol{x}}\in I_{\boldsymbol{u}}(\boldsymbol{x})$，s.t. $\lim\left\|\gamma_{\boldsymbol{u}}^t(\hat{\boldsymbol{x}})-\gamma_{\boldsymbol{u}}^t(\boldsymbol{x})\right\|=0(t\to\infty)$，其中，$\gamma_{\boldsymbol{u}}^t(\boldsymbol{x})$为系统经过$\boldsymbol{x}$点的解轨迹。满足 Lipschitz 条件的一类非线性系统就是这样的例子，显然对于这类系统，基于非线性映射的坐标变换方法比较实用。

永磁同步电机系统的全阶模型具有全局不可区分轨迹，因此是全局不可区分的，故不宜对此类全阶方程构造观测器；但可以证明其降阶模型是全局可区分的，满足全局能观性的概念，因此可以构造大范围非线性状态观测器。

(2) 很多情况下，系统往往工作在某一平衡点附近，只要保证工作点附近的观测器具有足够快的收敛性及稳定性就能达到设计要求。此时系统应该满足局部弱能

观条件，如若不然至少也应该满足局部可检测条件，即对于 $\boldsymbol{x} \in M$ ，$\forall \boldsymbol{u} \in \mathfrak{R} \subset \mathbf{R}^m$ ，$\exists \boldsymbol{x}$ 的一个开邻域 $V_x$ ，s.t. $\forall \hat{\boldsymbol{x}} \in V_x \cap I_{V_x}(\boldsymbol{x})$ ，$\lim \left\| \gamma_{\boldsymbol{u}}^t(\hat{\boldsymbol{x}}) - \gamma_{\boldsymbol{u}}^t(\boldsymbol{x}) \right\| = 0 (t \to \infty)$ 。

(3) 非线性系统的几种能观性概念之间的关系可由图 2.2 形象表示。若把系统具有局部弱能观性的状态轨迹看作整个拓扑空间上的一个个孤岛，则全局能观性就是联系这些孤岛的使其能够全部互连互通的一座座桥梁。

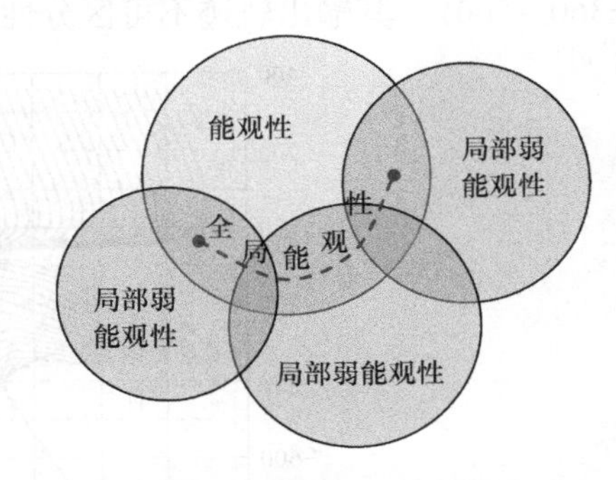


图 2.2　非线性系统若干能观性概念相互关系

综合以上分析可得到关于非线性系统观测器存在的一个基本定理。

**定理 2.3**[123]　若 $\mathrm{d}\boldsymbol{\Gamma}(\boldsymbol{x})$ 的维数为 $k < n$ ，则 SI 为 $M$ 上的一个正则等价关系且存在一个 $k$ 维非 Hausdorff 流形 $M' = M / \mathrm{SI}$ 上的局部弱能观系统 $\Sigma'$ ，$\Sigma'$ 与 $\Sigma$ 具有相同的输入输出特性。即若 $\pi: M \to M'$ 为光滑映射，则 $\forall \boldsymbol{x}_0 \in M$ ，$(\Sigma, \boldsymbol{x}_0)$ 与 $(\Sigma', \pi(\boldsymbol{x}_0))$ 的输入输出特性相同。

定理 2.3 实际也给出了观测器的存在域，即可以在 $M' = M / \mathrm{SI}$ 上构造系统局部状态观测器。接下来的问题就是找出那些不可区分点的集合，也就是确定商空间 $M / \mathrm{SI}$ 。

由于非线性系统的复杂性，其解轨迹呈现复杂的性态，相应的不可区分等价类也错综复杂，这是在设计非线性系统状态观测器时必须考虑的问题。

### 2.4.2　数值仿真算例

考虑如下非线性系统[125]，通过数值仿真说明商空间 $M / \mathrm{SI}$ 的确定：

$$
\begin{cases}
\dot{x}_1 = -0.13 x_1 + \dfrac{1.797}{12.237(0.04 x_2^4 - 3.23)} p - \dfrac{0.792 x_2^2}{0.029(0.198 x_2^2 + 1.797)} \\
\dot{x}_2 = -\left(0.13 + \dfrac{1.797 q}{12.237 r}\right) x_2 \\
y = x_1 + x_2
\end{cases}
\tag{2.44}
$$

式中

$$
\begin{cases}
p = -0.792 x_1 x_2^4 + (-0.309 + 1.584 x_1^2) x_2^3 - (29.335 x_1 + 0.792 x_1^3) x_2^2 \\
\quad - (7.188 x_1^2 + 269.09) x_2 + (266.231 x_1 + 7.188 x_1^3) \\
q = 151.335 - 4 x_1^2 + 4 x_1 x_2 \\
r = 0.198 x_2^2 - 1.797
\end{cases}
$$

若取 $x_1(1)=360$ 、$x_1(2)=-360$ ，则对于状态 $x_2$ 的不同初始值可以作系统的相图如图 2.3(a)所示；这里输出为线性映射，选取有代表性的两组状态点 $(\pm 360, 200)$ 、$(\pm 360, -500)$ ，其输出轨迹不可区分性如图 2.3(b)所示。

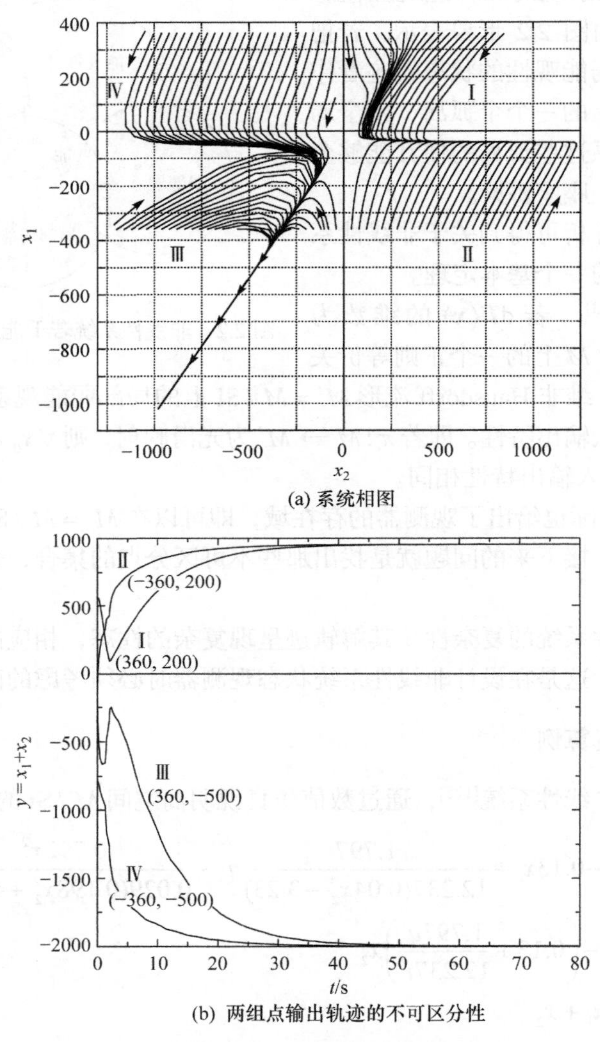


(a) 系统相图

(b) 两组点输出轨迹的不可区分性

图 2.3 系统(2.44)可观测商空间的确定

可以看出，区间(Ⅰ、Ⅱ)与区间(Ⅲ、Ⅳ)分别为互不可区分的，由此可确定该系统的不能观测商空间为 $M/\mathrm{SI}=\{(x_1,x_2)|\text{状态坐标}x_1\text{异号}\}$ 。构造此非线性系统的状态观测器时应根据系统的输出及工作状态确定真实的状态点。

## 2.5 本章小结

微分流形理论是研究非线性系统能观性及进行观测器设计的有力工具。对于非线性系统，其能观性严重依赖于控制输入项；建立在状态不可区分概念之上的局部弱能观性是研究非线性系统能观性的重要基础，也是一般情形下更具实际应用意义的能观性分析；系统在流形某一点处的一组对偶向量场秩的情况反映了这种弱能观性。系统全局能观性是构造全局状态观测器的一个很起码的必要条件。由于系统在不可区分等价关系下的商空间 $M' = M / I$ 并不是连通的和可区分的，因此由系统局部弱能观并不能保证全局弱能观；但是定义在强不可区分意义上的局部弱能观是能够保证全局弱能观的。

永磁同步电机建立在 $d$-$q$ 轴转子磁链定向系的动态方程不满足能观性秩条件，所以该系统是非局部弱能观的，也就是非弱能观的。这从理论上说明了此类旋转机械系统的高度对称性，同时说明直接基于这样的动态方程应用构造状态观测器方法是无法获得精确的转子位置角信息的。基于同胚映射的永磁同步电机全局能观性分析表明，其在 $d$-$q$ 轴转子磁链定向系的模型方程是全局不可区分的，也就是全局不可观测的，这进一步证实电机的状态 $(\theta, \omega, \boldsymbol{i})$ 是全局强不可区分的。上述结论对应用状态观测器法获取永磁同步电机位置及速度信息的启示是：要想达到满意的估计效果，必须预知永磁转子的初始位置角信息。

# 第 3 章　基于流形变换的非线性观测器设计

基于 Poincaré 正规形理论的流形变换是简化常微分方程或微分同胚的重要工具，主要研究如何寻找向量场或微分同胚在奇点（或称为不动点）处的等价形式以使复杂系统的性态得以简化。这一理论在解决非线性系统的稳定性问题以及分岔问题等方面获得了较快的发展。近年来，有学者将其应用到非线性系统观测器设计方面并逐渐形成一个新的研究分支[89,90,115]。本章采用非线性系统流形变换方法，研究有确定模型的一般高阶非线性系统的状态观测器设计的理论和方法，通过构造适当的非线性映射，使变换后的系统具有完全能观的线性等价形式或有利于构造收敛观测器的具有一定规范型的等价形式。

## 3.1　问 题 描 述

不失一般性，考虑如下常微分方程组(ordinary differential equations, ODE)：

$$\dot{\boldsymbol{x}} = \boldsymbol{f}(\boldsymbol{x}) , \quad \boldsymbol{x} \in \mathbf{R}^n \tag{3.1}$$

根据微分几何理论可以将式(3.1)描述的系统定义在 $n$ 维光滑流形 $M$ 上，$\boldsymbol{f}(\boldsymbol{x})$ 就可以看作 $\mathbf{R}^n$ 上的一个 $C^\infty$ 向量场，而相应的状态运动轨线则可看作这个向量场的一条积分曲线。对于该向量场的分量 $f_i(\boldsymbol{x})(i=1,2,\cdots,n)$ ，可以将其视为 $n$ 元函数，这样的函数在给定的区域 $U \subset \mathbf{R}^n$ 上称为解析函数。如果 $\forall \boldsymbol{m} \in U$ ，相应的幂级数：

$$\sum_{k_1,\cdots,k_n \to \infty} a_{k_1,\cdots,k_n} (x_1 - m_1)^{k_1} \cdots (x_n - m_n)^{k_n} \tag{3.2}$$

$\forall x \in V \subset U$ 都收敛到 $\boldsymbol{f}(\boldsymbol{x})$ 。

不难看出，如果 $f_i(\boldsymbol{x})\,(i=1,2,\cdots,n)$ 是 $U \subset \mathbf{R}^n$ 上的解析函数，则对于任意整数 $k_1,\cdots,k_n \geqslant 0$ ，偏导数 $\dfrac{\partial^{k_1+\cdots+k_n} f_i}{\partial x_1^{k_1} \cdots \partial x_n^{k_n}}$ 必然存在并在 $U \subset \mathbf{R}^n$ 上解析。定义：

$$a_{k_1,\cdots,k_n} = \frac{1}{k_1!\cdots k_n!} \left. \frac{\partial^{k_1+\cdots+k_n} f_i(\boldsymbol{x})}{\partial x_1^{k_1} \cdots \partial x_n^{k_n}} \right|_{x=m} \tag{3.3}$$

称为向量场的分量函数 $f_i(\boldsymbol{x})$ 在 $m$ 点的 Taylor 系数；而式(3.2)称为 $f_i(\boldsymbol{x})$ 在 $m$ 点处

的 Taylor 级数。

不失一般性，将式(3.1)在奇点 $x_0 = 0$ 处(否则可将坐标原点平移至奇点处)展开为 Taylor 级数，则

$$\dot{\boldsymbol{x}} = \boldsymbol{A}\boldsymbol{x} + X(\boldsymbol{x}), \quad X(\boldsymbol{x}) = \sum_{k=2}^{\infty} f^k(\boldsymbol{x}), \quad \boldsymbol{x} \in \mathbf{R}^n \tag{3.4}$$

式中，$\boldsymbol{A} = \dfrac{\partial f}{\partial \boldsymbol{x}}(0) \in \mathbf{R}^{n\times n}$；$f^k(\boldsymbol{x}) \in H_n^k$，$H_n^k$ 表示 $\mathbf{R}$ 上的 $n$ 元 $n$ 维 $k$ 次齐次向量多项式构成的空间，齐次向量多项式 $f^k(\boldsymbol{x})$ 的系数由式(3.3)确定。非线性变换为[89]

$$\boldsymbol{x} = \boldsymbol{z} + \boldsymbol{h}(\boldsymbol{z}), \quad \boldsymbol{h}(\boldsymbol{z}) = \sum_{k=2}^{\infty} \boldsymbol{h}^k, \quad \boldsymbol{h}^k \in H_n^k \tag{3.5}$$

原系统(3.4)变为

$$\dot{\boldsymbol{z}} = \boldsymbol{A}\boldsymbol{z} + Z(\boldsymbol{z}), \quad Z(\boldsymbol{z}) = \sum_{k=2}^{\infty} Z^k(\boldsymbol{z}), \quad Z^k \in H_n^k \tag{3.6}$$

则 $\boldsymbol{h}$、$Z$ 应满足方程：

$$\frac{\partial \boldsymbol{h}}{\partial \boldsymbol{z}} \boldsymbol{A}\boldsymbol{z} - \boldsymbol{A}\boldsymbol{h} = X(\boldsymbol{z} + \boldsymbol{h}) - \frac{\partial \boldsymbol{h}}{\partial \boldsymbol{z}} Z - Z \tag{3.7}$$

定义 $H_n^k$ 到自身的线性算子为

$$L_A^k : \boldsymbol{h} \mapsto L_A^k \boldsymbol{h} = \frac{\partial \boldsymbol{h}}{\partial \boldsymbol{z}} \boldsymbol{A}\boldsymbol{z} - \boldsymbol{A}\boldsymbol{h} \tag{3.8}$$

现在比较式(3.7)中的 $k$ 次项，得到：

$$\frac{\partial \boldsymbol{h}^k}{\partial \boldsymbol{z}} \boldsymbol{A}\boldsymbol{z} - \boldsymbol{A}\boldsymbol{h}^k = \tilde{X}^k - Z^k \tag{3.9a}$$

$$\tilde{X}^k = X\left(\boldsymbol{z} + \sum_{l=2}^{k-1} \boldsymbol{h}^l\right)^k - \left(\sum_{i=2}^{k-1} \frac{\partial \boldsymbol{h}^i}{\partial \boldsymbol{z}} \sum_{j=2}^{k-1} Z^j\right)^k \tag{3.9b}$$

式中，$(\cdot)^k$ 表示 $(\cdot)$ 中的 $k$ 次项。记 $R_A^k$ 为 $L_A^k$ 的值域，而 $E_A^k$ 是 $R_A^k$ 在 $H_n^k$ 中的一个补空间；设 $\pi_R^k$、$\pi_E^k$ 分别是 $H_n^k$ 到 $R_A^k$ 和 $E_A^k$ 的投影。选取 $Z^k \in E_A^k$ 满足：$\pi_E^k \tilde{X}^k = Z^k$，则有 $\tilde{X}^k - Z^k \in R_A^k$，这意味着式(3.9b)有解 $\boldsymbol{h}^k$。

由于 $R_A^k$ 的补空间 $E_A^k$ 并不唯一，因此式(3.5)所示流形变换的选取及变换后的式(3.6)的形式也不唯一，但是总有办法使选取的变换及变换后的系统具有一定的最简等价形式。将其应用到非线性系统的观测器设计当中，就是求取适当的流形变换(3.5)使经过这种变换后的系统具有一定的能观测规范型，这是简化非线性系统状态观测器设计的一个很有效的手段。根据具体非线性系统的结构特点，本章有选择性地研究两类系统的基于流形变换的观测器设计方法：一类是自治系统

(autonomous system)在奇点(critical point)附近的局部观测器；另一类是单输入单输出系统在平衡点附近的观测器设计。

## 3.2　自治系统的流形变换

考虑如式(3.10)所示的自治系统：

$$\begin{cases}\dot{\boldsymbol{x}} = f(\boldsymbol{x}) \\ \boldsymbol{y} = h(\boldsymbol{x})\end{cases} \tag{3.10}$$

式中，$\boldsymbol{x} \in \mathbf{R}^n$；$\boldsymbol{y} \in \mathbf{R}^p (n \geqslant p)$。系统的结构是由状态轨迹体现出的特有的几何性质。对于一般的非线性系统，其结构呈现出复杂的性态(如霍普夫分岔、极限环及奇异吸引子等)，这使得不可能像线性系统那样构造非线性系统在全局范围内的观测器。因此，这里主要应用流形变换研究系统在平衡点或奇点附近的状态观测器，这也符合许多物理系统的实际情况。

### 3.2.1　系统的矩阵化描述

根据 Poincaré 正规形理论，首先将系统(3.10)在工作点处展开为 Taylor 级数：$\dot{\boldsymbol{x}} = \boldsymbol{A}\boldsymbol{x} + X(\boldsymbol{x})$，$X(\boldsymbol{x}) = \sum_{k=2}^{\infty} f^k(\boldsymbol{x})$，$f^k(\boldsymbol{x}) \in H_n^k$，可见这是一种规范化的描述形式。

出于流形变换的需要，无论是确定原始系统的线性变换还是非线性变换，都要求将原始系统用矩阵表示。

考虑系统(3.10)的第 $i$ 维分量：$\dot{x}_i = f_i(\boldsymbol{x})$，根据式(3.2)及式(3.3)将其右边展开成如下 4 次 Taylor 级数[91]：

$$\begin{aligned}
\dot{x}_i = & \sum_{j=1}^{n} \boldsymbol{A}(i,j)x_j + \sum_{j=1}^{n}\sum_{k=1}^{n} \boldsymbol{B}_2^i(j,k)x_j x_k \\
& + \sum_{j=1}^{n}\sum_{k=1}^{n} \boldsymbol{B}_3^i(j,k)x_j x_k^2 + \sum_{j=1}^{n}\sum_{k=j+1}^{n}\sum_{l=k+1}^{n} \overset{*}{\boldsymbol{B}}{}_3^i(j,k,l)x_j x_k x_l \\
& + \sum_{j=1}^{n}\sum_{k=1}^{n} \boldsymbol{B}_{41}^i(j,k)x_j^2 x_k^2 + \sum_{j=1}^{n}\sum_{k=1}^{n} \boldsymbol{B}_{42}^i(j,k)x_j x_k^3 \\
& + \sum_{j=1}^{n}\sum_{k=j+1}^{n}\sum_{l=k+1}^{n} \overset{*}{\boldsymbol{B}}{}_4^i(j,k,l)x_j x_k x_l^2 + \sum_{j=1}^{n}\sum_{k=j+1}^{n}\sum_{l=k+1}^{n}\sum_{m=l+1}^{n} \overset{**}{\boldsymbol{B}}{}_4^i(j,k,l,m)x_j x_k x_l x_m + \text{H.O.T.}
\end{aligned} \tag{3.11}$$

式中，$\boldsymbol{A}$、$\boldsymbol{B}_2^i$、$\boldsymbol{B}_3^i$、$\overset{*}{\boldsymbol{B}}{}_3^i$、$\boldsymbol{B}_{41}^i$、$\boldsymbol{B}_{42}^i$、$\overset{*}{\boldsymbol{B}}{}_4^i$、$\overset{**}{\boldsymbol{B}}{}_4^i$ 是 Taylor 展开的系数矩阵；$\sum_{j=1}^{n} \boldsymbol{A}(i,j)x_j$

为线性项；$\sum_{j=1}^{n}\sum_{k=1}^{n}\boldsymbol{B}_2^i(j,k)x_jx_k$ 为二次项；$\sum_{j=1}^{n}\sum_{k=1}^{n}\boldsymbol{B}_3^i(j,k)x_jx_k^2+\sum_{j=1}^{n}\sum_{k=j+1}^{n}\sum_{l=k+1}^{n}\overset{*}{\boldsymbol{B}}{}_3^i(j,k,l)\times x_jx_kx_l$ 为三次项，其中，$\sum_{j=1}^{n}\sum_{k=j+1}^{n}\sum_{l=k+1}^{n}\overset{*}{\boldsymbol{B}}{}_3^i(j,k,l)x_jx_kx_l$ 的下标 $j$、$k$、$l$ 各不相同；因为四次项有 $x_j^2x_k^2$ 、$x_jx_k^3$ 、$x_jx_kx_l^2$ 、$x_jx_kx_lx_m$ 等四种形式，故由 $\sum_{j=1}^{n}\sum_{k=1}^{n}\boldsymbol{B}_{41}^i(j,k)\times x_j^2x_k^2+\sum_{j=1}^{n}\sum_{k=1}^{n}\boldsymbol{B}_{42}^i(j,k)x_jx_k^3+\sum_{j=1}^{n}\sum_{k=j+1}^{n}\sum_{l=k+1}^{n}\overset{*}{\boldsymbol{B}}{}_4^i(j,k,l)x_jx_kx_l^2+\sum_{j=1}^{n}\sum_{k=j+1}^{n}\sum_{l=k+1}^{n}\sum_{m=l+1}^{n}\overset{**}{\boldsymbol{B}}{}_4^i(j,k,l,m)\times x_jx_kx_lx_m$ 表示；H.O.T. (high order terms)表示 Taylor 级数展开式中的高阶项。

式(3.11)是一个以标量表示的 Taylor 级数展开式，可以看出只有当系数 $\overset{*}{\boldsymbol{B}}{}_3^i(j,k,l)$ 、$\overset{*}{\boldsymbol{B}}{}_4^i(j,k,l)$ 、$\overset{**}{\boldsymbol{B}}{}_4^i(j,k,l,m)(j\neq k\neq l)$ 为零时，式(3.11)才能写成矩阵形式：

$$\dot{x}_i=\sum_{j=1}^{n}A_{ij}x_j+\boldsymbol{x}^{\mathrm{T}}\boldsymbol{B}_2^i\boldsymbol{x}+\boldsymbol{x}^{\mathrm{T}}\boldsymbol{B}_3^i\boldsymbol{x}^{[2]}+\boldsymbol{x}^{[2]\mathrm{T}}\boldsymbol{B}_{41}^i\boldsymbol{x}^{[2]}+\boldsymbol{x}^{\mathrm{T}}\boldsymbol{B}_{42}^i\boldsymbol{x}^{[3]}+\text{H.O.T.}\tag{3.12}$$

式中，$\boldsymbol{x}=(x_1,x_2,\cdots,x_n)^{\mathrm{T}}$ 表示状态一次项矢量；$\boldsymbol{x}^{[2]}=(x_1^2,x_2^2,\cdots,x_n^2)^{\mathrm{T}}$ 表示状态平方项矢量；$\boldsymbol{x}^{[3]}=(x_1^3,x_2^3,\cdots,x_n^3)^{\mathrm{T}}$ 表示状态立方项矢量；$A_{ij}$ 为系统展开式有关线性项 $n\times n$ 矩阵的元素；$\boldsymbol{B}_2^i$ 、$\boldsymbol{B}_3^i$ 、$\boldsymbol{B}_{41}^i$ 、$\boldsymbol{B}_{42}^i(i=1,2,\cdots,n)$ 为 $n\times n$ 阶方阵。

综上所述，当三元及三元以上的交叉项的系数为零时，系统的 Taylor 级数展开式可以写为如下结构的矩阵形式：

$$\begin{pmatrix}\dot{x}_1\\ \vdots\\ \dot{x}_i\\ \vdots\\ \dot{x}_n\end{pmatrix}=\begin{pmatrix}A_{11} & \cdots & & & A_{1n}\\ & \ddots & & \ddots & \\ \vdots & & A_{ij} & & \vdots\\ & \ddots & & \ddots & \\ A_{n1} & & \cdots & & A_{nn}\end{pmatrix}\begin{pmatrix}x_1\\ \vdots\\ x_i\\ \vdots\\ x_n\end{pmatrix}+\begin{pmatrix}\boldsymbol{x}^{\mathrm{T}}\boldsymbol{B}_2^1\boldsymbol{x}\\ \vdots\\ \boldsymbol{x}^{\mathrm{T}}\boldsymbol{B}_2^i\boldsymbol{x}\\ \vdots\\ \boldsymbol{x}^{\mathrm{T}}\boldsymbol{B}_2^n\boldsymbol{x}\end{pmatrix}+\begin{pmatrix}\boldsymbol{x}^{\mathrm{T}}\boldsymbol{B}_3^1\boldsymbol{x}^{[2]}\\ \vdots\\ \boldsymbol{x}^{\mathrm{T}}\boldsymbol{B}_3^i\boldsymbol{x}^{[2]}\\ \vdots\\ \boldsymbol{x}^{\mathrm{T}}\boldsymbol{B}_3^n\boldsymbol{x}^{[2]}\end{pmatrix}+\begin{pmatrix}\boldsymbol{x}^{[2]\mathrm{T}}\boldsymbol{B}_{41}^1\boldsymbol{x}^{[2]}\\ \vdots\\ \boldsymbol{x}^{[2]\mathrm{T}}\boldsymbol{B}_{41}^i\boldsymbol{x}^{[2]}\\ \vdots\\ \boldsymbol{x}^{[2]\mathrm{T}}\boldsymbol{B}_{41}^n\boldsymbol{x}^{[2]}\end{pmatrix}+\begin{pmatrix}\boldsymbol{x}^{\mathrm{T}}\boldsymbol{B}_{42}^1\boldsymbol{x}^{[3]}\\ \vdots\\ \boldsymbol{x}^{\mathrm{T}}\boldsymbol{B}_{42}^i\boldsymbol{x}^{[3]}\\ \vdots\\ \boldsymbol{x}^{\mathrm{T}}\boldsymbol{B}_{42}^n\boldsymbol{x}^{[3]}\end{pmatrix}+\text{H.O.T.}\tag{3.13}$$

通过 Taylor 级数将系统展开成以矩阵形式描述的式(3.12)或式(3.13)是应用流形变换设计非线性状态观测器的一个很必要的步骤。从下面的研究中，将系统(3.13)的线性部分通过线性变换转化为能观规范型以及对其非线性部分通过流形变换转化为能观规范型都需要系统具有这种矩阵描述的形式。系数矩阵 $\boldsymbol{B}_2^i$ 、$\boldsymbol{B}_3^i$ 、$\boldsymbol{B}_{41}^i$ 、$\boldsymbol{B}_{42}^i$ 中的元素由具体的系统确定，进一步可以将其推广到高阶系统。

### 3.2.2 目标系统选定及相应流形变换

本节研究具体的非线性自治系统应该选取何种形式的目标系统以及确定这种目标系统的流形变换。

显然系统(3.13)具备了式(3.4)的基本形式，文献[114]就确定了一类基于输出浸入的目标系统：

$$\begin{cases}\dot{z}=\boldsymbol{F}z-\boldsymbol{\beta}(\boldsymbol{y})\\ \boldsymbol{y}=\bar{h}(z)=\boldsymbol{h}(\boldsymbol{\Phi}^{-1}(z))\end{cases} \tag{3.14}$$

式中，$z=\boldsymbol{\Phi}(\boldsymbol{x})=\boldsymbol{x}+\boldsymbol{\Phi}^{[2]}(\boldsymbol{x})+\boldsymbol{\Phi}^{[3]}(\boldsymbol{x})+\cdots$。这里要求线性部分矩阵 $\boldsymbol{F}$ 应为 Hurwitz 矩阵，即 $\sigma(\boldsymbol{F})\subset C^{-}$。很显然，由 $\boldsymbol{\beta}(\boldsymbol{y})=\boldsymbol{\beta}(\boldsymbol{h}(\Phi^{-1}(z))$ 的形式可知此目标系统符合 Poincaré 流形变换的基本要求。系统(3.14)的特点是：由于 $\boldsymbol{F}$ 为 Hurwitz 矩阵，很容易构造该系统的状态观测器为 $\dot{\hat{z}}=\boldsymbol{F}\hat{z}-\boldsymbol{\beta}(\boldsymbol{y})$，观测偏差方程 $\dot{\tilde{z}}=\boldsymbol{F}\tilde{z}$ ($\lim\limits_{t\to\infty}\tilde{z}=0$)。将系统的各项在稳定平衡点处展开为 Taylor 级数：

$$\boldsymbol{f}(\boldsymbol{x})=\boldsymbol{A}\boldsymbol{x}+\boldsymbol{f}^{[2]}(\boldsymbol{x})+\boldsymbol{f}^{[3]}(\boldsymbol{x})+\cdots \tag{3.15a}$$

$$\boldsymbol{h}(\boldsymbol{x})=\boldsymbol{H}\boldsymbol{x}+\boldsymbol{h}^{[2]}(\boldsymbol{x})+\boldsymbol{h}^{[3]}(\boldsymbol{x})+\cdots \tag{3.15b}$$

$$\boldsymbol{\beta}(\boldsymbol{h}(\boldsymbol{x}))=\boldsymbol{B}\boldsymbol{H}\boldsymbol{x}+\boldsymbol{\beta}^{[2]}(\boldsymbol{x})+\boldsymbol{\beta}^{[3]}(\boldsymbol{x})+\cdots \tag{3.15c}$$

式(3.15a)即为式(3.13)所描述的矩阵形式；确定流形变换 $z=\Phi(\boldsymbol{x})$ 需要满足一个偏微分方程的解，$\boldsymbol{F}=\boldsymbol{A}+\boldsymbol{B}\boldsymbol{H}$ 用于配置特征值的根使 $\sigma(\boldsymbol{F})\subset C^{-}$，这是引入这种输出浸入形式目标系统的主要原因。由此可见，目标系统的结构直接决定了流形变换的阶数与形式。

对于自治系统，其 Taylor 级数展开后的系统(3.13)的线性部分可能不是状态完全能观的。下面考虑 Lorenz 系统的特例。

**例 3.1** 线性部分有不能观状态的 Lorenz 系统的流形变换为

$$\begin{cases}\begin{pmatrix}\dot{x}_1\\ \dot{x}_2\\ \dot{x}_3\end{pmatrix}=\begin{pmatrix}-10 & 10 & 0\\ 28 & -1 & 0\\ 0 & 0 & -2\end{pmatrix}\begin{pmatrix}x_1\\ x_2\\ x_3\end{pmatrix}+\begin{pmatrix}0\\ -x_1x_3\\ x_1x_2\end{pmatrix}\\ y=x_1\end{cases} \tag{3.16}$$

显然，系统(3.16)的状态 $x_3$ 是不能观的，但其线性部分却具有按能观结构分解的形式，不能观模态的特征值 $\sigma(x_3)=-2$，所以只要适当选择输出浸入使流形变换后的系统 $\sigma(\boldsymbol{A}+\boldsymbol{B}\boldsymbol{H})\subset C^{-}$，则仍然可以对原系统进行状态的渐近估计。这一结论可以推广到一般自治系统。

将系统(3.13)通过线性坐标，变换为如下按能观结构分解的形式：

$$\begin{cases}\begin{pmatrix}\dot{\boldsymbol{x}}_{\mathrm{o}}\\ \dot{\boldsymbol{x}}_{\mathrm{u}}\end{pmatrix}=\begin{pmatrix}\boldsymbol{A}_{\mathrm{o}} & 0\\ 0 & \boldsymbol{A}_{\mathrm{u}}\end{pmatrix}\begin{pmatrix}\boldsymbol{x}_{\mathrm{o}}\\ \boldsymbol{x}_{\mathrm{u}}\end{pmatrix}+\text{H.O.T.}\\ \boldsymbol{y}=(\boldsymbol{H}_{\mathrm{o}},\ 0)\begin{pmatrix}\dot{x}_{\mathrm{o}}\\ \dot{x}_{\mathrm{u}}\end{pmatrix}+\text{H.O.T.}\end{cases}\tag{3.17}$$

式中，能观模态 $\boldsymbol{x}_{\mathrm{o}}$ 的阶数为 $n_{\mathrm{o}}$，不能观模态的阶数为 $n_{\mathrm{u}}$，$n_{\mathrm{o}}+n_{\mathrm{u}}=n$；$(\boldsymbol{A}_{\mathrm{o}},\boldsymbol{H}_{\mathrm{o}})$ 具有能观规范型且 $\boldsymbol{A}_{\mathrm{u}}\,(\lambda_{\mathrm{u},i}\leqslant 0(i=1,2,\cdots,n_{\mathrm{o}}))$ 为对角阵：

$$\boldsymbol{A}_{\mathrm{o}}=\begin{pmatrix}0 & 1 & 0 & \cdots & 0\\ 0 & 0 & 1 & \cdots & 0\\ \vdots & \vdots & \vdots & & \vdots\\ 0 & 0 & 0 & \cdots & 1\\ \alpha_1 & \alpha_2 & \alpha_3 & \cdots & \alpha_{n_{\mathrm{o}}}\end{pmatrix},\quad \boldsymbol{H}_{\mathrm{o}}=(1,0,0,\cdots,0)$$

$$\boldsymbol{A}_{\mathrm{u}}=\begin{pmatrix}\lambda_{\mathrm{u},1} & 0 & \cdots & \cdots & 0\\ 0 & \ddots & & & 0\\ \vdots & & \ddots & & \vdots\\ \vdots & & & \ddots & \vdots\\ 0 & 0 & \cdots & \cdots & \lambda_{\mathrm{u},n_{\mathrm{u}}}\end{pmatrix}$$

选择输出浸入为

$$\begin{pmatrix}\beta_{\mathrm{o}}(\boldsymbol{y})\\ \beta_{\mathrm{u}}(\boldsymbol{y})\end{pmatrix}=\begin{pmatrix}\boldsymbol{B}_{\mathrm{o}}\\ 0\end{pmatrix}\boldsymbol{y}+\text{H.O.T.},\quad \boldsymbol{B}_{\mathrm{o}}=(b_1,\cdots,b_{n_{\mathrm{o}}})^{\mathrm{T}}$$

则系统配置矩阵为

$$\boldsymbol{F}_{\mathrm{o}}=\boldsymbol{A}_{\mathrm{o}}+\boldsymbol{B}_{\mathrm{o}}\boldsymbol{H}_{\mathrm{o}}=\begin{pmatrix}b_1 & 1 & 0 & \cdots & 0\\ b_2 & 0 & 1 & \cdots & 0\\ \vdots & \vdots & \vdots & & \vdots\\ b_{n_{\mathrm{o}}-1} & 0 & 0 & \cdots & 1\\ b_{n_{\mathrm{o}}}+\alpha_1 & \alpha_2 & \alpha_3 & \cdots & \alpha_{n_{\mathrm{o}}}\end{pmatrix}$$

可以求出其特征值分布为

$$|\boldsymbol{F}_{\mathrm{o}}|=|\boldsymbol{A}_{\mathrm{o}}+\boldsymbol{B}_{\mathrm{o}}\boldsymbol{H}_{\mathrm{o}}|=s^{n_{\mathrm{o}}}+\sum_{k=0}^{n_{\mathrm{o}}-1}\left(-b_{n_{\mathrm{o}}-k}-\alpha_{k+1}+\sum_{j=1}^{n_{\mathrm{o}}-k-1}b_j\alpha_{k+j+1}\right)s^k$$

通过选择 $b_1,\cdots,b_{n_{\mathrm{o}}}$ 就可以使 $\sigma(\boldsymbol{A}_{\mathrm{o}}+\boldsymbol{B}_{\mathrm{o}}\boldsymbol{H}_{\mathrm{o}})\subset C^-$；同时考虑到 $\lambda_{\mathrm{u},i}\leqslant 0(i=1,2,\cdots,n_{\mathrm{o}})$，就可以设计流形变换后系统的观测器。

本节引入了系统描述的矩阵形式，这使研究非线性系统更一般形式的能观规范型成为可能，同时在线性及非线性流形变换方面具有更规则的形式。

## 3.3　单输入单输出系统二阶流形变换

考虑如式(3.18)所示的单输入单输出系统：

$$\begin{cases}\dot{\boldsymbol{x}}=\boldsymbol{f}(\boldsymbol{x})+\boldsymbol{g}(\boldsymbol{x})u\\ y=\boldsymbol{C}\boldsymbol{x}=h(\boldsymbol{x})\end{cases}\tag{3.18}$$

式中，$\boldsymbol{f}(\boldsymbol{x})$、$\boldsymbol{g}(\boldsymbol{x})\in\mathbf{R}^n$ 为函数矢量，每个分量为解析函数；$u$ 为有界输入函数；输出为线性映射。这里研究的具有单一输入的仿射非线性系统的观测器设计问题是对研究范围的进一步拓展。对于具有恒定输入且工作在稳定平衡点的系统，前面基于输出浸入极点配置的流形变换可以解决其观测器设计问题；而当系统具有持续的外部激励时，系统的状态轨迹在状态空间具有更为复杂的形态，如有些系统会发生能观性分岔[115]。本节应用二阶流形变换，同时结合输入-输出浸入将系统化为二阶等价的正则形，这使变换后系统的观测器偏差方程可以通过输出反馈进行极点的任意配置，从而使所设计的观测器是指数级收敛的。这里考虑二阶流形变换是出于研究问题简便的需要，完全可以将其推广到高阶流形变换。

### 3.3.1　二次等价系统及其流形变换

将系统(3.18)在平衡点 $x_{\mathrm{e}}=0$ 处展开为二次的 Taylor 级数：

$$\begin{cases}\dot{\boldsymbol{x}}=\boldsymbol{A}\boldsymbol{x}+\boldsymbol{B}u+\boldsymbol{f}^{[2]}(\boldsymbol{x})+\boldsymbol{g}^{[1]}(\boldsymbol{x})u+\text{H.O.T.}\\ y=\boldsymbol{C}\boldsymbol{x}\end{cases}\tag{3.19}$$

式中，$\boldsymbol{A}=\partial\boldsymbol{f}/\partial\boldsymbol{x}(0)$；$\boldsymbol{B}=\boldsymbol{g}(0)$；$\boldsymbol{f}^{[2]}(\boldsymbol{x})=(f_1^{[2]}(\boldsymbol{x}),f_2^{[2]}(\boldsymbol{x}),\cdots,f_n^{[2]}(\boldsymbol{x}))^{\mathrm{T}}$ 为齐次二阶多项式函数矢量；$\boldsymbol{g}^{[1]}(\boldsymbol{x})=(g_1^{[1]}(\boldsymbol{x}),g_2^{[1]}(\boldsymbol{x}),\cdots,g_n^{[1]}(\boldsymbol{x}))^{\mathrm{T}}$ 为齐次一阶多项式函数矢量。容易看出，式(3.19)具有矩阵描述形式。

考虑如下形式的输入-输出浸入 $\boldsymbol{\beta}^{[2]}(y)+\boldsymbol{\gamma}^{[1]}(y)u$，并设所选取的流形变换为二阶的：

$$\boldsymbol{x}=\boldsymbol{\xi}+\boldsymbol{\Phi}^{[2]}(\boldsymbol{\xi})\tag{3.20}$$

则在此流形变换及外部浸入下系统变为

$$\begin{cases}\dot{\boldsymbol{\xi}}=\boldsymbol{A}\boldsymbol{\xi}+\boldsymbol{B}u+\overline{\boldsymbol{f}}^{[2]}(\boldsymbol{\xi})+\overline{\boldsymbol{g}}^{[1]}(\boldsymbol{\xi})u+\boldsymbol{\beta}^{[2]}(y)+\boldsymbol{\gamma}^{[1]}(y)u+\text{H.O.T.}\\ y=\boldsymbol{C}\boldsymbol{\xi}\end{cases}\tag{3.21}$$

若存在这样的二阶流形变换(3.20)使原系统化为式(3.21)所示的形式，则系统(3.19)和系统(3.21)称为二次等价的。

下面讨论化为系统(3.21)的流形变换 $\boldsymbol{x}=\boldsymbol{\xi}+\boldsymbol{\Phi}^{[2]}(\boldsymbol{\xi})$ 存在的条件。

对 $\boldsymbol{x}=\boldsymbol{\xi}+\boldsymbol{\Phi}^{[2]}(\boldsymbol{\xi})$ 两边求导可得

$$
\begin{aligned}
\dot{\boldsymbol{x}}=&\boldsymbol{A\xi}+\boldsymbol{B}u+\overline{\boldsymbol{f}}^{[2]}(\boldsymbol{\xi})+\overline{\boldsymbol{g}}^{[1]}(\boldsymbol{\xi})u+\boldsymbol{\beta}^{[2]}(y)+\boldsymbol{\gamma}^{[1]}(y)u+\text{H.O.T.}\\
&+\frac{\partial\boldsymbol{\Phi}^{[2]}(\boldsymbol{\xi})}{\partial\boldsymbol{\xi}}(\boldsymbol{A\xi}+\boldsymbol{B}u+\overline{\boldsymbol{f}}^{[2]}(\boldsymbol{\xi})+\overline{\boldsymbol{g}}^{[1]}(\boldsymbol{\xi})u+\boldsymbol{\beta}^{[2]}(y)+\boldsymbol{\gamma}^{[1]}(y)u+\text{H.O.T.})
\end{aligned}
\tag{3.22}
$$

又由于

$$
\dot{\boldsymbol{x}}=\boldsymbol{A}(\boldsymbol{\xi}+\boldsymbol{\Phi}^{[2]}(\boldsymbol{\xi}))+\boldsymbol{B}u+\boldsymbol{f}^{[2]}(\boldsymbol{\xi}+\boldsymbol{\Phi}^{[2]}(\boldsymbol{\xi}))+\boldsymbol{g}^{[1]}(\boldsymbol{\xi}+\boldsymbol{\Phi}^{[2]}(\boldsymbol{\xi}))u+\text{H.O.T.}
\tag{3.23}
$$

比较式(3.22)和式(3.23)的二次项得到(其中，$\overline{\boldsymbol{f}}^{[2]}(\boldsymbol{\xi})=\boldsymbol{f}^{[2]}(\boldsymbol{\xi}+\boldsymbol{\Phi}^{[2]}(\boldsymbol{\xi}))$ 及 $\overline{\boldsymbol{g}}^{[1]}(\boldsymbol{\xi})=\boldsymbol{g}^{[1]}(\boldsymbol{\xi}+\boldsymbol{\Phi}^{[2]}(\boldsymbol{\xi}))$)：

$$
\boldsymbol{A\Phi}^{[2]}(\boldsymbol{\xi})+\boldsymbol{f}^{[2]}(\boldsymbol{\xi})+\boldsymbol{g}^{[1]}(\boldsymbol{\xi})u=\overline{\boldsymbol{f}}^{[2]}(\boldsymbol{\xi})+\overline{\boldsymbol{g}}^{[1]}(\boldsymbol{\xi})u+\boldsymbol{\beta}^{[2]}(y)+\boldsymbol{\gamma}^{[1]}(y)u+\frac{\partial\boldsymbol{\Phi}^{[2]}(\boldsymbol{\xi})}{\partial\boldsymbol{\xi}}(\boldsymbol{A\xi}+\boldsymbol{B}u)
$$

这意味着：

$$
\begin{cases}
\boldsymbol{A\Phi}^{[2]}(\boldsymbol{\xi})+\boldsymbol{f}^{[2]}(\boldsymbol{\xi})-\dfrac{\partial\boldsymbol{\Phi}^{[2]}(\boldsymbol{\xi})}{\partial\boldsymbol{\xi}}\boldsymbol{A\xi}=\overline{\boldsymbol{f}}^{[2]}(\boldsymbol{\xi})+\boldsymbol{\beta}^{[2]}(y)\\
\boldsymbol{g}^{[1]}(\boldsymbol{\xi})-\dfrac{\partial\boldsymbol{\Phi}^{[2]}(\boldsymbol{\xi})}{\partial\boldsymbol{\xi}}\boldsymbol{B}=\overline{\boldsymbol{g}}^{[1]}(\boldsymbol{\xi})+\boldsymbol{\gamma}^{[1]}(y)
\end{cases}
\tag{3.24}
$$

可见，若式(3.24)有解，则流形变换(3.20)就是存在的，因此可将系统(3.19)化为与其二次等价的系统(3.21)。

以下将针对系统(3.21)讨论其能观规范型及观测器的设计问题。可见，这种基于流形变换的观测器设计方法与在平衡点处将系统线性化的传统观测器设计方法是截然不同的。前者充分考虑了系统的高阶非线性因素，在变换过程中对系统的信息损失降低到可以接受的程度，这与非线性系统微分几何理论中的精确线性化解决问题的思路是一致的，但其不同之处是：对非线性系统进行精确线性化需要满足严格的相对阶条件；而采用流形变换的方法具有很大的灵活性，可以根据研究问题的需要确定变换的阶数，既兼顾了系统的精确性，又降低了求解流形变换等式的难度。

通过前面的对比研究不难发现，仅考虑线性化系统的传统观测器设计方法对非线性系统是有很多缺陷与不足的。

至此，可以得到应用流形变换处理非线性系统状态观测器设计的一般思路如下：

(1) 结合具体的系统确定在工作点处以矩阵形式描述的 Taylor 级数展开式的次数；

(2) 通过线性变换将系统线性化部分化为一定形式的能观规范型；

(3) 根据流形变换存在的等式条件求解具体的流形变换；

(4) 设计变换后系统的状态观测器；

(5) 通过流形反变换或误差逼近的方法获得原系统状态变量。

以单输入单输出系统的二阶流形变换为例研究此类系统的观测器设计问题，可以将其推广到多输入多输出系统或采用更高阶的流形变换研究此类问题。后面研究经过这样变换后的系统具有什么样的规则形式，即能观测正则形的问题。

### 3.3.2 线性部分能观测系统的正则形

假设原系统 Taylor 级数展开式的线性部分 $(\boldsymbol{A},\boldsymbol{C})=(\partial\boldsymbol{f}/\partial\boldsymbol{x}(0),\boldsymbol{C})$ 完全能观测，则必然存在线性变换 $\boldsymbol{\xi}=\boldsymbol{T}\boldsymbol{x}$ 将系统(3.19)化为如下形式：

$$\begin{cases}\dot{\boldsymbol{\xi}}=\boldsymbol{A}_{\text{obs}}\boldsymbol{\xi}+\boldsymbol{B}_{\text{obs}}u+\boldsymbol{f}^{[2]}(\boldsymbol{\xi})+\boldsymbol{g}^{[1]}(\boldsymbol{\xi})u+\text{H.O.T.}\\ y=\boldsymbol{C}_{\text{obs}}\boldsymbol{\xi}\end{cases}\tag{3.25}$$

线性部分具有如式(3.18)所示的能观规范型，即

$$\boldsymbol{A}_{\text{obs}}=\begin{pmatrix}0&1&0&\cdots&0\\0&0&1&\cdots&0\\\vdots&\vdots&\vdots&&\vdots\\0&0&0&\cdots&1\\\alpha_1&\alpha_2&\alpha_3&\cdots&\alpha_n\end{pmatrix},\quad \boldsymbol{B}_{\text{obs}}=\begin{pmatrix}b_1\\b_2\\\vdots\\b_{n-1}\\b_n\end{pmatrix},\quad \boldsymbol{C}_{\text{obs}}=(1,0,0,\cdots,0)$$

现在的问题是在输入-输出浸入 $\boldsymbol{\beta}^{[2]}(y)+\boldsymbol{\gamma}^{[1]}(y)u$ 下经过流形变换 $\boldsymbol{\xi}=\boldsymbol{z}+\boldsymbol{\Phi}^{[2]}(\boldsymbol{z})$ 能使系统(3.25)化为怎样的能观规范型。由前面的讨论可知，系统经流形变换转化为

$$\begin{cases}\dot{\boldsymbol{z}}=\boldsymbol{A}_{\text{obs}}\boldsymbol{z}+\boldsymbol{B}_{\text{obs}}u+\overline{\boldsymbol{f}}^{[2]}(\boldsymbol{z})+\overline{\boldsymbol{g}}^{[1]}(\boldsymbol{z})u+\boldsymbol{\beta}^{[2]}(y)+\boldsymbol{\gamma}^{[1]}(y)u+\text{H.O.T.}\\ y=\boldsymbol{C}_{\text{obs}}\boldsymbol{z}\end{cases}\tag{3.26}$$

考虑到系统的特殊形式，即输出为系统的第一个状态变量：$y=\boldsymbol{C}\boldsymbol{x}=\xi_1=z_1$，此时不难得出 $\Phi_1^{[2]}(\boldsymbol{z})=0$。此时系统的流形变换由下述等式确定：

$$\begin{cases}\boldsymbol{A}_{\text{obs}}\boldsymbol{\Phi}^{[2]}(\boldsymbol{z})+\boldsymbol{f}^{[2]}(\boldsymbol{z})-\dfrac{\partial\boldsymbol{\Phi}^{[2]}(\boldsymbol{z})}{\partial\boldsymbol{z}}\boldsymbol{A}_{\text{obs}}\boldsymbol{z}=\overline{\boldsymbol{f}}^{[2]}(\boldsymbol{z})+\boldsymbol{\beta}^{[2]}(z_1)\\ \boldsymbol{g}^{[1]}(\boldsymbol{z})-\dfrac{\partial\boldsymbol{\Phi}^{[2]}(\boldsymbol{z})}{\partial\boldsymbol{z}}\boldsymbol{B}_{\text{obs}}=\overline{\boldsymbol{g}}^{[1]}(\boldsymbol{z})+\boldsymbol{\gamma}^{[1]}(z_1)\end{cases}\tag{3.27}$$

**定理 3.1** 单输入单输出系统在输入-输出浸入 $\boldsymbol{\beta}^{[2]}(y)+\boldsymbol{\gamma}^{[1]}(y)u$ 下，经过流形

变换 $\boldsymbol{\xi}=\boldsymbol{z}+\boldsymbol{\Phi}^{[2]}(\boldsymbol{z})$ 得到的二次规范型(quadratic equivalence normal form)为

$$\begin{cases}\begin{pmatrix}\dot{z}_1\\ \dot{z}_2\\ \vdots\\ \dot{z}_{n-1}\end{pmatrix}=\begin{pmatrix}0&1&0&\cdots&0\\0&0&1&\cdots&0\\ \vdots&\vdots&\vdots&&\vdots\\0&0&0&\cdots&1\end{pmatrix}\begin{pmatrix}z_1\\z_2\\ \vdots\\ z_{n-1}\end{pmatrix}+\begin{pmatrix}b_1\\b_2\\ \vdots\\ b_{n-1}\end{pmatrix}u+\begin{pmatrix}\sum_{i=2}^{n}k_{1i}z_i\\ \sum_{i=2}^{n}k_{2i}z_i\\ \vdots\\ \sum_{i=2}^{n}k_{(n-1)i}z_i\end{pmatrix}u\\ \dot{z}_n=b_nu+\sum_{i=1}^{n}\alpha_iz_i+\sum_{j>i=2}^{n}h_{ij}z_iz_j+\sum_{i=2}^{n}k_{ni}z_iu\end{cases}\tag{3.28}$$

**证明**　显然，由式(3.26)及 $y=\boldsymbol{Cx}=\xi_1=z_1$ 可知，方程中有关状态 $z_1$ 的量可以通过适当选择 $\boldsymbol{\beta}^{[2]}(y)+\boldsymbol{\gamma}^{[1]}(y)u$ 的常系数，使其能够被抵消掉。出于构造变换后系统状态观测器的需要，不妨假设 $\overline{f}(z)=0$，$\overline{g}(z)=0$，则求解流形变换的条件等式(3.27)变为

$$\begin{cases}(\text{I})\ \boldsymbol{A}_{\text{obs}}\boldsymbol{\Phi}^{[2]}(\boldsymbol{z})-\dfrac{\partial\boldsymbol{\Phi}^{[2]}(\boldsymbol{z})}{\partial\boldsymbol{z}}\boldsymbol{A}_{\text{obs}}\boldsymbol{z}=-\boldsymbol{f}^{[2]}(\boldsymbol{z})+\boldsymbol{\beta}^{[2]}(z_1)\\ (\text{II})-\dfrac{\partial\boldsymbol{\Phi}^{[2]}(\boldsymbol{z})}{\partial\boldsymbol{z}}\boldsymbol{B}_{\text{obs}}=-\boldsymbol{g}^{[1]}(\boldsymbol{z})+\boldsymbol{\gamma}^{[1]}(z_1)\end{cases}$$

对于第(Ⅰ)组等式，考虑到 $\boldsymbol{A}_{\text{obs}}$ 的特殊结构及 $\Phi_1^{[2]}(\boldsymbol{z})=0$，可以得到：

$$\begin{cases}\Phi_1^{[2]}(\boldsymbol{z})=0\\ \Phi_2^{[2]}(\boldsymbol{z})=-f_1^{[2]}(\boldsymbol{z})+\beta_1^{[2]}(z_1)\\ \Phi_3^{[2]}(\boldsymbol{z})=\sum_{i=1}^{n-1}\dfrac{\partial\Phi_2^{[2]}}{\partial z_i}(\alpha_iz_i+z_{i+1})+\dfrac{\partial\Phi_2^{[2]}}{\partial z_n}\alpha_nz_n-f_2^{[2]}(\boldsymbol{z})+\beta_2^{[2]}(z_1)\\ \Phi_4^{[2]}(\boldsymbol{z})=\sum_{i=1}^{n-1}\dfrac{\partial\Phi_3^{[2]}}{\partial z_i}(\alpha_iz_i+z_{i+1})+\dfrac{\partial\Phi_3^{[2]}}{\partial z_n}\alpha_nz_n-f_3^{[2]}(\boldsymbol{z})+\beta_3^{[2]}(z_1)\\ \vdots\\ \Phi_n^{[2]}(\boldsymbol{z})=\sum_{i=1}^{n-1}\dfrac{\partial\Phi_{n-1}^{[2]}}{\partial z_i}(\alpha_iz_i+z_{i+1})+\dfrac{\partial\Phi_{n-1}^{[2]}}{\partial z_n}\alpha_nz_n-f_{n-1}^{[2]}(\boldsymbol{z})+\beta_{n-1}^{[2]}(z_1)\\ \sum_{i=1}^{n}\alpha_iz_i=\sum_{i=1}^{n-1}\dfrac{\partial\Phi_n^{[2]}}{\partial z_i}(\alpha_iz_i+z_{i+1})+\dfrac{\partial\Phi_n^{[2]}}{\partial z_n}\alpha_nz_n-f_n^{[2]}(\boldsymbol{z})+\beta_n^{[2]}(z_1)\end{cases}\tag{3.29}$$

式(3.29)的前 $n$ 个等式给出流形变换中 $\Phi_1^{[2]}(\boldsymbol{z})$ 的计算公式。通过自由选择输出浸入 $\beta_i^{[2]}(z_1)(i=1,2,\cdots,n)$ 可以消除二次项 $z_1z_i(i=1,2,\cdots,n)$。

对于第(Ⅱ)组等式，通过自由选择输入浸入$\gamma_i^{[1]}(z_1)u(i=1,2,\cdots,n)$可以消除有关$z_1$的一次项。

综上所述，可以得到式(3.28)所示的正规形。式(3.28)中的$\alpha_i z_i z_j(n \geqslant i \geqslant j \geqslant 2)$及$k_{li} z_i u(n \geqslant l \geqslant 1,\ n \geqslant i \geqslant 2)$称为系统的共振项[115]。进一步地，若式(3.29)中最后一个等式的解存在，则所有共振项为零，可以得到变换后的系统为

$$\begin{cases}\dot{\boldsymbol{z}}=\boldsymbol{A}_{\text{obs}}\boldsymbol{z}+\boldsymbol{B}_{\text{obs}}u+\boldsymbol{\beta}'^{[2]}(z_1)+\boldsymbol{\gamma}'^{[1]}(z_1)u\\ \boldsymbol{y}=\boldsymbol{C}_{\text{obs}}\boldsymbol{z}\end{cases} \tag{3.30}$$

这样的系统很容易构造偏差收敛的状态观测器。

**例 3.2** 考虑如下系统：

$$\begin{cases}\dot{\xi}_1=\xi_2+k_1\xi_2^2+l_1\xi_3^2\\ \dot{\xi}_2=\xi_3+k_2\xi_2^2+l_2\xi_3^2\\ \dot{\xi}_3=\alpha_1\xi_1+\alpha_2\xi_2+\alpha_3\xi_3+k_3\xi_2^2+l_3\xi_3^2\\ y=\xi_1\end{cases}$$

取流形变换$\boldsymbol{\xi}=\boldsymbol{z}+\boldsymbol{\Phi}^{[2]}(\boldsymbol{z})$，且设$\beta_i^{[2]}(\xi_1)=\beta_i\xi_1^2(i=1,2,3)$，根据式(3.29)得到：

$$\begin{cases}\Phi_1^{[2]}(\boldsymbol{z})=0\\ \Phi_2^{[2]}(\boldsymbol{z})=-k_1\xi_2^2-l_1\xi_3^2+\beta_1\xi_1^2\\ \Phi_3^{[2]}(\boldsymbol{z})=2\beta_1\xi_1(\alpha_1\xi_1+\xi_2)-2k_1\xi_2(\alpha_2\xi_2+\xi_3)-2l_1\alpha_3\xi_3^2-k_2\xi_2^2-l_2\xi_3^2+\beta_2\xi_1^2\end{cases}$$

选择

$$\begin{aligned}\beta_1&=2k_1\alpha_2^2+k_3/2-k_1\alpha_2\alpha_3-k_3\alpha_2/2\\ \beta_2&=(\alpha_3-\alpha_2-3\alpha_1-2\alpha_1^2)\beta_1\end{aligned}$$

则系统化如下形式的正规形：

$$\begin{cases}\dot{z}_1=z_2+\beta_1 z_1^2+\text{H.O.T.}\\ \dot{z}_2=z_3+(\beta_2+2\alpha_1\beta_1)z_1^2+\text{H.O.T.}\\ \dot{z}_3=\alpha_1 z_1+\alpha_2 z_2+\alpha_3 z_3+(2\beta_1-4\alpha_2^2-k_3)z_2^2+\alpha_2 l_1 z_3^2+(2k_1+4\alpha_3^2-2l_2\alpha_3+l_3)z_2 z_3\\ \qquad +\beta_3 z_1^2+\text{H.O.T.}\\ \beta_3=(2\alpha_1\alpha_3+\alpha_2)\beta_1-2\alpha_1\beta_2\end{cases}$$

### 3.3.3 线性部分不能观测系统的正则形

本节讨论单输入单输出系统 Taylor 级数展开式(3.29)的线性部分有一个不能观状态时的正规形。

设经过线性坐标变换$\boldsymbol{\xi}=\boldsymbol{T}\boldsymbol{x}$将系统(3.19)化为如下形式(其中，线性部分按能

观性进行结构分解):

$$
\begin{cases}
\dot{\boldsymbol{\xi}}_{\mathrm{o}} = \boldsymbol{A}_{\mathrm{obs}}\boldsymbol{\xi}_{\mathrm{o}} + \boldsymbol{B}_{\mathrm{obs}}u + f_{\mathrm{o}}^{[2]}(\boldsymbol{\xi}) + g_{\mathrm{o}}^{[1]}(\boldsymbol{\xi})u + \mathrm{H.O.T.} \\
\dot{\xi}_n = \alpha\xi_n + \sum_{i=1}^{n-1}\lambda_i\xi_i + b_n u + f_n^{[2]}(\boldsymbol{\xi}) + g_n^{[1]}(\boldsymbol{\xi})u + \mathrm{H.O.T.} \\
y = \boldsymbol{C}_{\mathrm{obs}}\boldsymbol{\xi}_{\mathrm{o}}
\end{cases}
\tag{3.31}
$$

式中，$\boldsymbol{\xi}_{\mathrm{o}} = (\xi_1, \xi_2, \cdots, \xi_{n-1})^{\mathrm{T}}$；$\boldsymbol{\xi} = (\boldsymbol{\xi}_{\mathrm{o}}^{\mathrm{T}}, \xi_n)^{\mathrm{T}}$。线性能观测部分具有类似的能观规范型：

$$
\boldsymbol{A}_{\mathrm{obs}} = \begin{pmatrix} 0 & 1 & 0 & \cdots & 0 \\ 0 & 0 & 1 & \cdots & 0 \\ \vdots & \vdots & \vdots & & \vdots \\ 0 & 0 & 0 & \cdots & 1 \\ \alpha_1 & \alpha_2 & \alpha_3 & \cdots & \alpha_{n-1} \end{pmatrix}, \quad \boldsymbol{B}_{\mathrm{obs}} = \begin{pmatrix} b_1 \\ b_2 \\ \vdots \\ b_{n-2} \\ b_{n-1} \end{pmatrix}, \quad \boldsymbol{C}_{\mathrm{obs}} = \underbrace{(1, 0, 0, \cdots, 0)}_{n-1}
$$

针对能观状态 $\boldsymbol{\xi}_{\mathrm{o}} = (\xi_1, \xi_2, \cdots, \xi_{n-1})^{\mathrm{T}}$ 及最后一个不能观状态 $\xi_n$，分别设对应的流形变换为

$$
\begin{aligned}
\boldsymbol{\xi}_{\mathrm{o}} &= \boldsymbol{z}_{\mathrm{o}} + \boldsymbol{\Phi}_{\mathrm{o}}^{[2]}(\boldsymbol{z}) \\
\xi_n &= z_n + \Phi_n^{[2]}(\boldsymbol{z})
\end{aligned}
$$

式中，$\boldsymbol{\Phi}_{\mathrm{o}}^{[2]}(\boldsymbol{z}) = (\Phi_1^{[2]}(\boldsymbol{z}), \cdots, \Phi_{n-1}^{[2]}(\boldsymbol{z}))^{\mathrm{T}}$。则在如下形式的输入-输出浸入下：

$$
\begin{aligned}
&\boldsymbol{\beta}_{\mathrm{o}}^{[2]}(y) + \boldsymbol{\gamma}_{\mathrm{o}}^{[1]}(y)u \\
&\beta_n^{[2]}(y) + \gamma_n^{[1]}(y)u
\end{aligned}
$$

系统(3.31)的二次等价形为

$$
\begin{cases}
\dot{\boldsymbol{z}}_{\mathrm{o}} = \boldsymbol{A}_{\mathrm{obs}}\boldsymbol{z}_{\mathrm{o}} + \boldsymbol{B}_{\mathrm{obs}}u + \overline{\boldsymbol{f}}_{\mathrm{o}}^{[2]}(\boldsymbol{z}) + \overline{\boldsymbol{g}}_{\mathrm{o}}^{[1]}(\boldsymbol{z})u + \boldsymbol{\beta}_{\mathrm{o}}^{[2]}(y) + \boldsymbol{\gamma}_{\mathrm{o}}^{[1]}(y)u + \mathrm{H.O.T.} \\
\dot{z}_n = \alpha z_n + \sum_{i=1}^{n-1}\lambda_i z_i + b_n u + \overline{f}_n^{[2]}(\boldsymbol{z}) + \overline{g}_n^{[1]}(\boldsymbol{z})u + \beta_n^{[2]}(y) + \gamma_n^{[1]}(y)u + \mathrm{H.O.T.} \\
y = \boldsymbol{C}_{\mathrm{obs}}\boldsymbol{z}_{\mathrm{o}}
\end{cases}
\tag{3.32}
$$

类似前面的推导，可以得到流形变换存在的条件等式为

$$
\begin{cases}
\boldsymbol{A}_{\mathrm{obs}}\boldsymbol{\Phi}_{\mathrm{o}}^{[2]}(\boldsymbol{z}) - \dfrac{\partial\boldsymbol{\Phi}_{\mathrm{o}}^{[2]}(\boldsymbol{z})}{\partial\boldsymbol{z}_{\mathrm{o}}}\boldsymbol{A}_{\mathrm{obs}}\boldsymbol{z}_{\mathrm{o}} - \dfrac{\partial\boldsymbol{\Phi}_{\mathrm{o}}^{[2]}(\boldsymbol{z})}{\partial z_n}\left(\alpha z_n + \sum_{i=1}^{n-1}\lambda_i z_i\right) = \overline{\boldsymbol{f}}_{\mathrm{o}}^{[2]}(\boldsymbol{z}) - \boldsymbol{f}_{\mathrm{o}}^{[2]}(\boldsymbol{z}) + \boldsymbol{\beta}_{\mathrm{o}}^{[2]}(z_1) \\
-\dfrac{\partial\boldsymbol{\Phi}_{\mathrm{o}}^{[2]}(\boldsymbol{z})}{\partial\boldsymbol{z}}\boldsymbol{B}_{\mathrm{obs}} - \dfrac{\partial\boldsymbol{\Phi}_{\mathrm{o}}^{[2]}(\boldsymbol{z})}{\partial z_n}b_n = \overline{\boldsymbol{g}}_{\mathrm{o}}^{[1]}(\boldsymbol{z}) - \boldsymbol{g}_{\mathrm{o}}^{[1]}(\boldsymbol{z}) + \boldsymbol{\gamma}_{\mathrm{o}}^{[1]}(z_1)
\end{cases}
$$

$$
\begin{cases}
\alpha\Phi_n^{[2]}(\boldsymbol{z}) + \sum_{i=1}^{n-1}\lambda_i\Phi_i^{[2]}(\boldsymbol{z}) - \dfrac{\partial\Phi_n^{[2]}(\boldsymbol{z})}{\partial z_n}(\alpha z_n + \sum_{i=1}^{n-1}\lambda_i z_i) - \dfrac{\partial\Phi_n^{[2]}(\boldsymbol{z})}{\partial\boldsymbol{z}_{\mathrm{o}}}\boldsymbol{A}_{\mathrm{obs}}\boldsymbol{z}_{\mathrm{o}} = \overline{f}_n^{[2]}(\boldsymbol{z}) \\
-f_n^{[2]}(\boldsymbol{z}) + \beta_n^{[2]}(z_1) - \dfrac{\partial\Phi_n^{[2]}(\boldsymbol{z})}{\partial z_n}b_n - \dfrac{\partial\Phi_n^{[2]}(\boldsymbol{z})}{\partial\boldsymbol{z}_{\mathrm{o}}}\boldsymbol{B}_{\mathrm{obs}} = \overline{g}_n^{[1]}(\boldsymbol{z}) - g_n^{[1]}(\boldsymbol{z}) + \gamma_n^{[1]}(z_1)
\end{cases}
$$

**定理 3.2**　对于形如式(3.18)的单输入单输出系统，当其有且仅有一个不能观状态时，在输入-输出浸入 $\boldsymbol{\beta}_{\mathrm{o}}^{[2]}(y)+\boldsymbol{\gamma}_{\mathrm{o}}^{[1]}(y)u$ 及 $\beta_n^{[2]}(y)+\gamma_n^{[1]}(y)u$ 下，经过流形变换 $\boldsymbol{\xi}_{\mathrm{o}}=z_{\mathrm{o}}+\boldsymbol{\Phi}_{\mathrm{o}}^{[2]}(z)$ 及 $\boldsymbol{\xi}_n=z_n+\Phi_n^{[2]}(z)$ 得到的二次规范型为

$$\begin{cases}\begin{pmatrix}\dot{z}_1\\ \dot{z}_2\\ \vdots\\ \dot{z}_{n-2}\end{pmatrix}=\begin{pmatrix}0&1&0&\cdots&0\\ 0&0&1&\cdots&0\\ \vdots&\vdots&\vdots&&\vdots\\ 0&0&0&\cdots&1\end{pmatrix}\begin{pmatrix}z_1\\ z_2\\ \vdots\\ z_{n-2}\end{pmatrix}+\begin{pmatrix}b_1\\ b_2\\ \vdots\\ b_{n-2}\end{pmatrix}u+\begin{pmatrix}\sum\limits_{i=2}^{n}k_{1i}z_i\\ \sum\limits_{i=2}^{n}k_{2i}z_i\\ \vdots\\ \sum\limits_{i=2}^{n}k_{(n-2)i}z_i\end{pmatrix}u\\ \dot{z}_{n-1}=b_{n-1}u+\sum\limits_{i=1}^{n-1}\alpha_i z_i+\sum\limits_{j>i=2}^{n}h_{ij}z_iz_j+h_{1n}z_1z_n+\sum\limits_{i=2}^{n}k_{(n-1)i}z_iu\\ \dot{z}_n=\alpha z_n+\sum\limits_{i=1}^{n-1}\lambda_i z_i+b_nu+\sum\limits_{i=2}^{n}k_{ni}z_iu,\quad \alpha\neq 0\\ \dot{z}_n=\sum\limits_{i=1}^{n-1}\lambda_i z_i+b_nu+\sum\limits_{i=1}^{n}\sum\limits_{j>\sup(i,2)}^{n}l_{ij}z_iz_j+\sum\limits_{i=2}^{n}k_{ni}z_iu,\quad \alpha=0\end{cases}\tag{3.33}$$

定理 3.2 的证明类似定理 3.1。

从整个流形变换的过程可以看出，原始系统(即 $X$ 空间)在经过线性变换后变换到了 $\boldsymbol{\xi}$ 空间，$\boldsymbol{\xi}$ 空间在经过非线性变换后，变换到 $Z$ 空间。$Z$ 空间中的系统是具备一定能观形式的正规形，这就为非线性系统观测器的设计提供了方便。进而，$\boldsymbol{\xi}=z+\boldsymbol{\Phi}^{[2]}(z)$ 描述的由 $\boldsymbol{\xi}$ 空间到 $Z$ 空间的非线性变换是状态量 $\boldsymbol{\xi}$ 取为显性的变换，即从 $\boldsymbol{\xi}$ 空间到 $Z$ 空间的变换是一对多的变换。实际上，还可以根据系统的性质取相反方向的变换，即从 $\boldsymbol{\xi}$ 空间到 $Z$ 空间的变换是多对一的变换。这样，在一些情况下就可以避免非线性变换的多值性带来的麻烦。

## 3.4　正弦波无刷直流电机基于流形变换观测器设计的初步展望

正弦波无刷直流电机(sinusoidal brushless DC motor，SBLDCM)是一个本质的非线性系统。考虑具有凸极效应的 SBLDCM，其基于定子三相静止 $a$-$b$-$c$ 坐标系的方程为

$$\begin{cases}u_{\mathrm{a}}=R_{\mathrm{a}}i_{\mathrm{a}}+\mathrm{p}(L_{\mathrm{aa}}i_{\mathrm{a}}+L_{\mathrm{ab}}i_{\mathrm{b}}+L_{\mathrm{ac}}i_{\mathrm{c}})+\mathrm{p}(\lambda_{\mathrm{ra}})\\ u_{\mathrm{b}}=R_{\mathrm{b}}i_{\mathrm{b}}+\mathrm{p}(L_{\mathrm{ba}}i_{\mathrm{a}}+L_{\mathrm{bb}}i_{\mathrm{b}}+L_{\mathrm{bc}}i_{\mathrm{c}})+\mathrm{p}(\lambda_{\mathrm{rb}})\\ u_{\mathrm{c}}=R_{\mathrm{c}}i_{\mathrm{c}}+\mathrm{p}(L_{\mathrm{ca}}i_{\mathrm{a}}+L_{\mathrm{cb}}i_{\mathrm{b}}+L_{\mathrm{cc}}i_{\mathrm{c}})+\mathrm{p}(\lambda_{\mathrm{rc}})\end{cases}\tag{3.34}$$

式中，$L_{aa}=L_a+L_g\cos 2\theta_{re}$，$L_{ab}=L_{ba}=-L_a/2+L_g\cos(2\theta_{re}-2\pi/3)$，$\lambda_{ra}=K_E\cos\theta_{re}$，$L_{bb}=L_a+L_g\cos(2\theta_{re}-4\pi/3)$，$L_{ac}=L_{ca}=-L_a/2+L_g\cos(2\theta_{re}-4\pi/3)$，$\lambda_{rb}=K_E\cos(\theta_{re}-2\pi/3)$，$L_{cc}=L_a+L_g\cos(2\theta_{re}+4\pi/3)$，$L_{bc}=L_{cb}=-L_a/2+L_g\cos 2\theta_{re}$，$\lambda_{rc}=K_E\cos(\theta_{re}+2\pi/3)$，p 代表微分算子；$L_a=l_0=\frac{1}{2}w_a^2(\lambda_{ad}+\lambda_{aq})$，$L_g=l_2=m_2=\frac{1}{2}w_a^2(\lambda_{ad}-\lambda_{aq})$ 分别代表平均电感系数与半差电感系数的幅值。如果再考虑运动方程：

$$\begin{cases} T_{ei}=T_L+J\dfrac{d\omega_{re}}{dt} \\ \omega_{re}=\dfrac{d\theta_{re}}{dt} \end{cases} \tag{3.35}$$

则整个系统方程是一组严重耦合的非线性常微分方程组。两个输入变量是定子侧任意两相线电压，输出变量是定子侧任意两相相电流，可以将其视为双输入双输出的方形系统。可见，式(3.34)和式(3.35)中包含大量的永磁转子的位置及转速信息。可以将流形变换的方法推广到双输入双输出系统，在工作点处展开为含有高阶非线性项的形式，应用状态观测器的设计方法提取系统的状态变量信息。

## 3.5　本 章 小 结

本章采用非线性系统流形变换方法，研究了有确定模型的一般高阶非线性系统的状态观测器设计的理论和方法，通过构造适当的非线性映射，使变换后的系统具有完全能观的线性等价形式或有利于构造收敛观测器的具有一定规范型的等价形式。本章给出了一般非线性系统方程的矩阵描述形式及确定各阶 Taylor 系数矩阵的方法，推导出单输入单输出系统化为二次能观规范型的变换矩阵。

# 第 4 章　基于非线性滑模观测器的永磁同步电机虚拟传感器设计

## 4.1　引　　言

滑模变结构观测器的设计思想起源于控制系统的滑模变结构控制，而这种控制系统的突出特点是对系统参数摄动的强鲁棒性、降阶特性以及对干扰的完全自适应性。本章围绕非线性系统滑模变结构观测器设计的若干问题展开讨论，在此基础上研究利用观测电流差的线性函数作为滑模面的永磁同步电机速度/位置状态信息重构问题。

## 4.2　滑模变结构控制原理

Emelyanov 首先提出了变结构控制系统(variable structure control system, VSCS)的概念，并且逐步形成一个控制系统的综合方法。Utkin 等在此基础上进一步发展完善了变结构控制理论，使变结构控制理论成为控制科学中的一大分支，并且为非线性系统的控制开拓出一个很好的研究方向。随后，滑模变结构控制理论的研究得以迅速发展，主要集中在如下几个方面。

(1) 非线性控制函数的研究。从最初简单的逻辑切换，发展到符号函数形式、变系数反馈形式、变增益符号函数形式以及饱和函数形式等，各种控制函数及其相应平滑算法的研究都是为了减弱抖振。

(2) 各种滑模面的研究。从简单的系统状态的线性函数形式发展到二次滑模形式、分段的非线性滑模形式、终结滑模形式、积分滑模形式及时变滑模形式等。各种滑模面的研究主要围绕减弱或消除滑模控制系统的稳态偏差和抖振。

(3) 到达条件的研究。从最初的广义滑模到达条件，发展到基于各种趋近率形式的到达条件，主要研究改善系统的动态品质，提高初始点到达滑模面的速度。

我国学者高为炳等在国内率先提出变结构控制信号趋近律的概念和方法[15]，很好地改善了变结构控制系统的动态品质。

### 4.2.1　基本概念

1. 结构的概念

变结构控制就是在控制过程中根据一定的性能指标不断改变系统的结构。这里“结构”的概念不同于控制系统的物理结构或其框图形式的结构，而是由描述系统的微分方程所形成的状态空间内的状态轨迹所体现的特有的几何性质，如熟知的二阶线性系统的稳定(不稳定)节点、稳定(不稳定)焦点及中心点等，如图 4.1 所示。这些状态轨迹的几何性质代表了控制系统在状态空间中的几何结构特点。据此，变结构控制系统中的“结构”可定义如下。

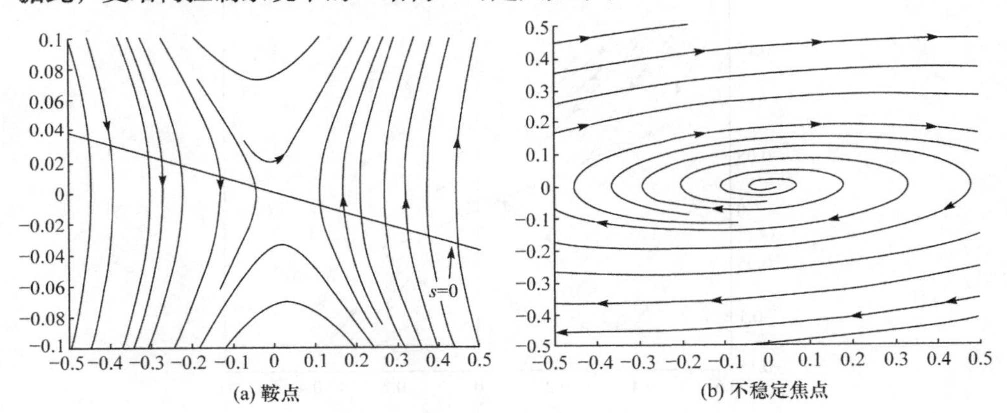


图 4.1　由状态轨迹描述的系统结构

**定义 4.1**[119]　系统的结构就是系统在状态空间(或相空间)的状态轨迹(或相轨迹)的总体几何(拓扑)性质。

2. 滑动模态的概念

通过对控制函数的切换就可以不断反复地改变系统的结构，这种切换动作既可以受普通的开关(on-off)控制，也可以按某种条件或指标进行逻辑转换的控制。这里关心的是一种受滑动模态(sliding mode)控制的切换策略。滑动模态就是结构变换开关以极高的频率来回切换使系统反复工作在不同的结构下，这时状态的运动点以极小的幅度在一条开关线上下穿行。以图 4.1 所示的两种结构为例，这里选取系统：$\begin{cases}\dot{x}_1 = x_2 \\ \dot{x}_2 = 0.05x_1 + 0.1x_2 + u\end{cases}$，控制函数 $u = -\phi x_1$（$\phi$ 为 0.15 或−0.15），设在下列直线上改变系统结构：$x_1 = 0$，$s = cx_1 + x_2 = 0$，$c = \text{const} > 0$。其中，$c$ 的大小选择要适当，使得 $s = 0$ 位于 $x_1$ 轴和 $\phi = -a$ 时抛物线的渐近线之间。如果采用下列策略改变控制结构：$\phi=\begin{cases}0.15, & x_1 s>0\\ -0.15, & x_1 s<0\end{cases}$，此时系统的相轨迹示于图 4.2 中。可以看到，系统此时工作在滑动模态状态，$s=s(x)$ 称为系统滑动模态控制的切换函数，从初始状态(−0.6,0.15)、(0.4,−0.1)、(0.2,0.1)和(−0.2,−0.1)出发的相轨迹到达由切换函数确定的切换线 $s=0$ 附近后在两种不稳定的结构中进行高频切换，沿切换线运动到平衡点，切换的频率取决于控制系统的采样频率。同时可以看出，对于这类具有时间滞后切换开关的系统，运动点在 $s=0$ 附近作衰减振荡，这种衰减振荡是滑模变结构控制系统的一种特有的颤振(或称抖振、喘振)现象。

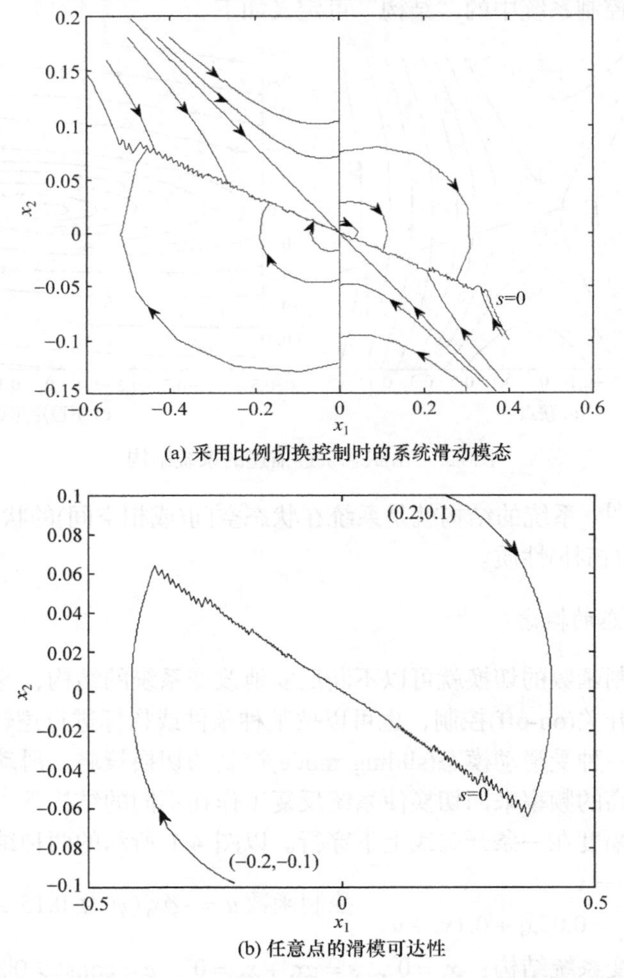


(a) 采用比例切换控制时的系统滑动模态

(b) 任意点的滑模可达性

图 4.2　系统的滑动模态及其可达性(切换开关具有时间滞后特性)

3. 滑模变结构控制的几个基本问题

滑模变结构控制作为非线性控制的一个重要分支，其控制方法是在系统状态达到相空间的切换面(或切换超曲面)时切换控制，同时强迫系统沿着人为规定的相轨迹滑到期望点,这使得滑模变结构控制具有区别于其他类型控制的重要特点:可以产生原系统并不具有的相轨迹。考虑如下一般非线性系统:

$$\begin{cases}\dot{\boldsymbol{x}}=\boldsymbol{f}(\boldsymbol{x},\boldsymbol{u},t), & \boldsymbol{x}\in\mathbf{R}^n,\boldsymbol{u}\in\mathbf{R}^m,t\in\mathbf{R}\\ \boldsymbol{y}=\boldsymbol{h}(\boldsymbol{x}), & \boldsymbol{y}\in\mathbf{R}^p,n\geqslant m\geqslant p\end{cases} \tag{4.1}$$

(1) 为了实现系统的滑模变结构控制，首先要满足滑动模态存在的条件。从前述简单的滑动模态控制可以看出，切换函数$\boldsymbol{s}=\boldsymbol{s}(\boldsymbol{x})$是图 4.1 所示两种不稳定结构的分界线。直观地看，为了保证系统不脱离滑动模态区，至少应满足：当系统初始轨迹位于$s>0$区域附近时，其轨迹的运动趋近于切换线$s=0$，即$\dot{s}<0$；同理，当$s<0$时，$\dot{s}>0$，综合两种情况就是$\lim\limits_{s\to 0}s\dot{s}<0$。推广到一般系统(4.1)，就是确定切换函数矢量$\boldsymbol{s}=\boldsymbol{s}(\boldsymbol{x})$，$\boldsymbol{s}\in\mathbf{R}^m$，通过控制函数的切换使$\lim\limits_{s_i(\boldsymbol{x})\to 0}s_i(\boldsymbol{x})\dot{s}_i(\boldsymbol{x})<0$，$1\leqslant i\leqslant m$。

(2) 系统应满足滑动模态的可达性条件，也即如果系统的初始轨迹不在切换线附近，而是在状态空间的任意位置，这时为了使状态无限趋近切换线，应满足$s\dot{s}<0$，此即广义滑动模态存在条件。系统在此条件下的运动方式，称为广义滑动模态运动。显然，系统满足广义滑动模态条件必然同时满足滑动模态的存在性及可达性条件。

(3) 滑动模态运动的稳定性问题。通常希望系统进入滑动模态区后的滑动模态运动是渐近稳定的。渐近稳定就是系统的切换超曲面$s=0$至少应包含系统(4.1)的一个稳定平衡点，且滑动模态运动在此区域内是渐近稳定的。这种渐近稳定性通常是由系统的结构决定的，例如，对于图 4.2 所示的滑动模态，切换线两侧的结构是趋向滑模面的且切换线的走向是原系统的渐近稳定方向，所以相平面上的任何点都可以到达稳定的原点(0,0)。

4. 滑模变结构控制的基本策略

根据切换面的选取，滑模变结构的控制方法主要有如下几种。

(1) 常值切换控制：

$$u_i=\begin{cases}k_i^+, & s_i(\boldsymbol{x})>0\\ k_i^-, & s_i(\boldsymbol{x})<0\end{cases}$$

(2) 函数切换控制：

$$u_i=\begin{cases}u_i^+, & s_i(\boldsymbol{x})>0\\ u_i^-, & s_i(\boldsymbol{x})<0\end{cases}$$

(3) 比例切换控制：

$$\varphi_{ij}=\begin{cases}\alpha_{ij}, & x_i s_j(\boldsymbol{x})>0\\ \beta_{ij}, & x_i s_j(\boldsymbol{x})<0\end{cases}$$

式中，$u_i=\varphi_{ij}x_i$；$\alpha_{ij}$、$\beta_{ij}$都是实数$(i=1,\cdots,n;j=1,\cdots,m)$。

这里涉及滑模变结构控制的动态品质问题，即在保证系统的滑动模态可达性条件$s\dot{s}<0$的同时如何提高初始点到达滑模面这段运动的速度。我国学者高为炳率先提出趋近率的平滑算法(approach algorithm)，即在广义滑动模态的条件下可按需要规定如下一些趋近率。

(1) 等速趋近率：

$$\frac{\mathrm{d}s}{\mathrm{d}t}=-\varepsilon\cdot\operatorname{sgn}(s),\quad \varepsilon>0$$

式中，常数$\varepsilon$表示系统的运动点趋近切换面的速率。$\varepsilon$越小，趋近速率越慢；$\varepsilon$越大，趋近速率越快。

(2) 指数趋近率：

$$\frac{\mathrm{d}s}{\mathrm{d}t}=-\varepsilon\cdot\operatorname{sgn}(s)-ks,\quad \varepsilon>0;k>0$$

显然，该式满足广义滑动模态条件且$s>0$时$\mathrm{d}s/\mathrm{d}t=-\varepsilon-ks$，解得$s(t)=-\varepsilon/k+(s_0+\varepsilon/k)\mathrm{e}^{-kt}$；$s<0$时$\mathrm{d}s/\mathrm{d}t=+\varepsilon-ks$，解得$s(t)=+\varepsilon/k+(s_0-\varepsilon/k)\mathrm{e}^{-kt}$。其中，$s_0$是系统在初始状态$(t=0)$时切换函数$s(x(t))$的值。

(3) 幂次趋近率：

$$\frac{\mathrm{d}s}{\mathrm{d}t}=-k|s|^{\alpha}\cdot\operatorname{sgn}(s),\quad k>0;1>\alpha>0$$

(4) 一般趋近率：

$$\frac{\mathrm{d}s}{\mathrm{d}t}=-\varepsilon\cdot\operatorname{sgn}(s)-f(s)$$

式中，$f(0)=0$；$s\neq0$时，$sf(s)>0$。

### 4.2.2 鲁棒性及自适应性分析

滑模变结构控制的一个基本特性是对系统干扰及参数变化具有鲁棒性及自适

应性。以如下不确定仿射非线性系统为例：

$$\dot{\boldsymbol{x}} = \boldsymbol{f}(\boldsymbol{x},t) + \Delta\boldsymbol{f}(\boldsymbol{x},t,\rho) + (\boldsymbol{B}(\boldsymbol{x},t) + \Delta\boldsymbol{B}(\boldsymbol{x},t,\rho))\boldsymbol{u} \tag{4.2}$$

式中，$\boldsymbol{f}(\boldsymbol{x},t) \in \mathbf{R}^{n\times 1}$；$\boldsymbol{B}(\boldsymbol{x},t) \in \mathbf{R}^{n\times p}$；$\Delta\boldsymbol{f}$、$\Delta\boldsymbol{B}$ 为相应维数的不确定函数；$\rho$ 为不确定参数。选择切换函数 $s = s(\boldsymbol{x},t) \in \mathbf{R}^{p\times 1}$，则由式(4.2)可以推出：

$$\dot{s}(\boldsymbol{x},t) = \frac{\partial s(\boldsymbol{x},t)}{\partial t} + \frac{\partial s(\boldsymbol{x},t)}{\partial \boldsymbol{x}}(\boldsymbol{f}(\boldsymbol{x},t) + \Delta\boldsymbol{f}(\boldsymbol{x},t,\rho) + (\boldsymbol{B}(\boldsymbol{x},t) + \Delta\boldsymbol{B}(\boldsymbol{x},t,\rho))u) \tag{4.3}$$

根据理想滑动模态情形下的等效控制原理[19]$(s(\boldsymbol{x},t)=0$，$\dot{s}(\boldsymbol{x},t)=0)$ 及式(4.3)可得到等效控制量 $u_{\text{eq}}$ 满足

$$u_{\text{eq}} = -\left(\frac{\partial s(\boldsymbol{x},t)}{\partial \boldsymbol{x}}\boldsymbol{B}(\boldsymbol{x},t)\right)^{-1}\left(\frac{\partial s(\boldsymbol{x},t)}{\partial t} + \frac{\partial s(\boldsymbol{x},t)}{\partial \boldsymbol{x}}(\boldsymbol{f}(\boldsymbol{x},t) + \Delta\boldsymbol{f}(\boldsymbol{x},t,\rho) + \Delta\boldsymbol{B}(\boldsymbol{x},t,\rho)u_{\text{eq}})\right)$$

假定 $\dfrac{\partial s(\boldsymbol{x},t)}{\partial \boldsymbol{x}}\boldsymbol{B}(\boldsymbol{x},t)$ 可逆，将此等效控制量代入式(4.2)得到其滑动模态满足下列方程：

$$\dot{\boldsymbol{x}} = \left(\boldsymbol{I} - \boldsymbol{B}\left(\frac{\partial s}{\partial \boldsymbol{x}}\boldsymbol{B}\right)^{-1}\frac{\partial s}{\partial \boldsymbol{x}}\right)(\boldsymbol{f} + \Delta\boldsymbol{f} + \Delta\boldsymbol{B}u_{\text{eq}}) - \boldsymbol{B}\left(\frac{\partial s}{\partial \boldsymbol{x}}\boldsymbol{B}\right)^{-1}\frac{\partial s}{\partial t} \tag{4.4}$$

因此，当

$$\Delta\boldsymbol{f} + \Delta\boldsymbol{B}u_{\text{eq}} = \boldsymbol{B}\left(\frac{\partial s}{\partial \boldsymbol{x}}\boldsymbol{B}\right)^{-1}\frac{\partial s}{\partial \boldsymbol{x}}(\Delta\boldsymbol{f} + \Delta\boldsymbol{B}u_{\text{eq}}) \tag{4.5}$$

时，滑动模态方程(4.4)与干扰无关，也即滑动模态关于未知扰动或参数变化具有鲁棒性及自适应性。式(4.5)称为滑动模态不变的条件等式，分如下两种情况讨论该等式成立需要满足的结构条件。

(1) 当 $n = p$ (即输入输出数相等)时，只要 $(\partial s(\boldsymbol{x},t)/\partial \boldsymbol{x})\boldsymbol{B}(\boldsymbol{x},t)$ 可逆，式(4.5)就恒成立。此时系统的滑动模态对于任意未知扰动或参数变化都具有鲁棒性及自适应性。

(2) 当 $n > p$ 时，记 $\Re$ 为 $\boldsymbol{B}$ 的列向量张成的子空间，即 $\Re = \text{span}\{b_1,\cdots,b_p\}$；如果满足 $\Delta\boldsymbol{f}$、$\Delta\boldsymbol{B} \in \Re$，也即 $\exists \boldsymbol{K}_1 \in \mathbf{R}^{p\times 1}$，$\boldsymbol{K}_2 \in \mathbf{R}^{p\times p}$，s.t. $\Delta\boldsymbol{f} = \boldsymbol{B}\boldsymbol{K}_1$，$\Delta\boldsymbol{B} = \boldsymbol{B}\boldsymbol{K}_2$，则式(4.5)显然成立。一般来说，这样的匹配条件是较容易满足的，所以此时系统的滑动模态对于较大范围内的未知扰动或参数变化也具有鲁棒性及自适应性。

综上分析可见，对于式(4.2)所示的不确定仿射非线性系统而言，其滑动模态对于未知扰动或参数变化具有较强的鲁棒性及自适应性。这是一个非常有用的性质，因为永磁同步电机的 *d-q* 轴方程恰好是这种类型的仿射非线性系统，尤其是

其降阶的速度-电流子系统，当负载恒定时属于输入输出数相等的情形，这为应用滑模变结构理论设计对参数变化及外部扰动具有强鲁棒性及自适应性的观测器提供了理论上的保证。

### 4.2.3　静止逆变器实例仿真

永磁同步电机一般采用应用脉宽调制(pulse-width modulation，PWM)技术的静止逆变器进行供电。随着新型快速功率开关器件应用技术的日益成熟以及高性能数字处理芯片——数字信号处理器(digital signal processor，DSP)的出现，一些先进的数字控制策略应用于逆变器成为可能。

本例选取单相高频脉冲直流环节型逆变器进行滑动模态控制的仿真研究，其控制框图如图 4.3 所示。所有开关器件工作在理想开关状态，滑模面选取电流内环参考信号 $i_g$ 与滤波电感电流反馈信号 $i_f$ 之差，即 $s = i_g - i_f = 0$ 。三态离散脉冲调制(discrete pulse modulation，DPM)电流滞环跟踪控制实质上就是一种边界层(boundary layer)方法[19]。逆变器基本参数如表 4.1 所示。

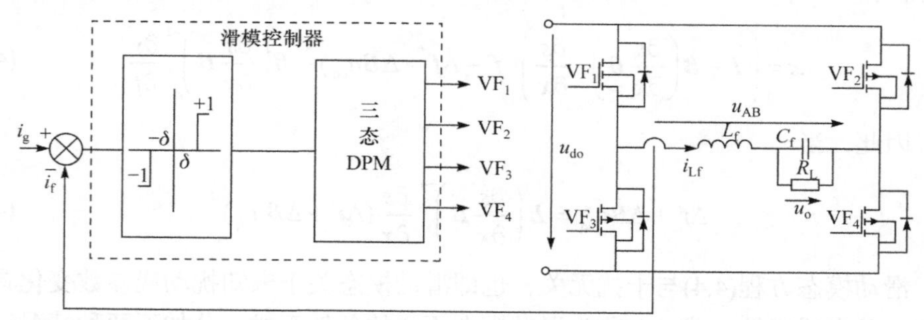


图 4.3　单相高频脉冲直流环节型逆变器滑动模态控制框图

**表 4.1　单相高频脉冲直流环节型逆变器基本参数**

| 参数 | 参数值 | 参数 | 参数值 |
|---|---|---|---|
| 滤波电感 $L_f$ | $10^{-3}$H | 滤波电容 $C_f$ | $6\times10^{-2}$F |
| 负载电阻 $R_L$ | 50Ω | 工作频率 $f$ | 50Hz |
| 电流滞环宽度 $\delta$ | 0.08A | 参考电流 $i_g$ | $1.5\cos(2\pi ft)$A |

仿真结果如图 4.4 所示。图 4.4(a)对比显示了参考电流与实际电流；图 4.4(b)显示了在电流滞环宽度为 0.08A 的情况下动态电流 $i_f \to i_g$ 的滑模跟踪效果。

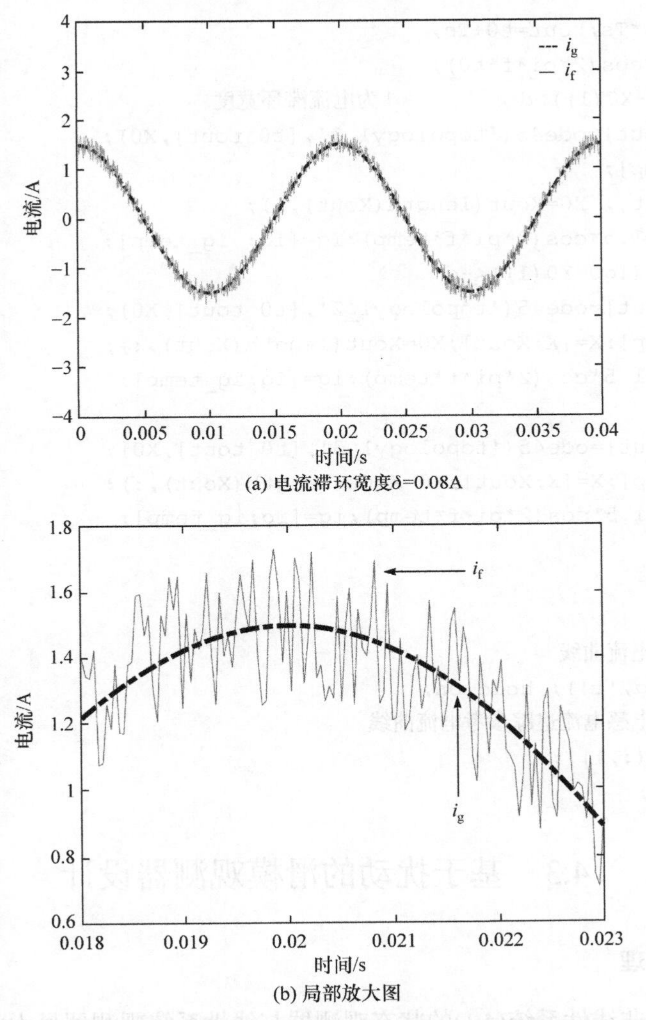


(a) 电流滞环宽度$\delta$=0.08A



(b) 局部放大图

图 4.4 单相高频脉冲直流环节型逆变器滤波电感电流仿真效果

其在 MATLAB6.5 中的部分仿真脚本程序如下。

```
fid=fopen('cir_tracing1.txt','r');
A=fscanf(fid,%f');                %参数保存于文本文件中
global L C R Udom f d
X0=[1.6 1.2];                     %初始状态
n=4000;
Ts=0.02e-3;                       %采样时间
t=[ ];X=[ ]; ig=[ ];              %清空变量
for k=1:n
```

```
t0=(k-1)*Ts;tout=t0+Ts;
ig0=1.5*cos(2*pi*f*t0);
if  (ig0-X0(1))>d          %d 为电流滞环宽度
[temp,Xout]=ode45('topology1_1',[t0 tout],X0);
t=[t;temp];
X=[X;Xout]; X0=Xout(length(Xout),:);
ig_temp=1.5*cos(2*pi*f*temp);ig=[ig; ig_temp];
else if (ig0-X0(1))<-d
[temp,Xout]=ode45('topology1_2',[t0 tout],X0);
t=[t;temp];X=[X;Xout];X0=Xout(length(Xout),:);
ig_temp=1.5*cos(2*pi*f*temp);ig=[ig;ig_temp];
else
[temp,Xout]=ode45('topology1_3',[t0 tout],X0);
t=[t;temp];X=[X;Xout];X0=Xout(length(Xout),:);
ig_temp=1.5*cos(2*pi*f*temp);ig=[ig;ig_temp];
end
end
end
%绘制参考电流曲线
plot(t,ig,'r'); hold on;
%绘制滤波电感电流追踪参考电流曲线
plot(t,X(:,1));
hold off;
```

## 4.3 基于扰动的滑模观测器设计

### 4.3.1 基本原理

构造一般非线性系统(4.1)的状态观测器与线性系统观测器最大的区别就在于选取偏差修正函数的复杂性。考虑能控能观的线性时不变系统，其 Luenberger 观测器的基本结构如图 4.5(a)所示。只要适当选择偏差修正项的增益矩阵 $\boldsymbol{L}$ 使 $\lambda(\boldsymbol{A}+\boldsymbol{LC})<0$，偏差方程就必然呈指数级收敛；对于非线性系统(图 4.5(b))而言，偏差修正项增益矩阵 $\boldsymbol{L}$ 的选取就不是那么容易，它首先要保证观测器偏差方程的收敛性，通常是从系统(4.1)的结构出发使其化为有利于设计偏差增益矩阵的部分线性化形式(如前面阐述的 Lyapunov 方法、高增益 Luenberger-Like 观测器设计方法、基于输入-输出浸入的坐标变换方法等)。

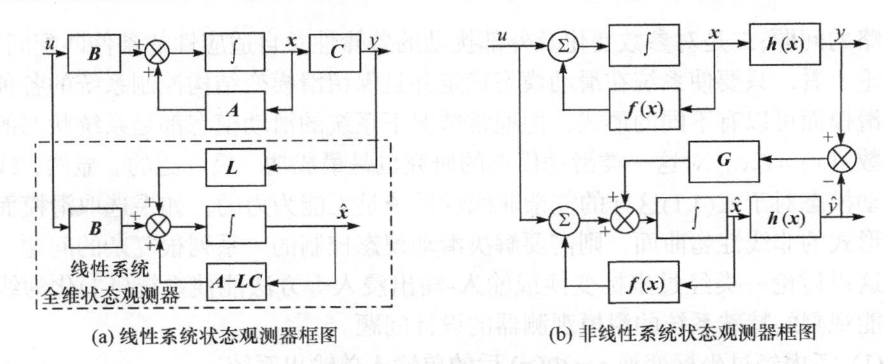


(a) 线性系统状态观测器框图　　(b) 非线性系统状态观测器框图

图 4.5　线性系统与非线性系统状态观测器的一般形式

非线性系统结构的复杂性使其观测器的设计方法也多种多样，而滑模变结构观测器是在充分掌握系统结构信息的基础上，将原实际系统的输入 $u$ 及输出 $y$ 作为该系统的两个输入量或扰动量，通过适当设置切换函数将状态的偏差或其线性函数作为滑模面使系统的偏差按滑动模态运动渐近趋于零，这就达到了状态估计与跟踪的目的。图 4.6 所示为其观测器结构图，$\varPsi$ 为滑模变结构控制器，$f_1$、$f_2$ 为输出输入干扰项，符号 Σ 表示复合)。从这个意义上说，滑模变结构观测器实际上是滑模变结构控制的一种特殊形式，因此前面讨论的有关滑模变结构控制的各种特性与方法都可以应用到滑模观测器的设计当中，尤其是其对参数变化及扰动的鲁棒性和自适应性是滑模观测器的突出优点。

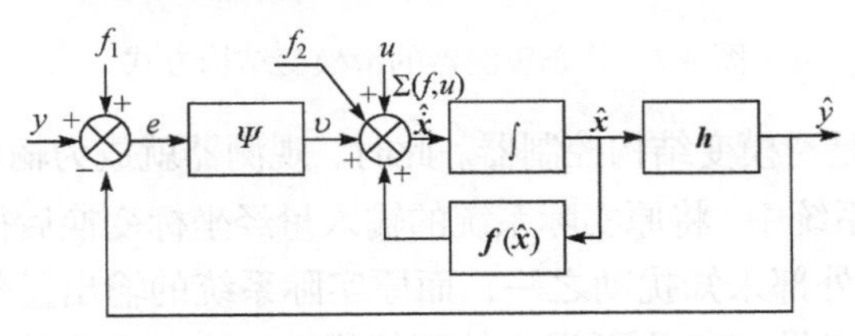


图 4.6　非线性系统滑模变结构观测器结构图

### 4.3.2　设计方法

近年来，非线性系统的一些奇异特性已经引起了人们的极大兴趣，但是由于非线性系统结构(即其相轨迹或状态轨迹整体)的复杂性，以及对一般非线性动力学方程分析和求解的困难性，所有对非线性控制系统包括非线性状态观测器在内的分析与综合理论仍在进一步的研究发展当中。因此，本节从探讨非线性系统的结构出发研究构造此类系统滑模状态观测器可能采用的基本方法。

对一般非线性系统(4.1)构造如图 4.6 所示的滑模变结构观测器需要解决两个基本理论问题：一是非线性滑模超曲面的选取带来的滑动模态可达性及变结构控

制策略的问题；二是对参数变化及外部扰动的鲁棒性及自适应性的条件匹配问题。从理论上看，只要使系统在滑动模态稳定并且保留滑模变结构控制系统的各种性质，滑模面可以有不同的形式，但通常情况下系统的滑动模态都是系统状态的线性函数 $s(\boldsymbol{x})=\boldsymbol{C}\boldsymbol{x}$，对这一类滑动模态的研究也是最成功、最广泛的。显然，线性的滑动模态对于式(4.1)这样的复杂非线性系统是无能为力的。如果选取滑模面为一般形式的非线性超曲面，则需要解决滑动模态控制的一系列很复杂的问题。

这里讨论一类经过坐标变换或输入-输出浸入等方法能使系统(4.1)化为线性部分能观测的特殊系统的滑模观测器的设计问题。

(1) 考虑经过坐标变换 $\boldsymbol{z}=\boldsymbol{\Phi}(\boldsymbol{x})$ 后的单输入单输出系统：

$$\begin{cases}\dot{\boldsymbol{z}}=\boldsymbol{A}\boldsymbol{z}+\eta(\boldsymbol{C}\boldsymbol{z})+g(\boldsymbol{\Phi}^{-1}(\boldsymbol{z}))u\\ y=\boldsymbol{C}\boldsymbol{z}\end{cases}\tag{4.6}$$

则可以设计滑模变结构观测器如图 4.7 所示。

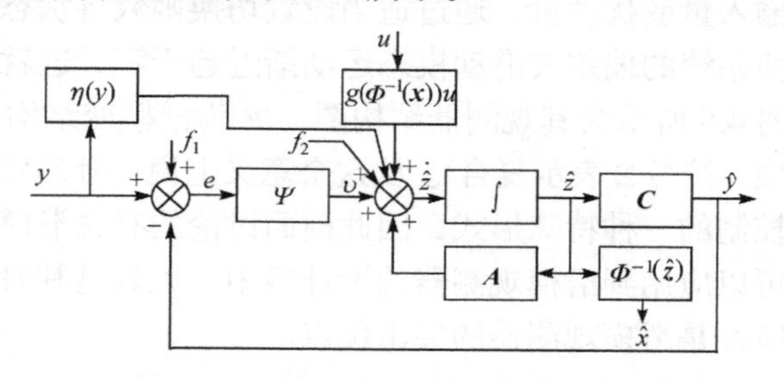


图 4.7 状态观测器的滑模变结构方式

图 4.7 中，$\Psi$ 是滑模变结构控制器。此时，观测器就成为输出反馈的滑模变结构控制系统。在该系统中，将原实际系统的输入量经坐标变换后得到的 $g(\boldsymbol{\Phi}^{-1}(\boldsymbol{x}))u$ 作为观测器系统的外部未知扰动之一，而原实际系统的输出量作为观测器的参考输入；非线性函数向量 $\eta(y)$ 也可视为外部的扰动；$f_1$、$f_2$ 为输出输入干扰项。综合考虑各种干扰的等效形式为 $P(t)=\eta(y)+g(\boldsymbol{\Phi}^{-1}(\boldsymbol{x}))u+f_1+f_2$，且设输入矩阵 $\boldsymbol{b}=(1,1,\cdots,1)^{\mathrm{T}}$，则观测器系统的动态方程成为

$$\begin{cases}\dot{\hat{\boldsymbol{z}}}=\boldsymbol{A}\hat{\boldsymbol{z}}+\boldsymbol{b}\upsilon+P(t)\\ \hat{y}=\boldsymbol{C}\hat{\boldsymbol{z}}\\ e=y-\hat{y}\end{cases}\tag{4.7}$$

滑模观测器设计的任务就是在扰动 $P(t)$ 的作用下，以 $s=e=y-\hat{y}=0$ 作为滑模面求取滑模控制律使输出反馈系统沿滑模面趋近于零运动。

(2) 对于输入输出数相等的一类仿射非线性系统，前面已讨论其滑动模态对于任何未知扰动或参数变化都具有鲁棒性及自适应性。若系统的向量相对阶满足

$\sum_{i=1}^{m} r_i = m$ 的条件，则经过坐标变换 $z = \Phi(x)$ 同样可以将系统化为易于设计线性滑模切换面的形式(其中，$\Phi_j^{i+1} = L_f^i h_j$，$i = 0,1,\cdots,r_j - 1$；$j = 1,\cdots,m$)：

$$\begin{cases} \dot{z}_j^i = z_j^{i+1} \\ \dot{z}_j^{r_j} = \alpha(x)|_{x=\Phi^{-1}(z)} + \beta(x)|_{x=\Phi^{-1}(z)} u \\ y_j = C_j z \end{cases}$$

式中

$$\alpha(z) = L_f^{r_i} h_j$$
$$\beta(z) = L_{g_j} L_f^{r_i - 1} h_j$$

上述坐标变换选取的原则遵循一对一的映射关系，即微分同胚，对变换后的系统根据实际控制系统的需要设计各种形式的滑模面及控制律。

### 4.3.3　旋转式倒立摆扰动 SMO 设计

倒立摆系统是一种典型的非线性、强耦合、多变量和自然不稳定系统，是控制科学中常用的物理模型，通常用来检验各种先进控制算法的有效性。本节以旋转式倒立摆(图 4.8)基于分析力学的拉格朗日模型方程为例研究悬臂及摆杆的位置/速度滑模观测器设计问题。物理参数说明及参数值如表 4.2 所示。

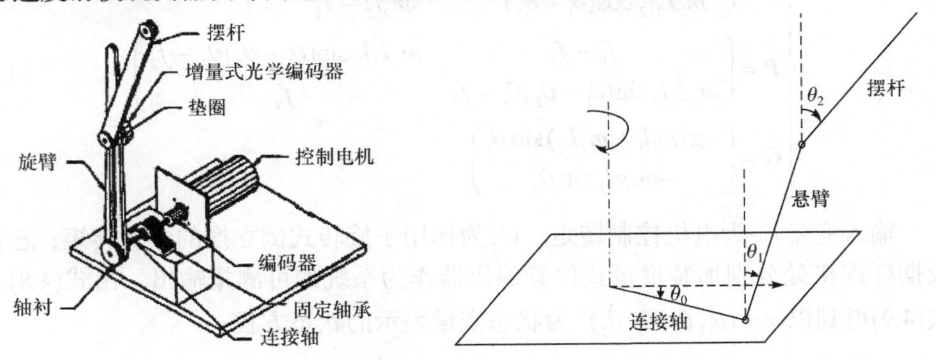


图 4.8　旋转式倒立摆物理及简明结构示意图

**表 4.2　旋转式倒立摆物理参数**

| 参数说明 | 参数值 |
|---|---|
| 悬臂质量 $m_1$ | 0.132kg |
| 悬臂长度 $L_1$ | 0.2032m |
| 悬臂转动中心到杆质心距离 $l_1$ | 0.1574m |

续表

| 参数说明 | 参数值 |
|---|---|
| 摆杆质量 $m_2$ | 0.088kg |
| 摆杆长度 $L_2$ | 0.2540m |
| 摆杆转动中心到杆质心距离 $l_2$ | 0.1109m |
| 转轴对悬臂的摩擦阻力系数 $f_1$ | 0.00118N · m · s |
| 悬臂转动惯量 $J_1$ | 0.00362kg · m² |
| 转轴对摆杆的摩擦阻力系数 $f_2$ | 0.00056N · m · s |
| 摆杆转动惯量 $J_2$ | 0.00114kg · m² |
| 连接轴转动惯量 $J_0$ | 0.00006 kg · m² |

系统的拉格朗日模型为

$$\boldsymbol{J}\begin{pmatrix}\ddot{\theta}_1\\ \ddot{\theta}_2\end{pmatrix}+\boldsymbol{P}\begin{pmatrix}\dot{\theta}_1\\ \dot{\theta}_2\end{pmatrix}+\boldsymbol{G}=\begin{pmatrix}U_1\\ U_2\end{pmatrix} \tag{4.8}$$

式中

$$\begin{cases}\boldsymbol{J}=\begin{pmatrix}J_0+J_1+m_1l_1^2+m_2L_1^2 & m_2L_1l_2\cos(\theta_1-\theta_2)\\ m_2L_1l_2\cos(\theta_1-\theta_2) & m_2l_2^2+I_2\end{pmatrix}\\ \boldsymbol{P}=\begin{pmatrix}f_1+f_2 & m_2L_1l_2\sin(\theta_1-\theta_2)\dot{\theta}_2-f_2\\ m_2L_1l_2\sin(\theta_1-\theta_2)\dot{\theta}_1-f_2 & f_2\end{pmatrix}\\ \boldsymbol{G}=\begin{pmatrix}-g(m_1l_1+m_2L_1)\sin\theta_1\\ -m_2gl_2\sin\theta_2\end{pmatrix}\end{cases} \tag{4.9}$$

输入变量$U_1$为电机控制转矩，$U_2$为作用于旋转式倒立摆的干扰转矩；悬臂及摆杆连接处分别加装增量式位置编码器作为系统的可测量输出。由式(4.8)、式(4.9)得到以$\boldsymbol{x}=(\theta_1,\theta_2,\dot{\theta}_1,\dot{\theta}_2)^{\mathrm{T}}$为状态变量表示的状态方程：

$$\begin{cases}\dot{x}_1=x_3\\ \dot{x}_2=x_4\\ \dot{x}_3=\dfrac{1}{\det J}((-J_{22}P_{11}+J_{12}P_{21})x_3+(-J_{22}P_{12}+J_{12}P_{22})x_4+J_{22}(-G_1+U_1)+J_{12}(G_2-U_2))\\ \dot{x}_4=\dfrac{1}{\det J}((J_{21}P_{11}-J_{11}P_{21})x_3+(J_{21}P_{12}-J_{11}P_{22})x_4+J_{21}(G_1-U_1)+J_{11}(-G_2+U_2))\end{cases}$$

(4.10)

(1) 控制器及干扰输入设计。在不稳定平衡点处的控制律采用线性二次调节器(linear quadratic regulator，LQR)，即在适当选取矩阵 $\boldsymbol{Q}$、$\boldsymbol{R}$ 的基础上使性能指标 $J=\int_0^{\infty}(\boldsymbol{X}^{\mathrm{T}}\boldsymbol{Q}\boldsymbol{X}+\boldsymbol{U}^{\mathrm{T}}\boldsymbol{R}\boldsymbol{U})\mathrm{d}t$ 达到最小。本例在垂直工作点处将模型线性化后通过调用 MATLAB 的函数 $\boldsymbol{K}=\mathrm{lqr}[\boldsymbol{A}\ \ \boldsymbol{B}\ \ \boldsymbol{Q}\ \ \boldsymbol{R}]$得到 LQR 控制律为$U_1=(0.0001,\ 3.74,\ 0.32,\ 0.56)\boldsymbol{X}$。干扰转矩设置为$U_2=0.005\delta(kT-1.5)$，$k=1,2,\cdots$，脉冲宽度为50%周期。

(2) 状态方程的扰动项分析。本例基于扰动的思想设计系统的滑模状态观测器，由此分析状态方程(4.10)的非线性干扰项如表 4.3 所示。

**表 4.3　旋转式倒立摆状态方程的非线性干扰项**

| 项目 | 数学表达式 |
|---|---|
| $J_{12}P_{21}$ | $m_2L_1l_2\cos(\theta_1-\theta_2)((m_2L_1l_2\sin(\theta_1-\theta_2))\dot{\theta}_1-f_2)$ |
| $J_{12}G_2$ | $-m_2^2l_2^2L_1g\cos(\theta_1-\theta_2)\sin\theta_2$ |
| $J_{21}P_{12}$ | $m_2L_1l_2\cos(\theta_1-\theta_2)((m_2L_1l_2\sin(\theta_1-\theta_2))\dot{\theta}_2-f_2)$ |
| $J_{21}G_1$ | $-m_2gL_1l_2(m_1l_1+m_2L_1)\cos(\theta_1-\theta_2)\sin\theta_1$ |
| $J_{22}G_1$ | $-m_2gl_2\sin\theta_2(m_2l_2^2+I_2)$ |
| $J_{21}U_1$ | $m_2L_1l_2\cos(\theta_1-\theta_2)U_1$ |

同时，将状态方程第 3 个方程中的$(-J_{22}P_{12}+J_{12}P_{22})x_4$及第 4 个方程中的$(J_{21}P_{11}-J_{11}P_{21})x_3$也分别视为对各自状态$x_3$和$x_4$的干扰项，这样便得到两个相互解耦的状态方程组：

$$\Sigma_1:\begin{cases}\dot{x}_1=x_3\\ \dot{x}_3=\dfrac{1}{\det J}(-J_{22}P_{11}x_3-J_{22}G_1+J_{22}U_1)+\upsilon_1(\theta_1,\theta_2,\dot{\theta}_1,\dot{\theta}_2,U_2)\end{cases}\tag{4.11}$$

$$\Sigma_2:\begin{cases}\dot{x}_2=x_4\\ \dot{x}_4=\dfrac{1}{\det J}(-J_{11}P_{22}x_4-J_{11}G_2)+\upsilon_2(\theta_1,\theta_2,\dot{\theta}_1,\dot{\theta}_2,U_1,U_2)\end{cases}\tag{4.12}$$

式中，$\upsilon_1(\theta_1,\theta_2,\dot{\theta}_1,\dot{\theta}_2,U_2)$和$\upsilon_2(\theta_1,\theta_2,\dot{\theta}_1,\dot{\theta}_2,U_1,U_2)$为各自方程干扰的等效形式。其中干扰匹配条件的满足将通过滑模观测器的构造给予仿真实验上的证明。

(3) 滑模观测器设计。显然，耦后的式(4.11)和式(4.12)为连续二阶微分方程$\ddot{x}=f(x,u,\upsilon)$，其中，$\upsilon$为综合等效外扰；$u$为控制输入。对形如式(4.11)和式(4.12)的系统构造如下滑模状态观测器(滑模面取为$s=\tilde{x}_i=\hat{x}_i-x_i=0$，$i=1,2$)：

$$\begin{cases}\dot{\hat{x}}_1 = \hat{x}_2 - \alpha_1\tilde{x}_1 - k_1\,\mathrm{sgn}(\tilde{x}_1)\\ \dot{\hat{x}}_2 = \hat{f}(x,u,\upsilon) - \alpha_2\tilde{x}_1 - k_2\,\mathrm{sgn}(\tilde{x}_1)\end{cases} \tag{4.13}$$

则状态估计的偏差方程为

$$\begin{cases}\dot{\tilde{x}}_1 = \tilde{x}_2 - \alpha_1\tilde{x}_1 - k_1\mathrm{sgn}(\tilde{x}_1)\\ \dot{\tilde{x}}_2 = \hat{f}(x,u,\upsilon) - f(x,u,\upsilon) - \alpha_2\tilde{x}_1 - k_2\,\mathrm{sgn}(\tilde{x}_1)\end{cases} \tag{4.14}$$

存在 $k \to \infty$ 及连续正定函数 $g(\tilde{x}_1)(g(0)=0)$ 使以 $h(\tilde{x}_1,\tilde{x}_2) = \tilde{x}_2 - (\alpha_1\tilde{x}_1 + k_1\,\mathrm{sgn}(\tilde{x}_1)) + kg(\tilde{x}_1)\mathrm{sgn}(\tilde{x}_1)$ 表示的自稳定域(自稳定域就是状态空间的一个包含原点的区域内的所有系统轨迹从某一时刻以后都能收敛到原点) $G = \{(\tilde{x}_1,\tilde{x}_2): |h(\tilde{x}_1,\tilde{x}_2)| \leqslant g(\tilde{x}_1)\}$ 退化为一个滑动模态 $h(\tilde{x}_1,\tilde{x}_2)=0$。因此式(4.13)所设计的滑模状态观测器是合理的，根据滑动模态存在的广义条件 $s\dot{s}<0$ 确定参数的选择。对式(4.11)和式(4.12)分别构造式(4.13)所示结构的滑模状态观测器，设计参数为 $\alpha_{1\mathrm{a}}=200$，$\alpha_{2\mathrm{a}}=20$，$k_{1\mathrm{a}}=0.001$，$k_{2\mathrm{a}}=1.2$；$\alpha_{1\mathrm{b}}=200$，$\alpha_{2\mathrm{b}}=20$，$k_{1\mathrm{b}}=0.05$，$k_{2\mathrm{b}}=12.5$。

(4) 扩张状态观测器的设计及对比仿真分析。扩张状态观测器(extended state observer, ESO)是韩京清院士提出的一种针对带未知扰动的 $n$ 阶非线性系统 $y^{(n)} = f(y,\dot{y},\cdots,y^{(n-1)},\upsilon(t)) + bu(t)$ 的观测器设计方法。取状态变量为

$$(x_1,x_2,\cdots,x_n)^{\mathrm{T}} = (y(t),\dot{y}(t),\cdots,y^{(n-1)}(t))^{\mathrm{T}}$$

令 $x_{n+1} = a(t) = f(\cdot,\upsilon(t))$，它包含了系统不确定模型 $f(\cdot)$ 和外扰 $\upsilon(t)$ 的总和，$f(\cdot,\upsilon(t))$ 称为系统的扩张状态变量。令 $b(t)=\dot{a}(t)$，于是得到系统的扩张状态方程为

$$\begin{cases}\dot{x}_1 = x_2, \dot{x}_2 = x_3, \cdots, \dot{x}_{n-1} = x_n\\ \dot{x}_n = a(t) + bu\\ \dot{x}_{n+1} = b(t)\\ y = x_1\end{cases} \tag{4.15}$$

构造如下全维 ESO：

$$\begin{cases}\dot{\hat{x}}_1 = \hat{x}_2 - \beta_1 g_1(\hat{x}_1 - x_1)\\ \dot{\hat{x}}_2 = \hat{x}_3 - \beta_2 g_2(\hat{x}_1 - x_1)\\ \qquad\vdots\\ \dot{\hat{x}}_n = \hat{x}_{n+1} - \beta_n g_n(\hat{x}_1 - x_1) + bu\\ \dot{\hat{x}}_{n+1} = -\beta_{n+1} g_{n+1}(\hat{x}_1 - x_1)\end{cases} \tag{4.16}$$

式中，$\beta_1,\beta_2,\cdots,\beta_{n+1}$ 为常系数；$g_1,g_2,\cdots,g_{n+1}$ 为适当的非线性函数，这里取为 $g_i = |\hat{x}_1 - x_1|^{1/2}\cdot\mathrm{sgn}(\hat{x}_1 - x_1), i=1,\cdots,n+1$。本例对旋转式倒立摆经等效外扰处理后的解

耦系统式(4.11)和式(4.12)设计 ESO 如式(4.16)所示，其中，$\beta_{1a}=\beta_{1b}=5$, $\beta_{2a}=\beta_{2b}=150$, $\cdots$, $\beta_{(n+1)a}=\beta_{(n+1)b}=200(n=2)$。

两种方法的观测器经数值仿真后的效果对比如图 4.9 和图 4.10 所示(初始值设置为[0.05, 0.05, 0, 0])。从滑模观测器(sliding mode observer，SMO)和 ESO 实验仿真的效果看，两种观测器都能较好地跟踪实际状态变量。SMO 在跟踪状态的同时存在固有的振荡现象，跟踪精度较高，但调参比较困难；ESO 采用了连续非光滑函数使状态跟踪具有快速无振荡特性，但存在一定时延(这是有待进一步研究的问题)。

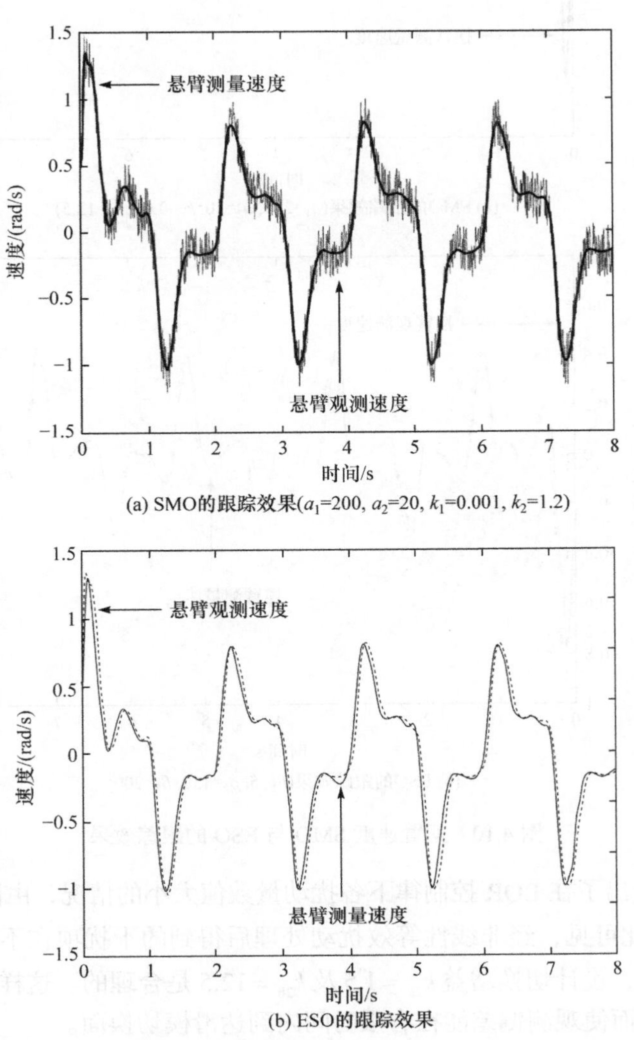

(a) SMO的跟踪效果($a_1$=200, $a_2$=20, $k_1$=0.001, $k_2$=1.2)

(b) ESO的跟踪效果

图 4.9　悬臂速度 SMO 与 ESO 的跟踪效果

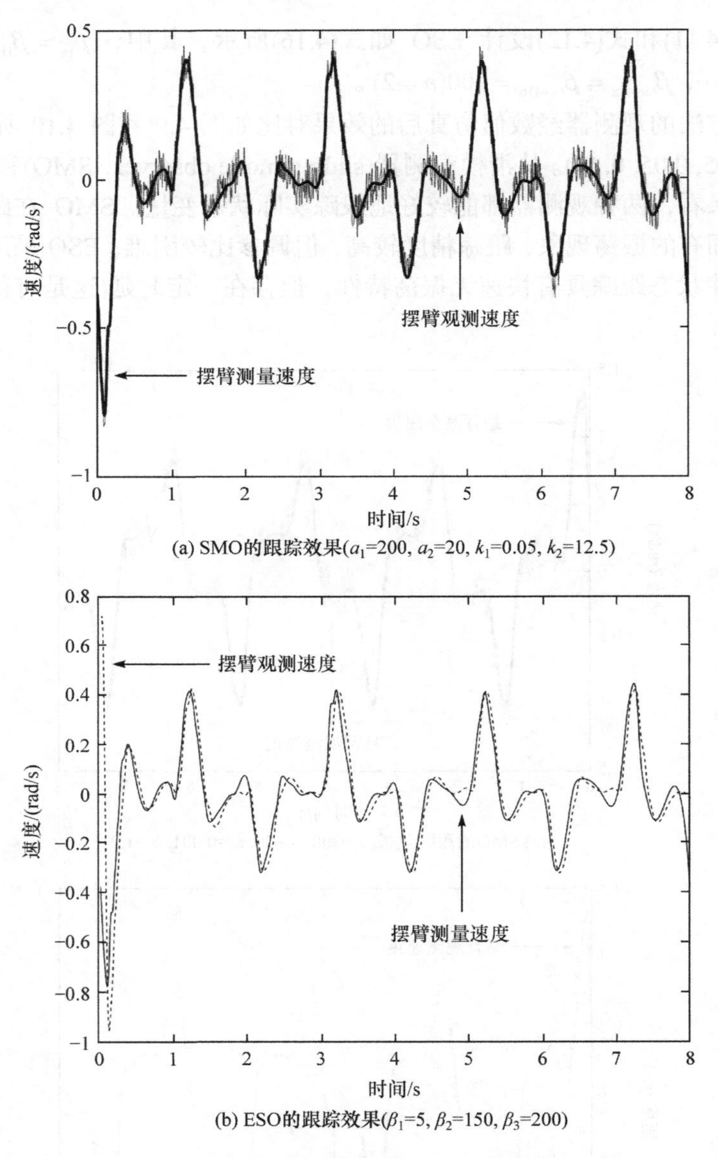


(a) SMO的跟踪效果($a_1$=200, $a_2$=20, $k_1$=0.05, $k_2$=12.5)

(b) ESO的跟踪效果($\beta_1$=5, $\beta_2$=150, $\beta_3$=200)

图 4.10　摆臂速度 SMO 与 ESO 的跟踪效果

图 4.11 给出了在 LQR 控制律下各扰动量数值大小的情况，由图可知$|\upsilon_1|<1$，$|\upsilon_2|<10$。由此可见，经非线性等效扰动处理后得到的干扰项在不稳定平衡点处存在确定的界，设计切换增益$k_{2a}=1.5$及$k_{2b}=12.5$是合理的。这样就可以抵消等效干扰项，从而使观测偏差能在有限时间内到达滑模切换面。

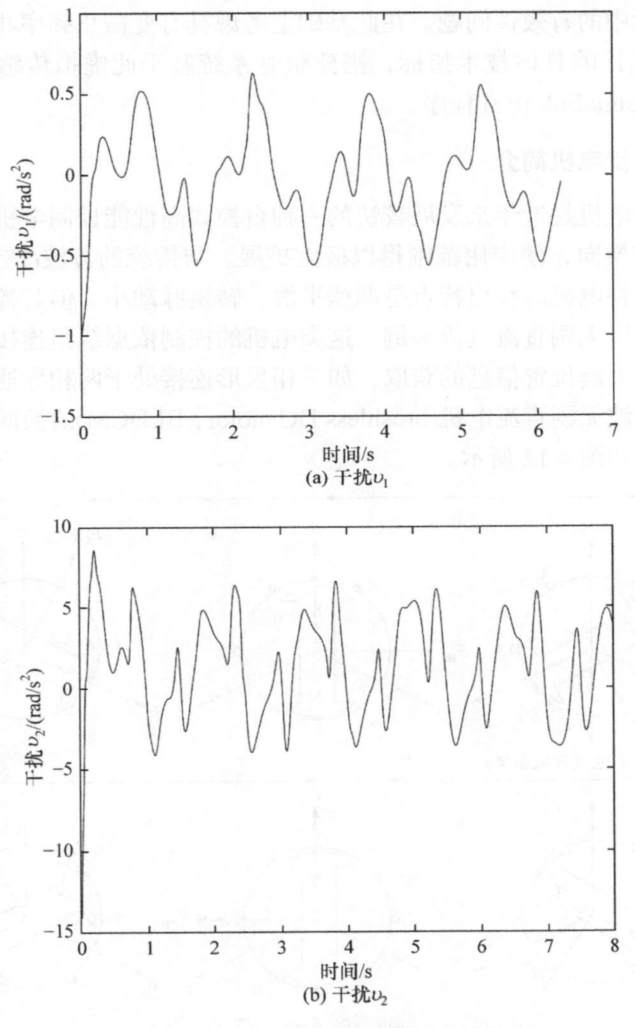


图 4.11　实验用 RIP 的等效非线性干扰项

## 4.4　永磁同步电机虚拟位置/速度传感器设计

前面从实际应用的角度出发阐述了一般非线性系统状态观测器设计的基本理论与方法，重点研究了一类仿射非线性系统基于坐标变换的高增益观测器设计方法及滑模变结构观测器的基本理论与设计思路。本节在此基础上深入研究一类机电系统——永磁同步电机应用状态观测器法构造虚拟位置/速度传感器的设计方案。着重解决虚拟传感器对参数变化及外部扰动的鲁棒性问题及在起动和低速等一些暂态过程中的有效性问题。在此基础上考虑具有变截止频率相位补偿策略及自适应转速估计的具体技术指标，搭建整套系统基于此虚拟传感器矢量控制的MATLAB6.5/Simulink 仿真程序。

### 4.4.1 永磁同步电机简介

永磁同步电机是近年来发展较快的一种自控式高性能控制电机，其使用电子换向取代机械换向，使应用范围得以极大扩展。与传统的方波(梯形波)无刷直流电机相比，这种电机的突出特点是调速平滑、转矩脉动小。但其控制方式也发生了较大变化，以无刷直流电机为例，这类电机的控制依据绕组连接方式的不同一般只依赖几个关键位置信息的获取，如三相星形连接处于两相导通、三相六状态工作模式的方波无刷直流电机(brushless DC motor，BLDCM)的换向取决于 6 个关键位置信息，如图 4.12 所示。

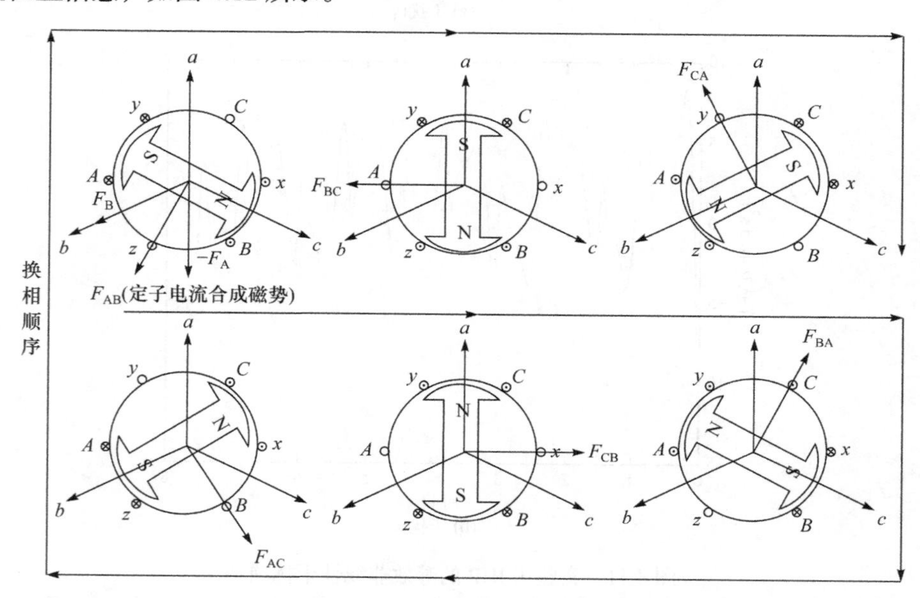


图 4.12　两相导通、三相六状态工作模式的方波无刷直流电机的 6 个关键位置信息

这种类型的无刷直流电机结构简单、控制方便、成本较低，多用于拖动家电设备、电动车辆、办公自动化等只要求调速而对性能指标要求不高的场合，且其无位置传感器的控制技术也较为成熟。一般通过硬件电路检测反电势过零点再延迟 30°换向就可以获得较好的控制效果。永磁同步电机的控制取决于转子连续位置信息的获取，虽然控制复杂但定位准确，多用于工业机器人、数控机床用伺服电机及航空电力作动系统等要求高精度、高动态性能的场合。

这两种电机结构上的区别是永磁同步电机的转子磁钢的形状呈抛物线形，在气隙中产生的磁密尽量呈正弦形分布，定子电枢绕组采用短距分布式绕组，能最大限度地消除谐波磁动势；而方波无刷直流电机的转子磁钢的形状呈弧形，磁极下定转子气隙均匀，气隙磁密呈梯形分布，定子电枢绕组多采用整距集中式绕组。

通常将永磁同步电机建立在三种坐标系上：静止三相固定坐标系 *a-b-c*；等效两相静止坐标系 *α-β*；永磁转子旋转坐标系 *d-q*。它们的空间位置关系如图 4.13 所示(设电机极对数 $n_p = 1$)。这三种坐标系下的永磁同步电机的数学模型分别适合不同类型的状态观测器法设计虚拟位置/速度传感器。

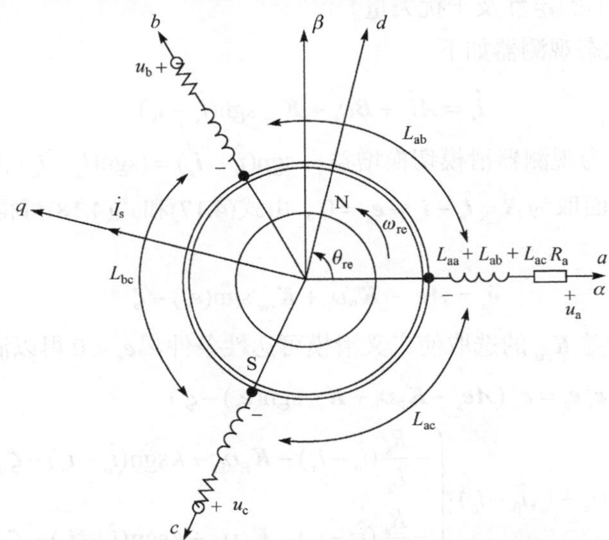


图 4.13　永磁同步电机的三种坐标系空间位置关系及相应模型方程(基于矢量控制)

静止三相固定坐标系方程(3.34)经过 Clark 变换和 Park 变换后分别为

$$\begin{cases} u_a = R_a i_a + p(L_{aa} i_a + L_{ab} i_b + L_{ac} i_c) + p(\lambda_{ra}) \\ u_b = R_b i_b + p(L_{ba} i_a + L_{bb} i_b + L_{bc} i_c) + p(\lambda_{rb}) \\ u_c = R_c i_c + p(L_{ca} i_a + L_{cb} i_b + L_{cc} i_c) + p(\lambda_{rc}) \end{cases} \xrightarrow{\text{Clark变换}} \begin{cases} \dot{i}_\alpha = -\dfrac{R_s}{L_s} i_\alpha + \dfrac{1}{L_s}\upsilon_\alpha - K_E \omega \sin\theta_{re} \\ \dot{i}_\beta = -\dfrac{R_s}{L_s} i_\beta + \dfrac{1}{L_s}\upsilon_\beta + K_E \omega \cos\theta_{re} \end{cases}$$

$$\xrightarrow{\text{Park变换}} \begin{cases} \dot{i}_d = -\dfrac{R}{L} i_d + \omega i_q + \dfrac{1}{L} u_d \\ \dot{i}_q = -\dfrac{R}{L} i_q - \omega i_d - \dfrac{K_E n_p}{L}\omega + \dfrac{1}{L} u_q \end{cases}$$

### 4.4.2　虚拟传感器设计

1. 基本原理

本节基于扰动滑模观测器的思想设计建立在 *α-β* 坐标系上的永磁同步电机的

永磁转子的位置及速度状态观测器。其数学模型如下：

$$\dot{\boldsymbol{i}}_{\mathrm{s}} = \boldsymbol{A}\boldsymbol{i}_{\mathrm{s}} + \boldsymbol{B}\boldsymbol{\upsilon}_{\mathrm{s}} + \boldsymbol{K}_{\mathrm{E}}\boldsymbol{\upsilon}_{\mathrm{i}} + \boldsymbol{\zeta} \tag{4.17}$$

式中，$\boldsymbol{i}_{\mathrm{s}} = (i_{\alpha}, i_{\beta})^{\mathrm{T}}$ 为静止 $\alpha$-$\beta$ 坐标系电流矢量；$\boldsymbol{\upsilon}_{\mathrm{s}} = (\upsilon_{\alpha}, \upsilon_{\beta})^{\mathrm{T}}$ 为静止 $\alpha$-$\beta$ 坐标系电压矢量；$\boldsymbol{\upsilon}_{\mathrm{i}} = (-\omega\sin\theta, \omega\cos\theta)^{\mathrm{T}}$ 为反电势矢量；$\boldsymbol{A} = \left(-\dfrac{R_{\mathrm{s}}}{L_{\mathrm{s}}}\right)\boldsymbol{I}$，$\boldsymbol{B} = \left(\dfrac{1}{L_{\mathrm{s}}}\right)\boldsymbol{I}$，$\boldsymbol{I}$ 为 $2\times 2$ 单位矩阵，$R_{\mathrm{s}}$ 和 $L_{\mathrm{s}}$ 为定子绕组等效电阻与电感；$\boldsymbol{K}_{\mathrm{E}}$ 为反电势常数；$\boldsymbol{\zeta} = (\zeta_{\alpha}, \zeta_{\beta})^{\mathrm{T}}$ 为模型不确定性及干扰矢量。

设计滑模状态观测器如下：

$$\dot{\hat{\boldsymbol{i}}}_{\mathrm{s}} = \boldsymbol{A}\hat{\boldsymbol{i}}_{\mathrm{s}} + \boldsymbol{B}\boldsymbol{\upsilon}_{\mathrm{s}} + \boldsymbol{K}_{\mathrm{sw}}\,\mathrm{sgn}(\hat{\boldsymbol{i}}_{\mathrm{s}} - \boldsymbol{i}_{\mathrm{s}}) \tag{4.18}$$

式中，$\boldsymbol{K}_{\mathrm{sw}} = k\boldsymbol{I}$ 为观测器滑模切换增益；$\mathrm{sgn}(\hat{\boldsymbol{i}}_{\mathrm{s}} - \boldsymbol{i}_{\mathrm{s}}) = (\mathrm{sgn}(\hat{i}_{\alpha} - i_{\alpha}), \mathrm{sgn}(\hat{i}_{\beta} - i_{\beta}))^{\mathrm{T}}$。这里，滑模超曲面取为 $\boldsymbol{S} = \hat{\boldsymbol{i}}_{\mathrm{s}} - \boldsymbol{i}_{\mathrm{s}} \equiv \boldsymbol{e}_{\mathrm{s}} = 0$，由式(4.17)和式(4.18)可得到 $\boldsymbol{i}_{\mathrm{s}}$ 的估计偏差方程为

$$\dot{\boldsymbol{e}}_{\mathrm{s}} = \boldsymbol{A}\boldsymbol{e}_{\mathrm{s}} - \boldsymbol{K}_{\mathrm{E}}\boldsymbol{\upsilon}_{\mathrm{i}} + \boldsymbol{K}_{\mathrm{sw}}\,\mathrm{sgn}(\boldsymbol{e}_{\mathrm{s}}) - \boldsymbol{\zeta} \tag{4.19}$$

如果滑模增益 $\boldsymbol{K}_{\mathrm{sw}}$ 的选取使广义滑模可达性条件 $\boldsymbol{e}_{\mathrm{s}}^{\mathrm{T}}\dot{\boldsymbol{e}}_{\mathrm{s}} < 0$ 得以满足，即

$$\begin{aligned}\boldsymbol{S}^{\mathrm{T}}\dot{\boldsymbol{S}} &= \boldsymbol{e}_{\mathrm{s}}^{\mathrm{T}}\dot{\boldsymbol{e}}_{\mathrm{s}} = \boldsymbol{e}_{\mathrm{s}}^{\mathrm{T}}(\boldsymbol{A}\boldsymbol{e}_{\mathrm{s}} - \boldsymbol{K}_{\mathrm{E}}\boldsymbol{\upsilon}_{\mathrm{i}} + \boldsymbol{K}_{\mathrm{sw}}\,\mathrm{sgn}(\boldsymbol{e}_{\mathrm{s}}) - \boldsymbol{\zeta}) \\ &= (\hat{i}_{\alpha} - i_{\alpha}, \hat{i}_{\beta} - i_{\beta}) \cdot \begin{pmatrix} -\dfrac{R_{\mathrm{s}}}{L_{\mathrm{s}}}(\hat{i}_{\alpha} - i_{\alpha}) - \boldsymbol{K}_{\mathrm{E}}\upsilon_{\mathrm{i}\alpha} + k\,\mathrm{sgn}(\hat{i}_{\alpha} - i_{\alpha}) - \zeta_{\alpha} \\ -\dfrac{R_{\mathrm{s}}}{L_{\mathrm{s}}}(\hat{i}_{\beta} - i_{\beta}) - \boldsymbol{K}_{\mathrm{E}}\upsilon_{\mathrm{i}\beta} + k\,\mathrm{sgn}(\hat{i}_{\beta} - i_{\beta}) - \zeta_{\beta} \end{pmatrix} < 0\end{aligned}$$

由上式推导可知

$$k < \min\left(\left(-\frac{R_{\mathrm{s}}}{L_{\mathrm{s}}}|\hat{i}_{\alpha} - i_{\alpha}| - |\boldsymbol{K}_{\mathrm{E}}||\upsilon_{\mathrm{i}\alpha}| - |\zeta_{\alpha}|\right), \left(-\frac{R_{\mathrm{s}}}{L_{\mathrm{s}}}|\hat{i}_{\beta} - i_{\beta}| - |\boldsymbol{K}_{\mathrm{E}}||\upsilon_{\mathrm{i}\beta}| - |\zeta_{\beta}|\right)\right)$$

则可以产生滑动模态运动；此时 $\dot{\boldsymbol{e}}_{\mathrm{s}} = \boldsymbol{e}_{\mathrm{s}} = 0$，代入式(4.19)得到 $\boldsymbol{z} \equiv \boldsymbol{K}_{\mathrm{sw}}\,\mathrm{sgn}(\boldsymbol{e}_{\mathrm{s}}) = \boldsymbol{K}_{\mathrm{E}}\boldsymbol{\upsilon}_{\mathrm{i}} + \boldsymbol{\zeta}$。定义：

$$\boldsymbol{z} = \begin{pmatrix} z_{\alpha} \\ z_{\beta} \end{pmatrix} = \boldsymbol{K}_{\mathrm{E}}\begin{pmatrix} -\omega\sin\theta \\ \omega\cos\theta \end{pmatrix} + \begin{pmatrix} \zeta_{\alpha} \\ \zeta_{\beta} \end{pmatrix} \tag{4.20}$$

可见，由 $\boldsymbol{z} = (z_{\alpha}, z_{\beta})^{\mathrm{T}}$ 表示的关于电流估计偏差的切换信号 $\boldsymbol{K}_{\mathrm{sw}}\,\mathrm{sgn}(\boldsymbol{e}_{\mathrm{s}})$ 中包含了反电势信息及参数不确定性和外部扰动，一般情况下前者占主导地位。切换信号通过具有一定截止频率 $\omega_{\mathrm{cutoff}}$ 的低通滤波器就可以获得光滑连续的反电势的估计值 $\hat{e}_{\alpha}$、$\hat{e}_{\beta}$：

$$
\begin{cases}
\hat{e}_{\alpha} = \dfrac{\omega_{\text{cutoff}}}{s+\omega_{\text{cutoff}}} z_{\alpha} & (4.21\text{a}) \\
\hat{e}_{\beta} = \dfrac{\omega_{\text{cutoff}}}{s+\omega_{\text{cutoff}}} z_{\beta} & (4.21\text{b})
\end{cases}
$$

滑模切换增益 $k(\boldsymbol{K}_{\text{sw}} = k \cdot \boldsymbol{I}_{2\times 2})$ 的选取应在保证能产生滑动模态的前提下尽量减少反电势估计值 $\hat{e}_{\alpha}$ 和 $\hat{e}_{\beta}$ 的波动量。这里存在的矛盾是，为了在电机的全部转速范围内产生滑动模态需要设置较大的切换增益；另外，为了减小反电势估计值的脉动量又要尽可能使 $k$ 小一些。因此，可以根据电机的转速实时调整切换增益值 $k = k_0 \cdot \omega$ 。这样，在低速时由于反电势幅值较小可以设置较小的切换增益值；而高速时则可以获得较大的切换增益。

2. 转子位置角的估计及其对参数变化的完全鲁棒性分析

由式(4.21a)和式(4.21b)得到转子位置的估计值为

$$
\hat{\theta} = -\arctan\left(\frac{e_{\alpha}}{e_{\beta}}\right) \tag{4.22}
$$

由式(4.18)可知滑模观测器的待辨识参数为定子绕组等效电阻 $R_{\text{s}}$ 与电感 $L_{\text{s}}$ 。设 $M_{\text{s}} = 1/L_{\text{s}}$ ， $\hat{M}_{\text{s}} = M_{\text{s}} + \Delta M_{\text{s}}$ ， $\hat{R}_{\text{s}} = R_{\text{s}} + \Delta R_{\text{s}}$ ，则偏差方程(4.19)可改写为

$$
\begin{cases}
\dfrac{\mathrm{d}\tilde{i}_{\alpha}}{\mathrm{d}t} = \hat{M}_{\text{s}}(-\hat{R}_{\text{s}}\hat{i}_{\text{s}} + \upsilon_{\alpha} - k\,\text{sgn}(\tilde{i}_{\alpha})) - M_{\text{s}}(-R_{\text{s}}i_{\alpha} + \upsilon_{\alpha} - e_{\alpha}) \\
= -(M_{\text{s}} + \Delta M_{\text{s}})k\,\text{sgn}(\tilde{i}_{\alpha}) + \Delta M_{\text{s}}(\upsilon_{\alpha} - (R_{\text{s}} + \Delta R_{\text{s}})\hat{i}_{\alpha}) + M_{\text{s}}(-R_{\text{s}}\tilde{i}_{\alpha} - \Delta R_{\text{s}}\hat{i}_{\text{s}} + e_{\alpha}) \\
\dfrac{\mathrm{d}\tilde{i}_{\beta}}{\mathrm{d}t} = \hat{M}_{\text{s}}(-\hat{R}_{\text{s}}\hat{i}_{\text{s}} + \upsilon_{\beta} - k\,\text{sgn}(\tilde{i}_{\beta})) - M_{\text{s}}(-R_{\text{s}}i_{\beta} + \upsilon_{\beta} - e_{\beta}) \\
= -(M_{\text{s}} + \Delta M_{\text{s}})k\,\text{sgn}(\tilde{i}_{\beta}) + \Delta M_{\text{s}}(\upsilon_{\beta} - (R_{\text{s}} + \Delta R_{\text{s}})\hat{i}_{\beta}) + M_{\text{s}}(-R_{\text{s}}\tilde{i}_{\beta} - \Delta R_{\text{s}}\hat{i}_{\text{s}} + e_{\beta})
\end{cases} \tag{4.23}
$$

观测器达到滑模状态时 $\tilde{i}_{\alpha} = \dot{\tilde{i}}_{\alpha} = 0$ ， $\tilde{i}_{\beta} = \dot{\tilde{i}}_{\beta} = 0$ ，则等效控制量为

$$
(k\,\text{sgn}(\tilde{i}_{\alpha}))_{\text{eq}} = e_{\alpha} - \Delta R_{\text{s}}i_{\alpha} + \Delta M_{\text{s}}\dot{i}_{\alpha} / [(M_{\text{s}} + \Delta M_{\text{s}})M_{\text{s}}] \tag{4.24a}
$$

$$
(k\,\text{sgn}(\tilde{i}_{\beta}))_{\text{eq}} = e_{\beta} - \Delta R_{\text{s}}i_{\beta} + \Delta M_{\text{s}}\dot{i}_{\beta} / [(M_{\text{s}} + \Delta M_{\text{s}})M_{\text{s}}] \tag{4.24b}
$$

以下分两种情况讨论滑模观测器对参数变化的鲁棒性。

第一种情况，当只有定子等效电阻 $R_{\text{s}}$ 有小的摄动 $\Delta R_{\text{s}}$ 时，转子的估计值为

$$
\tan\hat{\theta} = -\frac{\hat{e}_{\alpha}}{\hat{e}_{\beta}} = -\frac{(k\,\text{sgn}(\tilde{i}_{\alpha}))_{\text{eq}}}{(k\,\text{sgn}(\tilde{i}_{\beta}))_{\text{eq}}} = -\frac{e_{\alpha}}{e_{\beta}}\left(1 - \frac{\Delta R_{\text{s}}(e_{\alpha}i_{\beta} - e_{\beta}i_{\alpha})}{e_{\beta}(e_{\beta} - \Delta R_{\text{s}}i_{\beta})}\right) \tag{4.25}
$$

考虑到矢量控制的电机在基速以下运行时电流矢量$i_{\mathrm{s}}$与反电势的方向保持一致(见图 4.12)，$I$为定子绕组合成电流矢量的幅值且其方向与$q$轴保持一致，$i_{\alpha}=I\cos(\pi/2+\theta)=-I\sin\theta$，$i_{\beta}=I\cos\theta$。因此

$$\Delta R_{\mathrm{s}}(e_{\alpha}i_{\beta}-e_{\beta}i_{\alpha})=\Delta R_{\mathrm{s}}K_{\mathrm{e}}\omega I(-\sin\theta\cos\theta+\sin\theta\cos\theta)=0 \tag{4.26}$$

则$\tan\hat{\theta}=-e_{\alpha}/e_{\beta}=\tan\theta$，故观测器对$R_{\mathrm{s}}$的变化具有完全鲁棒性。

第二种情况，当只有定子等效电感$L_{\mathrm{s}}$有小的摄动时，转子的估计值为

$$\tan\hat{\theta}=-\frac{\hat{e}_{\alpha}}{\hat{e}_{\beta}}=-\frac{(k\,\mathrm{sgn}(\tilde{i}_{\alpha}))_{\mathrm{eq}}}{(k\,\mathrm{sgn}(\tilde{i}_{\beta}))_{\mathrm{eq}}}=\frac{-e_{\alpha}+(\Delta M_{\mathrm{s}}/(M_{\mathrm{s}}+\Delta M_{\mathrm{s}}))M_{\mathrm{s}}\dot{i}_{\alpha}}{e_{\beta}-(\Delta M_{\mathrm{s}}/(M_{\mathrm{s}}+\Delta M_{\mathrm{s}}))M_{\mathrm{s}}\dot{i}_{\beta}} \tag{4.27}$$

同样可以证明$\tan\hat{\theta}=-e_{\alpha}/e_{\beta}=\tan\theta$，故观测器对$L_{\mathrm{s}}$的变化具有完全鲁棒性。

综上分析可见，式(4.18)所设计的滑模观测器得到的转子位置估计式(4.22)在基速范围内对参数的变化具有完全的鲁棒性(暂不考虑弱磁控制情形)。

3. 相位补偿策略

由于反电势的估计值$\hat{e}_{\alpha}$、$\hat{e}_{\beta}$是滑模切换信号$\boldsymbol{K}_{\mathrm{sw}}\,\mathrm{sgn}(\boldsymbol{e}_{\mathrm{s}})$通过低通滤波器得到的，因此其必然存在一定的相角延迟(以$\hat{e}_{\alpha}$为例，其相角延迟为$\arctan(\hat{\omega}/\omega_{\mathrm{cutoff}})$)，因此，转子位置的估计值$\hat{\theta}=-\arctan(\hat{e}_{\alpha}/\hat{e}_{\beta})$需要一定的相位补偿。

对于截止频率$\omega_{\mathrm{cutoff}}$固定的低通滤波器，原理上补偿的瞬时值为

$$\Delta\hat{\theta}=\arctan(\hat{\omega}/\omega_{\mathrm{cutoff}}) \tag{4.28}$$

可见，此时需要根据观测得到的不同转速值对相角进行实时补偿。如果滤波器的截止频率随转速而变化：$\omega_{\mathrm{cutoff}}=\hat{\omega}/K$ ($K$为一正的常数)，则滤波器特性为

$$H_{\mathrm{L}}(\mathrm{j}\hat{\omega})=\frac{\omega_{\mathrm{cutoff}}}{\mathrm{j}\hat{\omega}+\omega_{\mathrm{cutoff}}}=\frac{1}{1+\mathrm{j}K} \tag{4.29}$$

此时相位延迟角为

$$\arctan\left(\frac{\hat{\omega}}{\omega_{\mathrm{cutoff}}}\right)=\arctan K \tag{4.30}$$

对于变截止频率的滤波器，显然可以省掉补偿角的存储表，本章采用这种方法。

4. 转子速度的估计

当$\zeta=0$时，由式(4.20)得到转速的估计值为

$$\hat{\omega}=\frac{1}{K_{\mathrm{E}}}\sqrt{(z_{\alpha})^{2}+(z_{\beta})^{2}} \tag{4.31}$$

显然，由式(4.31)得到的转速估计值$\hat{\omega}$包含大量的扰动信息，尤其是当滑模增益$k$的取值较大时，这样的扰动将达到不可容忍的地步；另外，可以在式(4.31)中采用经滤波后的反电势信息$\hat{e}_{\alpha}$、$\hat{e}_{\beta}$得到较为平滑的转速估计值，但这和前面的具有变截止频率低通滤波器的相位补偿策略相矛盾。综上分析，采用自适应方法对转速进行估计，这种方法同样对参数变化具有较强的鲁棒性。其基本原理是在滑模位置估计的基础上，增加一个对反电势误差进行估计的滑模观测器：

$$\dot{\hat{\boldsymbol{i}}}_{\mathrm{s}}=\boldsymbol{A}\hat{\boldsymbol{i}}_{\mathrm{s}}+\boldsymbol{B}\boldsymbol{\upsilon}_{\mathrm{s}}+\boldsymbol{K}_{\mathrm{E}}\hat{\boldsymbol{\upsilon}}_{\mathrm{i}}+\boldsymbol{K}'_{\mathrm{sw}}\,\mathrm{sgn}(\hat{\boldsymbol{i}}_{\mathrm{s}}-\boldsymbol{i}_{\mathrm{s}}) \tag{4.32}$$

式中，$\hat{\boldsymbol{\upsilon}}_{\mathrm{i}}=(-\hat{\omega}\sin\hat{\theta},\hat{\omega}\cos\hat{\theta})^{\mathrm{T}}$。这里取滑模估计的转子位置值$\hat{\theta}$为真实位置角$\theta$，则由式(4.17)及式(4.32)可以得到估计的偏差方程为

$$\dot{\boldsymbol{e}}_{\mathrm{s}}=\boldsymbol{A}\boldsymbol{e}_{\mathrm{s}}+\boldsymbol{K}_{\mathrm{E}}(\hat{\omega}-\omega)\begin{pmatrix}-\sin\theta\\ \cos\theta\end{pmatrix}+\boldsymbol{K}'_{\mathrm{sw}}\,\mathrm{sgn}(\boldsymbol{e}_{\mathrm{s}}) \tag{4.33}$$

$\boldsymbol{K}'_{\mathrm{sw}}$的选取使滑动模态得以产生，则等效控制信号为

$$\boldsymbol{z}'\equiv-\boldsymbol{K}'_{\mathrm{sw}}\,\mathrm{sgn}(\boldsymbol{e}_{\mathrm{s}})=-\boldsymbol{K}_{\mathrm{E}}(\hat{\omega}-\omega)\begin{pmatrix}\sin\hat{\theta}\\ -\cos\hat{\theta}\end{pmatrix} \tag{4.34}$$

式中，转速的估计值$\hat{\omega}$可视为转速偏差方程$\boldsymbol{e}_{\mathrm{s}}(\hat{\omega})$的变参数。一种通过调整参数减小输出偏差平方的自适应律为

$$\dot{\varphi}=-g\frac{\partial}{\partial\varphi}(e_{0}^{2}(\varphi)) \tag{4.35}$$

式中，$g$为自适应增益；$\varphi$为可变参数；$e_0$为输出误差。将其应用到此处就可以得到转速估计的自适应律：

$$\dot{\hat{\omega}}=-g\boldsymbol{z}'^{\mathrm{T}}(-\boldsymbol{K}_{\mathrm{E}})\begin{pmatrix}\sin\hat{\theta}\\ -\cos\hat{\theta}\end{pmatrix} \tag{4.36}$$

式(4.17)～式(4.36)即为基于扰动滑模观测器的永磁同步电机虚拟传感器设计的基本原理与计算公式，注意到$\alpha$-$\beta$坐标系模型方程的参数不确定性因素及外部扰动被观测器方程中的滑模切换信号$\boldsymbol{K}_{\mathrm{sw}}\,\mathrm{sgn}(\hat{\boldsymbol{i}}_{\mathrm{s}}-\boldsymbol{i}_{\mathrm{s}})$抵消，因此系统一旦到达滑模超曲面则估计得到的反电势$\hat{e}_{\alpha}$、$\hat{e}_{\beta}$对参数不确定性及外部扰动具有很强的鲁棒性与自适应性。

综上，永磁同步电机虚拟传感器的整体设计框图如图 4.14 所示。

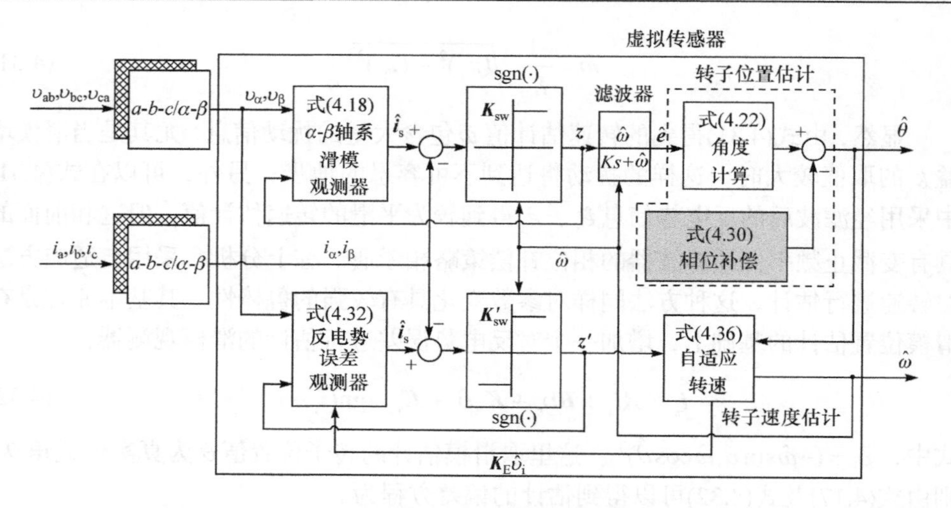


图 4.14　永磁同步电机虚拟传感器设计框图

### 4.4.3　基于虚拟传感器的矢量控制仿真实验

交流电机的矢量变换控制是德国学者 Blaschke 在 1971 年提出的，成功实现了异步电动机磁通和转矩的解耦控制，从而使交流电动机变频调速系统有了直流调速系统控制容易而又灵活的特点。

矢量变换控制的基本思想是将虚拟的交流电机外部直流控制标量通过矢量坐标变换转化为电机内部实际交流控制矢量，达到对定子电流幅值和相位瞬时控制的目的。对于永磁同步电机，其激磁磁通全部由永磁转子产生，矢量控制是通过使定子直轴等效电流为零而交轴等效电流与永磁转子磁极保持确定的空间位置关系(一般为达到最大转矩控制效果取为 90°)，从而产生恒定的转矩。

为了使永磁同步电机交轴电流与转子保持确定的空间位置关系，需要知道转子的位置信息。本节基于前述虚拟传感器的思想通过构造滑模状态观测器对电机的位置及速度信息进行估计，建立矢量控制的仿真程序，研究虚拟传感器的实现及有效性问题；探讨虚拟传感器各环节参数的优化选取问题，为实际应用做好必要的准备工作。

1. 仿真系统的搭建

整套矢量控制系统的虚拟传感器部分建立在定子 $\alpha$-$\beta$ 坐标系上；矢量控制建立在 $d$-$q$ 坐标系上，如图 4.15 所示。为了获得高性能的转矩控制效果，分别设置转速外环及电流内环的双闭环调节器，外环速度控制所需要的转子转速及矢量变换所需要的转子位置信息由虚拟传感器提供。驱动电路采用正弦电压 SVPWM 技术的三相静止逆变器，空间矢量法从电动机的角度出发，以三相对称正弦电压供电时交流电动机的理想磁通圆为基准，用逆变器不同的开关模式所产生的实际磁通去逼近基准磁通，由它们比较的结果决定逆变器的开关从而形成 PWM 波形。由于该方法将逆变器和电动机看成一个整体来处理，便于微机实时控制，并具有转矩脉动小、噪声低、电压利用率高的优点，这使其特别适合于永磁同步电机等高功率密度电机的驱动。

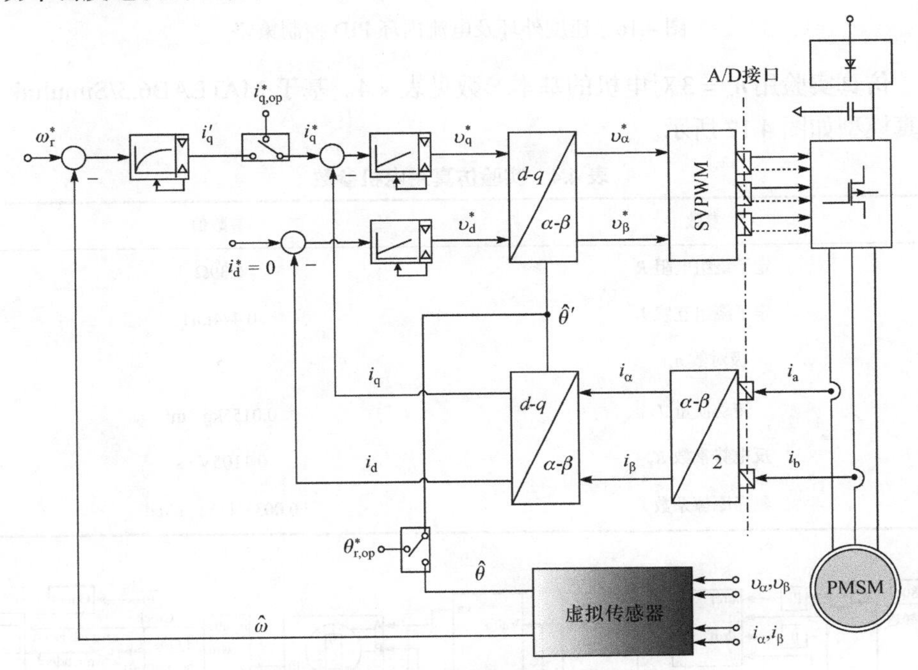


图 4.15　永磁同步电机无传感器矢量控制原理图

基于旋转坐标系的电机的电磁转矩为 $T_e = (3PK_E \cdot i_q^*)/4$，由此可以确定转速外环转矩的给定及交轴控制电流的生成。图 4.16 中惯性积分调节器参数 $K_p$、$K_i$ 及惯性时间常数 $\tau$ 的选择使产生的转矩比较平滑。为了限制电机工作在额定转速以下，在此环节引入饱和限幅模块；同理可得到电流环的基本设置。

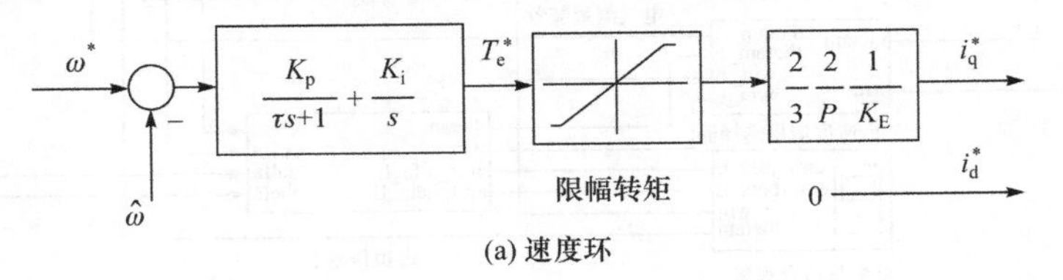


(a) 速度环

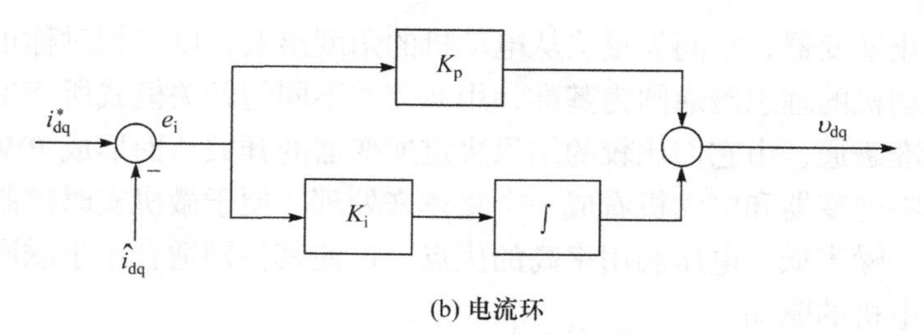


(b) 电流环

图 4.16　速度外环及电流内环 PID 控制策略

仿真实验用$n_p=3$对电机的基本参数见表 4.4。基于 MATLAB6.5/Simulink 的仿真模型如图 4.17 所示。

**表 4.4　实验仿真用电机参数**

| 参数 | 参数值 |
|---|---|
| 定子绕组电阻 $R$ | 0.39Ω |
| 定子绕组互感 $L$ | 0.444mH |
| 极对数 $n_p$ | 3 |
| 转动惯量 $J$ | 0.0155kg · m² |
| 反电势常数 $K_E$ | 0.1105V · s |
| 黏滞摩擦系数 $f$ | 0.0037N · m · s/rad |

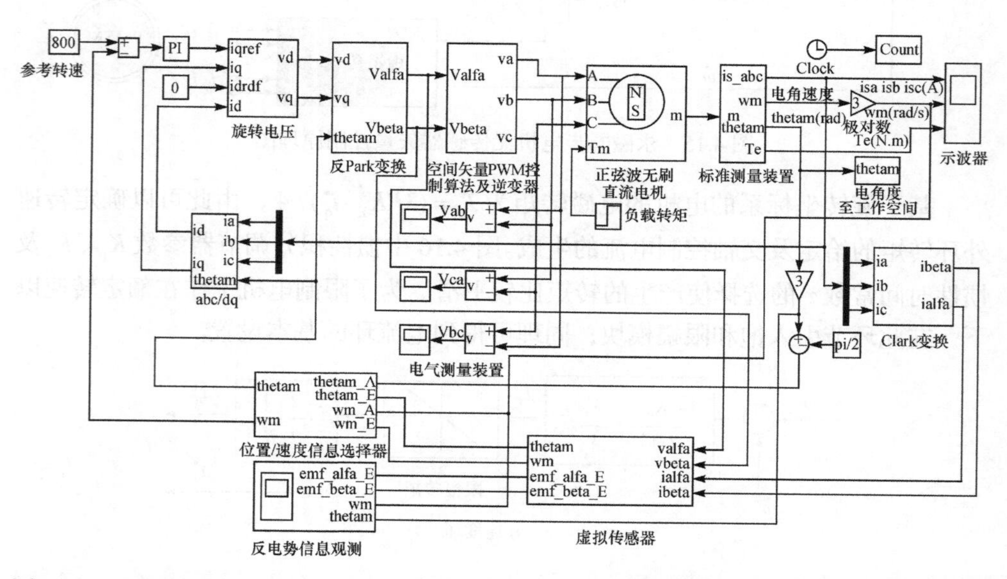


图 4.17　基于 MATLAB6.5/Simulink 的永磁同步电机虚拟传感器双闭环矢量控制系统仿真模型

2. 模块介绍及参数设置

(1) 反 Park 变换、Clark 变换和 abc/dq 等模块的仿真设置可参见图 4.13 的说明。反 Park 变换模块将电流调节环得到的旋转电压变换到两相静止轴系进行 SVPWM 逆变环节参考旋转磁链的设定。

(2) 速度环及电流环采用基本的误差 PID 控制器，根据给定值与实际输出值构成控制偏差。旋转 *d-q* 轴参考电流及参考电压分别由模型中的 PI 封装模块及旋转电压模块获取，其中，旋转电压模块中内含 PI 调节器。

(3) 空间矢量 PWM 控制算法及逆变器模块实现对三相三桥臂二电平逆变器六路控制脉冲的空间矢量 PWM 的实现及逆变电压获取的仿真。SVPWM 是一种直流电压利用率高、易于数字实现的新型电压型逆变器(VSI)控制算法。由于所研究问题需要较高品质的逆变电源且为了有效减少定子侧电流的谐波含量,在此采用二电平的 SVPWM 控制技术,调制方式采用连续开关调制模式;载波是周期为 $T_s$ (本例 $T_s = 0.0002\text{s}$)、高度为 $T_s / 2$ 的三角波。其仿真框图如图 4.18 所示(直流母线电压 $U_{dc} = 300\text{V}$，以直流侧中点作为参考点)。*S* 函数实现的功能如下：

```
if Tx<0: {Ty=Ty-abs(Tx/2); Tx=0}
else if Ty<0: {Tx=Tx-abs(Ty/2); Ty=0}
```

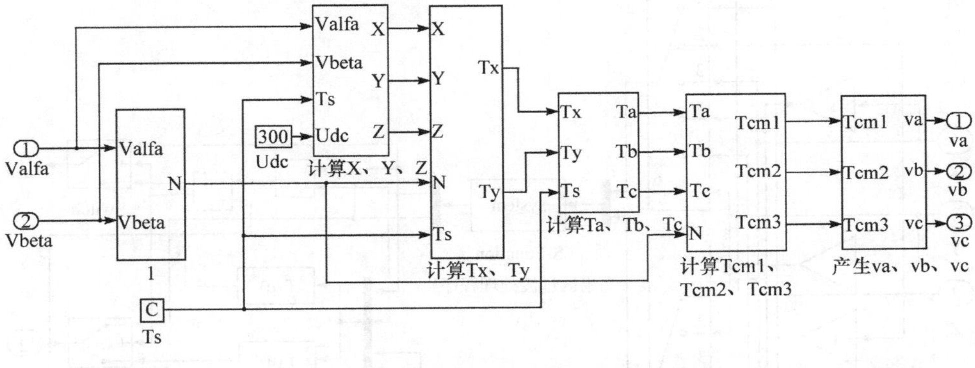

图 4.18　基于 MATLAB6.5/Simulink 的 SVPWM 控制算法及逆变电源实现仿真框图

框图中各部分模块主要实现下述功能：按照图 4.19 所示空间矢量基本扇区划分确定旋转参考矢量所在扇区；相邻两矢量作用时间的确定；过调制暂态的处理；参考电压扇区过渡的处理；计算矢量切换点及逆变电源的实现。其中参考电压扇区过渡的处理是在计算 Tx、Ty 模块中加入前述 *S* 函数进行处理(见图 4.20)。

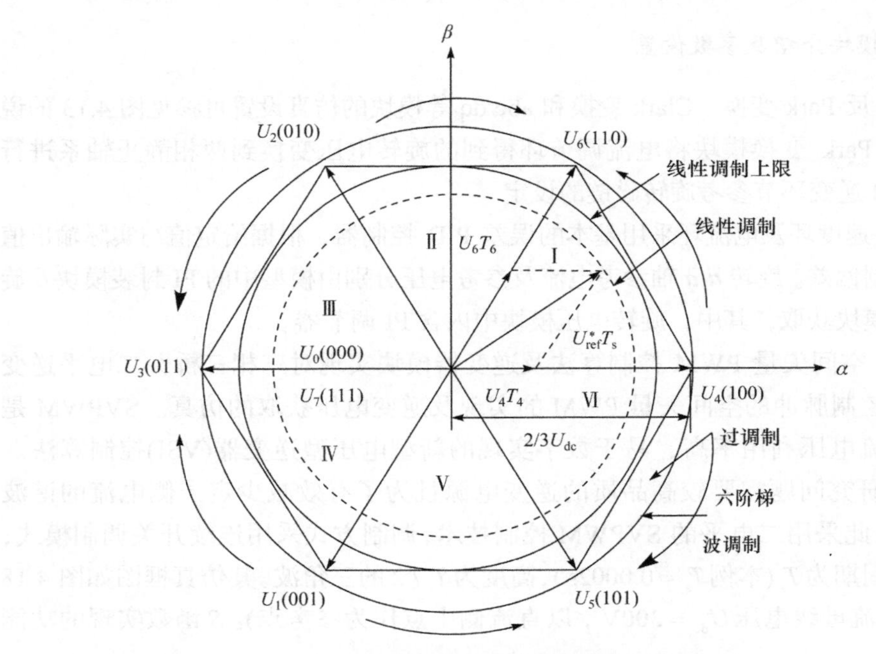


图 4.19　空间矢量所在基本扇区划分

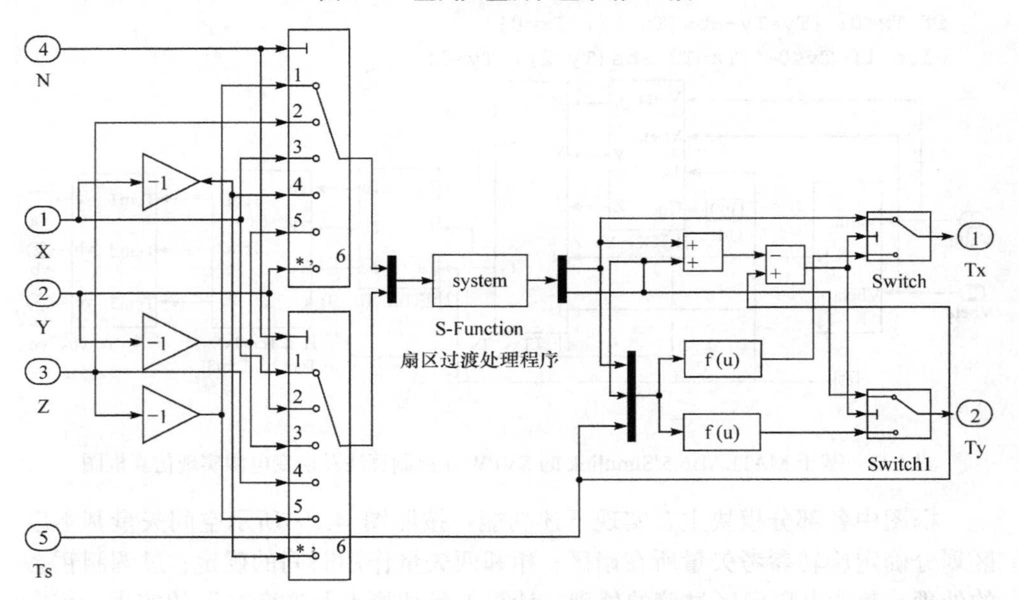


图 4.20　相邻矢量作用时间计算模块

主要仿真结果如图 4.21 所示。

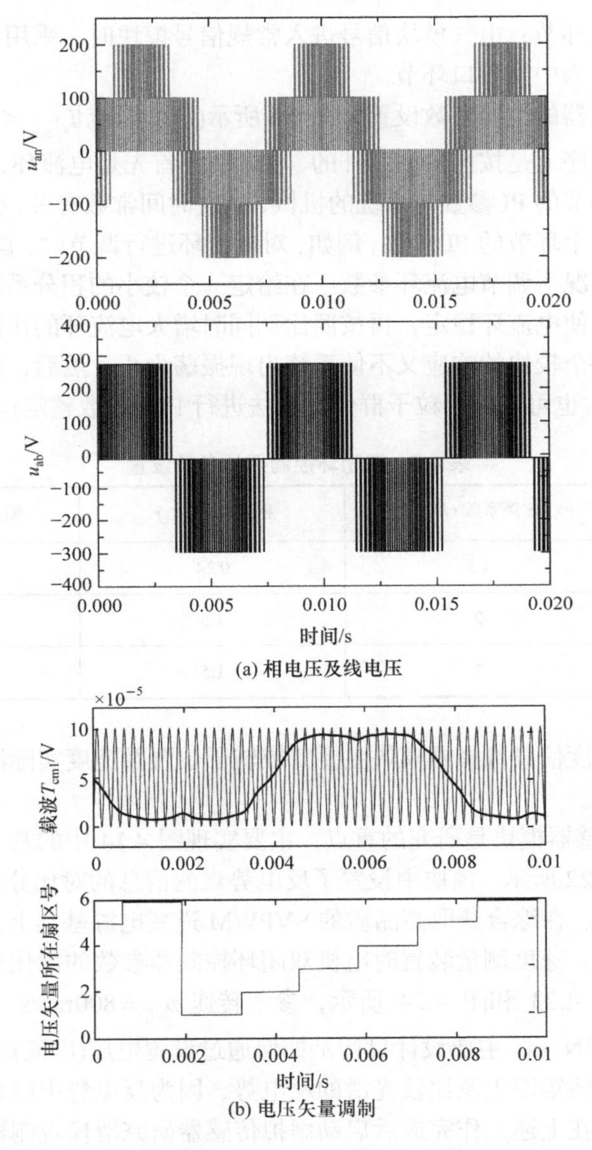

(a) 相电压及线电压

(b) 电压矢量调制

图 4.21　SVPWM 模块主要仿真结果(线性调制区)

$U_{ref}$=120V, $f$=800rad/s, $f_c$=5kHz, $U_{dc}$=300V

(4) 图 4.17 中，永磁同步电机模块选用 SimPowerSystems 仿真库中的同步电机模块。需要说明的是，该电气系统模块库中的 Powerlib 模块与常规 Simulink 模块有本质的区别。若系统中同时使用这两种信号，需要采用中间接口模块，具体处理办法如下：常规模块信号进入电气信号模块时，采用可控电压源或可控电流源作为中间接口环节；电气模块信号进入常规信号模块时，采用电压测量模块或电流测量模块作为中间接口环节。

双闭环控制器的主要参数设置如表 4.5 所示(起动限流$|i_s|_{\max} \leqslant 300\text{A}$)。控制系统两环调节在顺序上是按照从内到外的，在调节上首先是电流环，然后是速度环。控制系统各个环节的 PI 参数与系统的机械、电气时间常数有关，这里通过仿真实验的方法整定各个环节的 PI 参数。例如，对电流环进行调节时，首先使转速开环，在电流给定的情况下调节电流环参数。在给定一个较小的积分系数的情况下逐渐调整比例系数，使电流环稳定，再按照比例同时增大电流环的比例系数和积分系数，直至达到一个较快的响应又不使系统出现振荡为止。然后，用同样的方法调节转速环的参数(也可以应用粒子群优化算法进行 PID 参数整定)。

**表 4.5　双闭环控制器的参数设置**

| 参数 | | 比例系数 ($K_p$) | 积分系数 ($K_i$) | 惯性时间常数 ($\tau$) |
| --- | --- | --- | --- | --- |
| 速度控制器 | | 1.8 | 0.24 | $5\times10^{-4}$ |
| 电流控制器 | 交轴 | 2 | 1.5 | — |
| | 直轴 | 2 | 1.5 | — |

(5) 位置/速度信息选择器模块主要完成转子位置及速度实际测量与观测反馈信息的切换功能。

(6) 虚拟传感器模块是研究的重点，主要实现图 4.14 中的基本功能，其内部封装形式如图 4.22 所示。模块中设置了反电势观测信息的对比分析功能。整套系统的设计流程是：在综合获取高品质的 SVPWM 逆变电源基础上，研究稳态条件下带有标准位置、速度测量装置时电机双闭环控制器参数的优化选取问题。电机的动态响应如图 4.23 和图 4.24 所示，参考转速$\omega_{\text{ref}} = 800\text{rad/s}$，负载转矩$T_{\text{L}} = 20\text{N}\cdot\text{m} \xrightarrow{0.07\text{s}} 2\text{N}\cdot\text{m}$。主要设计目标是如何通过设置电压(电流)环的 PID 参数以获得比较平稳的转矩输出及比较光滑的反电势，因为反电势中蕴含丰富的转子位置及速度信息。在上述工作完成后启动虚拟传感器研究滑模观测器的参数设置及性能问题。图 4.22 中转子位置滑模观测器模块及转子速度滑模自适应观测器模块通过编写 $S$ 函数分别实现式(4.17)～式(4.36)的解算功能。

图 4.23(a)给出了带有标准反馈测量装置时系统的综合响应曲线，从上至下依次是定子电流、转速、电磁转矩、等效两相控制电压及转子位置曲线。图 4.23(b)根据仿真结果通过 MATLAB 脚本程序绘制出三相 SVPWM 的调制曲线。从中可

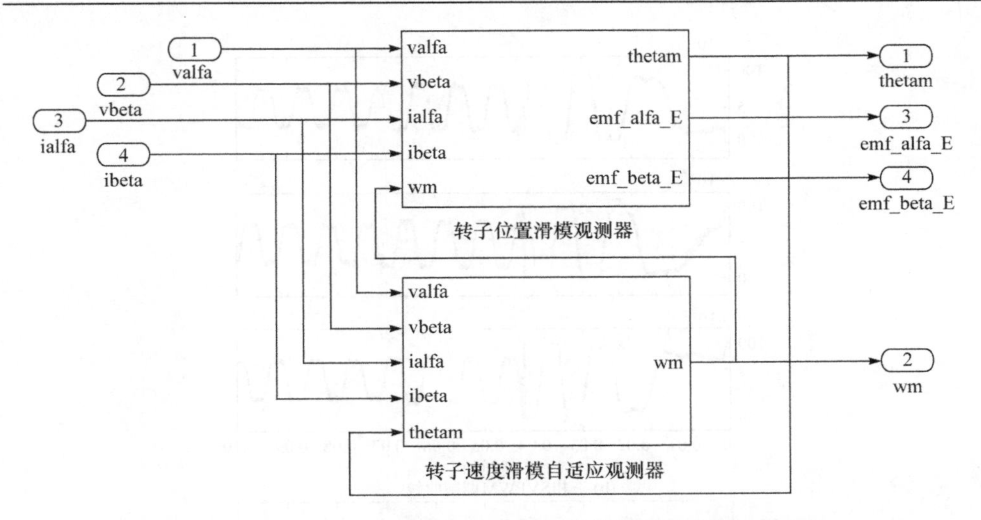


图 4.22　基于 MATLAB6.5/Simulink 的虚拟传感器内部封装模块

以看出，在电机起动过程中，逆变控制器依次经历过临界线性调制、过调制及线性调制三个阶段，稳定工作后处于线性调制状态，说明逆变器有关参数设计合理，载波频率选择适当。而图 4.23(c)及图 4.23(d)则分别绘制出负载转矩改变前后各 0.01s 内的转速及电磁转矩局部响应曲线。从图中可以看出所设计系统的速度稳态误差及电磁转矩脉动较小。

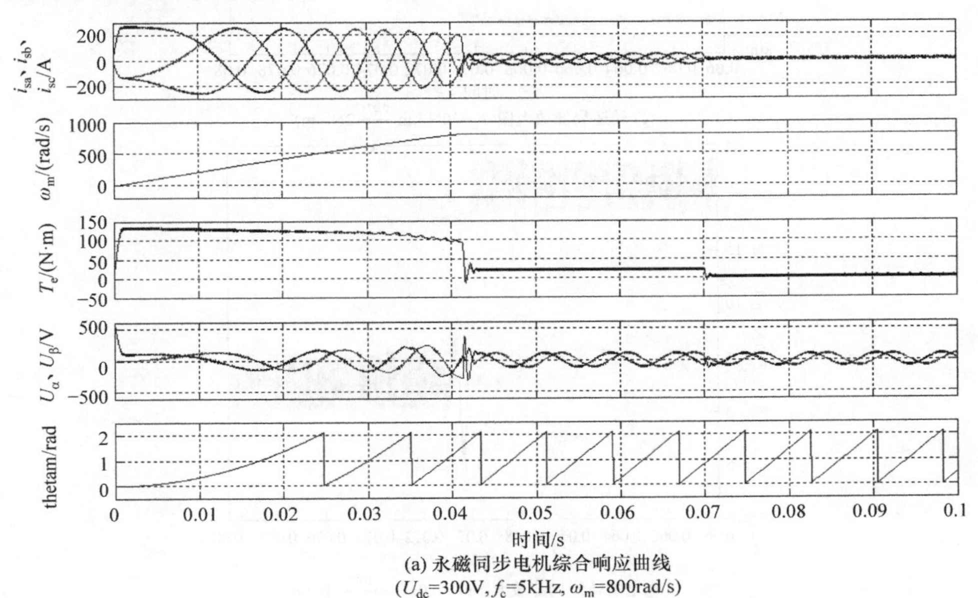


(a) 永磁同步电机综合响应曲线
($U_{dc}$=300V, $f_c$=5kHz, $\omega_m$=800rad/s)

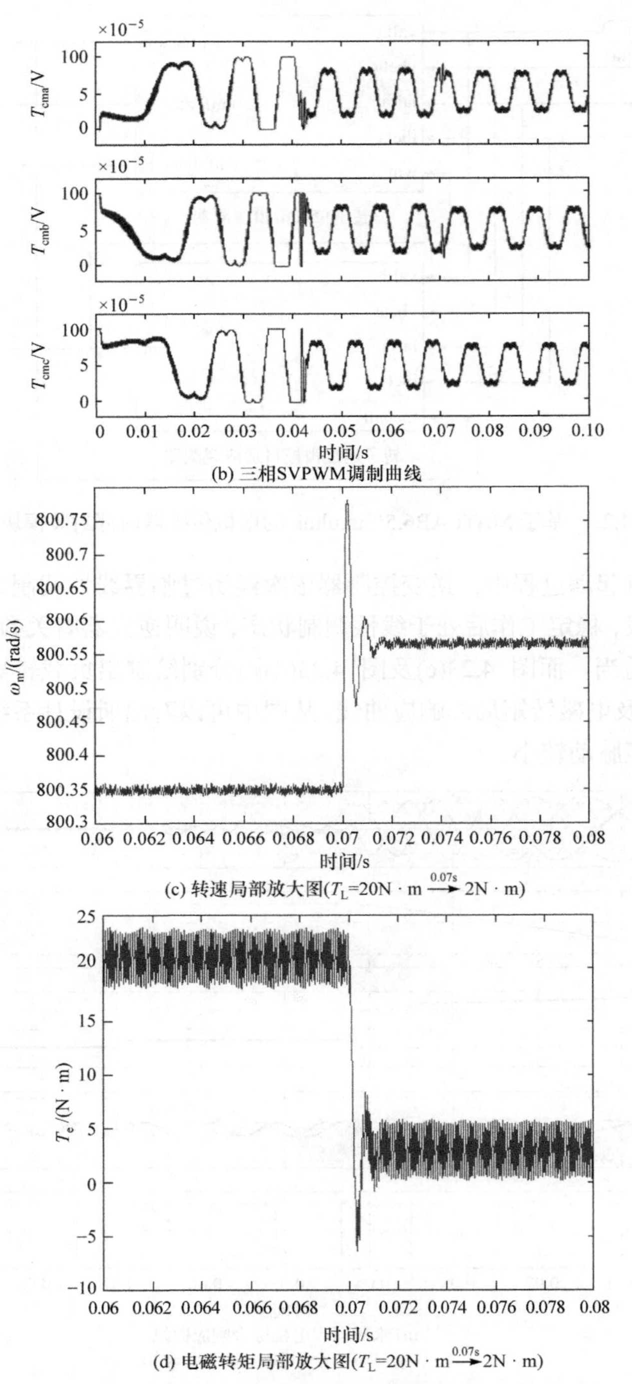


(b) 三相SVPWM调制曲线

(c) 转速局部放大图($T_L$=20N · m $\xrightarrow{0.07s}$ 2N · m)

(d) 电磁转矩局部放大图($T_L$=20N · m $\xrightarrow{0.07s}$ 2N · m)

图 4.23　带标准位置/速度传感器的电机稳速响应曲线

图 4.24 根据仿真结果绘制了等效两相反电势波形曲线。从中可以看出，电机的反电势比较光滑，说明整套系统 PI 参数设置合理，达到了预期设计目标。

各滑模切换增益的设置如下：

由式(4.18)和式(4.32)可知，$k_0 = 0.95$ ( $K_{sw} = k \cdot \omega$ ， $k = k_0 \cdot \omega$ )； $k'_{sw\alpha} = k'_{sw\beta} = 0.0108$( $\boldsymbol{K}'_{sw} = [k'_{sw\alpha},\ k'_{sw\beta}]$ ) 。

当切换增益设置得当时，转子位置滑模观测器模块及转子速度滑模自适应观测器模块将在各自的切换线上产生滑动模态，此时便可以根据切换信号提取出所需要的永磁转子位置及速度信息。

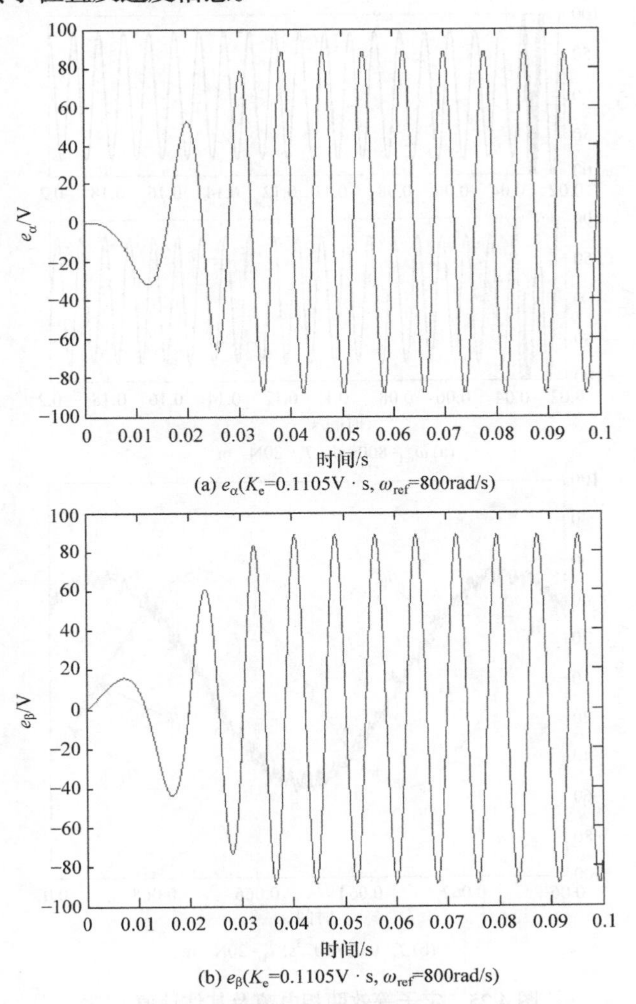


(a) $e_\alpha$($K_e$=0.1105V · s, $\omega_{ref}$=800rad/s)

(b) $e_\beta$($K_e$=0.1105V · s, $\omega_{ref}$=800rad/s)

图 4.24　带标准位置/速度传感器的定子绕组诱导反电势 ( $\omega_{ref} = 800$rad/s)

3. 仿真实验结果与分析

本单元提供的仿真实验结论主要是基于滑模状态观测器理论的转子位置/速度信息的估计结果及应用此虚拟传感器技术的矢量控制运行仿真，虚拟传感器的观测值均为起动过程结束后的有效值。主要仿真结果如图 4.25～图 4.30 所示。

本实验仿真研究了不同参考转速条件下观测器的响应，同时对观测器应对外部干扰及参数变化的鲁棒性进行了仿真研究。

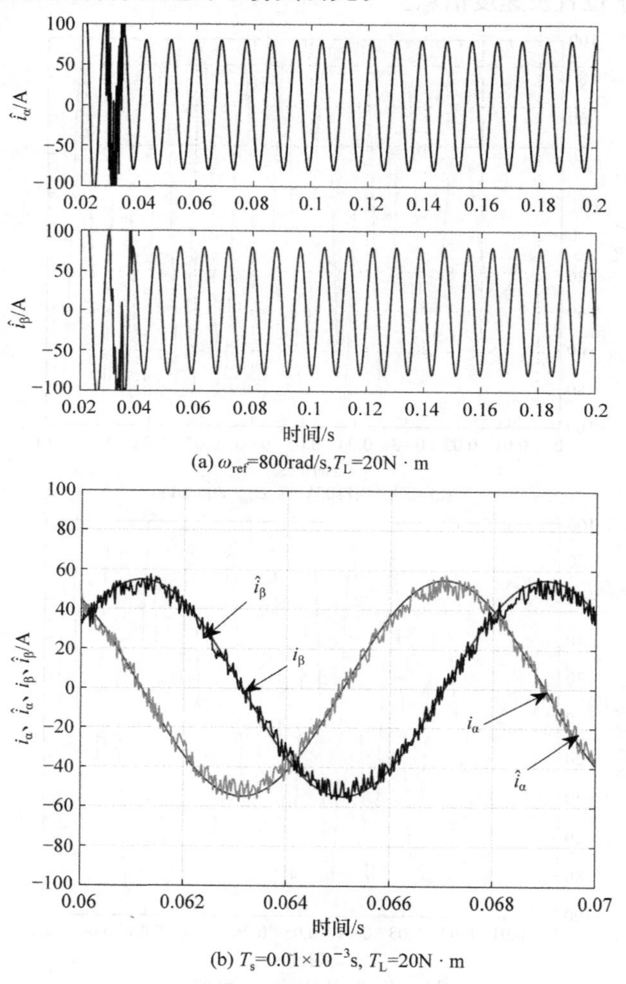


图 4.25　定子等效两相电流及其估计值

图 4.25 给出了高速时静止 $\alpha$-$\beta$ 坐标系电流的实测值与估计值。可以看出，在综合采用滑模状态观测技术及带有变截止频率转子相位补偿策略条件下获得的定子电流估计值能较好地跟踪实测值，且如果滑模切换增益选取适当，则等效电流的估计值脉动量较小。

图 4.26 则给出了相应的反电势及基于反电势估计值的转子位置估计值，可以看出估计值较好地跟踪了实际的转子位置角。

图 4.27 综合给出了在各种参考转速条件下的转子转速估计的仿真结果。采用变切换增益措施及自适应策略不仅使在高速时具有较好的估计精度，低速性能也达到了很好的效果。参考转速在发生较大变化时可以实现无超调跟踪，估计偏差控制在可以接受的范围内。

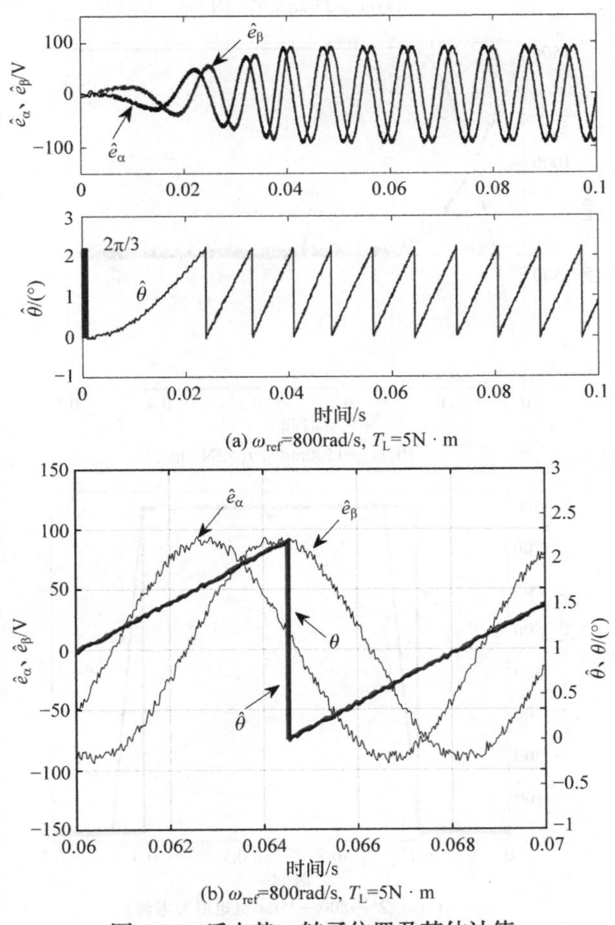

(a) $\omega_{ref}$=800rad/s, $T_L$=5N · m

(b) $\omega_{ref}$=800rad/s, $T_L$=5N · m

图 4.26　反电势、转子位置及其估计值

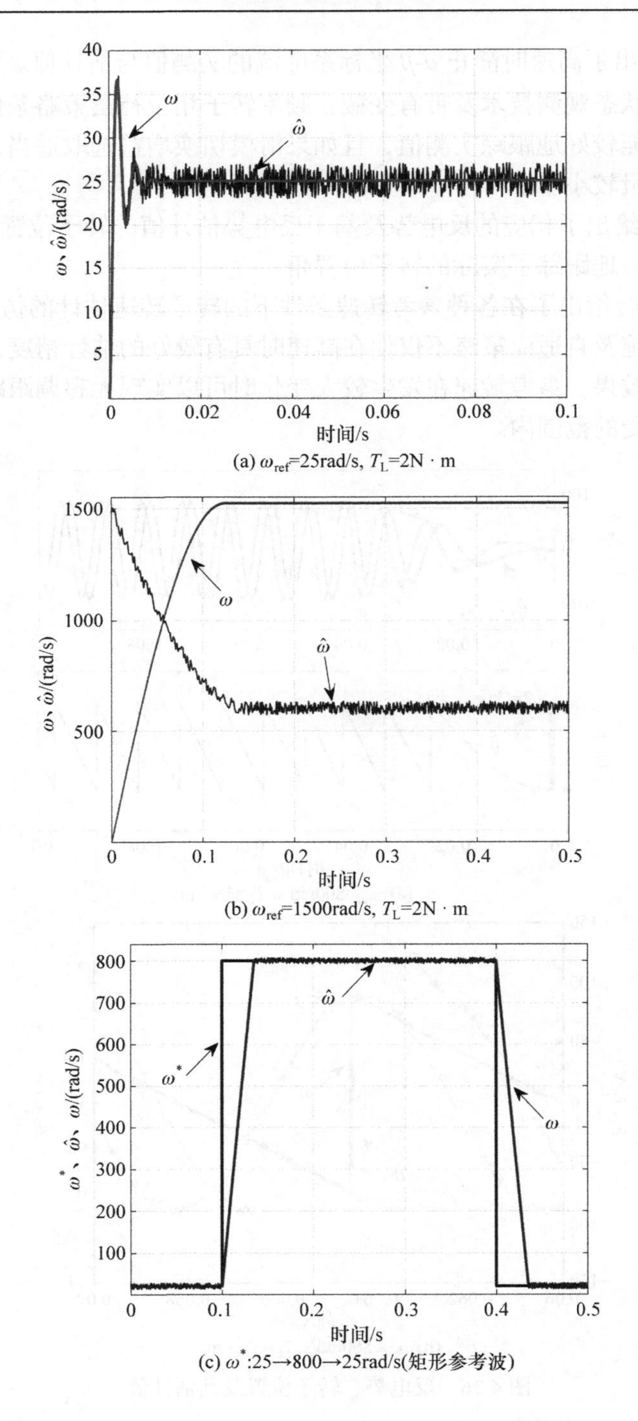


(a) $\omega_{ref}$=25rad/s, $T_L$=2N · m

(b) $\omega_{ref}$=1500rad/s, $T_L$=2N · m

(c) $\omega^*$:25→800→25rad/s(矩形参考波)

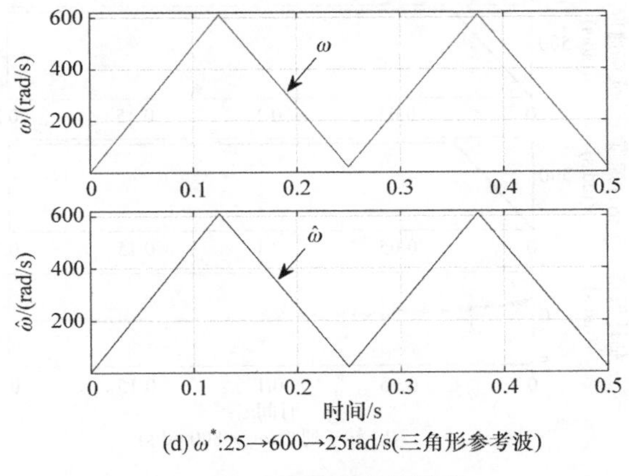

(d) $\omega^*$:25→600→25rad/s(三角形参考波)

图 4.27　转速及其估计值

图 4.28 有代表性地给出了观测器在参数变化时估计鲁棒性的部分结论。在实际电机的运行过程中，反电势常数受外界工作环境影响较大，如果采用变增益切换的滑模观测器技术能在很大程度上克服参数变化带来的估计偏差，这是此类观测器的突出优点。大量的仿真同样证明了所涉及观测器对其他参数的变化也具有等同的鲁棒性，这里限于篇幅没有给出具体仿真结果图。

图 4.29 从仿真的角度研究了带有变截止频率相位补偿措施的转子位置估计效果。可以看出，采用相位补偿策略后估计的偏差受到了很大的抑制，起动过程结束后对转子位置的估计具有一定的精度。

图 4.30 分别给出了采用所设计的虚拟传感器在给定参考转速下的定子电流及等效两相定子合成旋转磁链。可以看出磁链近似呈圆形，代表矢量控制达到满意的效果。

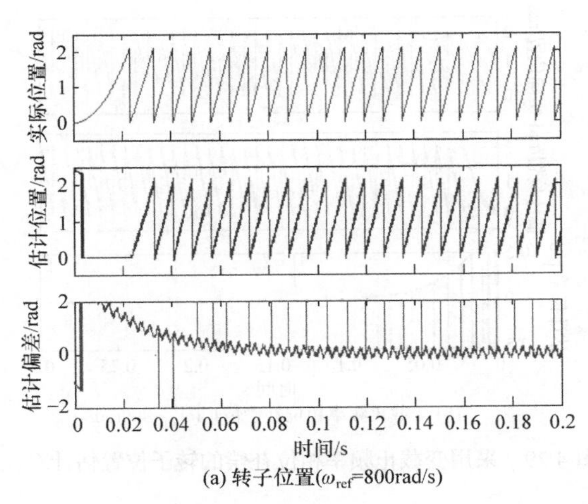

(a) 转子位置($\omega_{ref}$=800rad/s)

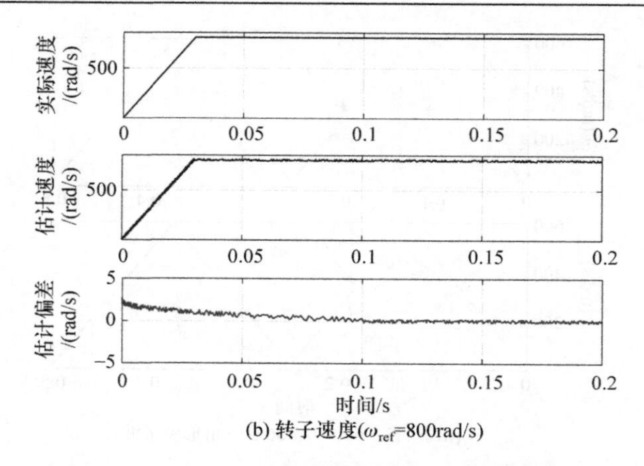

(b) 转子速度($\omega_{ref}$=800rad/s)

图 4.28　$K_E' = 50\% K_E$ 时转子位置及速度估计值

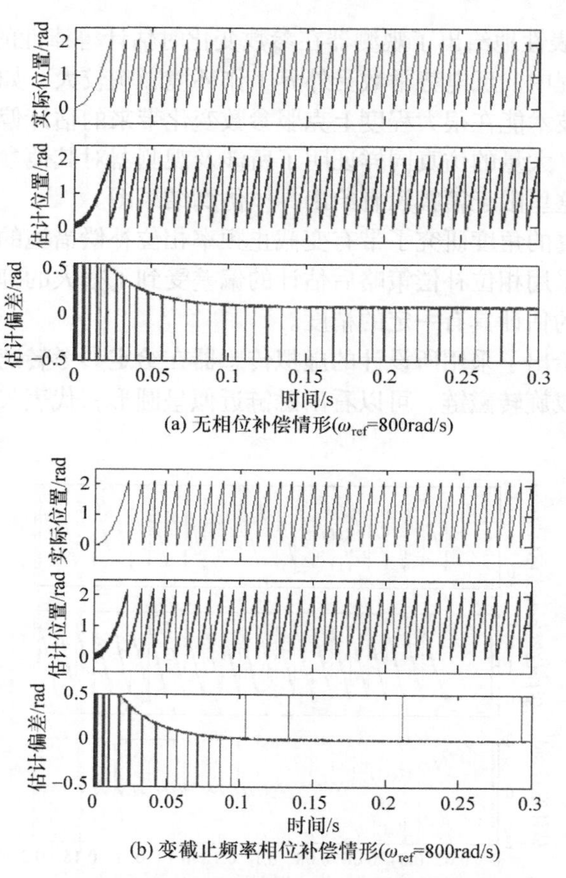

(a) 无相位补偿情形($\omega_{ref}$=800rad/s)

(b) 变截止频率相位补偿情形($\omega_{ref}$=800rad/s)

图 4.29　采用变截止频率相位补偿的转子位置估计对比

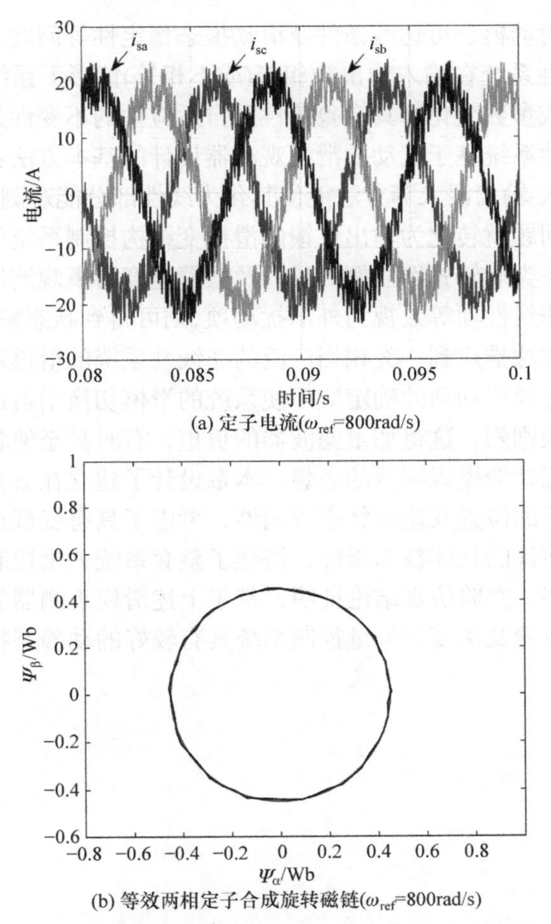

(a) 定子电流($\omega_{ref}$=800rad/s)

(b) 等效两相定子合成旋转磁链($\omega_{ref}$=800rad/s)

图 4.30 采用虚拟传感器的永磁同步电机矢量控制定子电流及磁链曲线

综合全部实验仿真结果可以看出，基于扰动滑模观测器技术的永磁同步电机矢量控制系统具有较好的调速性能和动静态特性；所设计的虚拟传感器对外部扰动及参数的变化具有较强的鲁棒性，能在一个较大的转速范围内很好地跟踪永磁转子的实际位置及角速度。需要指出的是，研究的永磁同步电机矢量控制系统没有考虑起动以及出于提高电机转速为目的的弱磁控制等一些非常态的工作情形。

## 4.5 本 章 小 结

本章首先研究了线性系统滑模变结构控制的基本概念与原理，分析了滑动模态存在的条件、滑动模态可达性条件及滑动模态稳定性等问题。重点研究了一类不确定仿射非线性系统在输入输出数相等(或不相等)情形下系统的滑动模态对于任意的未知扰动或参数变化都具有鲁棒性及自适应性的不变性条件。在此基础上探讨了一般非线性系统基于扰动的滑模观测器设计的基本方法：若非线性系统经过坐标变换或输入-输出浸入等方法能使其化为线性部分能观测的特殊系统，则滑模观测器的设计问题就转化为输出反馈的滑模变结构控制系统的设计问题。

本章设计了一类旋转式倒立摆的悬臂及摆臂速度滑模观测器，其核心思想是将状态方程中的非线性项等效视为外部扰动项，则可得到状态解耦的两个方程组。可以将这种设计方法推广到一类相当广泛的非线性系统的滑模观测器设计当中，但需要注意的是等效扰动项的确定应不使系统的滑模切换增益过大，否则状态估计的“颤振”比较剧烈，这将加重滤波器的负担，有时甚至使状态估计失真。

最后，基于扰动滑模观测器的思想，本章设计了建立在 $\alpha$-$\beta$ 坐标系上的永磁同步电机永磁转子的位置及速度状态观测器，考虑了具有变截止频率相位补偿策略及自适应转速估计的具体技术指标，搭建了整套系统矢量控制的 MATLAB6.5/Simulink 仿真程序。实验仿真结论证明，基于上述滑模观测器的虚拟传感器能较好地跟踪转子的位置及速度，矢量控制系统具有较好的动静态特性。

# 第 5 章　非线性高增益观测器设计及其在永磁同步电机位置与速度估计的应用

## 5.1　引　　言

对于一般的有确定模型的非线性系统(2.1)，其状态观测器设计包括观测器构造方法及状态观测偏差收敛性证明两个方面。永磁同步电机建立在转子磁链定向系的模型方程(2.35)是典型的仿射非线性系统。如果再考虑一些恒转矩负载的特殊应用场合以及负载转矩可有限辨识的应用场合，则式(2.35)又进一步成为一个标准的方形仿射非线性系统(2.36)。对于这类系统，可选用基于非线性坐标变换后能观测规范型的高增益观测器设计方法(nonlinear transformed observability canonical forms based high-gain observer, NTOCF-HGO)对转子位置及速度信息进行估计。这里，“非线性坐标变换”即观测器的构造方法问题，“能观测规范型”为观测器设计的中间系统，“高增益”即保证状态观测偏差收敛的数学方法。

Bestle 等[105]首先研究了单输入单输出非线性系统基于能观测规范型的观测器设计方法，这种通过一定形式的坐标变换将系统转化为能观测规范型的方法随即引起了学者的高度重视。Birk 等[127]讨论了多输入多输出非线性系统的坐标变换问题。针对转换为能观测规范型需要一系列严格的条件限制这一不足，Gauthier 等[109]提出了一种新颖的用高增益项抵消非线性项的观测器设计方法。Bornard 等[111]研究了满足一致能观性的多输入多输出系统高增益观测器设计问题。Krener 等[128]利用坐标变换及输入-输出浸入方法研究如何将偏差方程线性化的观测器设计问题。由于这种方法同样需要系统满足很严格的限制条件，Lynch 等[110]讨论了基于数值解析优化选取坐标变换，从而达到使偏差方程中非线性项最小的问题。以上方法已经在实际系统的观测器设计中取得了较好的应用效果。

本章针对永磁同步电机调速系统模型方程的特点，结合非线性能观性与构造观测器的关系这一理论基础，具体研究一类 NTOCF-HGO 的设计方法，并将其应用到 SPMSM 转子位置及速度信息估计中。

## 5.2　NTOCF-HGO 设计原理及结论

### 5.2.1　坐标变换设计基础

坐标变换选取的一般原则是有利于使原非线性系统转化为能观测规范型或使状态观测偏差方程线性化。对于定义在微分流形上的非线性系统(2.1)，状态空间可表示为一个 $n$ 维流形 $M$，输入空间为一个 $m$ 维流形 $U$，输出空间为一个 $p$ 维流形 $N$，$\boldsymbol{x}$、$\boldsymbol{y}$ 分别为 $M$ 与 $N$ 上的一个局部坐标表示，则系统(2.1)可表示为图 5.1(a)所示的映射关系，其中，$TM$ 为流形 $M$ 上的切向量场。系统(2.1)的状态观测器就是定义在由坐标变换 $\boldsymbol{z}=\boldsymbol{\Phi}(\boldsymbol{x})$ 映射到微分流形 $Z$ 上的另外一个动态系统 $\boldsymbol{\Sigma}'$：

$$\boldsymbol{\Sigma}':\begin{cases}\dot{\boldsymbol{z}}=g(\boldsymbol{z},\boldsymbol{u},\boldsymbol{y})\\ \hat{\boldsymbol{x}}=F^{-1}(\boldsymbol{z},\boldsymbol{u},\boldsymbol{y})\end{cases}\tag{5.1}$$

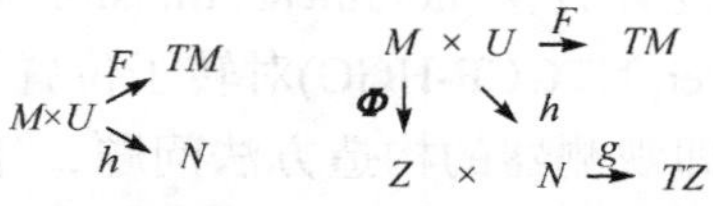

(a) 非线性系统映射　(b) 状态观测器映射

图 5.1　定义在微分流形上的系统空间几何映射关系

式中，$\boldsymbol{z}\in\mathbf{R}^r(1\leqslant r\leqslant n)$；$F^{-1}(\boldsymbol{z},\boldsymbol{u},\boldsymbol{y})$ 为状态 $\boldsymbol{z}\Rightarrow\hat{\boldsymbol{x}}$ 的逆映射。该系统满足 2.2.1 小节中给出的非线性观测器构造基本条件，系统 $\boldsymbol{\Sigma}'$ 与原系统 $\boldsymbol{\Sigma}$ 的空间对应关系如图 5.1(b)所示，其中，$TZ$ 为光滑映射 $\boldsymbol{\Phi}$ 在点 $\boldsymbol{x}$ 所诱导的流形 $N$ 上的切向量场。

坐标变换 $\boldsymbol{z}=\boldsymbol{\Phi}(\boldsymbol{x})$ 的维数及形式决定了状态观测器的性质。

(1) $1\leqslant r<n$ 时显然为降维观测器。若 $\boldsymbol{\Phi}=\boldsymbol{I}(r)$，则状态 $\boldsymbol{x}\to\boldsymbol{z}$ 的映射为线性关系，所构造观测器为降维单位观测器；若 $\boldsymbol{\Phi}\neq\boldsymbol{I}(r)$，则状态 $\boldsymbol{x}\to\boldsymbol{z}$ 的映射为函数关系，所构造的观测器为降维函数观测器。

(2) $r=n$ 时显然为全维观测器。若 $\boldsymbol{\Phi}=\boldsymbol{I}(n)=\boldsymbol{I}_n$，则 $\dot{\boldsymbol{z}}=\dot{\hat{\boldsymbol{x}}}=g(\boldsymbol{x},\boldsymbol{u},\boldsymbol{y})$，此即为一般意义下的全维非线性状态观测器；若 $\boldsymbol{z}=\boldsymbol{\Phi}(\boldsymbol{x})$ 为定义在流形上一点的同胚变换，则为本章重点研究的观测器设计情形，且若坐标变换过程中能够充分利用原系统输入输出信息，则可以降低非线性观测器的设计难度。

NTOCF-HGO 设计过程中，坐标变换选取的首要原则是使不规则形式的一般非线性系统转化为具有一定能观测规范型的系统。基于能观测规范型为系统设计观测器最早可追溯到 Luenberger[129]所做的工作，他通过等价变换把线性时不变系统变换到规范型来设计中间系统的观测器。近年来，随着非线性系统微分几何理论的发展，解决了部分形式的非线性系统在某一状态点的反馈精确线性化问题[①]，这为研究非线性系统能观测规范型提供了借鉴思路。本节根据 SPMSM 模型方程的特点，研究一类仿射非线性系统的坐标变换设计方法。

1. 单输入单输出仿射非线性系统(SISO-ANS)

SISO-ANS 的状态方程为

$$\begin{cases}\dot{\boldsymbol{x}}=f(\boldsymbol{x})+g(\boldsymbol{x})u\\ y=h(\boldsymbol{x})\end{cases}\tag{5.2}$$

式中，$\boldsymbol{x}\in\mathbf{R}^n$ 为定义在 $n$ 维微分流形上的局部坐标；$f(\boldsymbol{x})$、$g(\boldsymbol{x})$ 分别为 $n$ 维光滑向量场；$h(\boldsymbol{x})$ 为光滑映射函数。

**定义 5.1**[130]　设 $\boldsymbol{x}_0\in\boldsymbol{X}\subset\mathbf{R}^n$，如果存在 $\boldsymbol{x}_0$ 的邻域 $V$ 及正整数 $r$ 使系统(5.2)满足条件：

(1) $L_gL_f^kh(\boldsymbol{x})=0,\forall\boldsymbol{x}\in V,\ \ 0\leqslant k<r-2$；

(2) $L_gL_f^{r-1}h(\boldsymbol{x})\neq 0,\forall\boldsymbol{x}\in V$；

则称系统在 $\boldsymbol{x}_0$ 点具有相对阶(relative degree) $r$。特殊地，若系统的相对阶为 $n$，取坐标变换 $\boldsymbol{z}=\boldsymbol{\varPhi}(\boldsymbol{x})=\left(\boldsymbol{\varPhi}_1(\boldsymbol{x}),\boldsymbol{\varPhi}_2(\boldsymbol{x}),\cdots,\boldsymbol{\varPhi}_n(\boldsymbol{x})\right)^{\mathrm{T}}=\left(h(\boldsymbol{x}),L_fh(\boldsymbol{x}),\cdots,L_f^{n-1}(\boldsymbol{x})\right)^{\mathrm{T}}$，则

$$\begin{cases}\dot{z}_1=\dfrac{\partial\boldsymbol{\varPhi}_1}{\partial\boldsymbol{x}}\dot{\boldsymbol{x}}=\dfrac{\partial h}{\partial\boldsymbol{x}}(f+gu)=L_fh+L_g(hu)=L_fh=z_2\\ \dot{z}_2=\dfrac{\partial\boldsymbol{\varPhi}_2}{\partial\boldsymbol{x}}\dot{\boldsymbol{x}}=L_f^2h+L_gL_f(hu)=L_f^2h=z_3\\ \qquad\vdots\\ \dot{z}_{n-1}=\dfrac{\partial\boldsymbol{\varPhi}_{n-1}}{\partial\boldsymbol{x}}\dot{\boldsymbol{x}}=L_f^{n-1}h+L_gL_f^{n-2}(hu)=L_f^{n-1}h=z_n\\ \dot{z}_n=\dfrac{\partial\boldsymbol{\varPhi}_n}{\partial\boldsymbol{x}}\dot{\boldsymbol{x}}=L_f^nh+L_gL_f^{n-1}(hu)\overset{\text{def}}{=\!=}a(\boldsymbol{x})+b(\boldsymbol{x})u=\alpha(z)+\beta(z)u\end{cases}\tag{5.3}$$

式中，$\alpha(z)=a\left(\boldsymbol{\varPhi}^{-1}(z)\right)$；$\beta(z)=b\left(\boldsymbol{\varPhi}^{-1}(z)\right)$。若令 $u=-\alpha(z)/\beta(z)+1/\beta(z)\cdot\upsilon$，$\upsilon$ 为新的输入量，则在局部坐标变换 $\boldsymbol{z}=\boldsymbol{\varPhi}(\boldsymbol{x})$ 及反馈变换 $u=\left(1/\beta(z)\right)\cdot\left(-\alpha(z)+\upsilon\right)$ 的作用下，系统可实现完全线性化(与相对阶 $r<n$ 的情形类似)：

$$\begin{cases}\dot{\boldsymbol{z}}=\boldsymbol{A}\boldsymbol{z}+\boldsymbol{B}\upsilon\\ y=\boldsymbol{C}\boldsymbol{z}\end{cases}\tag{5.4}$$

---

① 非线性系统反馈精确线性化就是通过选取适当形式的坐标变换及反馈控制 $\boldsymbol{u}=\alpha(\boldsymbol{x})+\beta(\boldsymbol{x})\boldsymbol{v}$，使反馈系统在局部坐标下成为标准形式的线性系统。

式中，$A=\left(\mathbf{0}, e_1, \cdots, e_{n-1}\right)$(其中 $e_k$ 为第 $k$ 个元素为 1，其他元素均为 0 的 $n\times 1$ 维向量)；$B=\left(0,0,\cdots,1\right)^{\mathrm{T}}$；$C=\left(1,0,\cdots,0\right)$。可以证明，变换后的线性系统(5.4)是完全能观测的，因此原非线性系统实现了一种形式的能观测规范型转换。

2. 多输入多输出仿射非线性系统(MIMO-ANS)

MIMO-ANS 状态方程(设输入输出数相等)为

$$\begin{cases}\dot{x}=f\left(x\right)+g\left(x\right)u=f\left(x\right)+\sum\limits_{i=1}^{m}g_i\left(x\right)u_i\\ y_j=h_j\left(x\right),\quad j=1,\cdots,m\end{cases}\tag{5.5}$$

**定义 5.2**[130] 设 $x_0\in X\subset\mathbf{R}^n$，如果存在 $x_0$ 的邻域 $V$ 及整数向量 $\left(r_1,r_2,\cdots,r_m\right)$ 使式(5.5)满足条件：

(1) $L_{g_j}L_f^k h_i\left(x\right)=0$，$\forall x\in V$，$1\leqslant j<m$，$0\leqslant k\leqslant r_i-2$；

(2) 矩阵 $A\left(x\right)=\begin{pmatrix}L_{g_1}L_f^{r_1-1}h_1\left(x\right) & \cdots & L_{g_m}L_f^{r_1-1}h_1\left(x\right)\\ L_{g_1}L_f^{r_2-1}h_2\left(x\right) & \cdots & L_{g_m}L_f^{r_2-1}h_2\left(x\right)\\ \vdots & & \vdots\\ L_{g_1}L_f^{r_m-1}h_m\left(x\right) & \cdots & L_{g_m}L_f^{r_m-1}h_m\left(x\right)\end{pmatrix}$ 为非奇异的，$\forall x\in V$；

则称系统(5.5)具有向量相对阶$\left(\text{vector relative degree}\right)\left(r_1,r_2,\cdots,r_m\right)$，且若 $\sum\limits_{i=1}^{m}r_i=m$，取坐标变换 $z=\boldsymbol{\Phi}\left(x\right)$，其中，$\boldsymbol{\Phi}_j^{i+1}=L_f^i h_j\left(i=0,1,\cdots,r_j-1;\ j=1,\cdots,m\right)$，则在此坐标变换下系统转化为如下结构：

$$\begin{cases}\dot{z}_j^i=z_j^{i+1}\\ \dot{z}_j^{r_j}=\alpha\left(x\right)\Big|_{x=\boldsymbol{\Phi}^{-1}(z)}+\beta\left(x\right)\Big|_{x=\boldsymbol{\Phi}^{-1}(z)}u_j\\ y_j=C_j z_j\end{cases}\tag{5.6}$$

式中，$C_j=\left(1,0,\cdots,0\right)_{1\times r_i}$。可以证明，此时系统同样转换化为完全能观测的线性系统，通过对变换后的系统构造状态观测器就可以实现对原系统状态的估计。

由上述分析可以看出，要实现非线性系统的完全线性化需要严格满足相对阶条件，大多数实际控制系统达不到这样的要求，但仿射非线性系统基于相对阶进行坐标变换却可以得到线性部分完全能观测的状态方程形式，这为系统应用上述高增益观测器设计方法抵消无法精确线性化的非线性部分提供了可能。当坐标变换 $\boldsymbol{\Phi}_j^{i+1}=L_f^i h_j\left(i=0,1,\cdots,r_j-1;\ j=1,\cdots,m\right)$ 不满足精确线性化条件时，其选取应比照系统状态变量的实际物理意义确定每一输出函数的李导数次数，这样可以避免求导致使变换后系统非线性项出现较大奇异值的问题。

### 5.2.2 观测器设计及分析

对于经坐标变换后不能精确线性化的系统，通过构造一定结构形式的高增益观测器可以达到状态指数级收敛速度的观测效果。高增益观测器的设计思想源于非线性控制系统输出反馈镇定理论[131,132]。考虑如下二阶非线性系统：

$$\begin{cases} \dot{x}_1 = x_2 \\ \dot{x}_2 = N(\boldsymbol{x},u) \\ y = x_1 \end{cases} \tag{5.7}$$

式中，$u=\gamma(\boldsymbol{x})$为全状态反馈控制变量，它可以使闭环系统稳定工作在平衡点；$N(\boldsymbol{x},u)$为非线性函数向量。设计系统的状态观测器为

$$\begin{cases} \dot{\hat{x}}_1 = \hat{x}_2 + \lambda_1(y-\hat{x}_1) \\ \dot{\hat{x}}_2 = N(\hat{\boldsymbol{x}},u) + \lambda_2(y-\hat{x}_1) \end{cases} \tag{5.8}$$

式中，$\lambda_1$和$\lambda_2$为常数。则由式(5.7)及式(5.8)可得观测器偏差动态方程为

$$\begin{cases} \dot{\tilde{x}}_1 = -\lambda_1\tilde{x}_1 + \tilde{x}_2 \\ \dot{\tilde{x}}_2 = -\lambda_2\tilde{x}_1 + \delta(\boldsymbol{x},\tilde{\boldsymbol{x}}) \end{cases} \tag{5.9}$$

式中，$\delta(\boldsymbol{x},\tilde{\boldsymbol{x}})=N(\boldsymbol{x},\gamma(\hat{\boldsymbol{x}}))-N(\hat{\boldsymbol{x}},\gamma(\hat{\boldsymbol{x}}))$，$\tilde{\boldsymbol{x}}=\boldsymbol{x}-\hat{\boldsymbol{x}}$。由常数$\lambda_1$、$\lambda_2$组成的增益矩阵的设计应满足$\lim\tilde{\boldsymbol{x}}(t)=0(t\to\infty)$。由式(5.9)可得如下结论：

(1) 当包含外部干扰在内的非线性项$\delta(\boldsymbol{x},\tilde{\boldsymbol{x}})$不存在时(即对应严格意义上的线性系统)，只要使矩阵$\boldsymbol{A}_0=(-\lambda_1,1;-\lambda_2,0)$为 Hurwitz 矩阵即可；

(2) 当一般意义上的非线性项$\delta(\boldsymbol{x},\tilde{\boldsymbol{x}})$存在时，观测器增益矩阵$\boldsymbol{A}_0$设计时应同时消除$\delta(\boldsymbol{x},\tilde{\boldsymbol{x}})$对估计偏差$\tilde{\boldsymbol{x}}$的影响。通过推导可得到$\tilde{\boldsymbol{x}}$对$\delta(\boldsymbol{x},\tilde{\boldsymbol{x}})$的传递函数为

$$H_0(s)=\frac{\tilde{\boldsymbol{x}}(s)}{\boldsymbol{\delta}(s)}=\frac{1}{s^2+\lambda_1 s+\lambda_2}\begin{pmatrix} 1 \\ s+\lambda_1 \end{pmatrix} \tag{5.10}$$

由式(5.10)可见，只要选取观测器增益矩阵常数$\lambda_2 \gg \lambda_1 \gg 1$，就能使$H_0(s)\to 0$，这就达到了观测器设计的目的，此即为反馈镇定系统中高增益观测器设计的基本思想。由于其对状态估计具有鲁棒性以及对非线性项具有较强的抑制能力，因此高增益观测器在控制系统反馈镇定及非线性观测器设计中得到了广泛研究与应用[133-135]。

将其推广到一般的具有变输入的多输入多输出非线性系统观测器设计当中，就是本节要讨论的高增益观测器设计问题。

1. 基于 Lyapunov 稳定性理论的多输入多输出非线性系统高增益观测器设计

综合以上讨论可看出，将高增益观测器设计思想推广至一般多输入多输出非线性系统需要解决以下几个问题：①如何将其应用于具有一般变输入的场合；②高增益矩阵的选取方法及偏差方程收敛性证明问题。

具体对于如式(5.5)所示的仿射非线性系统(考虑更一般的情形，输入输出数可以不相等)，状态观测器的设计首先应满足能观性条件，应用 2.3.3 小节关于局部弱能观秩条件判断方法及 2.3.4 小节关于基于同胚映射的不可区分动态判别方法都可确定给定控制输入的系统是否满足能观测；其次，寻找一种可能的坐标变换使系统化为容易构造状态观测器的结构或形式，即前面讨论的基于能观测规范型状态观测器设计思想。事实上，若系统满足局部弱能观秩条件，则各阶李导数 $\mathrm{d}L_f^i h_j\left(i=0,1,\cdots,n;\ j=1,\cdots,p\right)$ 彼此是线性不相关的，因此 $\mathrm{d}L_f^i h_j$ 可以作为坐标变换函数而使系统化为如下能观测规范型：

$$\begin{cases}\dot{\boldsymbol{z}}=\boldsymbol{A}\boldsymbol{z}+\boldsymbol{\varphi}(\boldsymbol{z},\boldsymbol{u})\\ \boldsymbol{y}=\boldsymbol{C}\boldsymbol{z}\end{cases}\tag{5.11}$$

式中

$$\boldsymbol{A}=\begin{pmatrix}\boldsymbol{A}_1 & & \boldsymbol{0}\\ & \ddots & \\ & & \ddots & \\ \boldsymbol{0} & & \boldsymbol{A}_p\end{pmatrix},\quad \boldsymbol{A}_k=\begin{pmatrix}0 & 1 & \cdots & 0\\ \vdots & & \ddots & \vdots\\ 0 & \cdots & 0 & 1\\ 0 & \cdots & 0 & 0\end{pmatrix}$$

$$\boldsymbol{C}=\begin{pmatrix}\boldsymbol{C}_1 & & \boldsymbol{0}\\ & \ddots & \\ & & \ddots & \\ \boldsymbol{0} & & \boldsymbol{C}_p\end{pmatrix},\quad \boldsymbol{C}_k=\left(1,0,\cdots,0\right)_{1\times\eta_k}$$

$\boldsymbol{A}_k$ 的阶数为 $\eta_k\left(k=1,\cdots,p\right)$ 且满足 $\sum_{i=1}^{p}\eta_i=n$。相应的坐标变换设计为

$$\boldsymbol{z}=\boldsymbol{\Phi}(\boldsymbol{x})=\left(h_1,L_f h_1,\cdots,L_f^{\eta_1-1},\cdots,h_p,L_f h_p,\cdots,L_f^{\eta_p-1}\right)^{\mathrm{T}}\tag{5.12}$$

定义每个块矩阵 $\boldsymbol{A}_k$ 起始索引指数为 $\mu_1=1,\ \mu_k=\mu_{k-1}+\eta_{k-1}\left(k=2,\cdots,p\right)$，则高增益观测器的一种构造方法如下所述[111]。

如果系统(5.11)满足如下构造性条件：

(1) 向量函数 $\boldsymbol{\varphi}(\boldsymbol{z},\boldsymbol{u})$ 对 $\boldsymbol{z}$ 是全局 Lipschitzian 的，对 $\boldsymbol{u}$ 是一致 Lipschitzian 的；定义 $\boldsymbol{K}=\left(\text{block diag}\left(\boldsymbol{K}_1,\cdots,\boldsymbol{K}_p\right)\right)$ 为全维矩阵且 $\forall k,\boldsymbol{\lambda}\left(\boldsymbol{A}_k-\boldsymbol{K}_k\boldsymbol{C}_k\right)<0$，$\boldsymbol{A}_k$ 的阶数

为 $\eta_k(k=1,\cdots,p)$ 且满足 $\sum_{k=1}^{p}\eta_k=n$；定义每个矩阵块的起始索引指数 $\mu_1=1$，$\mu_k=\mu_{k-1}+\eta_{k-1}(k=1,\cdots,p)$。

如果存在两组结构整数 $\boldsymbol{\sigma}=(\sigma_1,\cdots,\sigma_n)$ 与 $\boldsymbol{\kappa}=(\kappa_1,\cdots,\kappa_p)$，$\kappa_i>0(i=1,\cdots,p)$，使

(2) $\sigma_{\mu_k+l_k}=\sigma_{\mu_k+l_k-1}+\kappa_k$，$k=1,\cdots,p$; $l_k=1,\cdots,\eta_k-1$；

(3) $\partial\varphi_i/\partial x_j\neq 0\Rightarrow\sigma_i>\sigma_j,i,j=1,\cdots,n,j\neq\mu_k,k=1,\cdots,p$。

则系统(5.11)是一致能观测的且存在足够小的常数 $T>0$[①]，使式(5.13)所示系统为系统(5.11)的指数型观测器且状态观测具有任意指数级收敛速度，式中，$\hat{\hat{z}}_{\mu_k}=y_k$，$\hat{\hat{z}}_j=\hat{z}_j\ (j\neq\mu_k)$。

$$\left\langle\begin{array}{c}\dot{\hat{z}}=\boldsymbol{A}\hat{z}+\boldsymbol{\varphi}\left(\hat{\hat{z}},\boldsymbol{u}\right)+\bar{\boldsymbol{\Delta}}^{-1}\boldsymbol{K}\left(\boldsymbol{y}-\boldsymbol{C}\hat{z}\right)\\ \bar{\boldsymbol{\Delta}}(T,\boldsymbol{\kappa})=\begin{pmatrix}\bar{\boldsymbol{\Delta}}_1(T,\kappa_1) & & \boldsymbol{0}\\ & \ddots & \\ \boldsymbol{0} & & \bar{\boldsymbol{\Delta}}_p(T,\kappa_p)\end{pmatrix},\quad \bar{\boldsymbol{\Delta}}_k(T,\kappa_k)=\begin{pmatrix}T^{\kappa_k} & & \boldsymbol{0}\\ & \ddots & \\ \boldsymbol{0} & & T^{\eta_k\kappa_k}\end{pmatrix}\end{array}\right\rangle \tag{5.13}$$

**证明**　取非奇异线性坐标变换 $\bar{z}=\boldsymbol{\Lambda}(T)z$，$\boldsymbol{\Lambda}(T)=\left(\text{block diag}\left(\boldsymbol{\Lambda}_1,\cdots,\boldsymbol{\Lambda}_p\right)\right)$ 且 $\boldsymbol{\Lambda}_k=\left(\text{block diag}\left(T^{\sigma_{\mu_k}},\cdots,T^{\sigma_{\mu_k+\eta_k-1}}\right)\right)(k=1,\cdots,p)$。根据前述假设条件，对于每一块矩阵可以得到 $\boldsymbol{\Lambda}_k(T)\boldsymbol{A}_k\boldsymbol{\Lambda}_k^{-1}(T)=T^{-\delta_k}\boldsymbol{A}_k$、$\boldsymbol{C}_k\boldsymbol{\Lambda}_k^{-1}(T)=T^{-\sigma_{\mu_k}}\boldsymbol{C}_k$、$\boldsymbol{\Lambda}_k(T)\bar{\boldsymbol{\Delta}}_k^{-1}(T)=T^{\sigma_{\mu_k}-\delta_k}$，将其代入式(5.13)即可以得到：

$$\begin{cases}\dot{\bar{z}}_k=T^{-\delta_k}\boldsymbol{A}_k\bar{z}_k+\boldsymbol{\Lambda}_k\boldsymbol{\varphi}_k\left(\boldsymbol{\Lambda}^{-1}\bar{z},\boldsymbol{u}\right)\\ \boldsymbol{y}_k=T^{-\sigma_k}\boldsymbol{C}_k\bar{z}_k\end{cases} \tag{5.14}$$

式中，函数向量 $\boldsymbol{\varphi}_k=\left(\varphi_{\mu_k},\cdots,\varphi_{\mu_k+\eta_k-1}\right)^{\mathrm{T}}$。则在此线性坐标变换下观测器方程(5.13)变换为 $(k=1,\cdots,p)$

$$\dot{\hat{\bar{z}}}_k=T^{-\delta_k}\boldsymbol{A}_k\hat{\bar{z}}_k+\boldsymbol{\Lambda}_k\boldsymbol{\varphi}_k\left(\boldsymbol{\Lambda}^{-1}\hat{\hat{\bar{z}}},\boldsymbol{u}\right)+T^{-\delta_k}\boldsymbol{K}_k\boldsymbol{C}_k\left(\bar{z}_k-\hat{\bar{z}}_k\right) \tag{5.15}$$

与其相对应的状态观测偏差方程为

$$\dot{\bar{\boldsymbol{\varepsilon}}}_k=T^{-\delta_k}\left(\boldsymbol{A}_k-\boldsymbol{K}_k\boldsymbol{C}_k\right)\bar{\boldsymbol{\varepsilon}}_k+\boldsymbol{\Lambda}_k\left(\boldsymbol{\varphi}_k\left(\boldsymbol{\Lambda}^{-1}\hat{\hat{\bar{z}}},\boldsymbol{u}\right)-\boldsymbol{\varphi}_k\left(\boldsymbol{\Lambda}^{-1}\bar{z},\boldsymbol{u}\right)\right) \tag{5.16}$$

式中，$\hat{\hat{\bar{z}}}_{\mu_k}=\hat{y}_k$；$\hat{\hat{\bar{z}}}_j=\hat{\bar{z}}_j\ (j\neq\mu_k)$；$\bar{\boldsymbol{\varepsilon}}_k=\hat{\bar{z}}-\bar{z}$。考虑状态观测偏差方程(5.16)的二

① $T$ 称为 NTOCF-HGO 增益常数，以下类同。

次型李雅普诺夫函数：$\bar{v}=\sum_{k=1}^{p}\bar{v}_k\ \left(\bar{v}_k=\bar{\boldsymbol{\varepsilon}}_k^{\mathrm{T}}\boldsymbol{P}_k\bar{\boldsymbol{\varepsilon}}_k\right)$，式中，$\boldsymbol{P}_k$ 为李雅普诺夫方程 $\left(\boldsymbol{A}_k-\boldsymbol{K}_k\boldsymbol{C}_k\right)^{\mathrm{T}}\boldsymbol{P}_k+\boldsymbol{P}_k\left(\boldsymbol{A}_k-\boldsymbol{K}_k\boldsymbol{C}_k\right)=-\boldsymbol{I}_k$ 的正定对称矩阵解。则

$$\begin{aligned}\dot{\bar{v}}_k&=\dot{\bar{\boldsymbol{\varepsilon}}}_k^{\mathrm{T}}\boldsymbol{P}_k\bar{\boldsymbol{\varepsilon}}_k+\bar{\boldsymbol{\varepsilon}}_k^{\mathrm{T}}\boldsymbol{P}_k\dot{\bar{\boldsymbol{\varepsilon}}}_k\\&=-T^{-\delta_k}\left\|\bar{\boldsymbol{\varepsilon}}_k\right\|^2+2\bar{\boldsymbol{\varepsilon}}_k^{\mathrm{T}}\boldsymbol{P}_k\boldsymbol{\Lambda}_k\left(\boldsymbol{\varphi}_k\left(\boldsymbol{\Lambda}^{-1}\hat{\bar{\boldsymbol{z}}},\boldsymbol{u}\right)-\boldsymbol{\varphi}_k\left(\boldsymbol{\Lambda}^{-1}\bar{\boldsymbol{z}},\boldsymbol{u}\right)\right)\\&\leqslant-T^{-\kappa_k}\left\|\bar{\boldsymbol{\varepsilon}}_k\right\|^2+\left\|\boldsymbol{P}_k\right\|\cdot\left\|\bar{\boldsymbol{\varepsilon}}_k\right\|\cdot\alpha_{\varphi}\cdot\left(\sum_{i=\mu_k}^{\mu_k+\eta_k-1}\sum_{j=1}^{n}\chi_{ij}T^{\sigma_i-\sigma_j}\left\|\bar{\boldsymbol{\varepsilon}}\right\|\right)\end{aligned}\tag{5.17}$$

式中，$\alpha_{\varphi}$ 为函数向量 $\boldsymbol{\varphi}$ 的 Lipschitz 常数；$\chi_{ij}$ 为 $\boldsymbol{\Lambda}_k\boldsymbol{\varphi}_k$ 乘积项中反映 $T^{\sigma_i-\sigma_j}$ 是否存在的系数。其中：

(1) 若 $\partial\boldsymbol{\varphi}_i/\partial x_j\equiv 0$，则 $\chi_{ij}=0$；

(2) 若 $j=\mu_k$，则 $\chi_{ij}=1$；

(3) 若 $\partial\boldsymbol{\varphi}_i/\partial x_j\neq 0\Rightarrow\sigma_i>\sigma_j\left(i,j=1,\cdots,n,j\neq\mu_k,k=1,\cdots,p\right)$，则有 $\chi_{ij}T^{\sigma_i-\sigma_j}\leqslant 1(\forall\ 0<T\leqslant 1)$。

综上可以得到：

$$\begin{aligned}\dot{\bar{v}}_k&\leqslant-T^{-\kappa_k}\left\|\bar{\boldsymbol{\varepsilon}}_k\right\|^2+n\alpha_{\varphi}\left\|\boldsymbol{P}_k\right\|\eta_k\left\|\bar{\boldsymbol{\varepsilon}}\right\|^2\\&\leqslant-T^{-\kappa_0}\left\|\bar{\boldsymbol{\varepsilon}}_k\right\|^2+n\alpha_{\varphi}p_0\eta_k\left\|\bar{\boldsymbol{\varepsilon}}\right\|^2\end{aligned}\tag{5.18}$$

式中，$\kappa_0=\max\left(\kappa_1,\cdots,\kappa_p\right)$；$p_0=\max\left(\|\boldsymbol{P}_1\|,\cdots,\|\boldsymbol{P}_p\|\right)$，将其代入李雅普诺夫验证函数可以得到：

$$\begin{aligned}\bar{v}&=\sum_{k=1}^{p}\bar{v}_k\\&\leqslant-T^{-\kappa_0}\left\|\bar{\boldsymbol{\varepsilon}}\right\|^2+\alpha_{\varphi}p_0n^2\left\|\bar{\boldsymbol{\varepsilon}}\right\|^2\\&\leqslant\left(-T^{-\kappa_0}+\alpha_{\varphi}p_0n^2\right)\left\|\bar{\boldsymbol{\varepsilon}}\right\|^2\\&\leqslant\left(-T^{-\kappa_0}+\alpha_{\varphi}p_0n^2\right)\alpha_s\bar{v}^2\end{aligned}\tag{5.19}$$

因此 $\forall\gamma>0$, $\exists T$, s.t. $\dot{\bar{v}}=-\gamma\cdot\bar{v}^2$，即观测器方程(5. 13)具有任意指数级收敛速度的特性。定理得证。

此类高增益观测器的设计特点是需要满足构造性条件(3)，一般通过适当选取非线性坐标变换 $\boldsymbol{z}=\boldsymbol{\Phi}(\boldsymbol{x})$ 及 $\boldsymbol{\sigma}=\left(\sigma_1,\cdots,\sigma_n\right)$、$\boldsymbol{\kappa}=\left(\kappa_1,\cdots,\kappa_p\right)$ 这两组结构整数是可以满足相关构造性条件的，其中，$\kappa_i>0\left(i=1,\cdots,p\right)$。需要指出的是，高增益观测器的本质决定其设计结构与方法因非线性系统具体类型不一而足，本章选取上述结构形式的观测器进行研究是基于永磁同步电机仿射非线性模型本质特征的需要。

2. 高增益观测器性质及适用场合讨论

考虑经过线性坐标变换 $\overline{z}=\Lambda(T)z$ 得到的状态观测动态偏差方程式(5.16)可以看出，减小矩阵 $\Lambda_k$ 中增益常数 $T$ 的取值，就相应减小了非线性项 $\left(\varphi_k\left(\Lambda^{-1}\hat{\overline{z}},u\right)-\varphi_k\left(\Lambda^{-1}\overline{z},u\right)\right)$ 对整个偏差方程收敛性的贡献或影响；同时，对于充分小的常数 $T\ll 1$，偏差方程(5.16)的求解可以忽略非线性项的影响，这样，由常微分方程的解析解 $\overline{\varepsilon}_k=\overline{\varepsilon}_k(0)\exp\left(t\cdot T^{-\kappa_k}\left(A_k-K_kC_k\right)\right)$ 可知，观测偏差 $\overline{\varepsilon}_k$ 具有极快的收敛特性，这是由于矩阵 $A_k-K_kC_k$ 为 Hurwitz 矩阵且因子 $T^{-\kappa_k}$ 的存在使极点迅速远离虚轴，这使观测器呈现近似微分算子的特性。

此时，高增益观测器(HGO)一方面具有极快的状态跟踪特性，另一方面也使其对干扰变得较为敏感。干扰源可以是输出端测量噪声，也可以是系统建模过程中无法具体参数化的高频未建模动态，这使高增益观测器在实际应用中受到一定的限制，需要综合考虑输入输出等多种因素，尤其是将其应用到非线性状态反馈控制系统时，更要注意合理选择高增益观测器的增益使其不致影响控制系统的稳定性[136]。

### 5.2.3　算例数值仿真结论

本节通过算例说明 NTOCF-HGO 的特性，考虑如下仿射非线性系统[111]：

$$\begin{cases}\dot{x}=\begin{pmatrix}0 & 1 & 0\\ 2.5 & 8.75 & -0.25\\ -0.5 & 0.25 & -0.75\end{pmatrix}x+u\begin{pmatrix}-0.5 & 0.75 & -0.25\\ 12 & 8.5 & 14.5\\ 1 & 0 & 4\end{pmatrix}x\\ y=\begin{pmatrix}1 & 0 & 0\\ 0 & 0 & 1\end{pmatrix}x\end{cases}\tag{5.20}$$

取 $z=\Phi(x)=\left(h_1,h_2,L_f,h_2\right)^{\mathrm{T}}=\left(x_1,x_3,-0.5x_1+0.25x_2,-0.75x_3\right)^{\mathrm{T}}$ 且 $\sigma=(2,1,2)$、$\delta=(1,1)$，可知其满足高增益观测器设计的构造性条件(1)～(3)。变换后的系统为

$$\begin{cases}\dot{z}=\begin{pmatrix}2 & 3 & 4\\ 0 & 0 & 1\\ 4 & 5 & 6\end{pmatrix}z+u\begin{pmatrix}1 & 2 & 3\\ 1 & 4 & 0\\ 5 & 6 & 7\end{pmatrix}z\\ y=\begin{pmatrix}1 & 0 & 0\\ 0 & 1 & 0\end{pmatrix}z\end{cases}\tag{5.21}$$

根据前面讨论的结果，设计经坐标变换后系统的 NTOCF-HGO 如下：

$$
\begin{pmatrix} \dot{\hat{z}}_1 \\ \dot{\hat{z}}_2 \\ \dot{\hat{z}}_3 \end{pmatrix} = \begin{pmatrix} 0 & 0 & 0 \\ 0 & 0 & 1 \\ 0 & 0 & 0 \end{pmatrix} \begin{pmatrix} \hat{z}_1 \\ \hat{z}_2 \\ \hat{z}_3 \end{pmatrix} + \begin{pmatrix} 2 & 3 & 4 \\ 0 & 0 & 0 \\ 4 & 5 & 6 \end{pmatrix} \begin{pmatrix} y_1 \\ y_2 \\ \hat{z}_3 \end{pmatrix}
$$

$$
+ \begin{pmatrix} 1 & 2 & 3 \\ 1 & 4 & 0 \\ 5 & 6 & 7 \end{pmatrix} \begin{pmatrix} y_1 \\ y_2 \\ \hat{z}_3 \end{pmatrix} u + \begin{pmatrix} T^{-1} & 0 & 0 \\ 0 & T^{-1} & 0 \\ 0 & 0 & T^{-2} \end{pmatrix} \begin{pmatrix} 1 & 0 \\ 0 & 3 \\ 0 & 2 \end{pmatrix} \begin{pmatrix} y_1 - \hat{z}_1 \\ y_2 - \hat{z}_2 \end{pmatrix} \tag{5.22}
$$

本节通过数值模拟(输入 $u=-1$)。图 5.2(a)说明当增益常数 $T=0.1$ 时，若不考虑输出端的测量噪声，则高增益观测器具有优异的状态跟踪特性且随着 $T \ll 1$ 的减小，观测器的收敛速度呈指数级增长。图 5.2(b)作为对比，当 $T=1$ 时高增益观测

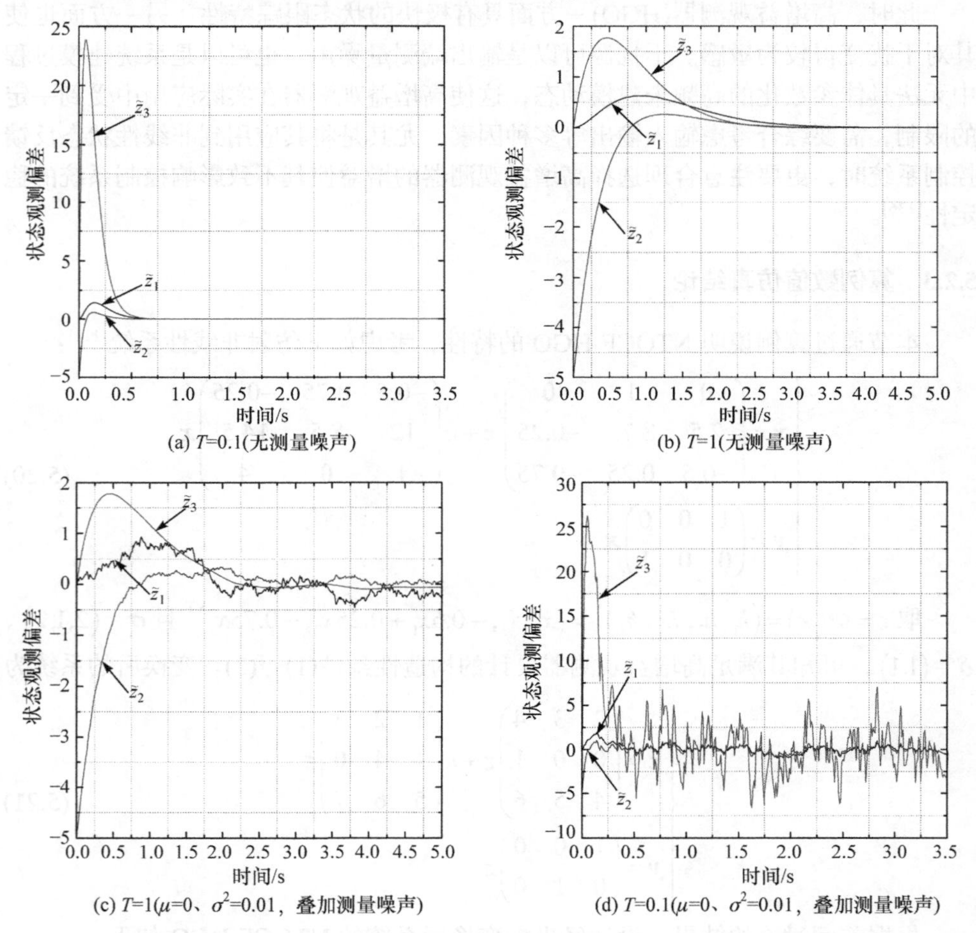

(a) $T$=0.1(无测量噪声)　(b) $T$=1(无测量噪声)

(c) $T$=1($\mu$=0、$\sigma^2$=0.01，叠加测量噪声)　(d) $T$=0.1($\mu$=0、$\sigma^2$=0.01，叠加测量噪声)

图 5.2　NTOCF-HGO 状态跟踪及微分器特性($\tilde{\boldsymbol{z}} = \boldsymbol{z} - \hat{\boldsymbol{z}}$ 、$z_0=(0, 5, -2)^{\mathrm{T}}$)

器同样具有良好的状态跟踪特性，但收敛速度明显变慢。图 5.2(c)为考虑输出端叠加测量噪声情况下状态的估计偏差水平，可以看出，当具有与图 5.2(b)相同的 $T$ 值时，其观测效果尚可接受；图 5.2(d)则是在其他条件均相同的情况下 $T$=0.1 时状态估计偏差水平，此时系统状态估计偏差脉动显著，已经呈现出近似微分器的特性，观测器的性能显著降低。

NTOCF-HGO 在应对多输入多输出系统非线性项方面具有独特的优势，只要满足一定的构造性条件即可完成观测器的设计；同时，这类观测器增益的选择只依赖增益系数 $T$，这使得其在不同工作状态时根据需要变换增益具有极大的灵活性①。NTOCF-HGO 的不足之处在于第一步坐标变换的计算量比较大，需要试探性地选择满足要求的结构整数 $\boldsymbol{\sigma}=\left(\sigma_1,\cdots,\sigma_n\right)$ 及 $\boldsymbol{\kappa}=\left(\kappa_1,\cdots,\kappa_p\right)$，但总体来说是一种应用较为成熟与有效的非线性状态观测器设计方法。

5.3 节研究如何将 NTOCF-HGO 的设计方法应用于永磁同步电机 $d$-$q$ 轴转子磁链定向系模型的速度观测器设计问题。

## 5.3　基于 NTOCF-HGO 的位置及速度估计

前面对现有转子位置角及速度估计算法进行了概括性总结：基波反电势法的原理简单、实施简便，但在零速或低速时因反电势难以检测而失效；高频信号注入法解决了低速及零速时的状态估计问题，但其对电机终端信号的处理过程复杂、运算量大，易受电机寄生凸极效应干扰；基于模型参考自适应理论的估计算法依据 Popov 超稳定性理论可以设计全局收敛调节律，但其对参数摄动及外部干扰鲁棒性不强。本节综合考虑目前估计算法存在的低速性差、参数摄动鲁棒性不强及内在机理不明确等诸多问题，并结合观测器法具有状态估计实时性强、无相位延迟以及数学、物理意义明确等优点，研究一类基于非线性观测器的 SPMSM 转子状态估计算法。

### 5.3.1　永磁同步电机观测器设计及内核验证

通过第 2 章永磁同步电机能观性分析的主要结论，考虑 SPMSM 转子磁链定向系降阶全局能观测子系统为

① 变换增益意味着调整观测器带宽，这对改善暂态过程状态估计效果、提高稳态过程状态估计稳定性具有重要意义，第 7 章将对此进行深入研究。

$$
\boldsymbol{\Sigma}:\begin{cases}\begin{pmatrix}\dot{x}_1\\ \dot{x}_2\\ \dot{x}_3\end{pmatrix}=\begin{pmatrix}-\alpha_1x_1+\alpha_2x_2x_3\\ -\alpha_1x_2-\alpha_2x_1x_3-\alpha_2\alpha_3x_3\\ -\alpha_5x_3+\alpha_2\alpha_4x_2\end{pmatrix}+\begin{pmatrix}\beta_1\\ 0\\ 0\end{pmatrix}u_1+\begin{pmatrix}0\\ \beta_2\\ 0\end{pmatrix}u_2+\begin{pmatrix}0\\ 0\\ -\beta_3\end{pmatrix}u_3\\ \begin{pmatrix}y_1\\ y_2\end{pmatrix}=\begin{pmatrix}1&0&0\\ 0&1&0\end{pmatrix}\begin{pmatrix}x_1\\ x_2\\ x_3\end{pmatrix}\end{cases}\tag{5.23}
$$

式中，状态变量为$\boldsymbol{x}=(x_1, x_2, x_3)^{\mathrm{T}}=(i_{\mathrm{d}}, i_{\mathrm{q}}, \omega)^{\mathrm{T}}$；输入变量为$u_1=u_{\mathrm{d}}$、$u_2=u_{\mathrm{q}}$、$u_3=T_{\mathrm{L}}$；输出变量为$\boldsymbol{y}=(i_{\mathrm{d}}, i_{\mathrm{q}})^{\mathrm{T}}$；各项参数为$\alpha_1=R/L$, $\alpha_2=n_{\mathrm{p}}$, $\alpha_3=K_{\mathrm{E}}/L$, $\alpha_4=3K_{\mathrm{E}}/(2J)$, $\alpha_5=f_{\mathrm{S}}/J$, $\beta_1=\beta_2=1/L$，$\beta_3=1/J$。

由前述永磁同步电机电流-速度降阶子系统满足全局能观性可知，系统(5.23)满足全局一致能观性，对其取坐标变换则衍生出Ⅰ型、Ⅱ型两类中间系统：

$$
\boldsymbol{z}=\boldsymbol{\Phi}(\boldsymbol{x})=(h_1, L_f h_1, h_2)^{\mathrm{T}}=(x_1, -\alpha_1x_1+\alpha_2x_2x_3, x_2)^{\mathrm{T}}\tag{5.24}
$$

$$
\text{Ⅰ型：}\begin{cases}\dot{z}_1=z_2+\beta_1u_1\\ \dot{z}_2=-(\alpha_1^2+\alpha_1\alpha_5)z_1-(2\alpha_1+\alpha_5)z_2-\alpha_2\beta_3u_3z_3+\alpha_2^2\alpha_4z_3^2\\ \qquad -\alpha_1\beta_1u_1-\dfrac{(z_1+\alpha_3)(z_2+\alpha_1z_1)^2}{z_3^2}+\beta_2u_2\dfrac{z_2+\alpha_1z_1}{z_3}\\ \dot{z}_3=-\alpha_1z_3+\beta_2u_2-\dfrac{(z_1+\alpha_3)(z_2+\alpha_1z_1)}{z_3}\\ \boldsymbol{y}=\underbrace{\left(\begin{array}{cc|c}1&0&0\\ \hline 0&0&1\end{array}\right)}_{\boldsymbol{C}}\begin{pmatrix}z_1\\ z_2\\ z_3\end{pmatrix},\quad \boldsymbol{A}=\left(\begin{array}{cc|c}0&1&0\\ -(\alpha_1^2+\alpha_1\alpha_5)&-(2\alpha_1+\alpha_5)&0\\ \hline 0&0&-\alpha_1\end{array}\right)\end{cases}\tag{5.25a}
$$

$$
\text{Ⅱ型：}\begin{cases}\dot{z}_1=z_2+\beta_1u_1\\ \dot{z}_2=-(\alpha_1^2+\alpha_1\alpha_5)z_1-(2\alpha_1+\alpha_5)z_2-\alpha_2\beta_3u_3z_3+\alpha_2^2\alpha_4z_3^2\\ \qquad -\alpha_1\beta_1u_1-\dfrac{(z_1+\alpha_3)(z_2+\alpha_1z_1)^2}{z_3^2}+\beta_2u_2\dfrac{z_2+\alpha_1z_1}{z_3}\\ \dot{z}_3=-\alpha_1z_3+\beta_2u_2-\dfrac{(z_1+\alpha_3)(z_2+\alpha_1z_1)}{z_3}\\ \boldsymbol{y}=\underbrace{\left(\begin{array}{cc|c}1&0&0\\ \hline 0&0&1\end{array}\right)}_{\boldsymbol{C}}\begin{pmatrix}z_1\\ z_2\\ z_3\end{pmatrix},\quad \boldsymbol{A}'=\left(\begin{array}{cc|c}0&1&0\\ 0&0&0\\ \hline 0&0&0\end{array}\right)\end{cases}\tag{5.25b}
$$

此即为式(5.11)所示的两类能观测规范型，可证明线性块矩阵对$(\boldsymbol{A}', \boldsymbol{C})$是完全能观的，而线性块矩阵对$(\boldsymbol{A}, \boldsymbol{C})$完全能观是由于$\boldsymbol{CA}=(0, 1, 0; 0, 0, -\alpha_1)$，则$\operatorname{rank}(\boldsymbol{Q}_{\text{ob}})=(\boldsymbol{C}, \boldsymbol{CA}, \boldsymbol{CA}^2)=3$。依据前面 NTOCF-HGO 的设计原则，Ⅰ型系统比Ⅱ型系统的线性部分更多地整合了非线性因素，这对后续观测器设计通过调整增益达到状态估计严格收敛具有重要作用，因此本节选择Ⅰ型系统设计观测器。

对于Ⅰ型系统，矩阵块阶数$\eta_1=2\,(p=2)$，$\eta_2=1$。每个块矩阵起始索引指数为$\mu_1=1$，$\mu_2=\mu_1+\eta_1=3$；取$\boldsymbol{\sigma}=(\sigma_1,\sigma_2,\sigma_3)=(1,2,3)$，$\boldsymbol{\kappa}=(\kappa_1,\kappa_2)=(1,1)$，对于$j\neq\mu_1,\mu_2$有$\partial\varphi_1/\partial z_2=0$，$\partial\varphi_2/\partial z_2=-2(z_2+\alpha_1 z_1)(z_1+\alpha_3)/z_3^2+\beta_2 u_2/z_3$。若参数的选择使$\partial\varphi_2/\partial z_2\neq 0$，则$\sigma_2\geqslant\sigma_2$满足$\partial\varphi_i/\partial z_i\neq 0\Rightarrow\sigma_i\geqslant\sigma_j$；$\partial\varphi_3/\partial z_2=-(z_1+\alpha_3)/z_3$，只要$z_1\neq-\alpha_3$，总有$\sigma_3\geqslant\sigma_2$满足观测器构造性条件(2)、(3)，故上述坐标及结构整数$\boldsymbol{\sigma}$与$\boldsymbol{\kappa}$的选择是合理的。据此设计 NTOCF-HGO 为

$$
\begin{pmatrix}\dot{\hat{z}}_1\\ \dot{\hat{z}}_2\\ \dot{\hat{z}}_3\end{pmatrix}=\begin{pmatrix}0 & 1 & 0\\ -(\alpha_1^2+\alpha_1\alpha_5) & -(2\alpha_1+\alpha_5) & 0\\ 0 & 0 & -\alpha_1\end{pmatrix}\begin{pmatrix}\hat{z}_1\\ \hat{z}_2\\ \hat{z}_3\end{pmatrix}
+\begin{pmatrix}\beta_1 u_1\\ -\alpha_2\beta_3 u_3 y_2+\alpha_2^2\alpha_4 y_2^2-\alpha_1\beta_1 u_1\\ -\dfrac{(y_1+\alpha_3)(\hat{z}_2+\alpha_1 y_1)^2}{y_2^2}+\dfrac{\beta_2 u_2(\hat{z}_2+\alpha_1 y_1)}{y_2}\\ \beta_2 u_2-\dfrac{(y_1+\alpha_3)(\hat{z}_2+\alpha_1 y_1)}{y_2}\end{pmatrix}
+\begin{pmatrix}T^{-1} & 0 & 0\\ 0 & T^{-2} & 0\\ 0 & 0 & T^{-1}\end{pmatrix}\begin{pmatrix}3 & 0\\ 2 & 0\\ 0 & 2\end{pmatrix}\begin{pmatrix}y_1-\hat{z}_1\\ y_2-\hat{z}_3\end{pmatrix}
\tag{5.26}
$$

式中，增益矩阵设计为$\boldsymbol{K}=(3,0;2,0;0,2)$。$\eta_1$情形下，$|\boldsymbol{A}_1-\boldsymbol{K}_1\boldsymbol{C}_1|$的特征多项式为$\varphi(\lambda)=\lambda^2+(2\alpha_1+\alpha_5+3)\lambda+(6\alpha_1+\alpha_1^2+3\alpha_5+\alpha_1\alpha_5+2)$，经分析可知其特征值$\lambda_{1,2}<0$；$\eta_2$情形下，$|\boldsymbol{A}_2-\boldsymbol{K}_2\boldsymbol{C}_2|$的特征值$\lambda_1=\lambda_2=-2<0$。由此，观测器(5.26)的增益矩阵$\boldsymbol{K}$的选取满足观测器构造性条件(1)。

由坐标反变换$\boldsymbol{x}=\boldsymbol{\Phi}^{-1}(z)$即可重构原系统状态为

$$
(\hat{x}_1,\hat{x}_2,\hat{x}_3)^{\mathrm{T}}=\left(\hat{z}_1,\hat{z}_3,(\hat{z}_2+\alpha_1\hat{z}_1)/(\alpha_2\hat{z}_3)\right)^{\mathrm{T}}
\tag{5.27}
$$

至此，可得到 SPMSM 转子磁链定向系内基于 NTOCF-HGO 的电流及速度状态估计。以下根据永磁同步电机调速系统的工作原理并结合 $i_d=0$ 矢量控制策略对电流、速度状态估计进行数值模拟，其目的是验证永磁同步电机无传感器矢量控制(PMSM sensorless vector control, PMSM-SVC)调速系统在理想旋转轴系模型驱动情形下经坐标变换后由 NTOCF-HGO 进行状态估计的内核可实现性，而系统可实现性——完整的闭环无传感器控制算法，包括 NTOCF-HGO 速度观测器增益设计、位置估计算法设计、算法交联收敛性说明等将在后面给予详尽的研究。

感性负载条件下设定子绕组合成电流矢量与电压矢量功率因数角为$\varphi$、与定子绕组 $a$ 相绕组轴线的夹角为$\alpha$(参见图 1.4(b))，据此可得到电机参考输入电压为$u_d=U\cos(\varphi+\alpha-\theta_{re})$、$u_q=U\sin(\varphi+\alpha-\theta_{re})$。由于 $i_d\approx 0$ 控制方式下$\alpha-\theta_{re}\approx\pi/2$，因此电压设定为$u_d=-U\sin\varphi$、$u_q=U\cos\varphi$。算法内核可实现性验证流程如图 5.3 所示。其中，电机模型参数设置如下：电阻 $R$=0.39Ω，等效电感 $L=L_d=L_q$=0.444mH，极对数 $n_p$=3，反电势常数 $K_E$=0.1105V · s，转动惯量 $J$=0.035kg · m$^2$，黏滞摩擦系数 $f_s$=0.0037N · m · s/rad。整个算法的实现由 MATLAB 6.5/Simulink DEE 模块完成。

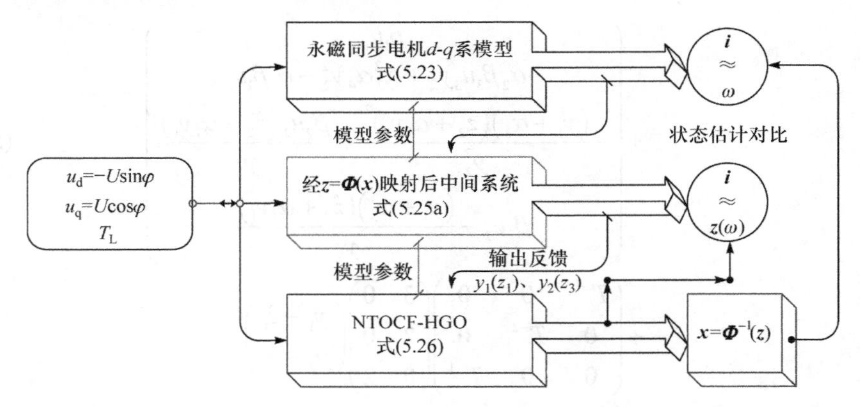


图 5.3　永磁同步电机 NTOCF-HGO 内核可实现性数值验证流程图

图 5.4 为应用观测器(5.26)进行 SPMSM 无传感器内核可实现性验证的主要仿真结果。数值模拟中设置 $U$=51.8V、$\varphi$=5°、$T_L$=2N · m。图 5.4(a)、图 5.4(b)为 $\omega_r$=150rad/s 时直轴及交轴电流的估计情况。从仿真结果可以看出 NTOCF-HGO 具有较好的稳态电流估计效果。图 5.4(c)为转速追踪仿真结果，稳态情形下可实现精确的速度估计。图 5.4(d)为中、低速阶跃指令信号下速度的观测结果，阶跃上升沿算法收敛而下降沿算法发散，大量仿真结果表明，在大惯量暂态过程中，若

交轴电流 $i_q$ 穿越零点则观测器往往发散，其本质原因是观测器(5.26)存在分母反馈项 $y_2(\approx i_q)$。暂态情形下，NTOCF-HGO 算法发散恰恰成为内核有效性的一个佐证，因为非线性观测器法解决 SPMSM 位置及速度估算的优势在于增益可调节性及状态估计的内、外可控性，后续章节分别对此给予研究。

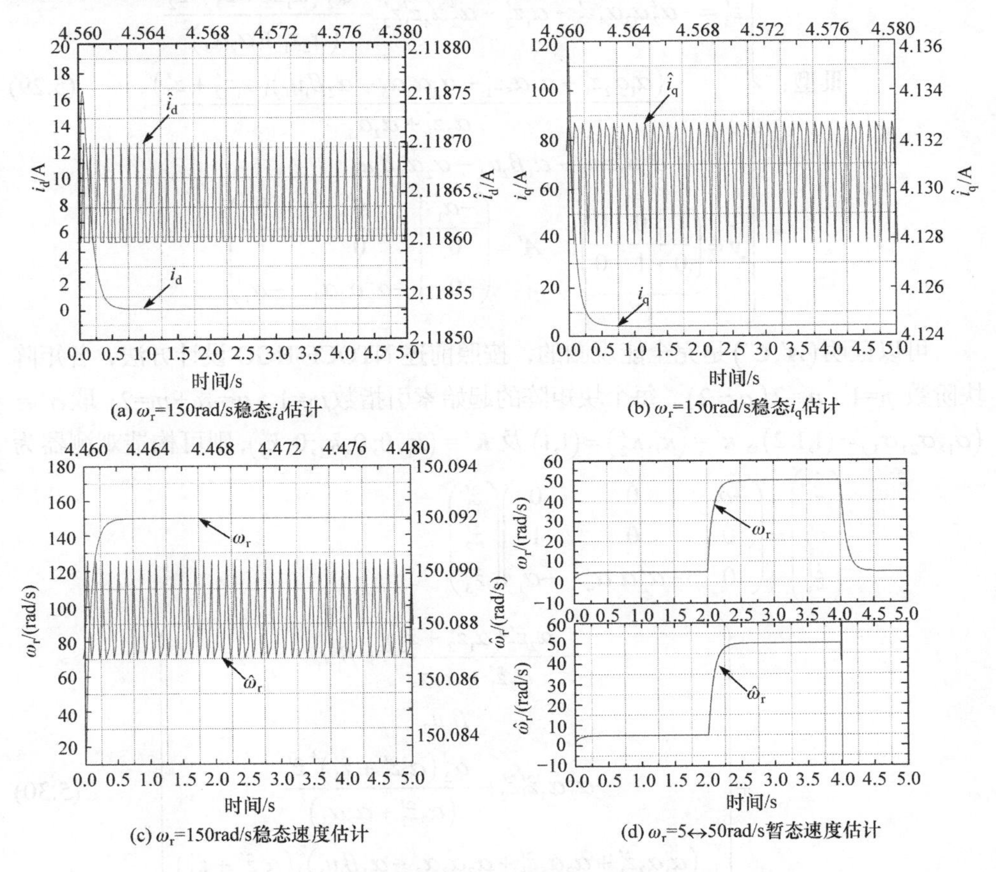


图 5.4　应用观测器(5.26)的内核可实现性数值模拟($\varphi$=5°)

NTOCF-HGO 状态估计内在可控性表现为观测器结构的可改变性，为此进一步取坐标变换为

$$z' = \boldsymbol{\Phi}'(\boldsymbol{x}) = \left(h_1, h_2, L_f h_2\right)^{\mathrm{T}} = \left(x_1, x_2, -\alpha_1 x_2 - \alpha_2\alpha_3 x_3 - \alpha_2 x_1 x_3\right)^{\mathrm{T}} \tag{5.28}$$

在此非线性坐标变换下，永磁同步电机系统变换为如下Ⅲ型中间系统：

$$
\text{Ⅲ型：}\begin{cases}
\dot{z}_1' = -\alpha_1 z_1' - \dfrac{\alpha_2 z_2'\left(\alpha_1 z_2' + z_3'\right)}{\alpha_2 z_1' + \alpha_2\alpha_3} + \beta_1 u_1 \\
\dot{z}_2' = z_3' + \beta_2 u_2 \\
\dot{z}_3' = -\alpha_2^2\alpha_3\alpha_4 z_2' - \alpha_1 z_3' - \alpha_2^2\alpha_4 z_1' z_2' - \dfrac{\alpha_2^2\left(\alpha_1 z_2' + z_3'\right)^2 z_2'}{\left(\alpha_2 z_1' + \alpha_2\alpha_3\right)^2} \\
\qquad - \dfrac{\left(\alpha_1\alpha_2 z_1' + \alpha_2\alpha_5 z_1' + \alpha_2\alpha_3\alpha_5 - \alpha_2\beta_1 u_1\right)\left(\alpha_1 z_2' + z_3'\right)}{\alpha_2 z_1' + \alpha_2\alpha_3} \\
\qquad + \alpha_1\beta_2 z_1' u_3 - \alpha_1\beta_2 u_2 - \alpha_2\alpha_3\beta_3 u_3 \\
\boldsymbol{y} = \underbrace{\left(\begin{array}{c|cc} 1 & 0 & 0 \\ \hline 0 & 1 & 0 \end{array}\right)}_{\boldsymbol{C}'}, \quad \boldsymbol{A}' = \left(\begin{array}{c|cc} -\alpha_1 & 0 & 0 \\ \hline 0 & 0 & 1 \\ 0 & -\alpha_2^2\alpha_3\alpha_4 & -\alpha_1 \end{array}\right)
\end{cases} \tag{5.29}
$$

可以证明$(\boldsymbol{A}',\boldsymbol{C}')$是完全能观测的，按照前述 NTOCF-HGO 设计方法，各矩阵块阶数$\eta_1=1$，$\eta_2=2\,(p=2)$，每个块矩阵的起始索引指数$\mu_1=1$、$\mu_2=\mu_1+\eta_1=2$；取$\boldsymbol{\sigma}'=(\sigma_1,\sigma_2,\sigma_3)=(1,1,2)$、$\boldsymbol{\kappa}'=(\kappa_1',\kappa_2')=(1,1)$及$\boldsymbol{K}'=(k_1,0;0,k_2;0,k_3)$，则可构造观测器为

$$
\begin{pmatrix} \dot{\hat{z}}_1' \\ \dot{\hat{z}}_2' \\ \dot{\hat{z}}_3' \end{pmatrix} = \begin{pmatrix} -\alpha_1 & 0 & 0 \\ 0 & 0 & 1 \\ 0 & -\alpha_2^2\alpha_3\alpha_4 & -\alpha_1 \end{pmatrix}\begin{pmatrix} \hat{z}_1' \\ \hat{z}_2' \\ \hat{z}_3' \end{pmatrix}
+ \begin{pmatrix} -\dfrac{\alpha_2\hat{z}_2'\left(\alpha_1\hat{z}_2' + \hat{z}_3'\right)}{\alpha_2\hat{z}_1' + \alpha_2\alpha_3} + \beta_1 u_1 \\ \beta_2 u_2 \\ -\alpha_2^2\alpha_4\hat{z}_1'\hat{z}_2' - \dfrac{\alpha_2^2\left(\alpha_1\hat{z}_2' + \hat{z}_3'\right)^2\hat{z}_2'}{\left(\alpha_2\hat{z}_1' + \alpha_2\alpha_3\right)^2} \\ -\dfrac{\left(\alpha_1\alpha_2\hat{z}_1' + \alpha_2\alpha_5\hat{z}_1' + \alpha_2\alpha_3\alpha_5 - \alpha_2\beta_1 u_1\right)^2\left(\alpha_1\hat{z}_2' + \hat{z}_3'\right)}{\alpha_2\hat{z}_1' + \alpha_2\alpha_3} \\ +\alpha_1\beta_2\hat{z}_1' u_3 - \alpha_1\beta_2 u_2 - \alpha_1\alpha_3\beta_3 u_3 \end{pmatrix}
+ \begin{pmatrix} T^{-1} & 0 & 0 \\ 0 & T^{-1} & 0 \\ 0 & 0 & T^{-2} \end{pmatrix}\begin{pmatrix} k_1 & 0 \\ 0 & k_2 \\ 0 & k_3 \end{pmatrix}\begin{pmatrix} y_1 - \hat{z}_1' \\ y_2 - \hat{z}_2' \end{pmatrix} \tag{5.30}
$$

图 5.5 为不同增益常数、线性矩阵常数及阶跃、反转速度指令信号下数值仿真结果。可以看出，在没有叠加任何测量噪声的情况下，若观测器增益常数设计合理，则可以达到无稳态偏差的电流、速度估计效果。

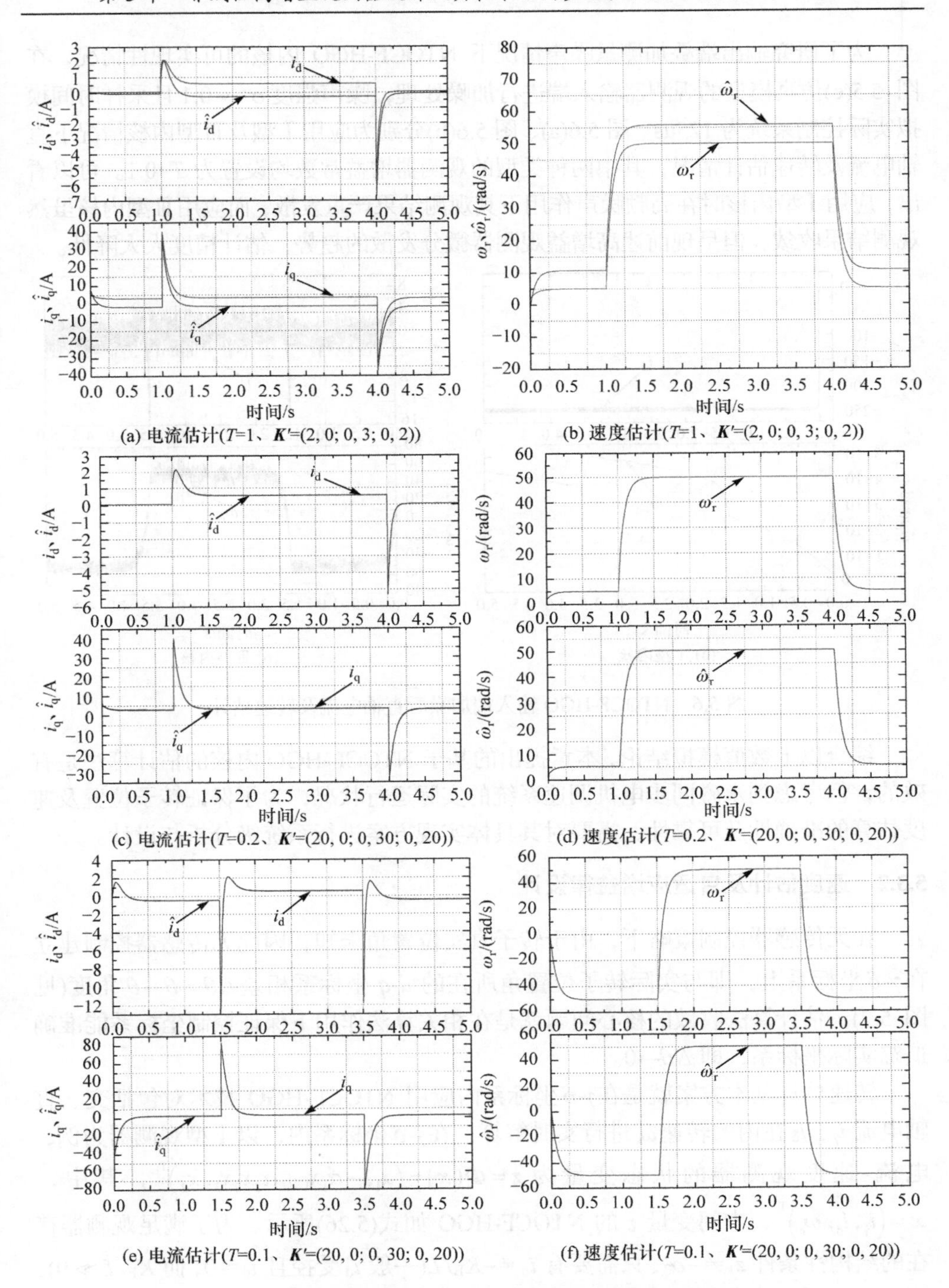


(a) 电流估计($T$=1、$\boldsymbol{K}'$=(2, 0; 0, 3; 0, 2))　(b) 速度估计($T$=1、$\boldsymbol{K}'$=(2, 0; 0, 3; 0, 2))

(c) 电流估计($T$=0.2、$\boldsymbol{K}'$=(20, 0; 0, 30; 0, 20))　(d) 速度估计($T$=0.2、$\boldsymbol{K}'$=(20, 0; 0, 30; 0, 20))

(e) 电流估计($T$=0.1、$\boldsymbol{K}'$=(20, 0; 0, 30; 0, 20))　(f) 速度估计($T$=0.1、$\boldsymbol{K}'$=(20, 0; 0, 30; 0, 20))

图 5.5　应用观测器(5.30)的内核可实现性数值模拟($\varphi$=0°)

为了研究输出端叠加测量噪声情况下 NTOCF-HGO 内核的可实现性情况，在图 5.5(e)仿真模型的观测器输入端进行加噪处理，噪声强度$\sigma^2=0.1$且采样时间模拟实际控制系统为 125μs。图 5.6(a)、图 5.6(b)分别为应用Ⅰ型及Ⅲ型内核情况下直轴电流及转速估计情况，其中两种类型的观测器增益常数均设置为 $T$=0.1。可以看出，应用Ⅰ型内核时在高频噪声作用下其观测结果严重发散，而应用Ⅲ型内核虽然观测结果收敛，但呈现前述高增益观测器微分发散的趋势，估计精度大大降低。

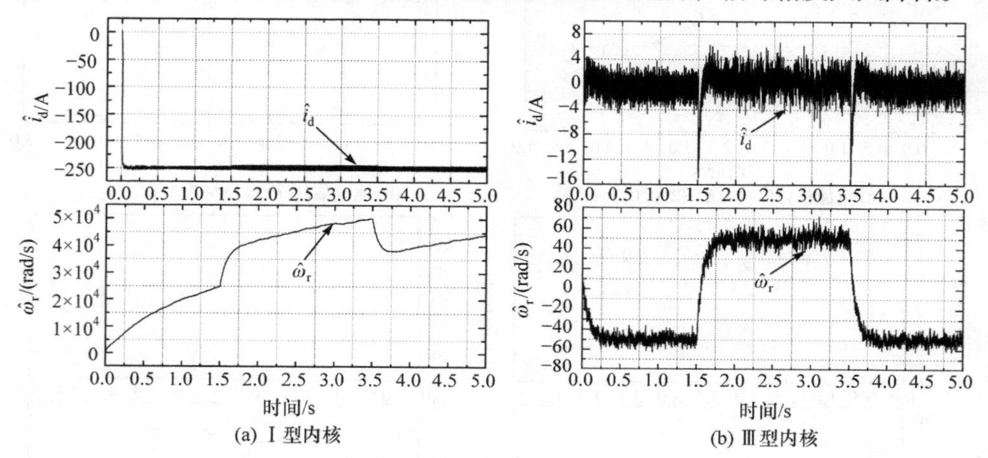


图 5.6 NTOCF-HGO 输入端加噪后直轴电流及转速估计

综合以上数值模拟结论，本章提出的基于 NTOCF-HGO 内核的估计算法是有效的，但考虑到永磁同步电机调速系统的实际运行状况，为了保证转子位置及速度估算的准确性及可靠性，需要对其具体实现方案进行系统级分析与设计。

### 5.3.2 速度估计及自适应增益律设计

在无传感器控制策略下，由于转子真实位置角未知，因此无传感器控制建立在$\gamma$-$\delta$坐标系上，即与实际转子位置角所在的 $d$-$q$ 坐标系相差$\Delta\theta=\theta-\hat{\theta}$角度(见图 5.7)。估计算法收敛的核心问题就是在相关算法作用下保证控制坐标系能准确追踪实际坐标系，即 $\Delta\theta\to 0$。

转速估计基本方案就是在$\gamma$-$\delta$坐标系内应用 NTOCF-HGO 技术对包括交、直轴电流 $i_\gamma$、$i_\delta$ 在内的转速$\omega_r$进行实时解算。在$\gamma$-$\delta$坐标系内，以Ⅰ型观测器为例，电流-速度观测器的状态变量为 $\boldsymbol{z}=\boldsymbol{\Phi}(\boldsymbol{x})=\left(x_1,-\alpha_1x_1+\alpha_2x_2x_3,x_2\right)^{\mathrm{T}}$，其中，$\boldsymbol{x}=\left(i_\gamma,i_\delta,\omega_r\right)^{\mathrm{T}}$，中间变量 $\boldsymbol{z}$ 的 NTOCF-HGO 如式(5.26)所示。为了满足观测器存在的结构性条件 $z_1\neq-\alpha_3$，只需要有 $i_d\neq-K_E/L$(一般 $i_d$ 受控且 $i_d\approx 0$，而 $K_E/L\gg 0$)；而对于Ⅲ型观测器，$\partial\varphi_1/\partial z_3'=-\alpha_2z_1'/\left(\alpha_2z_1'+\alpha_2\alpha_3\right)$，同样需要有 $z_1'\neq-\alpha_3$。

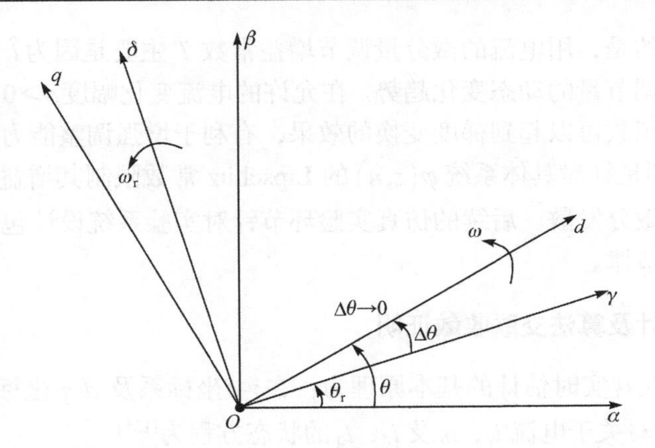


图 5.7　永磁同步电机无传感器控制策略下$\gamma$-$\delta$及$d$-$q$参考坐标系

观测器增益的大小由常数 $T$ 决定，$T$ 的设计一是要保证具有全局能观性观测器大范围内状态收敛；二是要根据电机的实际工作状态进行幅值调整以满足估计精度及带宽匹配性要求；三是控制其幅度使观测器不至于因高频测量噪声而产生微分发散。对于Ⅰ型观测器，由式(5.24)、式(5.25a)及式(5.26)对非线性项$\boldsymbol{\varphi}(\boldsymbol{z},\boldsymbol{u})$进行分析可以得到$(i_{\mathrm{d}}\approx 0)$：

$$\left\langle\begin{aligned}(y_1+\alpha_3)\frac{(\hat{z}_2+\alpha_1 y_1)^2}{y_2^2}&\approx\alpha_2^2\alpha_3\hat{x}_3^2\\ \beta_2 u_2\frac{(\hat{z}_2+\alpha_1 y_1)}{y_2}&\approx\beta_2 u_2\alpha_2\hat{x}_3\\ (y_1+\alpha_3)\frac{(\hat{z}_2+\alpha_1 y_1)}{y_2}&\approx\alpha_2\alpha_3\hat{x}_3\end{aligned}\right\rangle \tag{5.31}$$

根据式(5.31)，虽然$\boldsymbol{\varphi}(\bar{z},\boldsymbol{u})$包含分母项 $y_2$，但由于状态收敛，其 Lipschitz 常数幅值有界。电机在调速、突加(卸)负载等暂态过程中交轴电流 $i_\delta$变化比较剧烈，可据此用表征其变化趋势的微分值调节增益使转速估计获得较好的内部可控效果。

综上分析，设计自适应增益律为

$$\left\langle\begin{aligned}&T=\hat{\omega}_{\mathrm{r}}/k_{\omega}+\Theta\left(\mathrm{diff}\left(\hat{i}_{\delta}\right)\right)\\ &\Theta(x)=\mathrm{sat}\left(x,k_{\Delta\mathrm{i}},k_{\mathrm{q}}\right)=\begin{cases}k_{\Delta\mathrm{i}}, & |x|>\rho\\ k_{\mathrm{q1}}-\left(k_{\mathrm{q2}}/\rho^2\right)x^2, & |x|\leqslant\rho\end{cases}\end{aligned}\right\rangle \tag{5.32}$$

式中，$k_{\mathrm{q1}}$、$k_{\mathrm{q2}}$为增益电流调节二次项系数；diff(·)为微分运算符；$\rho$为采样周期内电流$\hat{i}_\delta$最大允许变化幅度；$k_\omega$为增益转速调节项常数；$k_{\Delta\mathrm{i}}$为增益电流调节项上限。

需要说明的是，用电流的微分量调节增益常数 $T$ 主要是因为 $\hat{i}_\delta$ 的变化量真正反映了需要被调节量的动态变化趋势。在允许的电流变化幅度 $\rho>0$ 内，增益调节设计成二次型函数可以起到梯度变换的效果，有利于增强调整能力；而饱和函数 sat( · )的引入则是针对具体系统 $\boldsymbol{\varphi}(\boldsymbol{z},\boldsymbol{u})$ 的 Lipschitz 常数限制其增益的上限，避免系统观测出现微分发散。后续的仿真实验环节针对实验系统设计包含具体参数的自适应增益调节律。

### 5.3.3 位置估计及算法交联收敛证明

转子位置角 $\theta_r$ 实时估计的基本原理为：在 $\gamma$-$\delta$ 坐标系及 $d$-$q$ 坐标系内 $(\Delta\theta=0,\ \omega_r=\omega)$ 分别重写关于电流 $i_\gamma$、$i_\delta$ 及 $i_d$、$i_q$ 的状态方程为[135]

$$\left\langle\begin{aligned}&\begin{pmatrix}\dot{i}_\gamma\\ \dot{i}_\delta\end{pmatrix}=\frac{1}{L}\left(\begin{pmatrix}u_\gamma\\ u_\delta\end{pmatrix}-\begin{pmatrix}R & -Ln_p\omega_r\\ Ln_p\omega_r & R\end{pmatrix}\begin{pmatrix}i_\gamma\\ i_\delta\end{pmatrix}-K_E n_p\omega_r\begin{pmatrix}-\sin(\Delta\theta)\\ \cos(\Delta\theta)\end{pmatrix}\right)\\&\begin{pmatrix}\dot{i}_d\\ \dot{i}_q\end{pmatrix}=\frac{1}{L}\left(\begin{pmatrix}u_\gamma\\ u_\delta\end{pmatrix}-\begin{pmatrix}R & -Ln_p\omega\\ Ln_p\omega & R\end{pmatrix}\begin{pmatrix}i_\gamma\\ i_\delta\end{pmatrix}-K_E n_p\omega\begin{pmatrix}0\\ 1\end{pmatrix}\right)\end{aligned}\right\rangle \tag{5.33}$$

进一步定义两套坐标系内电流微分的差值为

$$\begin{pmatrix}\Delta\dot{i}_\gamma\\ \Delta\dot{i}_\delta\end{pmatrix}=\begin{pmatrix}\dot{i}_\gamma\\ \dot{i}_\delta\end{pmatrix}-\begin{pmatrix}\dot{i}_d\\ \dot{i}_q\end{pmatrix} \tag{5.34}$$

$\gamma$-$\delta$ 坐标系内电流微分值可直接经 NTOCF-HGO 输出电流值进行求导得到，而转子磁链定向真实 $d$-$q$ 坐标系内电流微分值则可由式(5.33)的第二式求得。据此即可以得到电流 $i_\gamma$、$i_\delta$ 微分的差值为

$$\begin{pmatrix}\Delta\dot{i}_\gamma\\ \Delta\dot{i}_\delta\end{pmatrix}=\frac{K_E n_p}{L}\begin{pmatrix}\omega_r\sin(\Delta\theta)\\ -\omega_r\cos(\Delta\theta)+\omega\end{pmatrix} \tag{5.35}$$

若 $\Delta\theta$ 充分小，则有 $\sin(\Delta\theta)\approx\Delta\theta$，故由式(5.35)及 $\Delta\theta=\theta-\theta_r$ 可得

$$\Delta\theta=\big(L/(K_E n_p\omega_r)\big)\Delta\dot{i}_\gamma \tag{5.36}$$

$$\theta=\theta_r+\Delta\theta=\theta_r+\big(L/(K_E n_p)\big)\frac{\Delta\dot{i}_\gamma}{\omega_r} \tag{5.37}$$

由式(5.36)可见，转子位置角估计误差通过直轴电流微分差值 $\Delta\dot{i}_\gamma$ 及比例系数 $\big(L/(K_E n_p\omega_r)\big)$ 得以直观显现，将其作为误差修正量即可得到基于直轴电流微分差值修正(rotor position error correction mechanism based on differentiation of dirrect current, RPECM-DDC)的当前时刻转子位置角估计算式(5.37)。

由于 $\Delta\theta=\theta-\theta_{\mathrm{r}} \Rightarrow (\Delta\dot{\theta})=\dot{\theta}-\dot{\theta}_{\mathrm{r}}$，转子位置角 $\theta$ 为真实坐标系内的角度，因此 $\dot{\theta}=\omega$。$\dot{\theta}_{\mathrm{r}}$ 在控制器采样周期 $\Delta T$ 内可以近似表示为 $\dot{\theta}_{\mathrm{r}}=\left(\theta_{\mathrm{r}}(k+1)-\theta_{\mathrm{r}}(k)\right)/\Delta T$，在速度及电流整个估计算法收敛的前提下，式(5.36)中的 $\omega_{\mathrm{r}}\to\omega$，比照式(5.37)可将 $\theta_{\mathrm{r}}(k+1)$ 等同于当前真实转子位置角 $\theta$，而 $\theta_{\mathrm{r}}(k)$ 等同于当前估计转子位置角 $\theta_{\mathrm{r}}$，由此可以得到：

$$\dot{\theta}_{\mathrm{r}}=\frac{\theta_{\mathrm{r}}-\theta}{\Delta T}=\frac{L\omega}{\left(K_{\mathrm{E}}n_{\mathrm{p}}\Delta T\right)\omega_{\mathrm{r}}}\Delta\dot{i}_{\gamma}=\left(\frac{\omega}{\omega_{\mathrm{r}}}\right)\cdot\left(\frac{\Delta\theta}{\Delta T}\right) \tag{5.38}$$

将式(5.38)代入 $(\Delta\dot{\theta})=\dot{\theta}-\dot{\theta}_{\mathrm{r}}$ 可以得到转子位置角估计偏差的动态方程为

$$(\Delta\dot{\theta})=\dot{\theta}-\dot{\theta}_{\mathrm{r}}=-\left(\frac{\omega}{\omega_{\mathrm{r}}}\right)\cdot\left(\frac{\Delta\theta}{\Delta T}\right)+\omega \tag{5.39}$$

一般情况下，永磁同步电机调速系统电流环采样频率 $f=1/\Delta T=8\sim20\mathrm{kHz}$，这使上述偏差方程具有类似于高增益观测器的快速收敛特性，而电机调速范围一般为 $0<\omega\leqslant500\mathrm{rad/s}$，据此可忽略转速项 $\omega$ 对收敛性的影响。偏差方程最终为

$$(\Delta\dot{\theta})=-\left(\frac{1}{\Delta T}\right)\cdot\Delta\theta \tag{5.40}$$

至此可以证明转子位置角估计算法的收敛性。

由算法推导及式(5.36)、式(5.37)、式(5.39)可见，转子位置角 $\theta$ 估计算法收敛的一个前提条件是 $\omega_{\mathrm{r}}\to\omega$ 且其计算过程中需要综合利用 NTOCF-HGO 的全部输出量 $\omega_{\mathrm{r}}$ 及 $i_\gamma$、$i_\delta$；同时，转速估计 NTOCF-HGO 的电压输入 $u_\gamma(u_\delta)$、电流输入 $i_\gamma(i_\delta)$ 及电流反馈 $\hat{i}_\gamma(\hat{i}_\delta)$ 均需要经过角 $\theta_{\mathrm{r}}$ 进行 Park 旋转变换，转子磁链定向旋转系内 NTOCF-HGO 的 $\omega_{\mathrm{r}}$ 及 $i_\gamma$、$i_\delta$ 估计是否对转子位置角 $\theta_{\mathrm{r}}$ 的估计偏差 $\Delta\theta$ 具有内在收敛校正机制也是转子位置角及速度估计算法可实现性的关键问题。此即为位置速度估计算法交联的收敛性问题。

NTOCF-HGO 内核对转子位置角 $\theta_{\mathrm{r}}$ 估计偏差 $\Delta\theta$ 的内在修正机制(inherent correction mechanism)通过如下两方面体现。

(1) NTOCF-HGO 本体对输入量 $u_\gamma(u_\delta)$、$i_\gamma(i_\delta)$ 偏差的有限修正作用。

如图 5.7 所示，NTOCF-HGO 输入电压 $u_{\mathrm{a}}$、$u_{\mathrm{b}}$、$u_{\mathrm{c}}$ 及电流 $i_{\mathrm{a}}$、$i_{\mathrm{b}}$、$i_{\mathrm{c}}$ 首先经过如式(5.41)所示的 $\boldsymbol{T}_{\mathrm{abc}\text{-}\gamma\delta0}$ 变换转换到 $\gamma$-$\delta$ 坐标系，相对于转子磁链定向 $d$-$q$ 坐标系变换矩阵 $\boldsymbol{T}_{\mathrm{abc}\text{-}\mathrm{dq}0}$，其变换后的输入量差异矩阵 $\boldsymbol{\Delta}_{\gamma\delta0\text{-}\mathrm{dq}0}(\Delta\theta,\theta_{\mathrm{r}})$ 如式(5.42)第一式所示：

$$\left\langle \begin{aligned} \boldsymbol{T}_{\text{abc-}\gamma\delta0} &= \sqrt{\frac{2}{3}} \begin{pmatrix} \cos\theta_r & \cos(\theta_r - 2\pi/3) & \cos(\theta_r + 2\pi/3) \\ -\sin\theta_r & -\sin(\theta_r - 2\pi/3) & -\sin(\theta_r + 2\pi/3) \end{pmatrix} \\ \boldsymbol{T}_{\text{abc-dq0}} &= \sqrt{\frac{2}{3}} \begin{pmatrix} \cos(\theta_r + \Delta\theta) & \cos((\theta_r + \Delta\theta) - 2\pi/3) & \cos((\theta_r + \Delta\theta) + 2\pi/3) \\ -\sin(\theta_r + \Delta\theta) & -\sin((\theta_r + \Delta\theta) - 2\pi/3) & -\sin((\theta_r + \Delta\theta) + 2\pi/3) \end{pmatrix} \end{aligned} \right\rangle \tag{5.41}$$

$$\left\langle \begin{aligned} \boldsymbol{\varDelta}_{\gamma\delta0\text{-dq0}}(\Delta\theta, \theta_r) &= \Delta\theta \cdot \begin{pmatrix} \sin\theta_r & \sin(\theta_r - 2\pi/3) & \sin(\theta_r + 2\pi/3) \\ -\cos\theta_r & -\cos(\theta_r - 2\pi/3) & -\cos(\theta_r + 2\pi/3) \end{pmatrix} \\ \boldsymbol{T}_{\gamma\delta0\text{-abc}} &= \sqrt{\frac{2}{3}} \begin{pmatrix} \cos\theta_r & -\sin\theta_r \\ \cos(\theta_r - 2\pi/3) & -\sin(\theta_r - 2\pi/3) \\ \cos(\theta_r + 2\pi/3) & -\sin(\theta_r + 2\pi/3) \end{pmatrix} \end{aligned} \right\rangle \tag{5.42}$$

NTOCF-HGO 本体对输入量偏差的有限修正作用就是当输入存在这样的旋变误差时，高增益观测器特性使观测状态追踪真实状态变化趋势且误差幅度控制在允许范围内。这种修正虽然不能完全抵销输入偏差带来的最终$\omega_r$及$\hat{i}_\gamma$、$\hat{i}_\delta$的估计误差，对位置交联估计算法收敛的前提条件$\omega_r \to \omega$却是一个内核支撑。

本节继续介绍图 5.3 所示的内核验证流程。在观测器输入端引入经式(5.42)加权的旋变误差，其中，$\boldsymbol{T}_{\gamma\delta0\text{-abc}}$ 用于将反馈电流 $i_\gamma$、$i_\delta$ 转换到静止系后再经$\boldsymbol{\varDelta}_{\gamma\delta0\text{-dq0}}(\Delta\theta, \theta_r)$变换引入输入偏移，主体模型(5.26)的驱动电压 $U$=−24.5V→24.5V。图 5.8 为不叠加测量噪声，$\Delta\theta$=10°及$\Delta\theta$=120°、$T_L$=1.5N · m 情形下电流及速度估计结果。在小偏差角及大偏差角两种情况下的直轴电流 $i_\gamma$ 估计存在较大误差，其原因主要是 $i_d \approx 0$ 控制方式使其对误差角比较敏感，交轴电流 $i_\delta$ 估计误差相对较小。转速$\omega_r$估计在小偏角情况下误差较小，约为 1.49%；即使对于$\Delta\theta$=120°这样

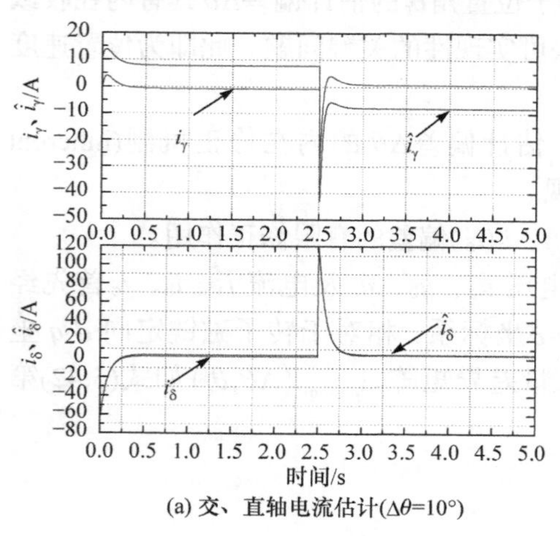

(a) 交、直轴电流估计($\Delta\theta$=10°)

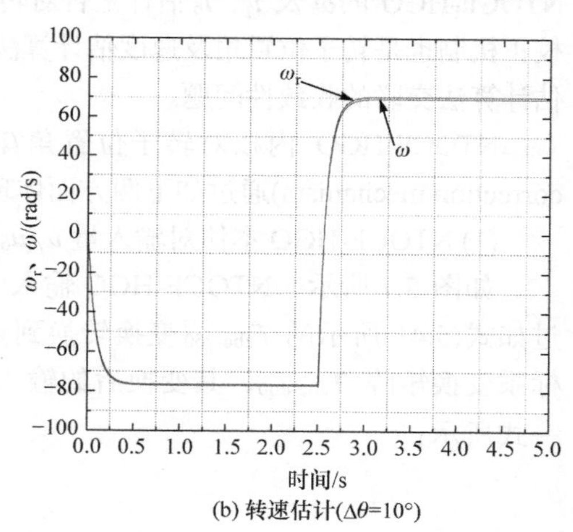

(b) 转速估计($\Delta\theta$=10°)

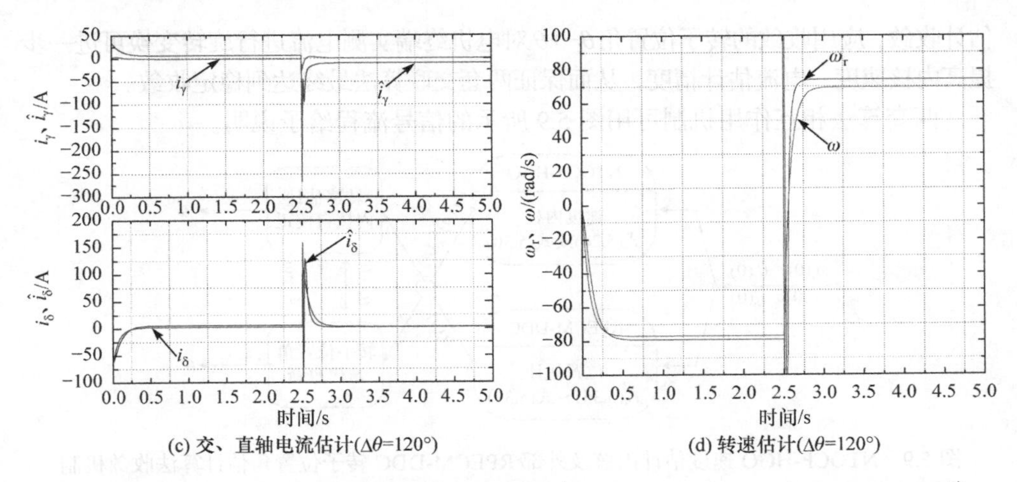


(c) 交、直轴电流估计($\Delta\theta$=120°)　　(d) 转速估计($\Delta\theta$=120°)

图 5.8　$\boldsymbol{\Delta}_{\gamma\delta0\text{-}dq0} \neq \mathbf{0}$ 对状态估计的牵引修正作用$\left(\varphi = 0°、T = 0.1、\boldsymbol{K}' = (20, 0; 0, 30; 0, 20)\right)$

的大偏角情形，虽然暂态过程振荡较为激烈且稳态偏差达到−6.27%，但其对式(5.39)转子位置角估计的牵引作用足以达到期望的预期效果，可以有效保证算法交联的收敛特性。

研究进一步证实，在暂态过程中调整增益可获得较为平稳的过渡特性，这样就可以提高转子位置估计算法的可靠性；其次，在叠加不可避免的输出端测量噪声的情况下，电流及转速估计的误差均有所增大，因此从提高算法交联收敛可靠性的角度来讲，在永磁同步电机实际观测器设计中增加自适应增益调节项是十分必要的。

(2) 其次，也是最重要的就是 NTOCF-HGO 实测电流反馈量 $i_d$、$i_q$(由 $i_a$、$i_b$、$i_c$ 经 $\theta_r$ 旋转变换得到)对观测偏差的修正作用。

与文献[53]中状态观测估计偏差校正机制不同，文献[53]设计包含 $\dot{\theta}_r = \omega_r$ 子系统的全阶模型的局部观测器，其观测偏差校正基本原理是假设电流估计值 $\hat{i}_d$、$\hat{i}_q$ 符合物理系统的实际情况。若转子位置角 $\theta_r$ 估计存在误差，则由电机实测电枢绕组电流 $i_a$、$i_b$、$i_c$ 经 $\theta_r$ 旋转变换得到的 $i_d$、$i_q$ 与观测输出结果比较产生误差校正信号对观测器系统进行实时修正。设计降阶全局能观测子系统 NTOCF-HGO，其针对的系统不再是原全阶模型，而是经非线性坐标变换后的中间系统①。高增益观测器的特性使速度估算内核对由于转子位置角差引起的输入偏移具有较强的牵引修正作用，此时结合外部转子位置角估计算法 RPECM-DDC 可以在相邻几个电流采样周期内迅速达到状态

① 观测器设计对转速 $\omega_r$ 的估计变为非直接量的复合观测，从无传感器控制角度讲更符合状态估计多变量综合、鲁棒性的要求，这也是本书不直接采用原系统模型进行观测器设计的一个原因。

估计收敛，应用收敛的转子位置角$\theta_r \to \theta$对电机终端实测电流进行旋转变换可进一步提高内核速度、电流估计精度，从而保证两套交联算法最终达到稳定收敛。

两套算法相互作用机制可用图 5.9 所示的信号流程给予说明。

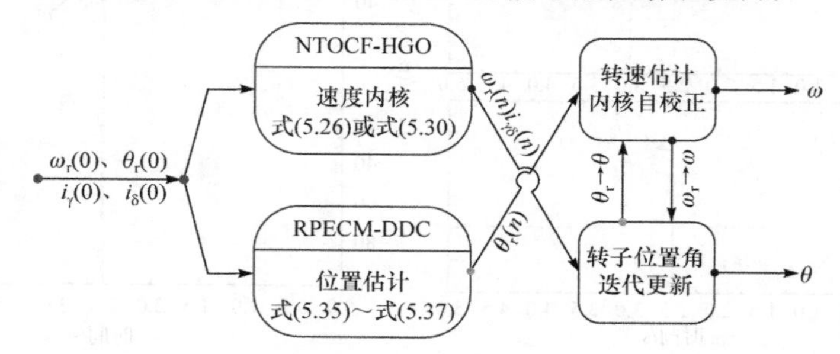


图 5.9　NTOCF-HGO 速度估计内核及外部 RPECM-DDC 转子位置角估计算法收敛机制

### 5.3.4　参数摄动状态估计鲁棒性分析

在旋转坐标系内构造经非线性变换后系统的高增益状态观测器，其状态$\boldsymbol{z}=\boldsymbol{\Phi}(\boldsymbol{x})$及$\boldsymbol{z}'=\boldsymbol{\Phi}'(\boldsymbol{x})$的估计对参数变化具有内在鲁棒性。考虑定子电阻$\hat{R}=R+\Delta R$，将其代入基于Ⅰ型内核转速估计式$\omega_r=\hat{x}_3=(\hat{z}_2+\alpha_1\hat{z}_1)/\hat{z}_3$则可得

$$\hat{\omega}_r=\omega_r+\left(\frac{\Delta R}{L}\right)\cdot\frac{\hat{z}_1}{\hat{z}_3} \tag{5.43}$$

由于电机工作在$i_d\approx 0$状态,此时由高增益观测器的特点可以得到$\hat{z}_1=i_\gamma\approx 0$，因此Ⅰ型内核转速估计对定子电阻变化具有较强的鲁棒性。同理，考虑定子电阻值温升摄动并将其代入Ⅲ型内核转速估计式$\omega_r=\hat{x}_3=-(\alpha_1\hat{z}_2'+\hat{z}_3')/(\alpha_2\hat{z}_1'+\alpha_2\alpha_3)$可得

$$\hat{\omega}_r=\omega_r-\left(\frac{\Delta R}{L}\right)\cdot\frac{\hat{z}_2'}{\alpha_2\hat{z}_1'+\alpha_2\alpha_3} \tag{5.44}$$

考虑$\hat{z}_1'=i_\gamma\approx 0$并将$\alpha_3=K_E/L$代入式(5.44)可以得到$\hat{\omega}_r=\omega_r-(i_\delta\Delta R/(\alpha_2 K_E))$。分析可以得到，相对于转速的数量级，转速估计同样对电阻变化具有较强的鲁棒性。

同理，将$\hat{R}=R+\Delta R$代入式(5.33)，根据式(5.35)～式(5.37)可得

$$\hat{\theta}_r=\theta_r+\left(\frac{L}{K_E n_p}\right)\cdot\frac{\Delta\dot{i}_\gamma}{\hat{\omega}_r}-\left(\frac{\Delta R}{K_E n_p}\right)i_\gamma \tag{5.45}$$

由$i_d\approx 0$的控制方式可知转子位置角估计对定子电阻值温升摄动也具有较强的鲁棒性。

其次，根据式(5.11)及式(5.26)、式(5.30)，外部转矩作为输入可一并视为 $\boldsymbol{\varphi}(\boldsymbol{z},\boldsymbol{u})$ 的组成部分，因此该观测器具有较强的抑制外部转矩扰动的能力。由高增益观测器的特点可取 $T_{\mathrm{L\_in}}$=(0～100)%$T_{\mathrm{L}}$。为了减小增益的设计与调节负担，一般可设置为 $T_{\mathrm{L\_in}}$=(60～100)%$T_{\mathrm{L}}$。

至此，完成了本章提出的基于 NTOCF-HGO 内核的永磁同步电机转子位置及速度估算方案的整体论证，设计了增益自适应调整律并分析了算法对参数变化及转矩扰动的鲁棒性。转子磁链定向坐标系内转子位置角及速度估算的流程如图 5.10 所示。

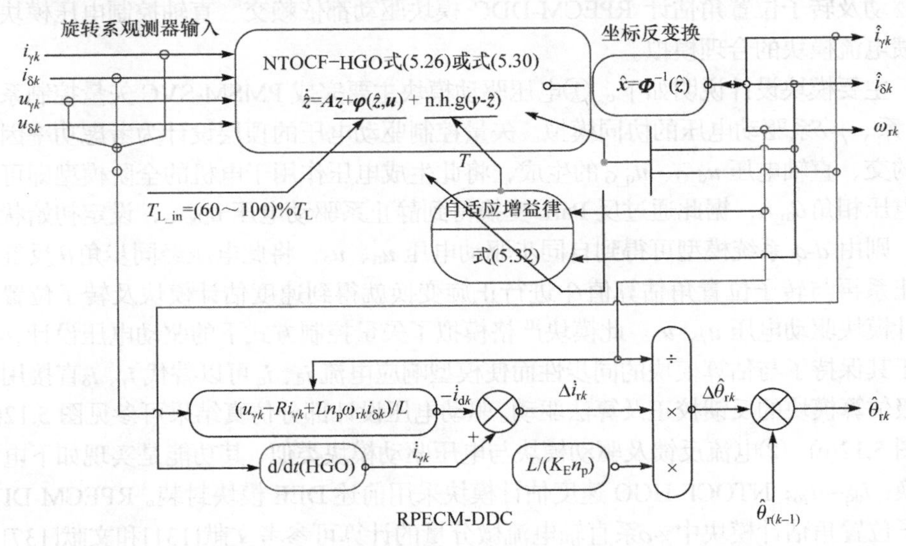


图 5.10　转子磁链定向坐标系内转子位置角及速度估算流程图

## 5.4　永磁同步电机无位置传感器运行仿真及实验

本节依据前面提出的基于 NTOCF-HGO 速度观测器内核及 RPECM-DDC 外部转子位置角估计算法的永磁同步电机转子位置角及速度估计算法，通过仿真及实验手段进一步验证 PMSM-SVC 的可行性及实用性，并分析本章提出的位置及速度估计算法的主要特点及优势，最后给出为提高算法可靠性及稳定性所需采取的外环控制改进技术措施。数值仿真所用的电机参数与 SPMSM 参数一致。

### 5.4.1　PMSM-SVC 系统仿真及性能分析

PMSM-SVC 系统仿真主要从数值分析角度验证转速及转子角交联估计算法的有效性。为此依据模型简易程度、矢量控制原理及模拟实际系统的近似度将数值仿真分为算法级验证及系统级验证两个层次，两级验证均采用 MATLAB

6.5/Simulink 软件工具，变步长求解器 ode45 参数设置为系统默认值。

1. 算法级仿真验证

算法级仿真验证主要在模拟矢量控制基本原理基础上分析转子位置角及速度估计算法可实现性问题。永磁同步电机矢量控制本质是建立在转子磁链定向坐标系内的解耦控制，而本章提出的转子状态估计算法也是建立在该旋转系内，因此对转子磁链定向旋转系内控制量的设计是仿真算法的关键，速度估计 NTOCF-HGO 模块驱动及转子位置角估计 RPECM-DDC 模块驱动都依赖交、直轴控制电压模块及反馈电流模块的合理模拟。

主要模块设计说明如下。①电压驱动模块主要完成 PMSM-SVC 矢量控制系统 $d$-$q$ 系、$\gamma$-$\delta$系驱动电压的协同模拟。矢量控制驱动电压的顶层设计为考虑功率因数角的交、直轴电压 $u_{\mathrm{d\_G}}$、$u_{\mathrm{q\_G}}$ 的生成，将此生成电压作用于电机的全阶模型即可得到电压相角$\theta_{\mathrm{m_G}}$，据此通过反 Park 变换得到静止系驱动电压 $u_{\mathrm{abc\_G}}$；设定初始状态角，则由 $d$-$q$ 系统模型可得到自同步驱动电压 $u_{\mathrm{d}}$、$u_{\mathrm{q}}$；将此电压经同步角$\theta$反旋到静止系再与转子位置角估算值$\theta_{\mathrm{r}}$ 进行正旋变换就得到速度估计模块及转子位置角估计模块驱动电压 $u_{\gamma}$、$u_{\delta}$。此模块严格模拟了矢量控制方式下的驱动电压设计，且由于其保持了与估算模块的同步性而使模型响应电流 $i_{\mathrm{d}}$、$i_{\mathrm{q}}$ 可以替代 $i_{\gamma}$、$i_{\delta}$直接用于下级估算模块的反馈校正及算法驱动。驱动电压设计部分仿真结果可参见图 5.12(c)及图 5.12(e)。②电流反馈及驱动模块与电压驱动模块类似，其功能是实现如下电流变换：$i_{\mathrm{dq}}\rightarrow i_{\gamma\delta}$；NTOCF-HGO 速度估计模块采用前述 DEE 模块封装。RPECM-DDC 转子位置角估计模块中$\gamma$-$\delta$系直轴电流微分量的计算可参考文献[131]和文献[137]所给出的 HGO 设计方法。对于本章 I 型内核，由高增益观测器特点可直接得到$\dot{\hat{i}}_{\gamma}=\hat{z}_2$。

电压驱动封装模块及转子位置角估计封装模块的基本结构如图 5.11 所示。

主要仿真结果说明：由于算法级仿真不考虑实际物理系统存在的各种噪声，因此暂不在程序设计中引入增益自适应律。图 5.12 为采用Ⅲ型内核、转子位置角初始误差$\Delta\theta_0=\theta_0-\theta_{\mathrm{r}0}=28.6°$情形下无传感器起动至稳定工作状态的仿真结果，2.5s 转速翻转，用于模拟系统大范围暂态过程的情形，负载转矩 $T_{\mathrm{L}}=1.5\mathrm{N}\cdot\mathrm{m}$。转子位置角估计如图 5.12(a)所示。起动仿真程序后估计转子位置角迅速收敛到真实值，转速发生翻转时经小幅振荡回归真实位置状态，其中转子位置角估算直轴电流微分差值驱动量如图 5.12(d)所示；速度估计如图 5.12(b)所示。采用非线性高增益观测器技术可以保证速度估计快速精准，系统相应旋转系驱动电压及静止系反构驱动电压分别如图 5.12(c)和图 5.12(e)所示。此处结论证明，存在一定初始角误差情况下，提出的交联估计算法能从原理上实现无位置传感器静止稳定起动及运行($\Delta\theta_0=\theta_0-\theta_{\mathrm{r}0}=-28.6°$具有相似的估计效果)。

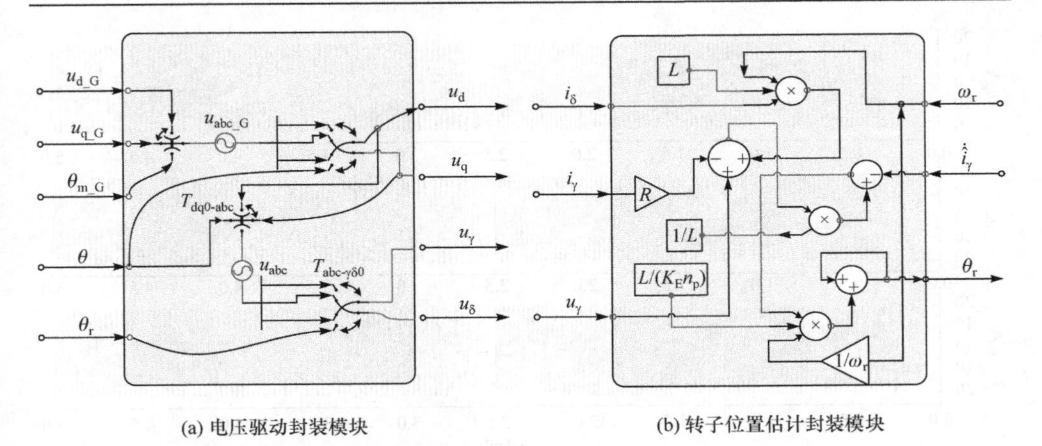


(a) 电压驱动封装模块　　(b) 转子位置估计封装模块

图 5.11　算法级仿真主要模块原理框图及其 Simulink 封装

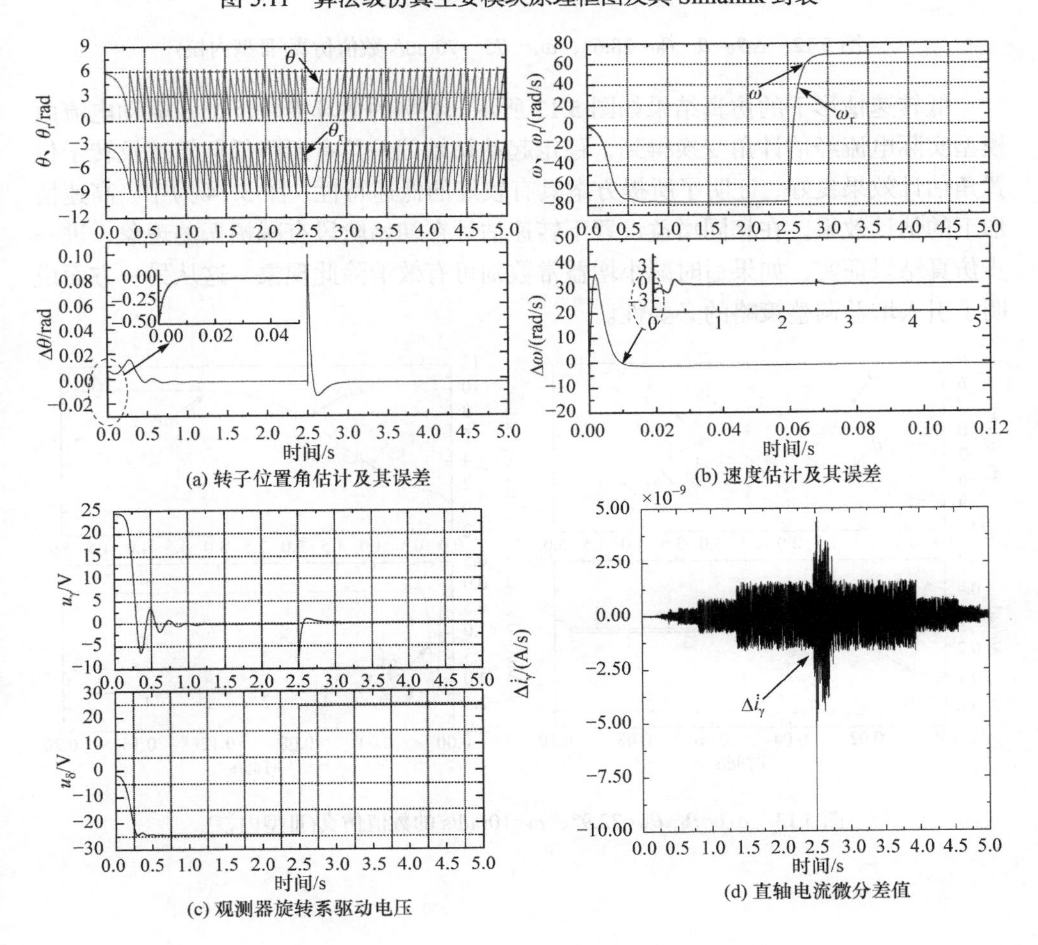


(a) 转子位置角估计及其误差　　(b) 速度估计及其误差

(c) 观测器旋转系驱动电压　　(d) 直轴电流微分差值

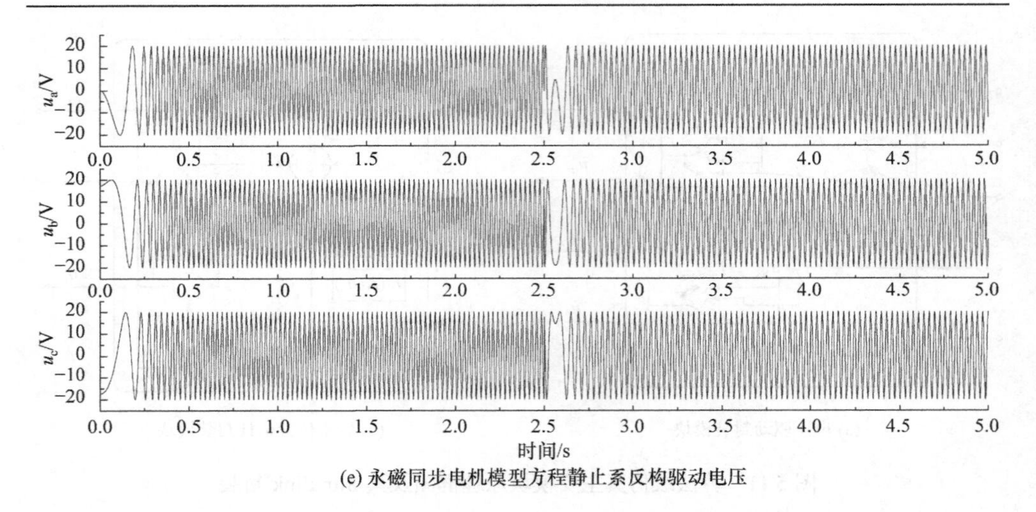

(e) 永磁同步电机模型方程静止系反构驱动电压

图 5.12 $\Delta\theta_0=\theta_0-\theta_{r0}=28.6°$、$\omega_r=-75\rightarrow70$rad/s 数值仿真(Ⅲ型内核)

低转速情形下的仿真结果如图 5.13 所示。本例的估算模块反馈及驱动电流由模型实际电流经估计角变换得到，稳定起动初始偏差角有所降低但转速及转子位置角估计效果良好，证明了所提方案具有较好的低速特性。图 5.14 为中、高速情形下的估计效果，在相同增益设置下转速估计在初始阶段有减幅振荡现象，进一步仿真结果证实，如果适时减小增益常数则可有效消除此现象。这从另一方面说明了引入增益调整策略的必要性。

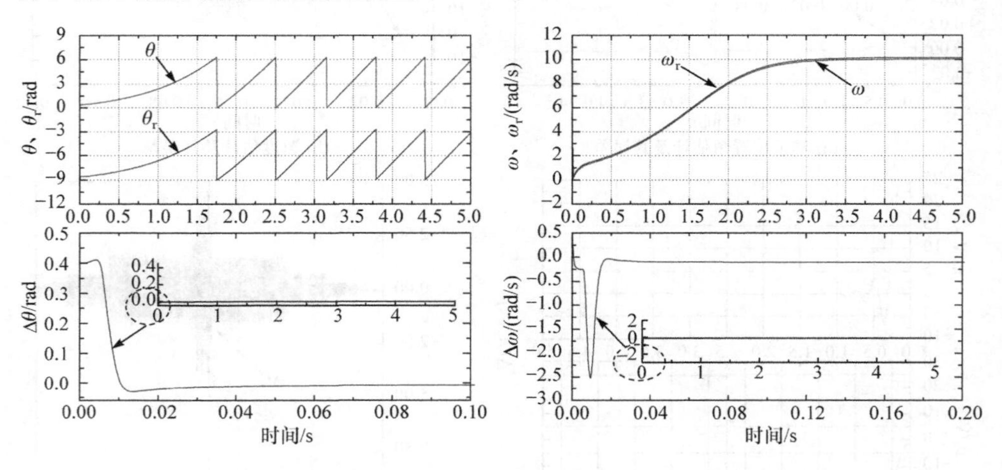


图 5.13 $\Delta\theta_0=\theta_0-\theta_{r0}=22.9°$、$\omega_r=10$rad/s 的数值仿真(Ⅲ型内核)

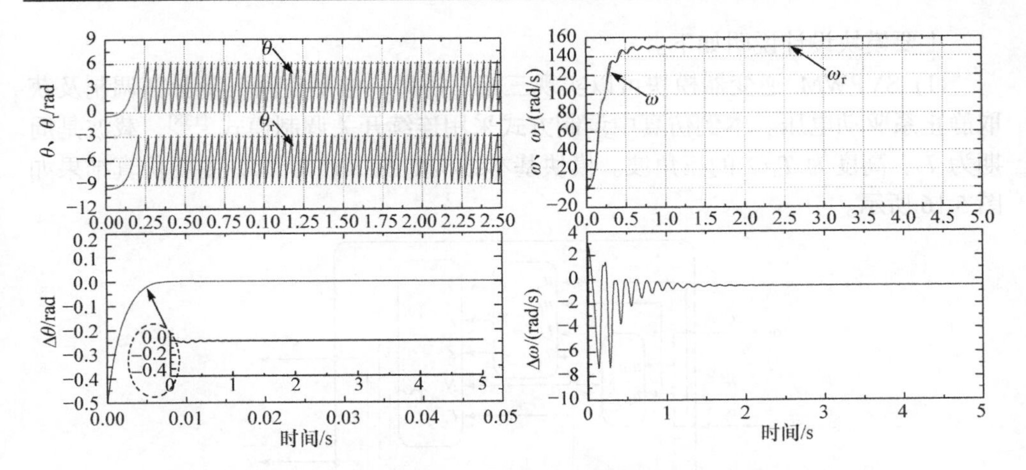


图 5.14　$\Delta\theta_0=\theta_0-\theta_{r0}=-28.6°$、$\omega_r=150\text{rad/s}$ 的数值仿真(Ⅲ型内核)

2. 系统级仿真验证

算法级模拟是在旋转系内通过自主设置外部驱动电压对转子位置角及速度估计算法进行验证。系统级仿真进一步通过模拟 PMSM-SVC 控制及状态估计各环节运行的实际情况对无位置传感器控制的可行性进行验证。仿真中永磁同步电机电磁方程采用三相静止系模型，机械方程由 Clark 电流变换 $\boldsymbol{T}_{\text{abc-}\alpha\beta0}(\boldsymbol{i})$进行关联，二者的联合方程(其中，驱动电压由模拟空间矢量脉宽调制技术的电压源型逆变器产生)为

$$\left\langle\begin{aligned}\dot{i}_a&=-\frac{R}{L}i_a+\frac{K_E}{L}(n_p\omega_r)\sin\theta_r+\frac{1}{L}u_a\\\dot{i}_b&=-\frac{R}{L}i_b+\frac{K_E}{L}(n_p\omega_r)\sin\left(\theta_r-\frac{2\pi}{3}\right)+\frac{1}{L}u_b\\\dot{i}_c&=-\frac{R}{L}i_c+\frac{K_E}{L}(n_p\omega_r)\sin\left(\theta_r+\frac{2\pi}{3}\right)+\frac{1}{L}u_c\end{aligned}\right\rangle \tag{5.46a}$$

$$\left\langle\begin{aligned}\dot{\omega}_r&=\frac{K_E n_p}{J}(-i_\alpha\sin\theta_r+i_\beta\cos\theta_r)-\left(\frac{f_s}{J}\right)\omega_r-\frac{T_L}{J}\\\dot{\theta}_r&=\omega_r\end{aligned}\right\rangle \tag{5.46b}$$

$$\left\langle\boldsymbol{T}_{\text{abc-}\alpha\beta0}(\boldsymbol{i})=\sqrt{\frac{2}{3}}\begin{pmatrix}1&-\frac{1}{2}&-\frac{1}{2}\\0&\frac{\sqrt{3}}{2}&-\frac{\sqrt{3}}{2}\\\frac{1}{\sqrt{2}}&\frac{1}{\sqrt{2}}&\frac{1}{\sqrt{2}}\end{pmatrix}\right\rangle \tag{5.46c}$$

主要模块设计说明如下。

(1) SVPWM 逆变器模块可以实现三相三桥臂二电平空间矢量脉宽调制及获取静止系驱动电压。本例仿真中调制方式采用连续开关调制模式[138]，载波是周期为 $T_s$、高度为 $T_s/2$ 的三角波。模块基本结构如图 5.15 所示，主要仿真结果如图 5.16 所示。

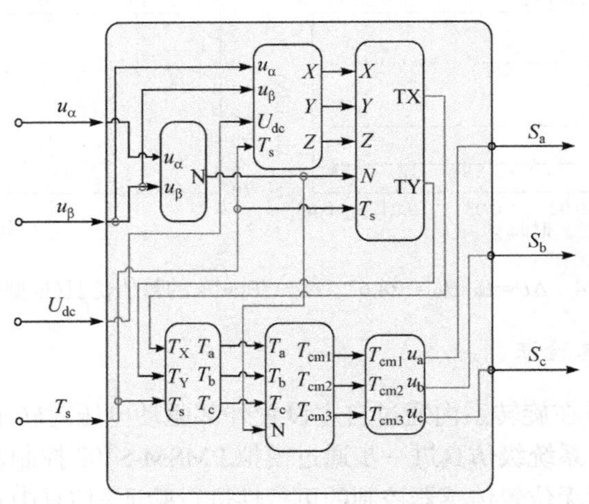


图 5.15 SVPWM 逆变器封装模块

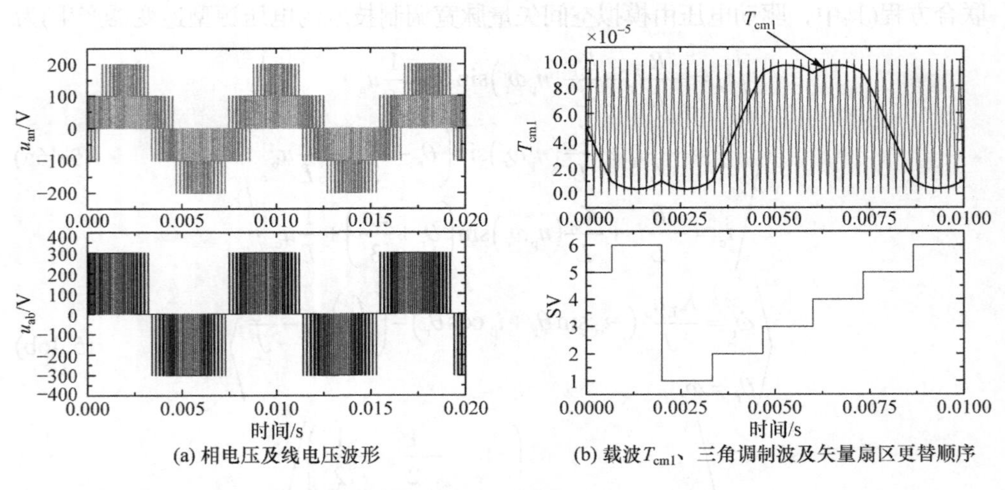


(a) 相电压及线电压波形

(b) 载波$T_{cm1}$、三角调制波及矢量扇区更替顺序

图 5.16 SVPWM 逆变器模块主要仿真结果($U_{ref}$=120V、$f$=250rad/s、$U_{dc}$=300V)

(2) 速度环及电流环调节模块。从算法验证角度出发，速度环及电流环采用基本的反馈误差 PID 调节型控制器。永磁同步电机矢量控制速度环主要是根据调速系统动静态指标产生实时交轴转矩电流指令；电流环则根据此指令电流产生旋

转系驱动电压 $u_d$、$u_q$(此旋转系电压经反 Park 变换产生 SVPWM 逆变器模块两相静止系输入电压 $u_\alpha$、$u_\beta$)。控制算法基本原理及其 Simulink 封装如图 5.17 所示。

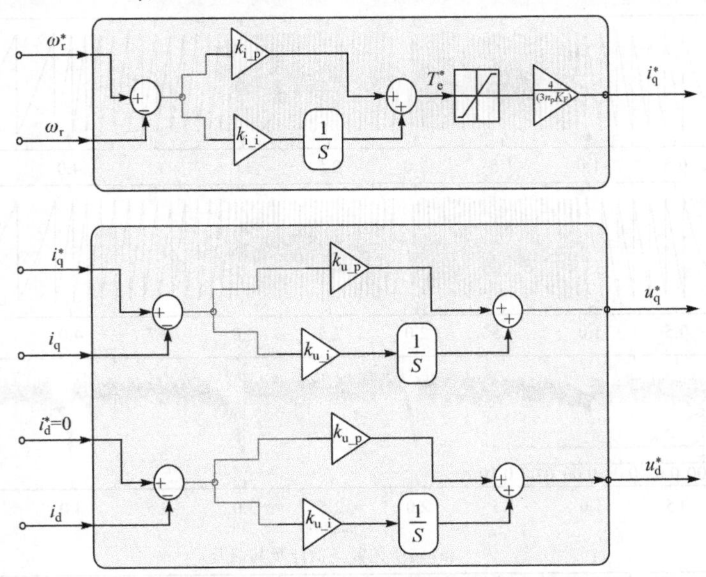


图 5.17　速度环/电流环调节模块封装

(3) NTOCF-HGO 速度估计模块及 RPECM-DDC 转子位置角估计模块与算法级仿真验证使用的模块相同。

(4) 控制(估算)反馈及位置估计驱动用电流 $i_\gamma$、$i_\delta$由电机出线端三相电流 $i_a$、$i_b$、$i_c$经矩阵变换模块 $\boldsymbol{T}_{abc\text{-}\gamma\delta0}$ 得到；控制(估算)反馈及位置估计驱动用电压 $u_\gamma$、$u_\delta$直接使用电流环输出指令电压 $u_d^*$、$u_q^*$，其原理是后续 SVPWM 逆变驱动完全按此指令电压产生模型三相驱动电压 $u_a$、$u_b$、$u_c$，如此则可以省略电压变换模块，实际系统设计对旋转系驱动电压 $u_\gamma$、$u_\delta$的获取原理与此相同。

主要仿真结果如下。图 5.18 为存在一定初始角偏差情况下采用固定增益常数值 $T$=0.01 及负载转矩恒定的估计结果，速度指令经反复调整确定为图 5.18(b)所示的稳定的连续阶跃及反转工作状态。固定增益情况下，高速及低速工作状态转速与转子位置角估计结果发散的主要原因是 NTOCF-HGO 不能在大范围内保证 Lipschitz 常数幅值有界，这也是图中各工作状态急剧变化处估计结果出现较大偏差的原因。观测结果发散或围绕常值不等幅振荡的另一个重要原因是 NTOCF-HGO 及 RPECM-DDC 的驱动电流 $i_\gamma$、$i_\delta$及电压 $u_\gamma$、$u_\delta$受控制器品质影响以及电流传感部件检测噪声干扰，使得其有效信息湮没于较宽频带分布范围内的噪声信号中，由此使估计算法呈现微分发散的不可逆结果。解决方案一是通过估计算法内部增益的自主调整达到对状态跟踪效果的控制；最根本的解决方案就是改善控制器品质，使电机终端电流包含除极少高频扰动量以外的能充分反映系统动静态驱动信息的有效主导成分。

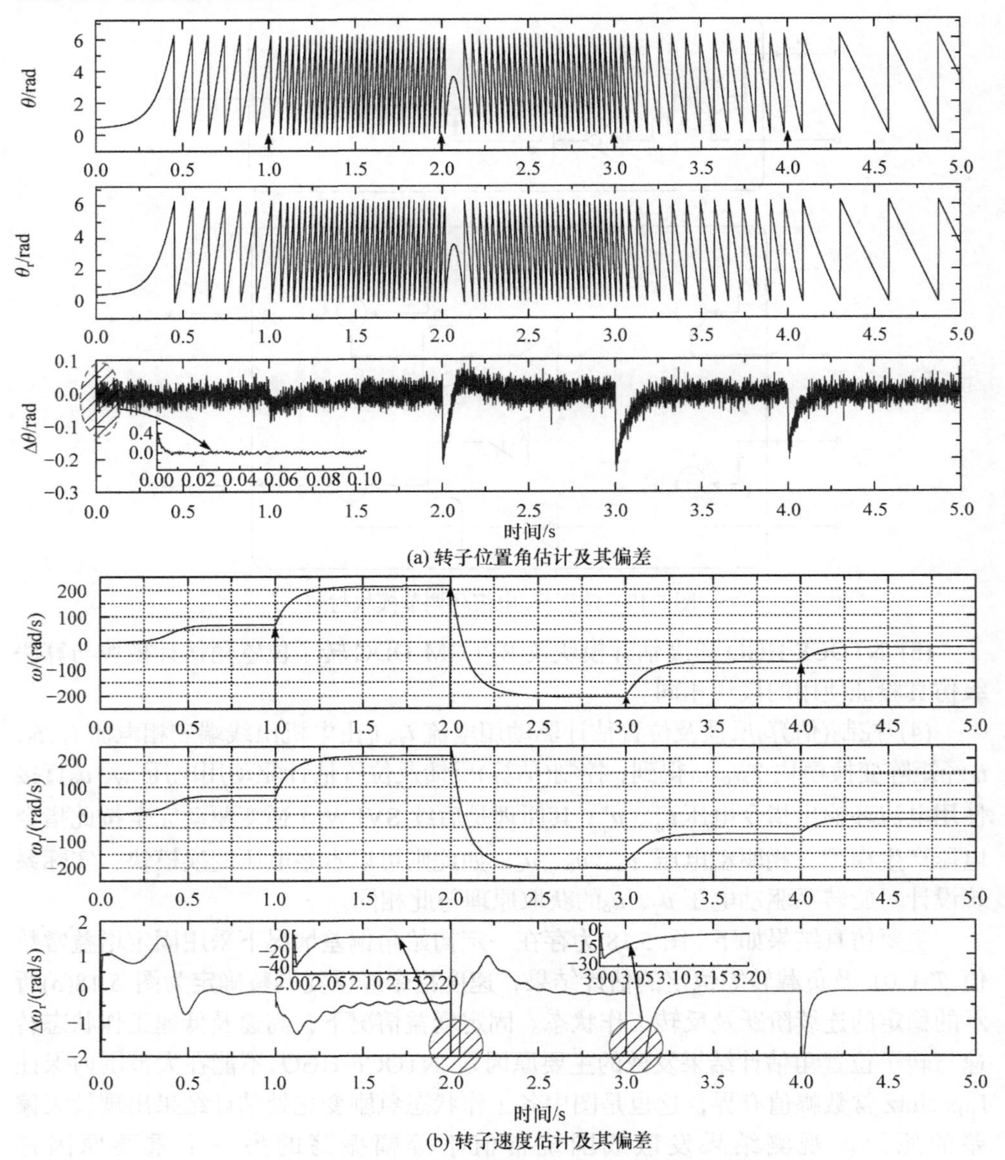


图 5.18 转子位置角及速度实际值、估计值与估计偏差

($\Delta\theta_0=\theta_0-\theta_{r0}=28.6°$、Ⅲ型内核、增益常数固定)

图 5.19(a)为增益自适应律图，图 5.19(b)为低速无传感器运行条件下，增益 $T$

自适应调整与固定增益 $T$=0.001 时的转速估计结果对比(转子位置角初始误差设置为零)。可以看出，在模拟实际控制系统一个采样周期时间段内，与采用固定增益值估计发散结果相比，根据交轴观测电流 $\hat{i}_\delta$ 的变化趋势对增益常数进行实时调整可有效改善低速估计的效果。

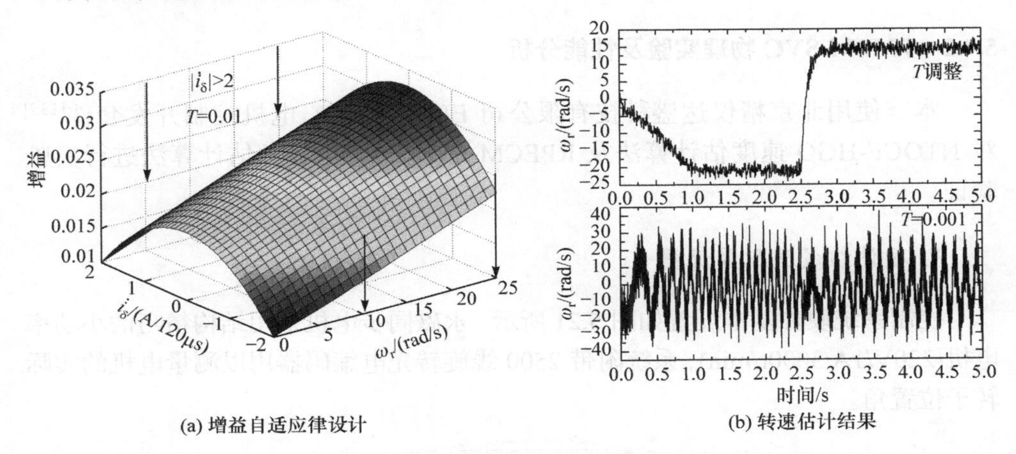


(a) 增益自适应律设计　　(b) 转速估计结果

图 5.19　低速情形下应用增益自适应律前后 NTOCF-HGO 观测效果对比
($\rho$=2、$k_\omega$=2000、$k_{\Delta i}$=0.01、$k_{q1}$=0.02、$k_{q2}$=0.01)

图 5.20 为参考图 5.18 所示工作状态设置基础上模拟绕组电阻 $R$ 由于温升增加 10%、25%、50%情形下转子位置角及转速估计误差。由图 5.20 可以看出，在动态调整阶段，估计偏差受电阻值变化影响较大，但在保证估计算法收敛的前提下提出的方案对电阻参数值摄动具有较强的鲁棒性。

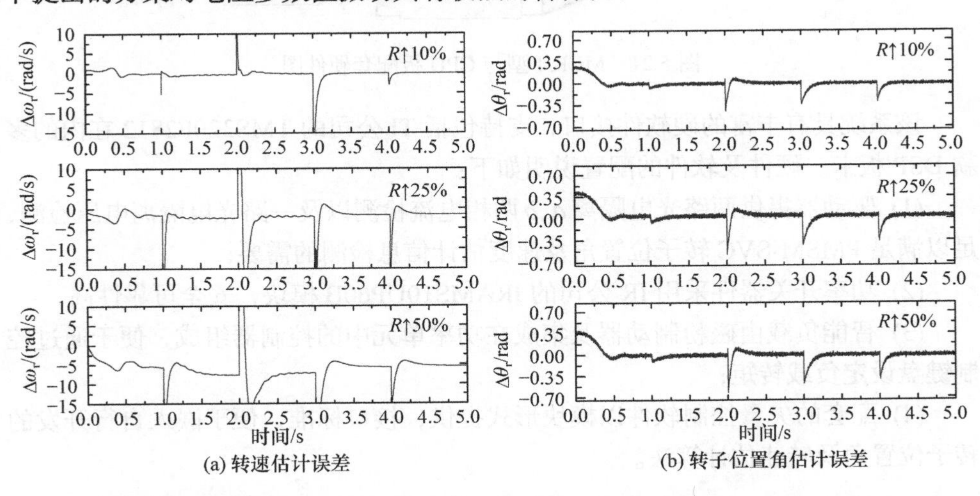


(a) 转速估计误差　　(b) 转子位置角估计误差

图 5.20　模拟电阻温升 10%、25%、50%情形下状态估计偏差($\Delta\theta_0=\theta_0-\theta_{r0}$=28.6°)

由 NTOCF-HGO 的设计特点可知外部转矩输入驱动项 $T_L$ 一并归入非线性项 $\boldsymbol{\varphi}(z,u)$ 中，因此参照电阻参数变化状态估计鲁棒性分析方法可对其进行常值化处理。此估计方法特点符合负载转矩不易辨识的实际系统的应用特点。

算法级与系统级的综合仿真证明了所提转子位置角及转速估计算法的可行性。

### 5.4.2　PMSM-SVC 物理实验及性能分析

本节使用北京精仪达盛科技有限公司 EL-DSPMCK 电机控制开发套件[139]对 NTOCF-HGO 速度估计算法及 RPECM-DDC 转子位置角估计算法进行实验验证。

#### 1. 硬件组成及配置说明

控制系统硬件基本配置如图 5.21 所示。永磁同步电机采用结构精巧的小功率电机(220V/1A/3000r/min)，系统附带 2500 线旋转光电编码器用以测量电机的实际转子位置角。

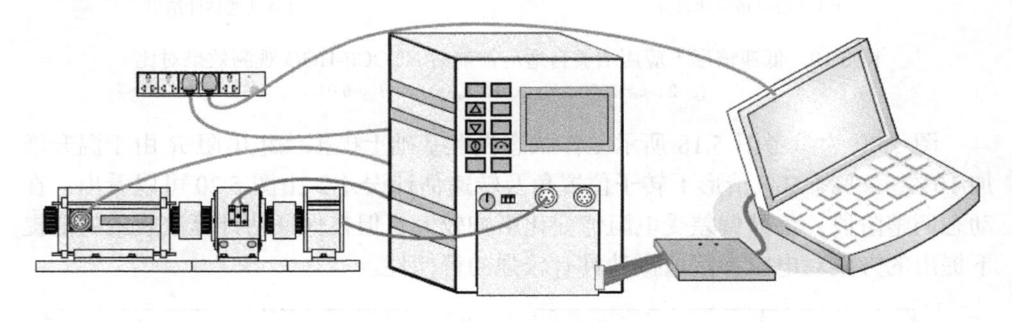

图 5.21　MCK-I 型与 CPU 板配套硬件图

该系统具有丰富的硬软件接口，支持包括 TI 公司的 TMS320F2812 在内的多款 DSP 板卡。硬件及软件的配置说明如下：

(1) 驱动器提供两路光电隔离 $a$、$b$ 两相电流检测以及一路光电隔离电压检测，足以满足 PMSM-SVC 转子位置角及速度估计信息检测的需要；

(2) 功率开关器件采用 IR 公司的 IRAMS10UP60B 模块，安全可靠性高；

(3) 智能负载由磁粉制动器及集成在功率单元中的控制器组成，便于通过控制键盘设定负载转矩；

(4) 配套的矢量控制软件以模块形式提供，接口标准，便于嵌入自行开发的转子位置角及转速估计算法。

2. 软件模块及驱动流程

软件模块按永磁同步电机转子磁链定向矢量控制原理进行标准化设计,其中,速度调节模块(PID_REG_SPD)、电流调节模块(PID_REG_IQD)、矢量变换模块(PARK、CLARKE)、空间矢量脉宽调制逆变模块(SVGEN_DQ)及相应初始化模块(SYS_INIT)等使用套件附带程序。转速及转子位置角估算模块依据式(5.30)和式(5.37)由汇编语言实现，其中一阶微分方程组数值求解算法使用改进的欧拉法。无传感器控制系统驱动流程如图 5.22 所示。

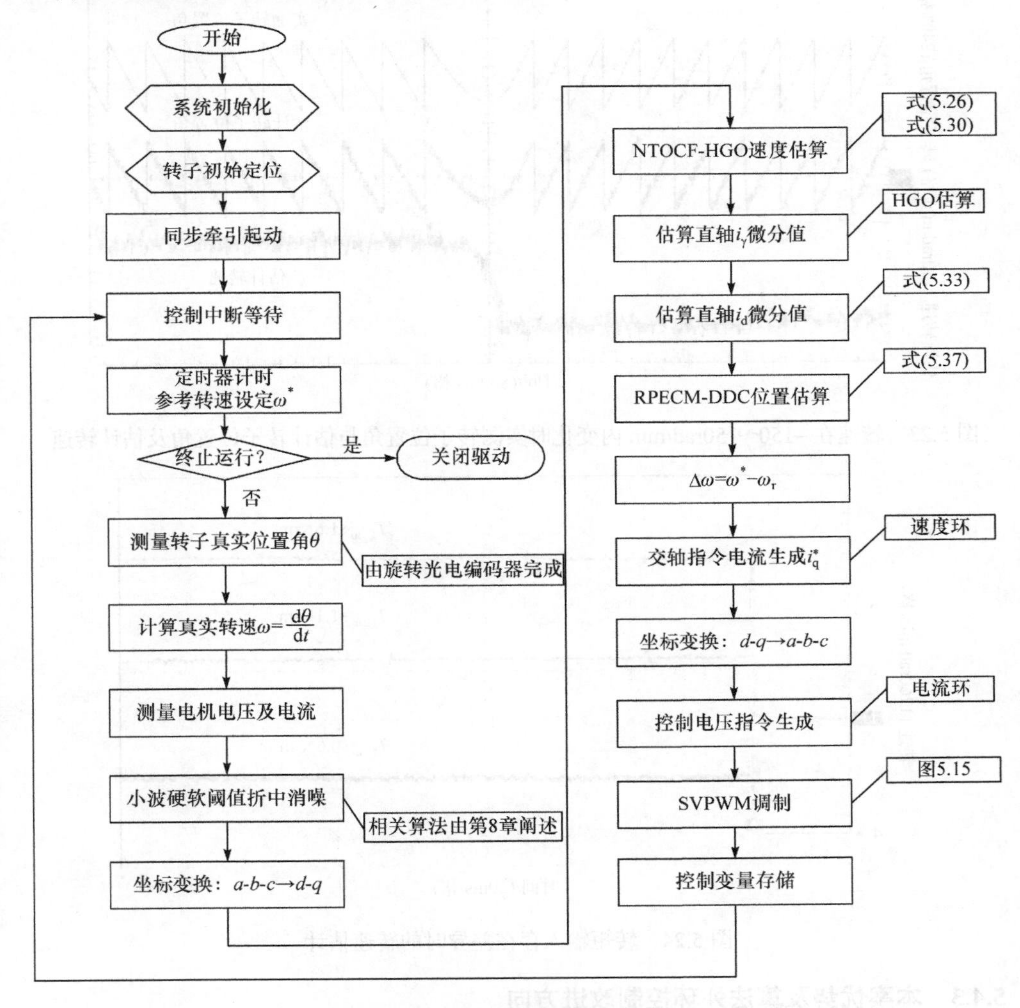


图 5.22　无传感器控制系统驱动流程

图 5.23 为 $\omega^* = -150 \sim 150\text{rad/min}$ 、$T_L = 2\text{N} \cdot \text{m}$ 经反复调整内、外环控制器参数情况下得到的估计转子速度及实际转子位置角与估计转子位置角的实验对比波形。从图中可以看出，当转速达到一定值起动观测器后，转子估计位置角可以很快收敛于实际位置，速度估计较为准确平滑。图 5.24 为电机运行在1500rad/min 、$T_L = 2\text{N} \cdot \text{m}$ 条件下观测器的输入转矩为实际值的 30%、55%及 80%时的转速实测曲线。从实验结果可以看出，当可辨识输入转矩与实际值存在一定差异时，该方案仍可保证转速估计的准确性。

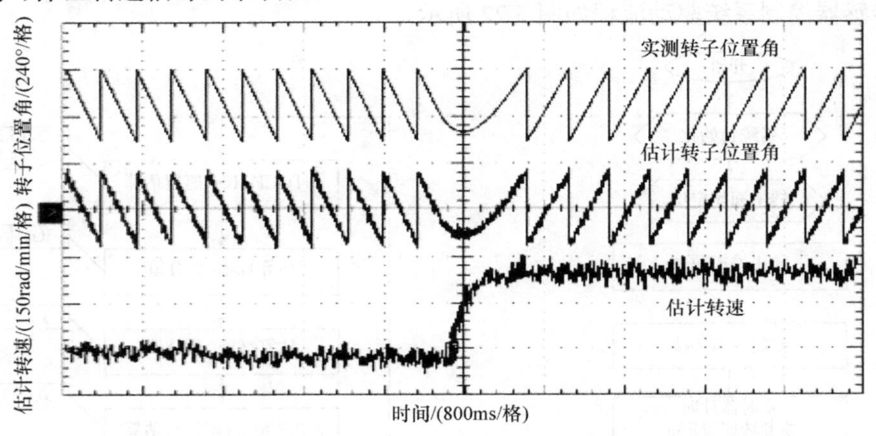


图 5.23 转速在 –150～150rad/min 内变化时实测转子位置角与估计转子位置角及估计转速

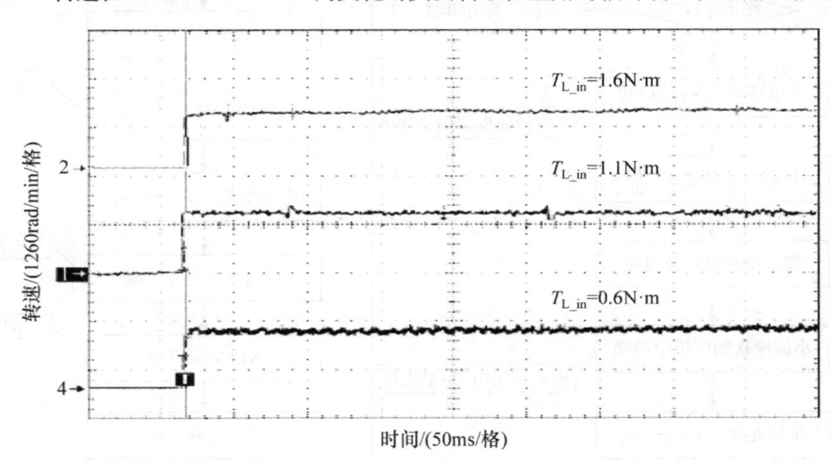


图 5.24 转矩输入存在差异时的转速估计

### 5.4.3 本案优势及算法外环控制改进方向

综合以上理论分析以及仿真实验证明，本章提出的 PMSM-SVC 基于

NTOCF-HGO 速度估计及 RPECM-DDC 位置估计的联合算法精度高、实时性好、参数变化鲁棒性强，状态估计算法具有内在收敛性的特点，算法对初始误差角$\Delta\theta_0$具有最高 ±28.6° 的容错收敛性，有利于实现真正的无传感器起动及运行。基于具有局部弱能观及全局能观降阶模型的非线性观测器设计从理论上保证了调速系统大范围工作的可靠性，具有单一常数自适应增益率的设计使状态估计具有内在可控性。但从高增益观测器的设计特点及位置估算对电流微分差值的需要来看，电机终端电流的时频域品质及检测电压电流的利用处理方式对估计算法的稳定性与可靠性具有重要影响，因此改善外部电流控制器的控制品质，提高控制器状态跟踪性能以及削弱诸多因素引发的高次谐波成分是提高状态估计可控性的外部有效措施。后续章节将对此展开深入研究。

## 5.5 本章小结

本章研究一类基于非线性坐标变换后能观测规范型的高增益观测器设计方法，并将其应用于永磁同步电机速度估计，结合基于直轴电流微分差值修正位置估计的联合算法具有内在收敛性，数值模拟及实验均对此给予了验证。本章提出状态估计内部可控性及外部可控性的概念。针对内部可控性设计了增益调整自适应律，外部可控性将在第 7 和第 8 章进行电流控制器的分析及改进设计。

# 第6章 基于灰色近似分类支持向量机预测的永磁同步电机位置及速度估计

## 6.1 引 言

基波反电势估计法、高频信号注入法及状态观测器法是永磁同步电机位置与速度估计中采用的主要方法。上述三种方法的共同点是基于永磁同步电机某种固有特性(如反电势、凸极性及精确模型等)进行实时解算，需要获取系统大量的先验信息(如模型方程参数、状态方程、噪声统计特性等)，状态估计的机械性较强、算法原理复杂且计算量偏大、参数变化鲁棒性差。事实上，永磁同步电机调速及伺服运行状态具有较强的周期性与规律性，其控制系统处理的是一类具有较强规律的离散数据，因此结合灰色预测模型及相关分类支持向量机算法可以对永磁转子位置及速度状态信息进行实时估算。

用基于机器学习的灰色预测模型及支持向量机算法解决永磁同步电机转子位置角及速度的估计问题，必须首先解决如下理论问题：

(1) 永磁同步电机伺服调速系统的灰色属性问题。

(2) 永磁同步电机伺服调速系统因子序列的关联建模问题。对原始数据序列进行挖掘、整理，通过灰关联分析寻求系统的内在变化规律，然后依据这一规律对行为数据的发展变化进行预测。一般来说，系统的行为数据序列可以分为单调增长序列、单调衰减序列及振荡序列三种类型。永磁同步电机转子位置角序列是振荡序列中较有规律的交替增长序列，而转速序列是幅值变化区间较大的序列，在调速阶段，表现为叠加低幅振荡的单调增长(或衰减)序列，而在恒速阶段表现为低幅振荡序列。

(3) 灰色预测理论与分类支持向量机算法相结合问题。预测是根据一定事物的运动及变化规律,用科学的方法及手段对事物的发展趋势与未来状态进行估量，做出定性或定量评价。预测要解决的不仅是对已知样本的拟合程度问题，更主要的是对未知样本的预测能力(即泛化能力)问题。在实际预测建模过程中，不同的预测方法往往能提供不同的有用信息，因此，将不同的预测方法根据研究对象的特点进行有机整合，可以达到提高预测精度、改善预测性能的目的。

文献[62]、文献[63]、文献[140]对应用灰色预测理论解决永磁同步电机转子位置角及速度的预测展开了初步的研究工作，应用灰色GM(1,1)模型预测出下一个采样周期静止坐标系内的电流值，然后将其应用于转子位置角及速度估计，提高了状态估计的实时性与精确性。文献[64]通过对相磁链及相电流线性相关性的分析，根据非线性函数映射关系$\psi_{\mathrm{m}}=\psi_{\mathrm{m}}(i_{\mathrm{m}},\theta_{\mathrm{r}})$或$\psi_{\mathrm{m}}=L_{\mathrm{m}}(i_{\mathrm{m}},\theta_{\mathrm{r}})i_{\mathrm{m}}$提出一种基于近似分类支持向量回归机(proximal support vector regression via classification, CPSVR)的单一在线开关磁阻电机转子位置估计器模型。仿真实验结果证明利用此分类支持向量机可以在较小的训练样本集上，只需较少计算量便可获得精度较高、实时性较强的在线位置估计器。

本章以我国学者邓聚龙教授首创的灰色系统理论为框架，以支持向量机机器学习方法为支撑，研究基于有限样本数据序列关联与泛化的永磁同步电机转子信息估计问题。本章首先简要介绍灰色系统与分类支持向量回归机的基本模型体系及技术方法，阐明数据挖掘意义下转子信息预测及回归逼近的技术可行性。在此基础上，通过相关因子序列的灰色关联度分析，确定以转子位置角及速度为主行为序列的有效预测因子集：即磁链-电流-转子位置角关联曲线及反电势-电压有效值-转子速度关联曲线。转子位置角的灰色预测采用等间隔的 5 条关联曲线，据此建立等间隔GM(1,1)预测模型，而转子速度的灰色预测根据低速及中高速范围确定为非等间距的 8 条关系曲线，据此建立非等间隔GM(1,1)预测模型。基于上述灰色预测一般原理对转子相关信息估计进行仿真及实验验证。

针对单一灰色预测方法下的磁特性(或电势特性)曲线建模对电机不同运行状态的区分能力差、概括性不强，由此导致估计误差较大的问题，本章提出基于支持向量机分类细化特性曲线区，提高以灰色GM(1,1)预测建模数据的指数光滑度，改善转子信息估计精度的灰色近似支持向量机分类预测(proximal SVM classifiers based grey model prediction, PSVMC-GMP)算法。数值仿真结果证明，引入先期近似支持向量机分类算法后的转子位置灰色预测法可以在较少测试数据集上达到较高的估计精度。

## 6.2　理 论 基 础

### 6.2.1　灰色预测基本理论及算法

1. 灰色系统及灰色关联空间

1) 灰色系统的概念及永磁同步电机伺服系统的灰色属性

控制论学者艾什比用黑箱(black box)形容内部信息缺乏的对象与系统，因此，可以用“黑”表示信息缺乏，“白”表示信息完全，信息不充分、不完全的称为“灰”。

信息不完全的系统称为灰色系统或简称灰系统(grey system)[141]。信息不完全一般指系统因素不完全明确、因素关系不完全清楚、系统结构不完全知道及系统作用原理不完全明了。灰系统着重外延明确而内涵不明确的对象。据此，灰系统可使用灰数、灰元及灰关系对其加以表征。灰数是信息不完全的数，灰元是信息不完全的元素，而灰关系是信息不完全的关系。灰系统一般可分为如下两类：

(1) 没有物理原型的灰系统，或称为本征性灰系统，如社会系统、经济系统、生态系统等抽象系统；

(2) 具有物理原型的灰系统，或称为非本征性灰系统，如受噪声干扰的技术系统等。

永磁同步电机控制系统是一类典型的非线性、多变量及强耦合系统。从系统的输入输出关系看，逆变器本质非线性及电机本体绕组间具有强电磁耦合关系，即使用较为精确的数学模型[142]或模糊混沌人工神经网络建模[143]对其进行描述，其机械特性、电磁转矩特性及伺服调速特性等仍呈现不确定性，其参数或变量之间的关系属性呈灰性。从系统状态变量的采集来看，有些状态变量(如相绕组电压及电流)是可以直接测量的，而有些状态变量(如电磁转矩、转子位置角及速度)是不能直接或不方便直接测量的，即使采用技术手段对上述状态变量进行直接采集，出于对精密硬件成本及不可避免的测量噪声方面的考虑，其测量值是围绕真实值波动的信息不完全的灰数。对于这一状态变量之间关系呈灰性、状态变量值呈灰数属性的非本征灰系统，可以应用灰系统的相关理论研究其数据行为序列。

2) 灰色关联空间及灰关联度

灰色关联是指事物之间的不确定关联，或系统因子之间、因子对主行为序列之间的不确定关联。灰关联分析的基本任务是基于行为因子序列微观或宏观几何接近性，分析并确定因子间的影响程度或因子对主行为的贡献测度。系统的要素或因子在满足范畴性、可构造性、可包含性、可数性及 Hausdorff 性条件下构成一个因子集，选定系统因子集中的一个主行为因子(或称参考序列)，则其他因子与其关联的程度是不同的。定义如下灰关联度。

**定义 6.1**[141]　令 $X$ 为灰关联因子集，$x_0 \in X$ 为参考序列，$x_i \in X$ 为比较序列，$x_0(k)$、$x_i(k)$ 分别为序列 $x_0$ 与 $x_i$ 的第 $k$ 点数值，若 $\gamma(x_0(k),x_i(k))$ 为实数，则

$$\gamma(x_0,x_i)=\frac{1}{n}\cdot\sum_{i=1}^{n}\gamma(x_0(k),x_i(k)) \tag{6.1}$$

为 $\gamma(x_0(k),x_i(k))$ 的平均值。若满足：

(1) 规范性，$0<\gamma(x_0,x_i)\leqslant 1$，$\gamma(x_0,x_i)=1 \Leftrightarrow x_0=x_i$；$\gamma(x_0,x_i)=0 \Leftrightarrow x_0,x_i\in\varnothing$。

(2) 偶对对称性，$x,y\in X$，$\gamma(x,y)=\gamma(y,x) \Leftrightarrow X=\{x,y\}$。

(3) 整体性，$x_j, x_i \in X = \{x_\sigma | \sigma = 0,1,\cdots,n\}$，$n \geqslant 2$，$\gamma(x_j, x_i)$与$\gamma(x_i, x_j)$通常不相等。

(4) 接近性，$|x_0(k) - x_i(k)|$越小，$\gamma(x_0(k), x_i(k))$越大。

则称$\gamma(x_0, x_i)$为 $x_i$ 对于 $x_0$ 的灰关联度。上述条件也称为灰关联四公理。

**定理 6.1**[142]　当

$$\gamma(x_0(k), x_i(k)) = \frac{\min\limits_{j\in I}\min\limits_{i}|x_0(k) - x_j(k)| + \rho\max\limits_{j\in I}\max\limits_{i}|x_0(k) - x_j(k)|}{|x_0(k) - x_i(k)| + \rho\max\limits_{j\in I}\max\limits_{i}|x_0(k) - x_i(k)|} \tag{6.2}$$

式中，$\rho \in (0,1)$为分辨系数，作用在于提高关联系数间的显著性，一般取$\rho$=0.5；$X = \{x_i | i \in I\}$为灰关联因子集，$x_0$ 为参考序列，$x_i$ 为比较序列；$x_0(k)$、$x_i(k)$分别为 $x_0$ 与 $x_i$ 的第 $k$ 点数值，则$\gamma(x_0, x_i) = (1/n)\cdot\sum\limits_{i=1}^{n}\gamma(x_0(k), x_i(k))$满足灰关联四公理。

由上述灰关联四公理，$0 < \gamma(x_0, x_i) \leqslant 1$表明系统中任何因子都不可能是严格无关联的，这与一般公理系统中对事物非此即彼的认知是截然不同的；偶对对称性表明，当灰关联因子集中只有两个因子时，$\gamma(x_0, x_i)$为两两比较，显然两两比较是对称的，这是距离量度的具体化；整体性表明，当关联比较在一定环境中进行时，对不同参考序列的取舍，由于环境不同，比较结果也不一定符合对称原理；接近性是对灰关联度量化的约束。灰关联空间内因子灰关联度的定义将系统要素之间的相互作用与影响进行量化，为寻求由此及彼的解决问题方法搭建了桥梁。

以永磁同步电机灰系统的状态估计为例，第 1 章综述的几种方法均是从状态变量确定性数学关联出发，通过绕组基波或注入的高次谐波电压(电流)与转子位置(速度)的相互关系解算出不便于直接测量的量，变量之间的数量关系是确定的，而求解的关系方程因建模角度的不同是不确定的，以不确定的过程规范确定的数量关系必然存在方法论上的误差。

本章从永磁同步电机系统因子集灰关联分析的宏观角度出发，找到与转子位置角及速度具有最大关联度的因子，通过对相关行为数据序列的整理与建模实时预测出真实的状态变量。

2. 等间隔及非等间隔 GM(1,1) 模型

灰系统理论基于关联空间、光滑离散函数①等概念，定义了灰导数与灰色微分方程，进而用离散数据序列建立了微分方程型的动态灰色模型，记为 GM(grey

① 函数的光滑离散性是灰色建模的基础，光滑度大的函数更易于精度高的连续函数逼近。离散序列 $x^{(0)}(k)$为光滑离散函数的条件可表示为 $x^{(0)}(k)\Big/\sum\limits_{i=1}^{k-1}x^{(0)}(0) = x^{(0)}(k)/x^{(1)}(k-1) \leqslant \varepsilon$ ($\varepsilon$ 为尽可能小的正数)。

model)。对于一阶单变量的研究对象，其灰色微分方程模型记为$GM(1,1)$。灰色微分方程通过对原始数据序列进行适当的重新生成，将无规律的原始数据变为较有规律的离散生成数列，进而建立近似的微分方程关系，为离散数据的规划、整理及预测提供了科学的分析手段。

设原始数据序列为$\boldsymbol{X}^{(0)}(k_i)=\left\{x^{(0)}(k_1), x^{(0)}(k_2), \cdots, x^{(0)}(k_n)\right\}$，$GM(1,1)$模型由间隔$\Delta k_i = k_i - k_{i-1}$ ($i$=2, 3, ⋯, $n$)的性质分为等间隔灰色模型(equal interval GM(1,1))及非等间隔灰色模型(non-equal interval GM(1,1))。

1) 等间隔$GM(1,1)$模型($\Delta k_i = \text{const}$)

对于非负等间隔原始数据序列$\boldsymbol{X}^{(0)}=\left\{x^{(0)}(1), x^{(0)}(2), \cdots, x^{(0)}(n)\right\}$，构造一次累加生成(1-accumulated generating operation, 1-AGO)序列：

$$\begin{cases}\boldsymbol{X}^{(1)}=\left\{x^{(1)}(1), x^{(1)}(2), \cdots, x^{(1)}(n)\right\} \\ x^{(1)}(k)=\sum_{i=1}^{k} x^{(0)}(i)\end{cases} \tag{6.3}$$

对于广义的能量系统$x^{(1)}$，可用以下微分方程近似描述：

$$\frac{\mathrm{d}\boldsymbol{X}^{(1)}}{\mathrm{d}t}+a\boldsymbol{X}^{(1)}=b \tag{6.4}$$

这是一个一阶单变量微分方程，记为$GM(1,1)$。根据差分方程与微分方程之间的关系，当采样间隔为一个计时单位时，上述方程可表示为

$$\frac{\mathrm{d}\boldsymbol{X}^{(1)}}{\mathrm{d}t}=x^{(1)}(k)-x^{(1)}(k-1)=x^{(0)}(k)=-ax^{(1)}+b \tag{6.5}$$

式中，系数 $a$ 称为发展系数，它反映$x^{(1)}(k)$及$x^{(0)}(k)$的发展态势；$b$ 称为灰作用量，系统(6.5)的作用量是外生的，即外部事先给定的，而$GM(1,1)$是单序列建模，只有系统的行为序列而无外作用序列，然而，通过辨识可以从数据序列的变化中找到数字量 $b$，其大小反映数据的变换关系，它在系统中的作用相当于作用量，其内涵与确切内容是灰的，因此称为灰作用量。

灰作用量是区别灰色建模与一般输入输出建模的根本所在，是内涵外延化及灰系统理论着重系统内涵开发的具体体现；$x^{(0)}(k)$称为背景值，可取为$x^{(1)}(k)$与$x^{(1)}(k-1)$的均值，即

$$x^{(0)}(k)=a\left(-\frac{1}{2}x^{(1)}(k)-\frac{1}{2}x^{(1)}(k-1)\right)+b \tag{6.6}$$

参数 $a$ 与 $b$ 的辨识可通过原始序列$x^{(0)}(k)$及累加序列$x^{(1)}(k)$求得。为了获得较为准确的$x^{(1)}(k)$增长曲线，至少 4 个数据是必需的。令

$$\begin{cases} \boldsymbol{Y}=\left(x^{(0)}(1), x^{(0)}(2), \cdots, x^{(0)}(n)\right)^{\mathrm{T}} \\ \boldsymbol{B}=\begin{pmatrix} -\frac{1}{2}\left(x^{(1)}(1)+x^{(1)}(2)\right) & 1 \\ -\frac{1}{2}\left(x^{(1)}(2)+x^{(1)}(3)\right) & 1 \\ \vdots & \vdots \\ -\frac{1}{2}\left(x^{(1)}(n-1)+x^{(1)}(n)\right) & 1 \end{pmatrix} \\ \boldsymbol{\Phi}=(a, b)^{\mathrm{T}} \end{cases} \tag{6.7}$$

构造方程$\boldsymbol{Y}=\boldsymbol{B\Phi}$，其中待辨识参数向量$\boldsymbol{\Phi}$可用最小二乘法求取，即

$$\boldsymbol{\Phi}=(a, b)^{\mathrm{T}}=\left(\boldsymbol{B}^{\mathrm{T}}\boldsymbol{B}\right)^{-1}\boldsymbol{B}^{\mathrm{T}}\boldsymbol{Y} \tag{6.8}$$

从而得到系统的响应函数为

$$\hat{x}^{(1)}(k)=\left(x^{(0)}(1)-\frac{b}{a}\right)\mathrm{e}^{-a(k-1)}+\frac{b}{a}, \quad k=2,3,\cdots,n \tag{6.9}$$

由累加逆过程(inverse accumulated generating operation, IAGO) $x^{(0)}(k)$ =IAGO $x^{(1)}(k)$就可以得到对原数列的估计与预测：

$$\hat{x}^{(0)}(k)=\left(1-\mathrm{e}^{a}\right)\cdot\left(x^{(0)}(1)-\frac{b}{a}\right)\cdot\mathrm{e}^{-a(k-1)}, \quad k=2,3,\cdots,n \tag{6.10}$$

2) 非等间隔GM(1,1)模型($\Delta k_i \neq \mathrm{const}$)

若序列间隔$\Delta k_i$不为常数，则离散数据序列的灰色微分建模即称为非等间隔GM(1,1)模型。

**定义 6.2**[144,145]　设序列$\boldsymbol{X}^{(0)}(k_i)=\left\{x^{(0)}(k_1), x^{(0)}(k_2), \cdots, x^{(0)}(k_n)\right\}$为非等间距序列，其 1-AGO 序列定义为$\boldsymbol{X}^{(1)}(k_i)=\left\{x^{(1)}(k_1), x^{(1)}(k_2), \cdots, x^{(1)}(k_n)\right\}$，其中

$$x^{(1)}(k_i)=\sum_{j=1}^{i}x^{(0)}(k_i)\Delta k_j, \quad i=1,2,\cdots,n \tag{6.11}$$

**定理 6.2**　对于由式(6.11)构造的 1-AGO 序列$\boldsymbol{X}^{(1)}(k_i)$的白化微分方程(形如式(6.4))，若规定计时单位$t=k_1$，$x^{(1)}(k_1)=x^{(0)}(k_1)$，则其响应函数为

$$\hat{x}^{(1)}(k_i)=\left(x^{(0)}(k_1)-\frac{b}{a}\right)\mathrm{e}^{-a(k_i-k_1)}+\frac{b}{a}, \quad i=1,2,\cdots,n \tag{6.12}$$

还原后模型的表达式为

$$\hat{x}^{(0)}\left(k_{i+1}\right)=\frac{1}{\Delta k_{i+1}}\left(1-\mathrm{e}^{a\Delta k_{i+1}}\right)\cdot\left(x^{(0)}\left(k_1\right)-\frac{b}{a}\right)\cdot\mathrm{e}^{-a\left(k_{i+1}-k_1\right)},\quad i=1,2,\cdots,n \tag{6.13}$$

式中，待辨识参数 $a$、$b$ 的求取与等间隔 GM(1,1) 模型方法一致。

3. 灰系统 GM(1,1) 预测算法

综合式(6.10)及式(6.13)，灰色预测是利用随机过程或不确定过程中潜在的规律性建立灰色模型对灰系统进行预测，是基于等间隔或非等间隔 GM(1,1) 模型做出的定量预测。灰系统 GM(1,1) 预测算法可定义为如下过程：

若 $\boldsymbol{X}^{(0)}\left(k_i\right)=\left\{x^{(0)}\left(k_1\right),x^{(0)}\left(k_2\right),\cdots,x^{(0)}\left(k_n\right)\right\}$ 为 $\left(\boldsymbol{X},\boldsymbol{\Gamma}\right)$ 空间中特定映射 $\gamma$ 下的光滑函数，$\boldsymbol{X}^{(1)}\left(k_i\right)$ 为 $\boldsymbol{X}^{(0)}\left(k_i\right)$ 的 1-AGO，$\boldsymbol{Z}^{(1)}\left(k_i\right)=0.5\boldsymbol{X}^{(1)}\left(k_i\right)+0.5\boldsymbol{X}^{(1)}\left(k_{i-1}\right)$ 为 $\boldsymbol{X}^{(1)}\left(k_i\right)$ 的均值生成，$\widehat{\mathrm{GM}}$ 为一种 GM(1,1) 的一步预测建模，则有如下结论。

(1) AGO：$\boldsymbol{X}^{(0)}\longrightarrow\boldsymbol{X}^{(1)}$。

(2) $\widehat{\mathrm{GM}}$：$\left\{\boldsymbol{X}^{(1)}\right\}\longrightarrow\left\{\widehat{\boldsymbol{X}^{(1)}}\right\}$。

(3) $\widehat{\mathrm{GM}}\left(\boldsymbol{X}^{(1)}\right)=\widehat{\boldsymbol{X}^{(1)}}\left(k+1\right)$。

(4) $\widehat{\boldsymbol{X}^{(1)}}\left(k+1\right)=\left(\boldsymbol{x}^{(0)}-b/a\right)\mathrm{e}^{-ak}+b/a$。

(5) $\widehat{\boldsymbol{\Phi}}=\left(a,b\right)^{\mathrm{T}}=\left(\boldsymbol{B}^{\mathrm{T}}\boldsymbol{B}\right)^{-1}\boldsymbol{B}^{\mathrm{T}}\boldsymbol{Y}$。

(6) $\boldsymbol{B}=\begin{pmatrix}-Z^{(1)}(2) & 1\\ -Z^{(1)}(3) & 1\\ \vdots & \vdots\\ -Z^{(1)}(n) & 1\end{pmatrix}$，$\boldsymbol{Y}=\begin{pmatrix}x^{(0)}(2)\\ x^{(0)}(3)\\ \vdots\\ x^{(0)}(n)\end{pmatrix}$。

### 6.2.2 近似分类支持向量机算法

1. 统计学习理论与支持向量机

1) 统计学习理论[146,147]

统计学习理论是机器学习①的一个重要研究领域，它从控制学习机器复杂度的思想出发提出结构风险最小化原则。该原则使学习机器在可容许的经验风险范围内总是采用具有最低复杂度的函数集。统计学习理论是建立在坚实的数学基础

① 机器学习问题就是根据 $l$ 个独立同分布观测样本 $\{(x_i,y_i)\mid \boldsymbol{x}_i\in\boldsymbol{X}\subset\mathbf{R}^n;\ y_i\in\boldsymbol{Y}\subset\mathbf{R};\ i=1,2,\cdots,n\}$，在函数集 $f(\boldsymbol{x},\boldsymbol{a})$ 中求一个最优的函数 $f(\boldsymbol{x},\boldsymbol{a}_0)$，使预测的期望风险最小化(expected risk minimization, ERM)。

之上的复杂理论体系，其致力于寻求小样本情况下学习问题的最优解，而不需要利用样本数趋于无穷大的渐近性条件，为解决有限样本学习问题提供了统一的框架。统计学习理论的核心概念是 VC 维(vapnik-chervonenkis dimension)与学习机器推广能力的界。

**定义 6.3** (函数集 VC 维直观定义) 对于一个指示函数集，能对空间中任意给定的最多 $h$ 个样本进行所有可能($2^h$ 种)的划分，则该函数集 VC 维就是 $h$。若总存在任意数目的样本集合可以被函数集完全划分，则该函数集的 VC 维就是无穷大。

**定理 6.3** (机器推广能力的界) 统计学习理论中关于经验风险与实际风险之间关系的重要结论，称为推广能力的界。对于两类分类问题，指示函数集中的所有函数，经验风险 $R_{\text{emp}}(\omega)$ 与实际风险 $R(\omega)$ 之间至少以 $1-\eta$ 的概率满足如下关系：

$$R(\omega) \leqslant \underbrace{R_{\text{emp}}(\omega)}_{\text{经验风险}} + \underbrace{\sqrt{\frac{h\left(\ln(2n/h)+1\right)-\ln(\eta/4)}{n}}}_{\text{置信范围}} \tag{6.14}$$

式中，$n$ 为训练样本数目；$h$ 为函数集的 VC 维；$1-\eta$ 表示置信水平。

由此可见，实际风险与经验风险之间存在由样本数目及 VC 维决定的置信区间，机器学习过程中不仅要使经验风险尽可能小，还要使 VC 维尽可能小，这样可以缩小置信范围，使实际风险达到最小，从而使算法对未知样本具有较好的泛化能力。以上就是统计学习理论的结构风险最小化(structure risk minimization, SRM)原则。

2) 支持向量机[148]

支持向量机(support vector machine, SVM)是 20 世纪 90 年代中期发展起来的一种基于统计学习理论的机器学习方法，其通过寻求结构风险最小化实现经验风险与置信范围最小，从而达到在统计样本较少的情况下也能获得良好统计规律的目的。支持向量机最初来自两类模式识别问题，它包含三个核心思想：寻求最优分类面以获得较好的泛化能力、提出软间隔的概念以解决线性不可分问题、引入核函数使超平面从线性扩展到非线性。

考虑线性可分情况下的最优分类超平面(optimal hyperplane)，即对于二分类问题，假设存在线性可分的训练样本$\{(\boldsymbol{x}_1,y_1), \cdots, (\boldsymbol{x}_j,y_j), \cdots, (\boldsymbol{x}_l,y_l); \boldsymbol{x}_j\in\mathbf{R}^n; y_j\in\{\pm1\}\}$，分离超平面为 $\boldsymbol{H}$：$\langle \boldsymbol{w}\cdot\boldsymbol{x}\rangle+b=0$(其中，$\langle\cdot\rangle$表示向量的内积，$\boldsymbol{w}$ 为权向量，$b$ 为偏移量)，此时离超平面最近的向量与超平面之间的分类间隔是最大的；设 $\boldsymbol{H}_1$：$\boldsymbol{w}\cdot\boldsymbol{x}+b=+1$，$\boldsymbol{H}_2$：$\boldsymbol{w}\cdot\boldsymbol{x}+b=-1$，其中，$\boldsymbol{H}_1$ 与 $\boldsymbol{H}_2$ 分别为过各类中离分类超平面最近的样本且平行于分类超平面的平面(见图 6.1(a))，它们之间的距离就是分类间隔 $2/\|\boldsymbol{w}\|$。由于当两类样本线性可分时满足如下条件：

$$y_j\left(\langle \boldsymbol{w}\cdot\boldsymbol{x}\rangle+b\right)-1\geqslant 0,\quad j=1,2,\cdots,l \tag{6.15}$$

因此使分类间隔最大就是使$\|\boldsymbol{w}\|$最小，其求解即可转化为如下二次凸规划问题：

$$\begin{aligned}&\min_{w,b}\frac{1}{2}\|\boldsymbol{w}\|^2=\min_{w,b}\frac{1}{2}\boldsymbol{w}^{\mathrm{T}}\boldsymbol{w}\\&\text{s.t. } y_j\left(\langle \boldsymbol{w}\cdot\boldsymbol{x}\rangle+b\right)-1\geqslant 0,\quad j=1,2,\cdots,l\end{aligned} \tag{6.16}$$

这个最优化问题的解是下列拉格朗日函数的鞍点：

$$L(\boldsymbol{w},b,\boldsymbol{\lambda})=\frac{1}{2}\boldsymbol{w}^{\mathrm{T}}\boldsymbol{w}-\sum_{j=1}^{l}\lambda_j\left(y_j\left(\langle \boldsymbol{w}\cdot\boldsymbol{x}\rangle+b\right)-1\right) \tag{6.17}$$

式中，$\lambda_j>0$为拉格朗日乘数。在KKT(Karush-Kuhn-Tucker)条件[149]下，求解式(6.17)转化为如下对偶泛函：

$$\begin{aligned}&\max_{\lambda}\sum_{i=1}^{l}\lambda_i-\frac{1}{2}\sum_{i=1}^{l}\sum_{j=1}^{l}\lambda_i\lambda_j y_i y_j\left\langle \boldsymbol{x}_i\cdot\boldsymbol{x}_j\right\rangle\\&\text{s.t. }\sum_{i=1}^{l}y_i\lambda_i=0,\quad \lambda_i>0,\quad i=1,2,\cdots,l\end{aligned} \tag{6.18}$$

假设$\boldsymbol{\lambda}^*=\left(\lambda_1^*,\lambda_2^*,\cdots,\lambda_l^*\right)$为上述二次凸规划问题的解，一般情况下，该优化问题的特点是大部分$\lambda_j^*$为零，其中不为零的$\lambda_j^*$所对应的样本称为支持向量(support vector, SV)并设其数目为$N_{\mathrm{SV}}$。

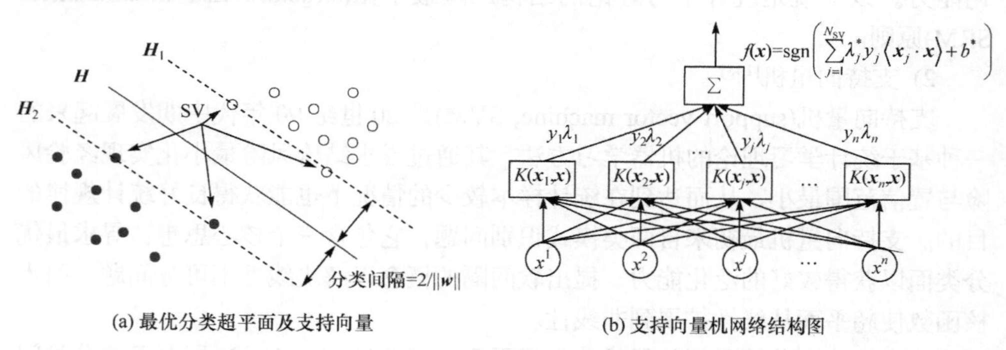


图 6.1 样本数据线性可分支持向量机分类原理及网络结构

根据如下 Kuhn-Tucker 定理可以确定偏移量$b^*$的求取。

**定理 6.4** (Kuhn-Tucker 定理) 设$\bar{\boldsymbol{x}}\in S, I=\left\{i\mid g_i(\bar{\boldsymbol{x}})=0\right\}\left(f,g_i(i\in I)\right)$在$\bar{\boldsymbol{x}}$处可微，$g_i(i\notin I)$在$\bar{\boldsymbol{x}}$处连续，$\left\{\nabla g_i(\bar{\boldsymbol{x}})\mid i\in I\right\}$线性无关。若$\bar{\boldsymbol{x}}$是局部最优解，则存在非负数$\omega_i(i\in I)$使 (运算符$\nabla$表示对函数向量取梯度)

$$\nabla f(\bar{\boldsymbol{x}})-\sum_{i\in I}\omega_i\nabla g_i(\bar{\boldsymbol{x}})=\boldsymbol{0} \tag{6.19}$$

在定理 6.4 中，若 $g_i(i\notin I)$ 在 $\bar{x}$ 处可微，则 Kuhn-Tucker 条件可写成如下等价形式：

$$\begin{cases}\nabla f(\bar{\boldsymbol{x}})-\sum_{i\in I}\omega_i\nabla g_i(\bar{\boldsymbol{x}})=\mathbf{0}\\ \omega_i g_i(\bar{\boldsymbol{x}})=\mathbf{0},\quad \omega_i\geqslant 0,\quad i=1,\cdots,m\end{cases}\tag{6.20}$$

因此，式(6.18)在鞍点处有下式成立：

$$\lambda_j^*\left(y_j\left(\left\langle\boldsymbol{w}\cdot\boldsymbol{x}_j\right\rangle+b^*\right)-1\right)=0,\quad j=1,2,\cdots,l\tag{6.21}$$

由式(6.21)即可以根据任意一个支持向量求出对应的 $b^*$,经过训练得到二分类决策函数的表达式为(决策过程参见图 6.1(b))

$$f(\boldsymbol{x})=\mathrm{sgn}\left(\langle\boldsymbol{w}\cdot\boldsymbol{x}\rangle+b\right)=\mathrm{sgn}\left(\sum_{j=1}^{N_{\mathrm{SV}}}\lambda_j^*y_j\left\langle\boldsymbol{x}_j\cdot\boldsymbol{x}\right\rangle+b^*\right)\tag{6.22}$$

由式(6.22)所示的最终分类决策函数可以看出，由于支持向量通常只是全体样本中很少的一部分，因此，支持向量这一特性对于降低模型复杂性具有非常重要的意义。而对于在输入空间无法用线性判别函数分类的样本集，必须利用核特征空间的非线性映射将低维输入空间的样本映射到高维特征空间中(实际上就是增加了样本函数的自由度)，使样本在高维特征空间中可以用线性判别函数进行分类。

**定义 6.4**(核函数)　称函数 $K:X\times X\to\mathbf{R}$ 是核函数，如果存在某个内积空间(或 Hilbert 空间)$(Z,\langle\cdot\rangle)$，以及映射 $\varphi: X\to Z, \boldsymbol{x}\to\varphi(\boldsymbol{x})$，使

$$K\left(\boldsymbol{x}_j,\boldsymbol{x}\right)=\left\langle\varphi\left(\boldsymbol{x}_j\right)\cdot\varphi(\boldsymbol{x})\right\rangle\tag{6.23}$$

引入核函数 $K$ 避免了直接在高维空间中对映射后的样本进行操作,解决了维数灾难问题。常用的核函数有多项式核函数 $K\left(\boldsymbol{x}_i,\boldsymbol{x}_j\right)=\left(\left\langle\boldsymbol{x}_i\cdot\boldsymbol{x}_j\right\rangle+c\right)^d$ $(d=1,2,\cdots,N)$、径向基核函数 $K\left(\boldsymbol{x}_i,\boldsymbol{x}_j\right)=\exp\left(-\left\|\boldsymbol{x}_i-\boldsymbol{x}_j\right\|/\left(2\sigma^2\right)\right)$ 及高斯核函数 $K\left(\boldsymbol{x}_i,\boldsymbol{x}_j\right)=\exp\left(-\mu\left\|\boldsymbol{x}_i-\boldsymbol{x}_j\right\|^2\right)$ 等，相对应的支持向量机称为多项式函数支持向量机、径向基函数支持向量机及高斯核函数支持向量机。

2. 近似分类支持向量机模型及算法[150]

对于更一般的训练样本不能被线性函数完全分开的情形，通常采用的解决方法是 Vapnik 提出的基于软间隔最优分类超平面的思想，即在约束条件(6.15)中增加一个松弛项 $\xi_j\geqslant 0(j=1,2,\cdots,l)$，此时求解广义最优分类超平面可转化为优化下式：

$$
\begin{aligned}
&\min_{w,b,\xi}\frac{1}{2}\boldsymbol{w}^{\mathrm{T}}\boldsymbol{w}+\gamma\sum_{j=1}^{l}\xi_j \\
&\text{s.t. } y_j\left(\left\langle \boldsymbol{w}\cdot\boldsymbol{x}\right\rangle+b\right)-1+\xi_j\geqslant 0,\quad \xi_j\geqslant 0,\quad j=1,2,\cdots,l
\end{aligned}
\tag{6.24}
$$

式中，规则化(regularization)常数$\gamma$决定了经验风险与复杂性(VC 维)之间的权衡。此时可以在被错分样本数目最少的情况下构造最优分类超平面，其分类原理如图 6.2(a)所示。上述凸规划需要在不等式约束下求解最优解。随着样本数量的增加，二次规划问题的计算量将会非常大[151]，从实际应用出发，对优化问题进行改进，提出如下近似分类支持向量机(proximal SVM classifiers, PSVMC)[150]：

$$
\begin{aligned}
&\min_{w,b,\xi}\frac{1}{2}\left(\boldsymbol{w}^{\mathrm{T}}\boldsymbol{w}+b^2\right)+\left(\frac{\gamma}{2}\right)\sum_{j=1}^{l}\xi_j^2 \\
&\text{s.t. } y_j\left(\left\langle \boldsymbol{w}\cdot\boldsymbol{x}\right\rangle+b\right)-1+\xi_j=0,\quad j=1,2,\cdots,l
\end{aligned}
\tag{6.25}
$$

将标准支持向量机的损失函数由一次改为二次损失函数，并在目标函数中加入偏移项 $b^2$，使近似支持向量机的目标函数是强凸的，从而使算法的收敛速度比标准支持向量机要快得多①；另外，其将约束条件由不等式约束变为等式约束，大大简化了求解的难度。PSVMC 的分类原理如图 6.2(b)所示，超平面 $\boldsymbol{H}_1$、$\boldsymbol{H}_2$ 不再是一般意义的分类超平面，而是将每类数据样本以最大间隔 $2/\|[\boldsymbol{w}, b]\|$分开且使分类数据以最小距离$\varepsilon$聚拢其周围的近似分类面，定义 $\varepsilon$-支持向量为近似分类超平面临近区域内$\xi_j\leqslant\varepsilon$ 的样本数据，若$\varepsilon$足够小则 PSVMC 同样保持解的稀疏性。

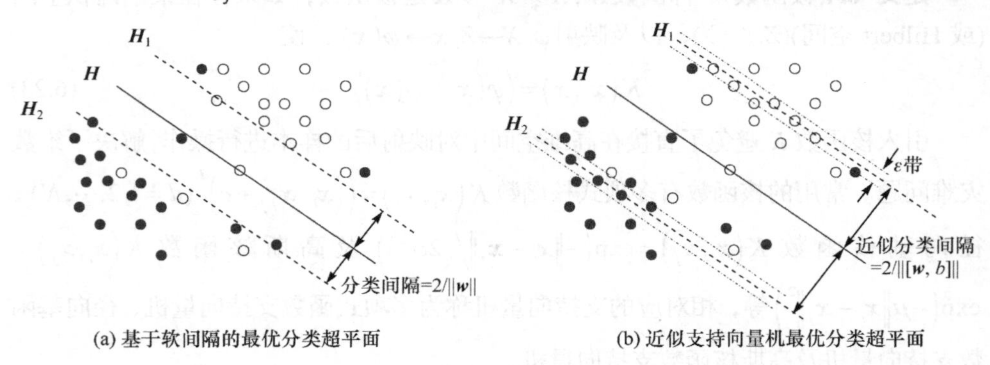


(a) 基于软间隔的最优分类超平面　　(b) 近似支持向量机最优分类超平面

图 6.2　样本数据线性不可分支持向量机分类原理

PSVMC 算法是求解如下拉格朗日函数的鞍点：

① 文献[147]在典型数据集上对 PSVMC、最小二乘支持向量机(LSSVM)、标准支持向量机(SSVM)、序贯最小优化算法(SMO)及分块快速算法(SVM$^{\text{light}}$)进行了对比，结果表明 PSVMC 的训练速度明显快于其他算法。

$$L(\boldsymbol{w},\boldsymbol{\xi},b,\boldsymbol{\lambda})=\frac{1}{2}\boldsymbol{w}^{\mathrm{T}}\boldsymbol{w}+\frac{1}{2}b^2+\frac{\gamma}{2}\sum_{j=1}^{l}\xi_j^2-\sum_{j=1}^{l}\lambda_j\left\{y_j\left(\langle\boldsymbol{w}\cdot\boldsymbol{x}\rangle+b\right)-1+\xi_j\right\} \tag{6.26}$$

式中，$\lambda_j>0$ 为拉格朗日乘数。利用 KKT 条件可得

$$\boldsymbol{w}-\sum_{j=1}^{l}\lambda_j y_j \boldsymbol{x}_j=0,\quad \gamma\xi_j-\lambda_j=0,\quad b-\sum_{j=1}^{l}\lambda_j y_j=0 \tag{6.27}$$

将式(6.27)代入式(6.25)等式约束条件中，将该优化问题转化为线性方程组：

$$y_j\left(\sum_{j_1=1}^{l}\lambda_{j_1}y_{j_1}\left(\langle\boldsymbol{x}_j\cdot\boldsymbol{x}_{j_1}\rangle+1\right)\right)+\frac{\lambda_j}{\gamma}-1=0,\quad j,j_1=1,2,\cdots,l \tag{6.28}$$

由式(6.28)即可得到计算拉格朗日乘子 $\boldsymbol{\lambda}=\{\lambda_1,\lambda_2,\cdots,\lambda_l\}$ 的线性方程组：

$$\boldsymbol{\lambda}=\left(\boldsymbol{H}_1\times\boldsymbol{H}_0+\boldsymbol{H}_2\right)^{-1}\times\boldsymbol{E} \tag{6.29}$$

式中

$$\boldsymbol{H}_2=(1/\gamma)\times\boldsymbol{I}_{l\times l},\quad \boldsymbol{H}_1=\boldsymbol{Y}\times\boldsymbol{I}_{l\times l},\quad \boldsymbol{H}_0=\boldsymbol{Y}\times(\boldsymbol{D}+\boldsymbol{B})$$

$$\boldsymbol{B}=\begin{pmatrix}1&\cdots&1\\ \vdots&&\vdots\\ 1&\cdots&1\end{pmatrix}_{l\times l},\quad \boldsymbol{D}=\begin{pmatrix}(\boldsymbol{x}_1\cdot\boldsymbol{x}_1)&\cdots&(\boldsymbol{x}_1\cdot\boldsymbol{x}_l)\\ \vdots&&\vdots\\ (\boldsymbol{x}_l\cdot\boldsymbol{x}_1)&\cdots&(\boldsymbol{x}_l\cdot\boldsymbol{x}_l)\end{pmatrix}_{l\times l}$$

$$\boldsymbol{E}=(1,\cdots,1)^{\mathrm{T}}_{l\times 1}\ (\text{单位列向量}),\quad \boldsymbol{Y}=(y_1,y_2,\cdots,y_n)^{\mathrm{T}}_{l\times 1}$$

将式(6.29)代入式(6.27)即可确定分类参数 $(\boldsymbol{w},b)\in\mathbf{R}^{n+1}$。对于 $n+1$ 维线性方程组(6.28)，由线性方程组解的基本理论可知，至多需要 $n+1$ 个线性独立样本数据点即可求解该方程，因此通过定义上述$\varepsilon$-支持向量即可获得具有稀疏解的近似分类支持向量机。相关算法可以由核函数映射推广到样本数据非线性不可分的情形。

## 6.3　转子位置及速度预测有效灰关联因子选定

### 6.3.1　永磁同步电机控制系统因子集组成及分类

灰系统理论提出的灰关联度分析方法是根据因素或因子之间发展态势的相似或相异程度来衡量其关联的程度，它揭示了事物动态关联的特征与程度。由于以发展态势为立足点，因此对数据样本量的大小没有过多要求，也不需要典型的分布规律，弥补了用数理统计方法进行系统分析所导致的缺憾，而且计算量小、计算简便，尤其是对于永磁同步电机这类具有物理原型的非本征灰系统，其对短时行为数据序列具有较强的建模能力。灰色关联分析的基本思想是根据序列曲线几

何形状的相似程度来判断其联系是否紧密，曲线越接近，相应序列之间的关联度就越大，反之就小。对一个抽象的系统或数据序列进行分析时，首先要选准反映系统行为特征的数据序列，称为寻找系统行为的映射量，用映射量来间接地表征系统的行为。

对于永磁同步电机矢量控制系统，如果选定转子位置角序列 $\boldsymbol{\theta}_0\left(\theta_0(1_i),\theta_0(2_i),\cdots,\theta_0(k_i)\right)$ 为主因子序列，其中，$k$ 为 $i$ 级计时单位序号，具体由控制系统采样周期或控制周期决定，则同级计时单位下的相电压序列 $\boldsymbol{u}_1\left(u_1(1_i),u_1(2_i),\cdots,u_1(k_i)\right)$、相电流序列 $\boldsymbol{i}_2\left(i_2(1_i),i_2(2_i),\cdots,i_2(k_i)\right)$、磁链序列 $\boldsymbol{\psi}_3\left(\psi_3(1_i),\psi_3(2_i),\cdots,\psi_3(k_i)\right)$、定子一相绕组自感序列 $\boldsymbol{L}_4\left(L_4(1_i),L_4(2_i),\cdots,L_4(k_i)\right)$ 及反电势有效值序列 $\boldsymbol{E}_{a5}\left(E_{a5}(1_i), E_{a5}(2_i),\cdots,E_{a5}(k_i)\right)$ 等构成比较序列，它们共同组成永磁同步电机控制系统的因子集；同理，如果选定转速序列 $\boldsymbol{\omega}_0\left(\omega_0(1_i),\omega_0(2_i),\cdots,\omega_0(k_i)\right)$ 为主因子序列，则同级计时单位下的相电压序列、相电流序列及反电势有效值序列等构成相应的比较序列。

### 6.3.2 SGMPH-15A1A2B 型电机灰关联曲线测定

根据上述分析，对一套安川电机有限公司生产的 SGMPH-15A1A2B 型电机(额定功率 $P_N$=1.5kW，额定转速 $n$=3000r/min)组成的调速系统进行测试。第一组以转子位置角(电角度)为主行为序列，在额定状态下得到相关实验数据如表 6.1 所示(3000r/min)；第二组以转速为主行为序列，得到相关实验数据如表 6.2 所示。其中，相电压、相电流及反电势序列均采用有效值，表中各项测量值均以国际单位制标定。

**表 6.1 以转子位置角(电角度)为主行为序列的测试集**

| $\theta$/(°) | $u_1$/V | $i_2$/A | $\psi_3$/mWb | $L_4$/mH | $E_{a5}$/V |
|---|---|---|---|---|---|
| 0 | 272.1 | 5.45 | 535 | 73.32 | 231.6 |
| 22.5 | 179.9 | 3.89 | 458 | 67.15 | 154.2 |
| 45 | 116.0 | 2.31 | 330 | 52.24 | 73.9 |
| 67.5 | 84.6 | 1.78 | 197 | 37.33 | 56.8 |
| 90 | −11.4 | 0.79 | 61 | 31.16 | −20.7 |
| 112.5 | −81.8 | −1.75 | 180 | 36.48 | −69.3 |
| 135 | −116.7 | −2.26 | 113 | 53.57 | −98.4 |
| 157.5 | −182.4 | −3.83 | 152 | 65.73 | 156.3 |
| 180 | −269.8 | −5.43 | 160 | 74.52 | 232.5 |

表 6.2　以转速为主行为序列的测试集

| $\omega$/(r/min) | | $\tilde{u}_1$/V | $\tilde{i}_2$/V | $\tilde{\psi}_3$/mWb | $\tilde{E}_{a4}$/V |
|---|---|---|---|---|---|
| 低速区 | 25 | 78.3 | 2.75 | 325 | 13.5 |
| | 50 | 88.5 | 2.72 | 320 | 21.2 |
| | 100 | 102.6 | 2.68 | 318 | 40.8 |
| | 200 | 122.4 | 2.78 | 328 | 82.1 |
| $\omega$/(r/min) | | $\tilde{u}_1$/V | $\tilde{i}_2$/V | $\tilde{\psi}_3$/mWb | $\tilde{E}_{a4}$/V |
| 高速区 | 500 | 155.8 | 2.75 | 326 | 145.2 |
| | 1000 | 192.6 | 2.63 | 315 | 182.0 |
| | 1500 | 225.7 | 2.69 | 319 | 245.6 |
| | 3000 | 253.6 | 2.77 | 326 | 247.8 |

根据式(6.2)对各列数据进行初值化与归一化，以 $\boldsymbol{u}_1\left(u_1\left(l_i\right),\cdots,u_1\left(j_i\right),\cdots,u_1\left(k_i\right)\right)$ 序列为例，归一化公式为

$$u_1'\left(j_i\right)=\frac{u_1\left(j_i\right)-\min\left(u_1\right)}{\max\left(u_1\right)-\min\left(u_1\right)},\quad j=1,2,\cdots,k \tag{6.30}$$

然后分别计算各自序列灰色关联度，如表 6.3 所示。

表 6.3　灰色关联度计算值

| $\gamma_1(u_1,\theta_0)$ | $\gamma_1(i_2,\theta_0)$ | $\gamma_1(\psi_3,\theta_0)$ | $\gamma_1(L_4,\theta_0)$ | $\gamma_1(E_{a5},\theta_0)$ |
|---|---|---|---|---|
| 0.7764 | 0.8653 | 0.9246 | 0.8187 | 0.7282 |
| $\gamma_2(\tilde{u}_1,\omega_0)$ | $\gamma_2(\tilde{i}_2,\omega_0)$ | $\gamma_2(\tilde{\psi}_3,\omega_0)$ | $\gamma_2(\tilde{E}_{a4},\omega_0)$ | |
| 0.8963 | 0.8031 | 0.6245 | 0.9334 | |

由表 6.3 可见：

$$\gamma_1\left(\psi_3,\theta_0\right)>\gamma_1\left(i_2,\theta_0\right)>\gamma_1\left(L_4,\theta_0\right)>\gamma_1\left(u_1,\theta_0\right)>\gamma_1\left(E_{a5},\theta_0\right) \tag{6.31}$$

$$\gamma_2\left(\tilde{E}_{a4},\omega_0\right)>\gamma_2\left(\tilde{u}_1,\omega_0\right)>\gamma_2\left(\tilde{i}_2,\omega_0\right)>\gamma_2\left(\tilde{\psi}_3,\omega_0\right) \tag{6.32}$$

由式(6.31)可知，相绕组磁链对转子位置角输出序列作用最大、关联最紧密，其次是相绕组电流，据此选取相磁链及相绕组电流作为转子位置角有效联合预测因子；同理，由式(6.32)可知，选取反电势有效值及绕组相电压有效值作为转子速度的有效联合预测因子。

根据上述灰关联分析及预测因子选定，进一步测定并绘制永磁同步电机两组用以预测转子位置及速度关系的曲线分别如图 6.3 及图 6.4 所示，磁特性及电势特

性曲线的测定原理、方法及准确性验证将在 6.5.2 节给予具体研究及说明。

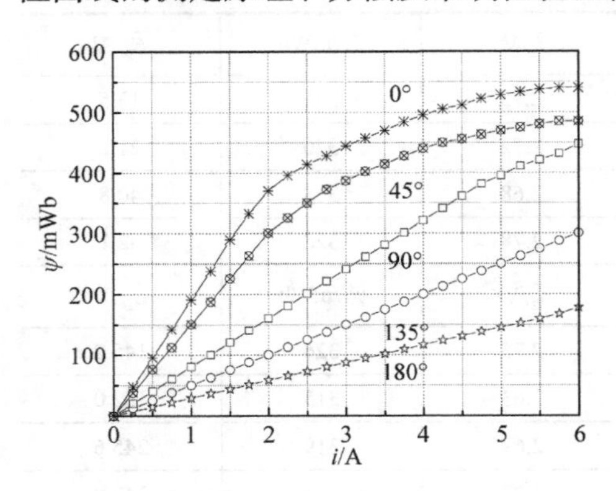


图 6.3　磁链-电流-转子位置角关联曲线

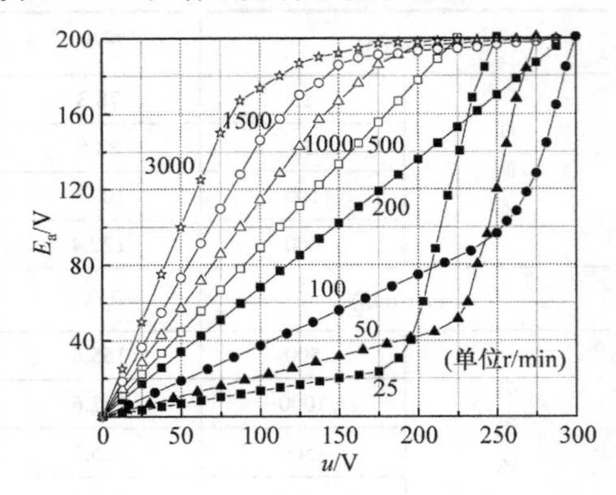


图 6.4　反电势-相电压-转子速度关联曲线

## 6.4　转子位置及速度灰色预测一般原理及算法步骤

### 6.4.1　转子位置实时灰色预测算法

应用灰色 GM(1,1)预测模型预测转子位置，先期只需分别测量或计算永磁同步电动机转子在 0°、45°、90°、135°及 180°时的 5 条磁链-电流-转子位置角曲线(见图 6.3)，其余转子位置角的磁化曲线通过灰色预测计算公式在线计算得到。磁链可以通过测量得到的线电流与端电压通过下式计算出来：

$$\begin{pmatrix}\psi_a(t)\\ \psi_b(t)\\ \psi_c(t)\end{pmatrix}=\int_0^t\left(\begin{pmatrix}u_a(\tau)\\ u_b(\tau)\\ u_c(\tau)\end{pmatrix}-\begin{pmatrix}R_a & 0 & 0\\ 0 & R_b & 0\\ 0 & 0 & R_c\end{pmatrix}\begin{pmatrix}i_a(\tau)\\ i_b(\tau)\\ i_c(\tau)\end{pmatrix}\right)\mathrm{d}\tau \tag{6.33}$$

算法具体实现步骤如下：

(1) 在控制系统采样时刻测得电动机的定子相电流及相电压，由式(6.33)计算出对应的磁链。

(2) 把计算所得的磁链与相同电流对应的 5 个基本磁链值进行比较以确定其所在角度区间，选择预测角度单位 $k$($k$=0°、45°、90°、135°及 180°共 5 个基本值)；若计算所得磁链为负值，则其对应的转子电角度区间为 180°～360°。

(3) 查表得到同样的电流在 5 个不同角度所对应的磁链值 $\boldsymbol{\psi}_i^{(0)}\left(\psi_i^{(0)}(0^\circ),\psi_i^{(0)}(45^\circ),\psi_i^{(0)}(90^\circ),\psi_i^{(0)}(135^\circ),\psi_i^{(0)}(180^\circ)\right)$，把它们作为已知数据，通过一次累加

生成 1-AGO 序列 $\boldsymbol{\psi}_i^{(1)}\left(\psi_i^{(1)}(0°),\psi_i^{(1)}(45°),\psi_i^{(1)}(90°),\psi_i^{(1)}(135°),\psi_i^{(1)}(180°)\right)$；由式(6.34)预测磁链随角度 $\theta$ 的变化规律(参数 $a_\theta$、$b_\theta$由式(6.7)及式(6.8)在每个采样周期内通过最小二乘法进行实时更新)，其中，$1_{\Delta\theta}$ 代表角度增量：

$$\psi_i^{(1)}\left((k+1)_{\Delta\theta}\right)=\left(\psi_i^{(1)}(1_{\Delta\theta})-\frac{b_\theta}{a_\theta}\right)\mathrm{e}^{-ak}+\frac{b_\theta}{a_\theta} \tag{6.34}$$

(4) 将计算所得的磁链值与预测磁链曲线相比较即可得到转子位置角。

由式(6.34)进行绕组磁链的计算时，为了提高参量估算的准确度并提高转子位置角的预测精度，需要根据电机的工况对定子电阻进行辨识修正[76]，原因是绕组电阻值是随电机工作状态变化较大的一个参数。本章后续内容将对电机磁特性曲线的建模方法及建模精度进行进一步的分析与研究。

### 6.4.2　转子速度实时灰色预测算法

应用灰系统 GM(1,1)预测模型预测转子速度，依据具体永磁同步电机的运行状态，分为低速及中高速两个预测区域。低速预测区(以 SGMPH-15A1A2B 型电机为例，参见图 6.4)由 25r/min、50r/min、100r/min、200r/min 及 500r/min 五条预测曲线组成，有效预测范围小，预测精度高；中高速预测区由 500r/min、1000r/min、1500r/min 及 3000r/min 四条预测曲线组成，有效预测范围大。

以低速区为例，具体计算步骤如下。

(1) 在控制系统连续采样时段测得相电流及相电压瞬时值，并计算反电势有效值。其计算原理为：以绕组 $a$ 相为例，反电势瞬时值的表达式如式(6.35)所示。一般而言，有效值在磁路非饱和情形下与转速成正比，即 $\tilde{E}_\mathrm{a}=\boldsymbol{\kappa}\cdot\boldsymbol{\omega}$，其中，$\boldsymbol{\kappa}$为具体型号电机的比例常数。由转速与转子位置角的关系可得反电势有效值的计算公式(6.36)：

$$E_\mathrm{a}=-V_\mathrm{a}+R_\mathrm{a}i_\mathrm{a}+L_\mathrm{sa}\frac{\mathrm{d}i_\mathrm{a}}{\mathrm{d}t} \tag{6.35}$$

$$\tilde{E}_\mathrm{a}=\boldsymbol{\kappa}\frac{\mathrm{d}\theta}{\mathrm{d}t}=\boldsymbol{\kappa}\frac{(\theta_i-\theta_j)}{(t_i-t_j)} \tag{6.36}$$

(2) 把计算所得的反电势值与相同相电压对应的低速区 5 个基本反电势值进行比较以确定其所在速度区间，选择预测速度单位 $k$($k$=25r/min、50r/min、100r/min、200r/min 及 500r/min 共 5 个基本值)。

(3) 在相同电压有效值下，查表可以得到反电势序列：$\tilde{\boldsymbol{E}}_\mathrm{u}^{(0)}\left(\tilde{E}_\mathrm{u}^{(0)}(25),\tilde{E}_\mathrm{u}^{(0)}(50),\tilde{E}_\mathrm{u}^{(0)}(100),\tilde{E}_\mathrm{u}^{(0)}(200),\tilde{E}_\mathrm{u}^{(0)}(500)\right)$，通过非等间距序列灰色 GM(1,1)建模方法，先求

非等间距序列间隔 $\Delta k_{\mathrm{i}}=\{25,50,100,300\}$，生成 1-AGO 序列 $\tilde{\boldsymbol{E}}_{\mathrm{u}}^{(1)}\left(\tilde{E}_{\mathrm{u}}^{(1)}(25),\tilde{E}_{\mathrm{u}}^{(1)}(50),\right.$ $\left.\tilde{E}_{\mathrm{u}}^{(1)}(100),\tilde{E}_{\mathrm{u}}^{(1)}(200),\tilde{E}_{\mathrm{u}}^{(1)}(500)\right)$。由式(6.37)预测反电势随输入电压幅值的变化趋势($1_{\Delta\omega}$ 代表速度增量)：

$$\tilde{E}_{\mathrm{a}}^{(1)}(k+1_{\Delta\omega})=\left(\tilde{E}_{\mathrm{a}}^{(0)}(1_{\Delta\omega})-\frac{b_{\omega}}{a_{\omega}}\right)\mathrm{e}^{-a_{\omega}k}+\frac{b_{\omega}}{a_{\omega}} \tag{6.37}$$

(4) 将计算所得反电势有效值与预测曲线比较即可得到转子速度。

由式(6.37)计算绕组反电势有效值时，为了提高转速的预测精度，应考虑电势特性曲线不同转速范围、不同转矩负载的分区情况。

### 6.4.3 仿真实验结论

本节应用 MATLAB 6.5/Simulink 仿真软件包来验证基于灰色预测理论的永磁同步电机位置及速度估计算法。仿真中所设置的电机基本参数如下(SGMPH-15A1A2B 型)：极对数 $n_{\mathrm{p}}=2$，定子电阻 $R_1=0.56\Omega$，电感 $L_{\mathrm{d}}=5.2\mathrm{mH}$、$L_{\mathrm{q}}=9.8\mathrm{mH}$，等效励磁磁链 $\Psi_{\mathrm{f}}=0.3246\mathrm{Wb}$，转动惯量 $J=0.0002653\mathrm{kg\cdot m^2}$。同时，为了进一步检验所提方案的正确性，进行了基于 TMS320F2812DSP 运算平台的实验研究，实验设计以检验有限工作状态下转子位置角及速度估算的正确性为目的。调速系统加装光电位置编码器起动并运行，据此将估算结果与实测结果加以比对。

在仿真研究中，首先利用搭建的 MATLAB 6.5/Simulink 模型测试电机的两组关联预测曲线，即磁链-电流-转子位置角 5 条曲线与反电势-相电压-转子速度 8 条曲线，并将其以 16kHz 采样频率的精度存储在指定的工作空间中。实验程序设计中，位置预测关联曲线以 Q5 格式建立 512×5 点表格，速度预测关联曲线以 Q7 格式建立 1024×8 点表格。整个预测算法的结构框图如图 6.5 所示。

图 6.6(a)给出了电机 1500r/min 无传感器运行时转子位置角估计仿真结果，预测误差范围为±0.5rad 电角度(折算成机械角度约为 12°)内，基本可以满足控制系统功率器件换向对转子位置角的精度需求。同时可以看出，转子轴线接近绕组轴线的区域内转子位置角的估计误差较大且有“尖刺”现象存在，这说明特性曲线的分布情况对 GM(1,1)预测模型有一定影响①。图 6.6(b)给出了系统 200r/min→1000r/min 转速发生突变时的估计仿真结果，预测误差范围为±20r/min，其中电机在调速过程中的估计误差较为明显，说明分段预测法的暂态性能不好。从仿真结果可以看出，基于灰色 GM(1,1)预测的方法可以达到对转速及位置进行估算的目的，但估算误差相对较大。

① 6.5 节据此研究引入先期近似支持向量机分类的灰色预测建模，对改善估计精度具有一定的作用。

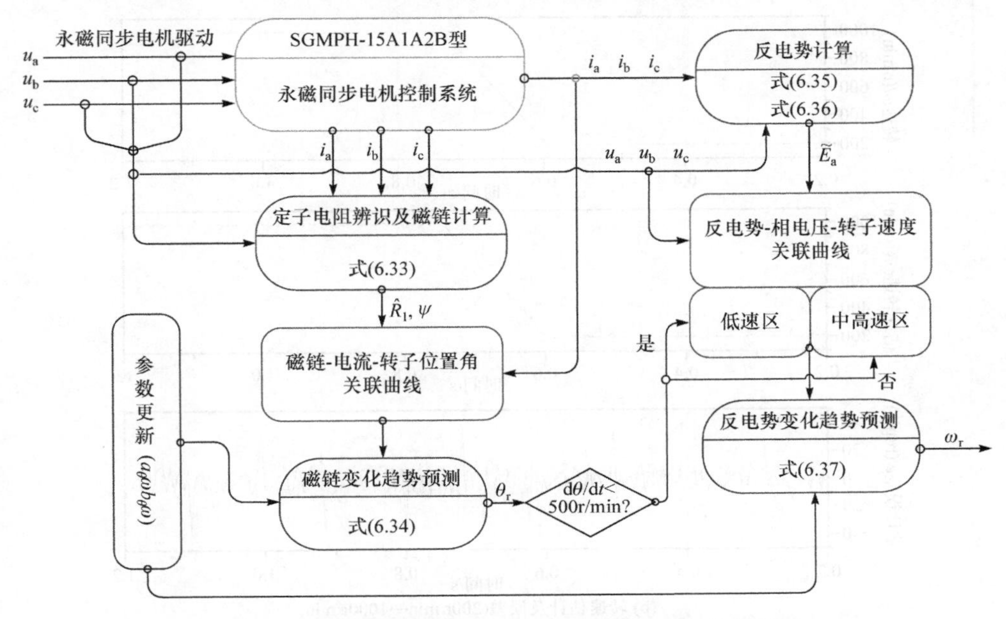


图 6.5　基于灰色预测算法的转子位置角及速度估算框图

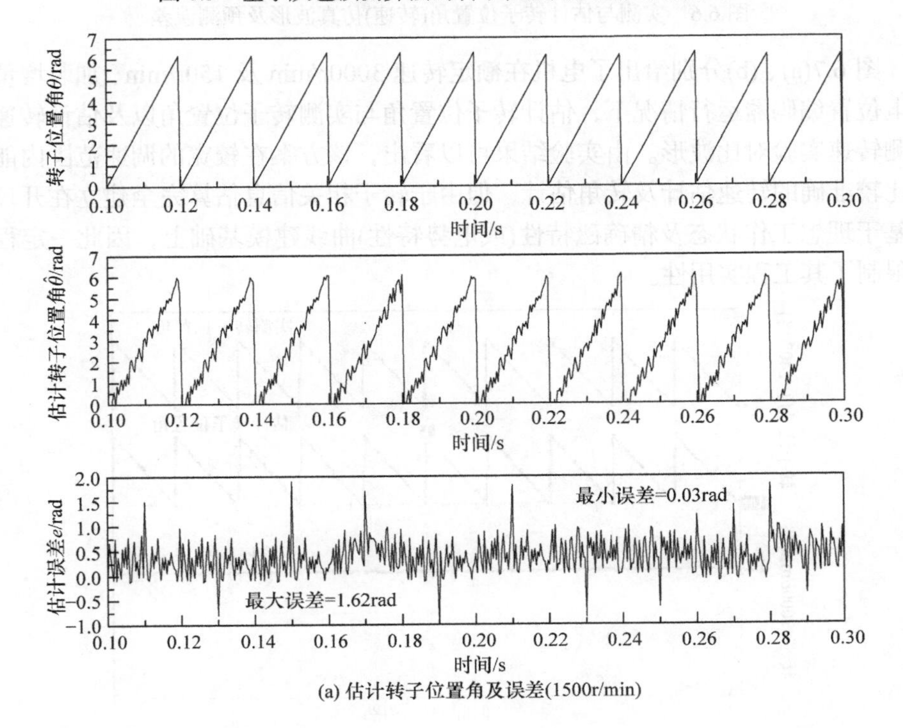


(a) 估计转子位置角及误差(1500r/min)

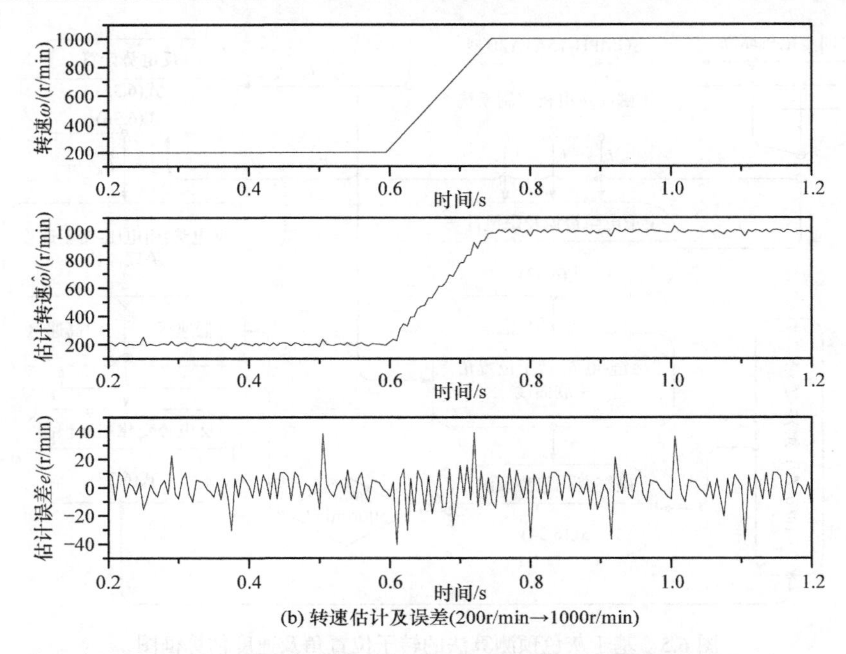

(b) 转速估计及误差(200r/min→1000r/min)

图 6.6　实测与估计转子位置角(转速)仿真波形及预测误差

图 6.7(a)、(b)分别给出了电机在额定转速 3000r/min 及 150r/min、加装增量式光电位置编码器运行情况下，估计转子位置角与实测转子位置角以及估计转速与实测转速实验对比波形。由实验结果可以看出，该方案在较宽的调速范围内能实现比较准确的转速估计及转角估计，但由于转子相关信息估算完全建立在开环情况基于理想工作状态及精确磁特性(或电势特性)曲线建模基础上，因此一定程度上限制了其工程实用性。

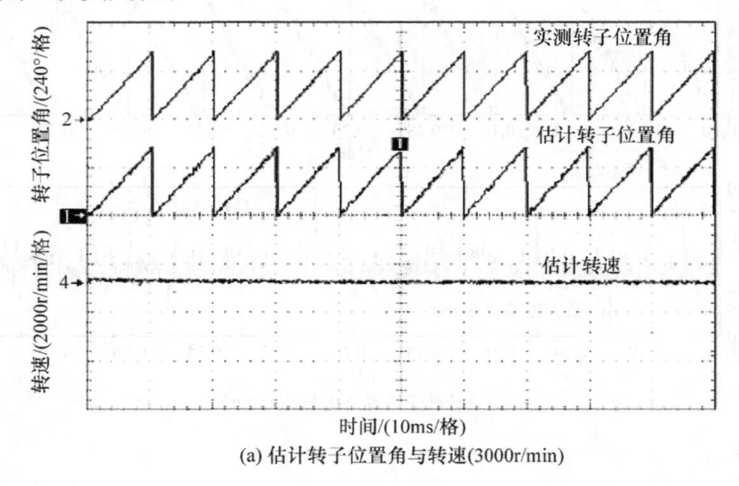

(a) 估计转子位置角与转速(3000r/min)

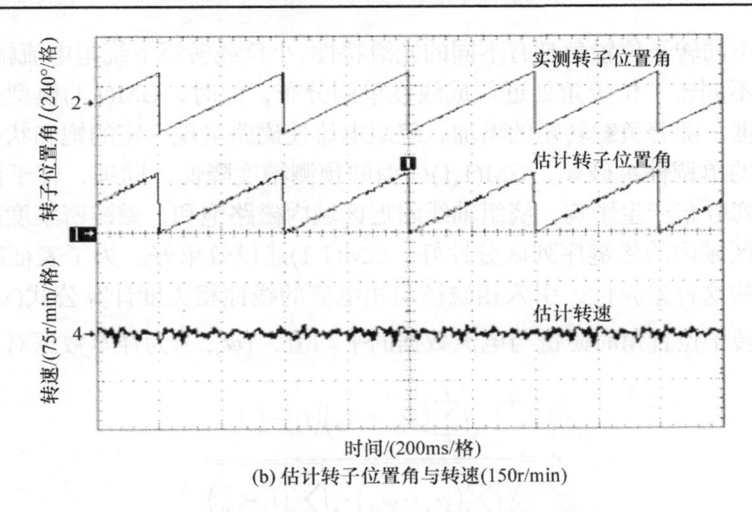


(b) 估计转子位置角与转速(150r/min)

图 6.7　实测与估计转子位置角(转速)实验对比波形

# 6.5 引入近似分类支持向量机算法的转子位置信息提取

上述基于灰色 GM(1,1)预测模型的转子位置及速度估计方法的特点是算法所需样本数据少、计算速度快，但其数据的泛化能力及预测准确性受磁特性(或电势特性)曲线空间分布，也即工作状态影响较大。以磁特性曲线为例，永磁同步电机具有的非线性、多变量、强耦合的特性，使得转子位置角与磁链(或电感)、电流的关系呈现复杂的非线性。当转子旋转到与绕组轴线重合的范围时，永磁性材料使定子绕组磁路迅速达到饱和状态，相磁链与相电流之间呈现较强的非线性关系，在此区域内的磁化曲线非常密集、相似度很高，这意味着相磁链与相电流若存在较小的检测误差便可能导致转子位置角较大的预测误差。因此，采取单一的建立在固定特征位置的关联曲线很难获得理想的预测精度。本节将近似分类支持向量机 PSVMC 算法与灰色 GM(1,1)预测算法结合到一起(PSVMC-GMP)，首先通过建立分类器，将采样数据映射到磁特性曲线区所属特定有效预测区域，再通过灰色预测方法估算转子位置角。

## 6.5.1 基于磁特性曲线相关度的分类方案

函数的光滑离散性是灰色建模的基础，光滑度大的函数更易于用精度高的连续函数逼近，光滑离散函数序列经 1-AGO 生成后具有较好的指数光滑性，可显著提高 GM(1,1)的预测精度。但是由图 6.3 所示转子固定特征位置磁特性曲线簇可以看出，磁链序列 $\boldsymbol{\psi}_i^{(0)}\left(\psi_i^{(0)}(0°),\psi_i^{(0)}(45°),\psi_i^{(0)}(90°),\psi_i^{(0)}(135°),\psi_i^{(0)}(180°)\right)$ 在不同电流值及不同转子位置角具有不同的光滑特性，小负载转矩下绕组电流幅值较小，磁链值在不同转子位置角处近似成线性单调分布，此时，GM(1,1)模型具有较好的预测精度。随着负载转矩的增加，绕组电流使磁路呈现一定的饱和状态，磁链序列分布的单调性被破坏，GM(1,1)模型的预测精度降低。同理，转子位置角也对磁链序列分布产生影响，绕组轴线附近区域内磁路饱和，磁链密集度高；远离绕组轴线区域内的磁链序列区分性好，GM(1,1)建模效果好。为了表征磁特性曲线簇分布的这种差异性，引入相磁链与相电流的线性相关度计算公式($\overline{\psi}_\theta$、$\overline{i}_\theta$分别为一定转子位置角时磁链与电流数据的平均值，$\left(\psi_j, i_j\right)$为样本数据对)：

$$r_\theta = \frac{\sqrt{\sum_{j=1}^{l}\left(\psi_j - \overline{\psi}_\theta\right)\left(i_j - \overline{i}_\theta\right)}}{\sqrt{\sum_{j=1}^{l}\left(\psi_j - \overline{\psi}_\theta\right)} \cdot \sqrt{\sum_{j=1}^{l}\left(i_j - \overline{i}_\theta\right)}} \tag{6.38}$$

由线性相关系数的变化情况就可以准确判断出磁特性数据序列的光滑程度。根据这一判断准则，由系统当前控制周期采样得到的相电流计算出相应的相磁链，将数据对$\left(\psi_i, i_i\right)$与磁特性曲线簇分布进行先期比对，按照先电流、后转子位置角的顺序确定相电流值所对应磁链序列的光滑离散度情况；通过设置表征磁链光滑离散情况的相磁链与相电流线性相关度的临界阈值，对数据集进行近似分类支持向量机先期归类；一般根据所能获取磁特性曲线簇的精度及密度选取 2～3 组等间距预测曲线集。

### 6.5.2 有限元分析法磁特性曲线簇样本数据获取

目前主要从如下两个途径离线获取磁特性曲线簇的样本数据集。

1) 通过实验手段获取电机运行过程中的磁特性曲线数据

其主要方法有磁传感器测量法、交流探测脉冲法及直流脉冲平衡方程法等。实验法原理简单、准确度高，但实施较复杂，磁传感器成本昂贵，测量范围有限。

2) 通过模型获取数据

其主要方法有：①运用有限元分析(finite element analysis, FEA)等实用软件对永磁同步电机进行精确建模，获取静态的磁特性曲线样本数据；②利用已提出的磁特性曲线模型产生样本数据。随着电磁场有限元分析方法的日渐成熟，FEA 法在模型可靠性及计算准确度与快速性等方面显现出巨大的优势[152,153]。

用几何计算的方法求解磁链势必涉及电机的空间体积结构、绕组空间分布、磁极相对位置及激励源情况等多方面因素，是一个复杂的空间三维数值计算问题。应用场路耦合时步有限元法并结合文献[154]提出的旋转电机绕组磁链计算方法，本节使用业界优秀电磁分析软件 Ansoft 公司的 Maxwell v12.1 及其集成电机设计组件 RMxprt.v11[155]对安川电机有限公司生产的 SGMPH-15A1A2B 型电机进行三维静磁场建模与求解，并通过瞬态场分析求出相绕组磁链的分布情况。

磁链计算基本原理为：若电机绕组由 $N$ 匝细导线构成且假设导线截面面积可忽略不计，则线圈匝链的磁链 $\psi$ 的原理表达式为

$$\psi = N\cdot\phi = N\left(\iint_S \boldsymbol{B}\cdot \mathrm{d}s\right) \tag{6.39}$$

式中，$\phi$ 为通过任意给定表面 $S$ 的磁通；$\boldsymbol{B}$ 为截面内的磁感应强度矢量。电机电磁场分析一般采用由矢量磁位 $\boldsymbol{A}$ 表示的边值问题①：

$$\nabla\times v\nabla\times\boldsymbol{A} = J_{\mathrm{s}} - \sigma\left(\frac{\partial\boldsymbol{A}}{\partial t}\right) - \sigma(\nabla v) + \nabla\times H_{\mathrm{c}} \tag{6.40}$$

式中，$v$ 为转速；$J_{\mathrm{s}}$ 为电流密度；$H_{\mathrm{c}}$ 为永磁体矫顽力；$\sigma$ 为介质电导率；符号“∇”表示对向量场取旋度。由矢量磁位定义及斯托克斯公式可以得到[1]：

$$\psi = N\cdot\phi = N\iint_S \boldsymbol{B}\cdot\mathrm{d}s = N\iint_S(\nabla\times\boldsymbol{A})\cdot\mathrm{d}s = N\oint_L \boldsymbol{A}\cdot\mathrm{d}l \tag{6.41}$$

式中，$L$ 为绕组所在表面 $S$ 的边界曲线；$\phi$ 为穿过该表面的磁通。根据式(6.41)就将整个绕组所在定子空间平面内的磁链计算转化为定子槽内闭合绕组 $N$ 匝线圈的线积分问题。假设一相绕组 $N$ 匝线圈的空间轴线位置重合在一起，则仅围绕一匝线圈计算线积分问题即可。一相绕组匝链总的磁链可通过下式计算：

$$\psi = N\cdot\psi_{L(1)} = N\cdot\left(\sum_{i=1}^{\mathrm{LE_{total}}}\int_{l_i}\boldsymbol{A}\cdot\mathrm{d}l\right) \tag{6.42}$$

式中，$\mathrm{LE_{total}}$ 为整个线圈所在区域内选定积分路径所占计算单元数；$l_i$ 为单元 $i$ 中的积分路径段。由式(6.42)可以看出，绕组线圈网格剖分及计算单元内积分路径的规划对磁链计算具有决定作用。据此分析磁链计算的原理及步骤如下。

(1) 电机几何建模及空间矢量磁位计算方法。

SGMPH-15A1A2B 型电机为 48 槽 4 极内置径向式结构，绕组为集中式 60°相带分布，每槽嵌入直径为 0.607mm 的 25 根圆柱形导体，电机径向几何结构及矢量磁位计算的空间三维自适应网格剖分分别如图 6.8(a)、(b)所示。求解器设置为三维瞬态运动场分析，设置运动边界可以考察转子位于不同位置角时一相绕组所匝链的磁链情况。

① 由向量分析可知，一个散度为零的向量场总可以表示为另一个向量的旋度场。由于磁力线为闭合曲线且在空间任一点均连续，因此磁感应强度 $\boldsymbol{B}$ 的散度恒等于零：$\nabla\cdot\boldsymbol{B}=0$，故可定义矢量磁位 $\boldsymbol{A}$ 使 $\boldsymbol{B}=\nabla\times\boldsymbol{A}$。

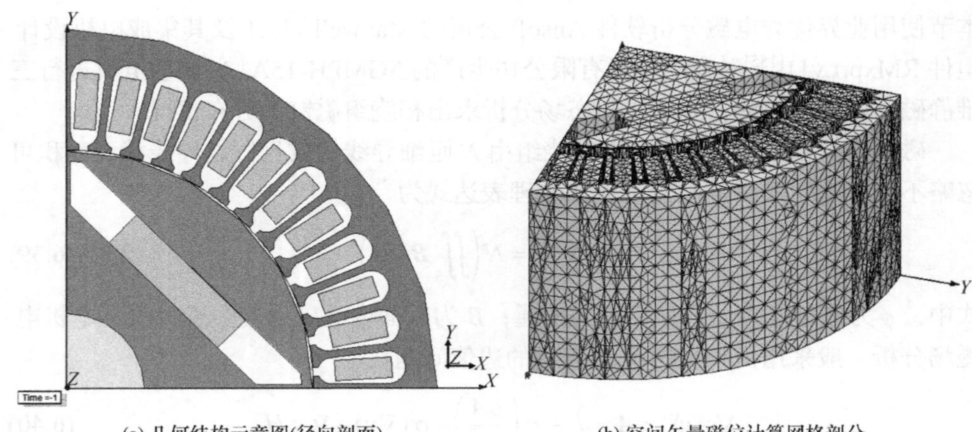


(a) 几何结构示意图(径向剖面)　　(b) 空间矢量磁位计算网格剖分

图 6.8 SGMPH-15A1A2B 型电机 Maxwell 3D 建模(48 槽内置径向式)

(2) 线圈积分路径选择及单元内线积分算法。

线圈积分路径选择主要考虑两个方面：一是矢量磁位与线圈延伸方向的空间位置关系，闭合线圈在一个节距内的总体积分路径如图 6.9(a)所示；二是绕组端部对整个磁链的贡献测度。由于线圈端部磁位分布稀疏且方向杂乱，矢量磁位值在端部积分路径上可以用常值替代。具体到三维计算单元的内部，考虑到 Maxwell v12.1 三维有限元分析采用 4 节点 4 面体单元，为了提高绕组磁链的计算精度，对每一个单元 $l_i$ 积分路径取顶点与其对顶面的质心连线，相邻计算单元路径的选取以对顶面质心为过渡点进行顶点的轴向连接。线圈内部相邻计算单元路径规划如图 6.9(b)所示。矢量磁位在计算单元内的线积分为

$$\int_{l_i} A_i \cdot \mathrm{d}l = \int_{A_{i\_\text{vertex}}}^{P_i} A_i \cdot \mathrm{d}l = \int_{A_{i\_\text{vertex}}}^{P_i} \left(A_x\right)\mathrm{d}x + \left(A_y\right)\mathrm{d}y + \left(A_z\right)\mathrm{d}z \tag{6.43}$$

式中，$A_{i\_\text{vertex}}$ 为选定的积分路径所在计算单元的顶点；$P_i$ 为顶点对顶面质心。在有限元分析中，计算单元矢量磁位的插值函数可表示为

$$\begin{cases} A_x = \sum\limits_{j=1}^{g} N_j\left(\xi,\eta,\zeta\right) A_{xj} \\ A_y = \sum\limits_{j=1}^{g} N_j\left(\xi,\eta,\zeta\right) A_{yj} \\ A_z = \sum\limits_{j=1}^{g} N_j\left(\xi,\eta,\zeta\right) A_{zj} \end{cases} \tag{6.44}$$

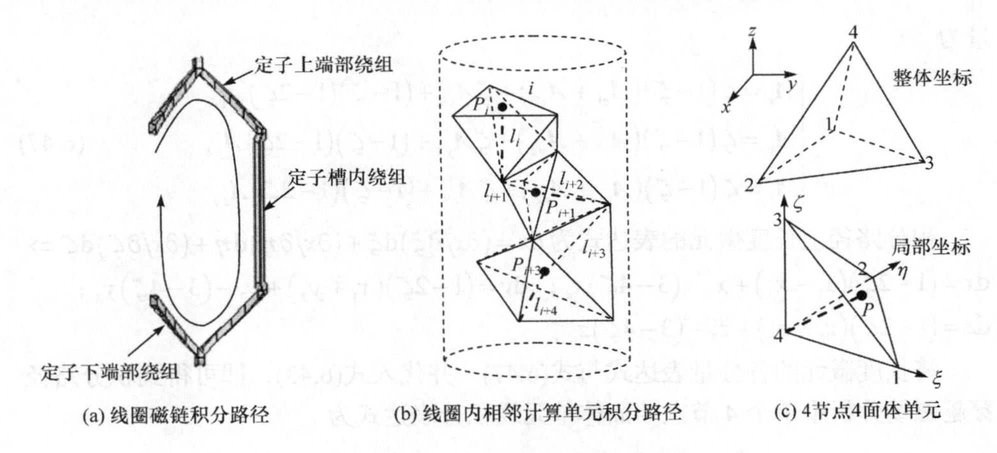


图 6.9　一相绕组磁链计算示意图

式中，$\left(A_{xj},A_{yj},A_{zj}\right)(j=1,\cdots,g)$ 为第 $j$ 个单元格节点矢量磁位值；$\left(A_x,A_y,A_z\right)$ 为插值点处矢量磁位值；$g$ 为计算单元节点数；$N_j(\xi,\eta,\zeta)$ 为计算单元形状函数①。而整体坐标与局部坐标的关系为

$$\begin{cases} x=\sum_{j=1}^{g}N_j(\xi,\eta,\zeta)x_j \\ y=\sum_{j=1}^{g}N_j(\xi,\eta,\zeta)y_j \\ z=\sum_{j=1}^{g}N_j(\xi,\eta,\zeta)z_j \end{cases} \tag{6.45}$$

对于 4 节点 4 面体单元(见图 6.9(c))，其形状函数为

$$\begin{cases} N_1(\xi,\eta,\zeta)=(1-\zeta)\xi \\ N_2(\xi,\eta,\zeta)=(1-\zeta)\eta \\ N_3(\xi,\eta,\zeta)=\zeta \\ N_4(\xi,\eta,\zeta)=(1-\zeta)(1-\xi-\eta) \end{cases} \tag{6.46}$$

其单元顶点的局部坐标分别为$(\xi,\eta,\zeta)=\left((1,0,0),(0,1,0),(0,0,1),(0,0,0)\right)$；在积分路径 Vertex$(4)$_$(1,0,0)\rightarrow P$_$(1/3,1/3,1/3)$上，由式(6.44)可得到矢量磁位 $\boldsymbol{A}$ 的各分

① 形状函数是描述计算单元整体坐标与局部坐标相互关系的中间变量，其只与计算单元的形状和节点分布有关，与节点函数值无关；一般来说，形状函数应满足如下关系：$\sum_{j=1}^{g}N_j(\xi,\eta,\zeta)=1$；$N_j(\xi_i,\eta_i,\zeta_i)=\begin{cases}0, & i\neq j\\ 1, & i=j\end{cases}$。

量为

$$\begin{cases} \boldsymbol{A}_x = \zeta(1-\zeta)(\boldsymbol{A}_{x1}+\boldsymbol{A}_{x2})+\zeta \boldsymbol{A}_{x3}+(1-\zeta)(1-2\zeta)\boldsymbol{A}_{x4} \\ \boldsymbol{A}_y = \zeta(1-\zeta)(\boldsymbol{A}_{y1}+\boldsymbol{A}_{y2})+\zeta \boldsymbol{A}_{y3}+(1-\zeta)(1-2\zeta)\boldsymbol{A}_{y4} \\ \boldsymbol{A}_z = \zeta(1-\zeta)(\boldsymbol{A}_{z1}+\boldsymbol{A}_{z2})+\zeta \boldsymbol{A}_{z3}+(1-\zeta)(1-2\zeta)\boldsymbol{A}_{z4} \end{cases} \tag{6.47}$$

积分路径上长度微元的表达式为 $\mathrm{d}x=(\partial x/\partial\xi)\mathrm{d}\xi+(\partial x/\partial\eta)\mathrm{d}\eta+(\partial x/\partial\zeta)\mathrm{d}\zeta \Rightarrow$ $\mathrm{d}x=(1-2\zeta)(x_1+x_2)+x_3-(3-4\zeta)x_4$； $\mathrm{d}y=(1-2\zeta)(y_1+y_2)+y_3-(3-4\zeta)y_4$； $\mathrm{d}z=(1-2\zeta)(z_1+z_2)+z_3-(3-4\zeta)z_4$。

将长度微元的各分量表达式与式(6.47)一并代入式(6.43)，即可得到积分路径穿越磁场分析中单个 4 节点 4 面体单元线积分表达式为

$$\begin{aligned} \int_{l_i}\boldsymbol{A}_i\cdot\mathrm{d}l &= \int_{A_{i\_\mathrm{vertex}}}^{P_i}(\boldsymbol{A}_x)\mathrm{d}x+(\boldsymbol{A}_y)\mathrm{d}y+(\boldsymbol{A}_z)\mathrm{d}z \\ &= \sum_{j=x,y,z}\left(\int_0^{1/3}\begin{pmatrix}\zeta(1-\zeta)\sum\limits_{k=1}^{2}\boldsymbol{A}_{jk}+\zeta\boldsymbol{A}_{j3}+(1-\zeta)(1-2\zeta)\boldsymbol{A}_{j4} \\ \cdot\left((1-2\zeta)\sum\limits_{k=1}^{2}x_k+x_3-(3-4\zeta)x_4\right)\mathrm{d}\zeta\end{pmatrix}\right) \end{aligned} \tag{6.48}$$

(3) 矢量磁位场域分布及不同转子位置角处磁链计算结果。

启动 Maxwell v12.1 仿真计算模型，运动设置(motion setup)为 0°～90°内转动(对本例两对极电机涵盖 0°～180°电角度)，每隔 5°电角度对计算结果进行存储并计算相应的磁链值，激励电流源模拟负载情况在某一测定角度上以 0.2A 的间隔线性增加。

矢量磁位 $\boldsymbol{A}$ 的场域分布如图 6.10 所示(以 $\theta_e$=45°、$i_a$=3.8A 及 $\theta_e$=−30°、$i_a$=3.8A 的工作状态为例进行说明)。

最终获取的电机绕组磁化曲线簇如图 6.11 所示，图中共绘制等转子位置角角度间隔 $180/5+1=37$ 条磁链曲线。可以看出，基于有限元分析，由数值计算得出的绕组磁化曲线与通过实验测定得到的磁化曲线具有较好的吻合度。

### 6.5.3 PSVMC-GMP 算法设计及仿真实验

1. 算法设计

将由数值分析得到的电机磁化数据集以点阵间隔(5°，0.1A)进行存储(共计 2220 个数据对)，结合近似分类支持向量机二分类的转子位置角灰色预测具体算法步骤如下(对此处的非线性二分类采用高斯核函数)：

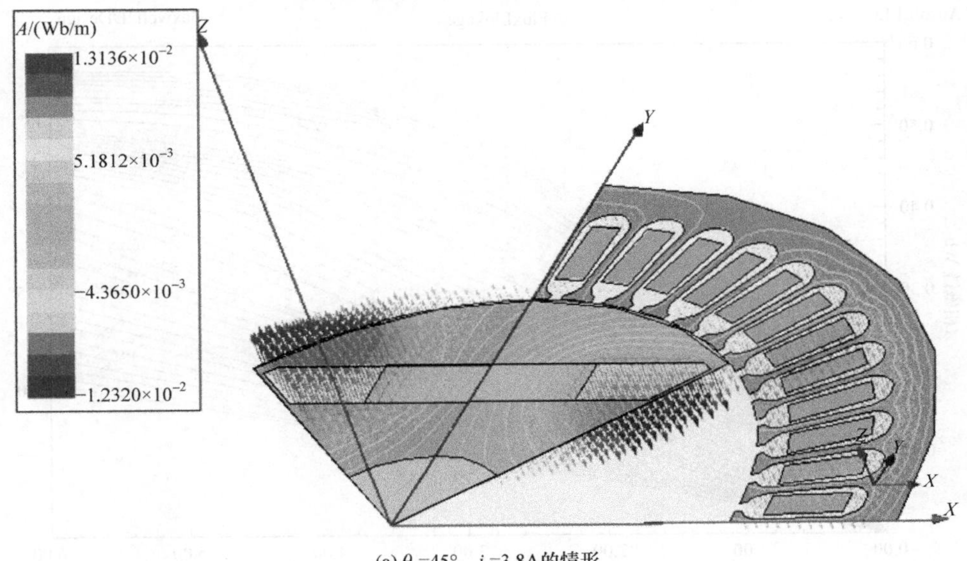


(a) $\theta_e$=45°、$i_a$=3.8A的情形

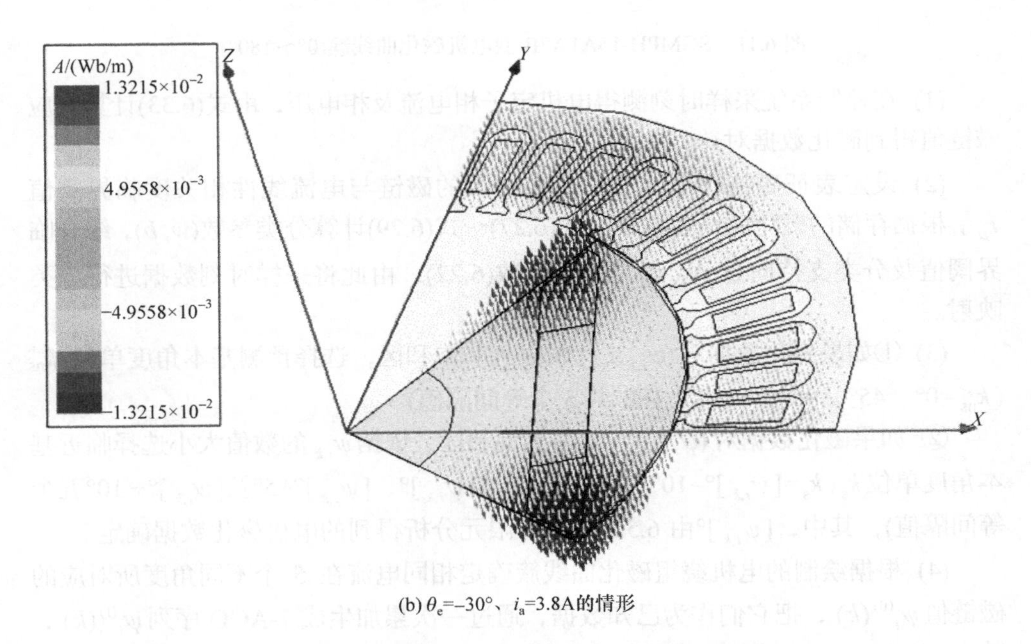


(b) $\theta_e$=−30°、$i_a$=3.8A的情形

图 6.10　SGMPH-15A1A2B 型电机矢量磁位场域分布

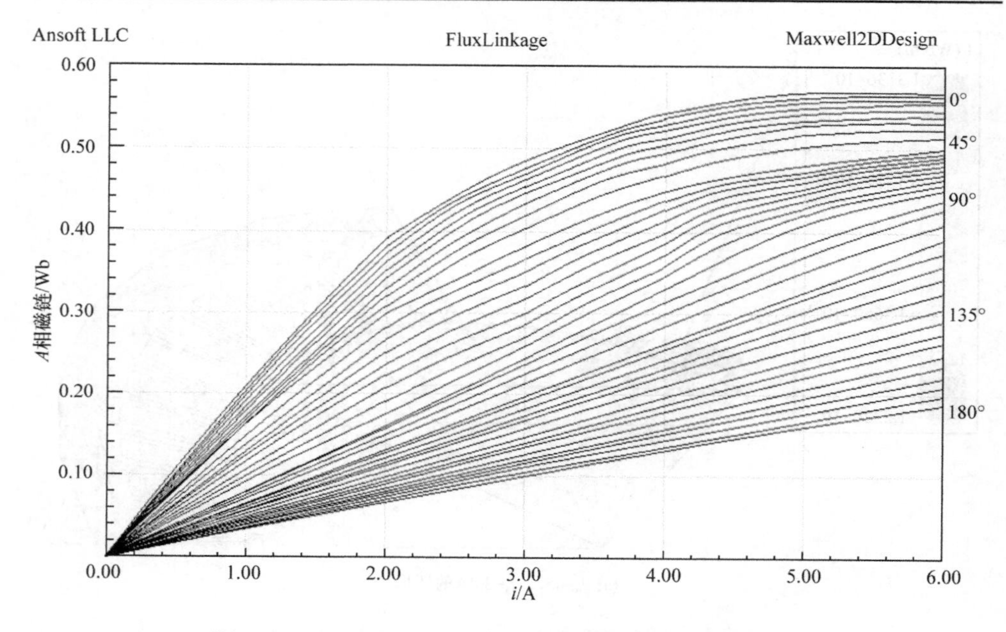


图 6.11　SGMPH-15A1A2B 型电机磁化曲线簇(0°～180°)

(1) 在控制系统采样时刻测得电机定子相电流及相电压，由式(6.33)计算相应磁链值得到磁化数据对 $(\psi_{i,k},i_{i,k})$ 。

(2) 设定表征磁特性曲线光滑离散情况的磁链与电流线性相关度临界阈值 $r_\mu$，根据存储的磁化曲线数据集由式(6.27)～式(6.29)计算分类参数$(w, b)$，综合临界阈值及分类支持向量 $N_{\rm sv}$ 确定决策函数(6.22)，由此将采样时刻数据进行分类映射。

(3) ①如果磁化数据对 $(\psi_{i,k},i_{i,k})$ 映射到非饱和区，选择预测基本角度单位 $k_{\rm ns}$ ($k_{\rm ns}$ =0°、45°、90°、135°及 180°共 5 个等间隔值)。

② 如果磁化数据对 $(\psi_{i,k},i_{i,k})$ 映射到饱和区，依据 $\psi_{i,k}$ 的数值大小选择临近基本角度单位 $k_{\rm s}$ ($k_{\rm s}$ =[$\psi_{i,k}$]°−10°、[$\psi_{i,k}$]°−5°、[$\psi_{i,k}$]°、[$\psi_{i,k}$]°+5°及[$\psi_{i,k}$]°+ 10°五个等间隔值)，其中，[$\psi_{i,k}$]°由 6.5.2 小节有限元分析得到的电机磁化数据确定。

(4) 根据绘制的电机绕组磁化曲线簇确定相同电流在 5 个不同角度所对应的磁链值 $\psi_i^{(0)}(k)$ ，把它们作为已知数据，通过一次累加生成 1-AGO 序列 $\psi_i^{(1)}(k)$ ，其中，$k$=$k_{\rm s}$, $k_{\rm ns}$；由式(6.34)预测磁链随角度 $\theta_{\rm e}$ 的变化规律，参数 $a_\theta$ 、$b_\theta$ 由式(6.7)及式(6.8)在每个采样周期通过最小二乘法进行实时更新。

(5) 将计算所得磁链值与预测磁链曲线相比较即可得到当前转子位置角。

(6) 转到第(1)步计算下一采样时刻磁化数据对 $(\psi_{i,k+1},i_{i,k+1})$ 。

2. 仿真实验结论

将先期近似分类支持向量机算法引入前述转子位置角灰色预测当中。图 6.12 为设定临界阈值($r_\theta=0.65$ 及 $r_\theta=0.85$)时表征磁特性曲线序列光滑离散情况的分类结果，存储的部分离散数据对映射到局部饱和区与局部非饱和区。

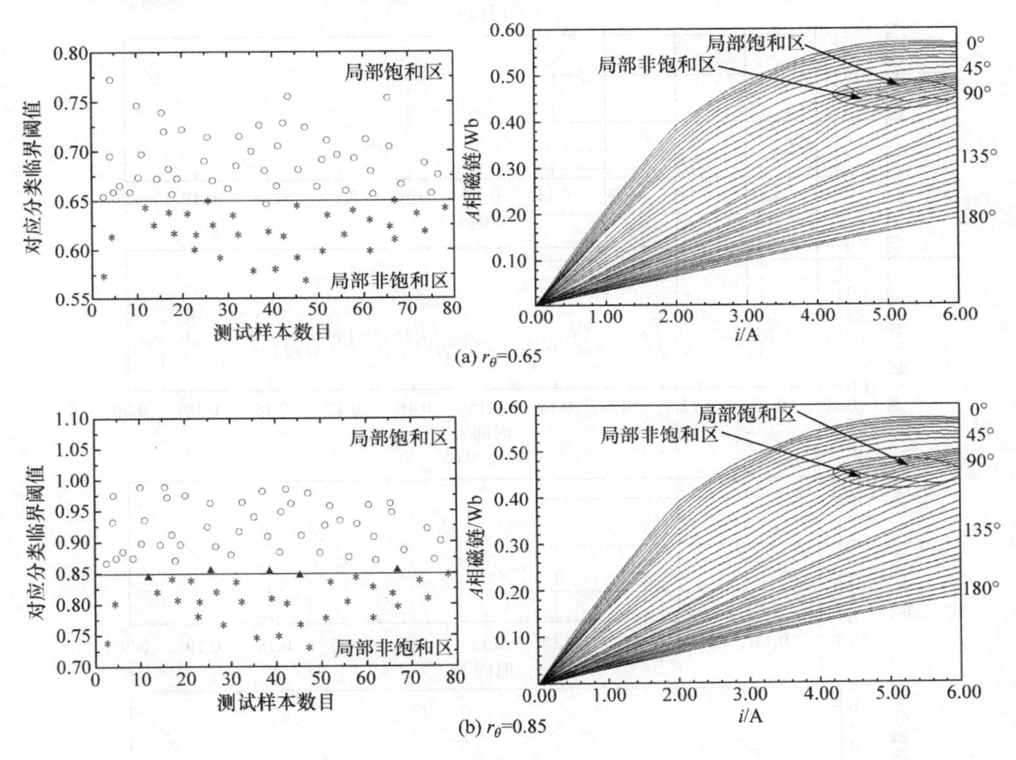


图 6.12　基于临界阈值 $r_\theta$ 设定的 PSVMC 分类结果

由图 6.12 所示的分类结果可看出，以有限样本 80 个数据为例，提升临界阈值 $r_\theta$ 的数值后，原局部非饱和区数据由 33 个变为 28 个，而局部饱和区数据则由 47 个变为 52 个。基于局部饱和区数据分类结果按照前述 PSVMC-GMP 算法第(3)步第②点对临近基本角度单位进行缩距选择，可以提高预测精度。

图 6.13 为额定转速下通过设定不同临界阈值($r_\theta=0.65$ 及 $r_\theta=0.85$)时转子位置角估计结果。

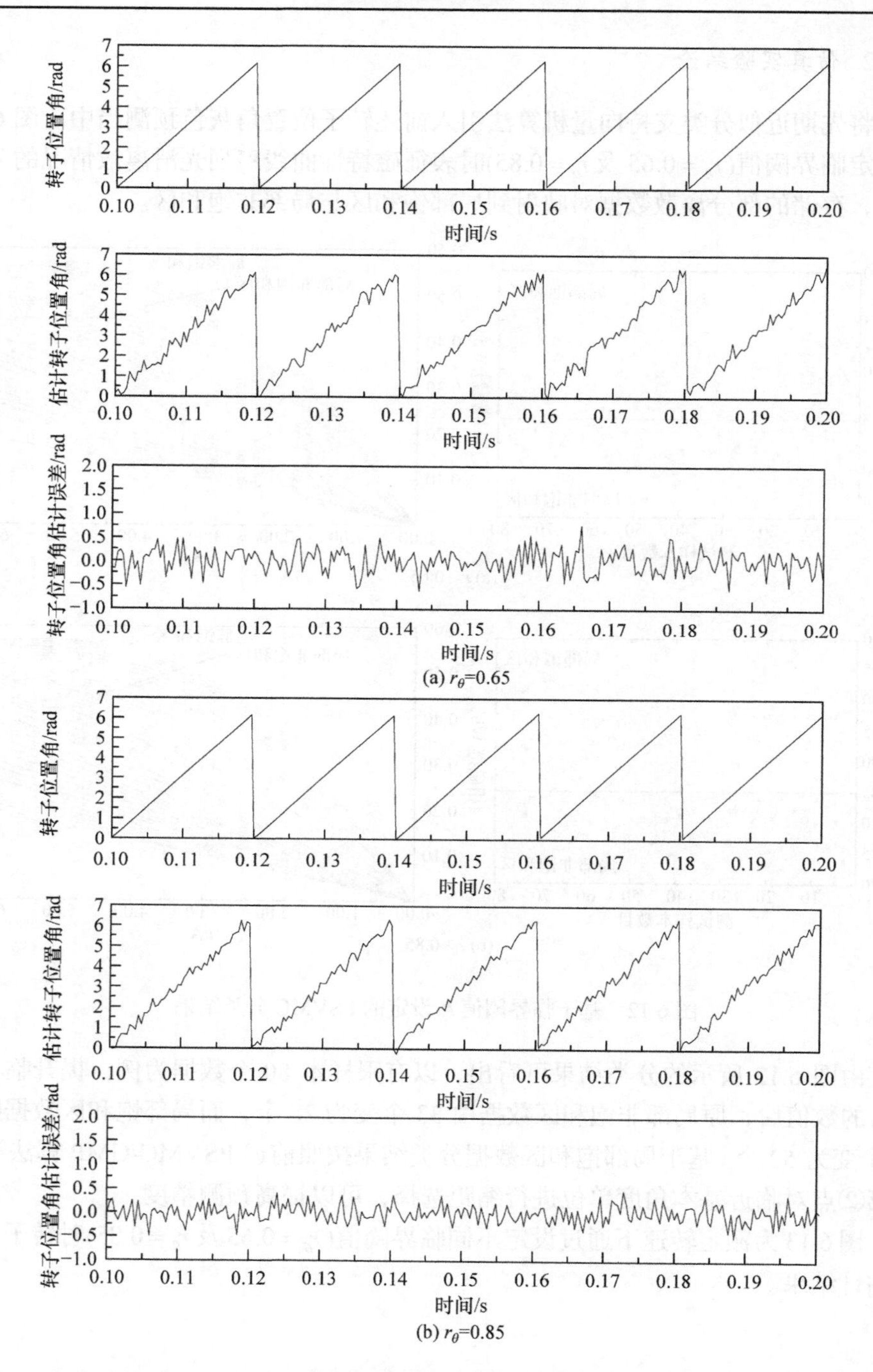


图 6.13　基于临界阈值 $r_\theta$ 设定的 PSVMC-GMP 转子位置角估计(1500r/min)

从仿真结果可以看出，引入先期近似支持向量机二分类的灰色预测结果比前面单纯依靠固定等间隔特征位置磁特性曲线灰色预测相比，其估计精度及平滑度均有所提高。由图 6.13(b)与图 6.13(a)相比较可以看出，通过进一步提升表征磁特性曲线离散光滑度的临界阈值 $r_\theta$ ，细化区分相应饱和区数据点并由此选择临近缩减等间隔基本角度单位，显著改善了灰色预测效果，证明了 PSVMC-GMP 算法用于 IPMSM 转子位置角的实时估计是可行且有效的。

## 6.6　本 章 小 结

本章研究基于有限样本数据序列关联与泛化的永磁同步电机转子位置角信息估计问题。通过对相关因子序列的灰色关联度分析，确定以转子位置角及速度为主行为序列的有效预测因子集，据此建立等间隔与非等间隔 GM(1, 1)预测模型，对转子位置角及转速进行估计。针对单一灰色预测方法下磁特性曲线序列离散光滑度不高，由此导致估计误差较大的问题，提出了基于近似支持向量机分类细化特性曲线区，提高了用灰色 GM(1, 1)预测建模数据指数光滑度，改善了转子位置角估计精度的新型算法。仿真实验证明，引入先期近似支持向量机分类算法后的转子位置角灰色预测法可以在较少测试数据集上达到较高的估计精度，显著改善了灰色预测效果，证明了 PSVMC-GMP 算法用于 IPMSM 转子位置角的实时估计是可行且有效的。

# 第7章 电流控制器对观测算法适应性分析及控制器改进设计

## 7.1 引 言

在基于 NTOCF-HGO 及 RPECM-DDC 电流微分差值的转子信息估计算法具体实现过程中，电机模型参数的不确定性、逆变器死区及脉宽调制技术的本质非线性、负载转矩变化与外部干扰、电流控制器对状态观测的适应性、电枢绕组电流频谱分布及输出端测量信号的信噪比(signal to noise ratio, SNR)等诸多因素都对转子位置及速度的估计效果造成影响，在某些情况下甚至会使估计结果发散、观测精度严重降低，甚至造成整个电机调速控制系统不稳定。因此，在研究具体可行的永磁同步电机位置及速度估计理论与技术的同时对无传感器控制系统进行综合分析，找出可能对估计算法可靠性产生不利影响的各种因素并采取一定的措施加以补偿或抑制，同样是应当给予重视的研究方向。

电流控制器对状态观测适应性问题是一个崭新的研究领域。从基于上述 NTOCF-HGO 及 RPECM-DDC 电流微分差值转子信息估算的角度，一方面需要控制的精确性，即实际电流准确跟踪指令电流，位置(速度)估计单元与控制指令生成单元组成的闭环反馈系统稳定协调运行；另一方面需要控制的平稳性，即电机出线端电流具有较小的纹波，电机在暂态过程中对指令电流的跟踪平滑、具有较小的振荡量与超调量。这样可以保证状态观测的稳定性与精确性，尤其是对于本书提出的速度及位置估计方案，改进电流控制器的控制策略及控制技术、提高控制的精确性及平稳性具有重要的理论意义及实际应用价值。

国内外学者对上述相关领域展开了广泛的研究。文献[156]在应用扩展反电势估算转子位置及速度方案的基础上，为了提高估计精度提出了基于递归最小二乘法电机参数在线辨识算法。文献[157]采用预测电流控制技术，通过修改逆变器输出控制电压的修正项，用前两个控制周期电流跟踪误差的半差值代替理想情况下的完全跟踪值，达到削弱零电流箝位振荡、增强参数变化鲁棒性及对电流采样噪声干扰不敏感的控制效果。文献[158]提出一种带有目标值优化的预测电流控制方法，结果表明其对电流频谱可以进行有效的限制，显著提高了控制的预期性与平稳性。文献[159]提出永磁同步电机鲁棒参考模型逆线性二次型最优电流控制系统的结构与数学模型，设计最优电流控制系统伺服控制器，仿真结果表明系统对参数变化及负载扰动具有很强的鲁棒性，可实现高精度电流控制及动态解耦。此外，传统的电流环控制策略与方法(如滞环电流控制及斜坡比较电流控制等)也被加以改进，用以减少电流纹波及噪声[160]。

本章首先通过对永磁同步电机无传感器控制系统组成部分的建模，分析影响转子位置及速度估计算法可实现性及稳定性的一般因素及其作用机理。基于电流控制器对状态观测适应性思想建立永磁同步电机复矢量模型，应用复矢量根轨迹法与复矢量频域分析法对复平面等价形式的永磁同步电机系统比例-积分电流控制器性能进行全面研究；依据永磁同步电机定子坐标系模型方程及 $z$ 变换理论，应用 $z$ 域分析法分析预测电流控制器稳定域及参数变化对控制器性能的影响，研究电流反馈控制器设计中误差电流低频及高频成分对预测电流控制器稳定性及指令电流跟踪性能的影响。

在此基础上，研究为提升电流控制器稳态及暂态性能、减少电机出线端电流谐波成分，适应于应用高增益状态观测器技术及一般估计算法估算转子位置及速度的新型多分辨率分析小波控制器；并进一步分析研究数字信号处理理论中的小波消噪基本理论及技术。小波阈值消噪主要用来削弱信号的杂波成分，提升信号低频特征成分的品质。基于此特性将其应用到非线性观测器输入的前置滤波环节设计，有效减少电流检测环节噪声污染以及基于 PWM 的逆变器功率器件高频切换造成的谐波成分，进一步提高状态估计的稳定性及可靠性。最后，分别应用改进的电流环多分辨率分析小波控制器及观测器前置小波硬软阈值折中消噪技术对 PMSM-SVC 系统进行仿真验证研究。

本章主要研究电流控制器对观测算法适应性问题；第 8 章研究适应于观测算法的改进型控制器设计及观测器前置小波硬软阈值折中消噪设计。

## 7.2　估计算法与系统其他要素关联性概念

对于自控变频永磁同步电动机调速系统，其控制严格取决于永磁转子位置信息的获取；同时，各种控制策略通过控制器转化为逆变器功率器件的导通与关断，进而驱动永磁同步电机按照设定指令运行。因此，永磁同步电机控制系统是内部单元紧密联系、协调作用的综合系统；对于无传感器控制策略，在位置及速度估计的整个过程中，各个单元必然相互影响、相互作用，位置及速度的估计精度不仅取决于算法理论及其实现性本身，还受控制器单元、逆变器单元、永磁同步电机本体及外部负载综合作用与影响。这与用光电编码器等各种形式的物理传感器连接到电机转轴进行位置及速度的检测是截然不同的。本节通过对永磁同步电机无传感器矢量控制系统组成单元的建模及交联来分析估计算法受系统组成要素的影响。

### 7.2.1 PMSM-SVC 关联建模

1. 电流控制器建模

根据永磁同步电机矢量控制的多环原理，控制器的主要功能是由转速参考指令值与反馈值的偏差，产生相应的电流及电压控制调节信号。其中，外部速度环用于调节转矩、生成指令电流；内部电流环用于对指令电流的跟踪与调节。对于电压源逆变器(voltage source inverter, VSI)应用场合，脉冲宽度受电压幅值调制，电压幅值由产生转矩的电流决定，因此控制器以电流调节为主、电压调节为辅，电流指令的跟踪速度及精度直接影响到控制系统的稳态与暂态性能，也对位置及速度估计算法的稳定性及精度造成影响。

以一相电流控制器的建模为例，不失一般性，设电机实测电流对指令电流的离散时间系统的 $z$ 传递函数为 $(n \geqslant m)$

$$\frac{i_{\mathrm{a}}(z)}{i_{\mathrm{a}}^{*}(z)}=\frac{\sum_{k=0}^{m} b_{k}^{(f,c)} z^{-k}}{1+\sum_{k=1}^{n} a_{k}^{(f,c)} z^{-k}}=G \frac{\prod_{r=1}^{m}\left(1-z_{r}^{(f,c)} z^{-1}\right)}{\prod_{k=1}^{n}\left(1-p_{k}^{(f,c)} z^{-1}\right)} \tag{7.1}$$

式中，$G$ 为增益常数，对于指令跟踪系统，$G$=1；$z_r^{(f,c)}$ 、$p_k^{(f,c)}$ 为传递函数的零、极点，其与对应零极点展开式中的参数 $b_k^{(f,c)}$ 、$a_k^{(f,c)}$ 由被控系统模型参数、逆变器特性及具体电流控制律等因素决定。永磁同步电机的电流调节方式主要有 PID 控制、PCC 控制、滞环电流控制及斜坡比较电流控制等方式。7.3 节结合永磁同步电机控制系统有针对性地给予研究。由式(7.1)可知，系统稳定工作的必要条件如下：

(1) $z$ 传递函数的全部极点(特征方程的根)都落在 $z$ 平面的单位圆内，即 $p_k^{(f,c)} \leqslant 1(k=1,\cdots,n)$。

(2) 对传递函数中一些典型环节的控制。传递函数的一些典型环节决定了电流指令的跟踪性能，例如，一阶环节的一般形式为 $T_1(z)=\left(1+b_{i1}z^{-1}\right)/\left(1+a_{i1}z^{-1}\right)$，二阶环节的一般形式为 $T_2(z)=\left(1+b_{i1}z^{-1}+b_{i2}z^{-2}\right)/\left(1+a_{i1}z^{-1}+a_{i2}z^{-2}\right)$，其分别表征了系统一阶及二阶振荡模态；纯延迟环节则代表了跟踪目标电流的滞后性。

2. 复合执行器建模

复合执行器由功率驱动单元及永磁同步电机本体组成。二电平 VSI 逆变器上、下桥臂交替导通驱动的永磁同步电机电气结构模型如图 7.1 所示。

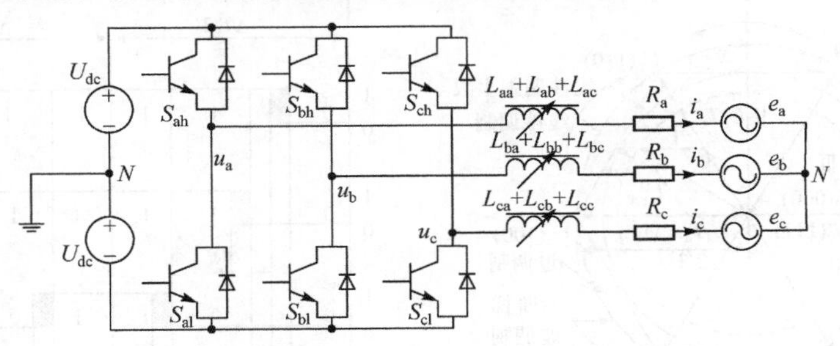


图 7.1 逆变器及永磁同步电机电气结构模型

以 $a$ 相绕组为例，可以得到逆变器及永磁同步电机本体模型方程为

$$u_a - e_a = \left(L_{aa}(\theta) + L_{ab}(\theta) + L_{ac}(\theta)\right) \cdot \frac{di_a}{dt} + R_a i_a \tag{7.2}$$

式中，$u_a$ 为逆变器切换输出电压$(+U_{dc}, -U_{dc})$；$e_a$ 为永磁同步电机反电势；绕组电感由自感及互感组成，以一相绕组电感为例，$L_a(\theta) = L_{aa}(\theta) + L_{ab}(\theta) + L_{ac}(\theta)$，其值随转子位置角的变化而变化。若设 $i^* = i(t)$ 为期望目标指令电流，则式(7.2)可改写为

$$u_a^* - e_a = \left(L_{aa}(\theta) + L_{ab}(\theta) + L_{ac}(\theta)\right) \cdot \frac{di_a^*}{dt} + R_a i_a^* \tag{7.3}$$

由式(7.2)和式(7.3)并在功率开关器件切换频率范围内忽略绕组电阻可以得到：

$$u_a^* - u_a = \left(L_{aa}(\theta) + L_{ab}(\theta) + L_{ac}(\theta)\right) \cdot \frac{di_a^e}{dt} \tag{7.4}$$

式中，$u_a^*$ 为能够产生期望电流指令 $i^*$ 的理想正弦波电压；$i_a^e(t) = i_a^* - i_a$ 为电流跟踪误差。逆变器上、下桥臂交替导通时死区时间的设置使输入电机的实际控制电压发生畸变，进而影响到控制器的指令电流跟踪性能，尤其是电机低速运行时输出电压幅值较小、有效扇区矢量作用时间相对较短，死区时间的设置对输出电压产生较大影响。

以 SVPWM 逆变器第 I 扇区工作为例，设采样周期为$\Delta T$，死区时间为 $t_{dt}$，其扇区分布及桥臂切换模式如图 7.2 所示。

在采样周期 $\Delta T(k) = T(k+1) - T(k)$ 内将式(7.4)离散化可以得到：

$$u_a^*(k) - u_a^{av}(k) = \frac{L_{aa}(\theta) + L_{ab}(\theta) + L_{ac}(\theta)}{\Delta T} \cdot \left(i_a^e(k+1) - i_a^e(k)\right) \tag{7.5}$$

式中，$u_a^{av}(k)$ 为控制周期内包含死区时间作用的逆变器平均切换输出电压。

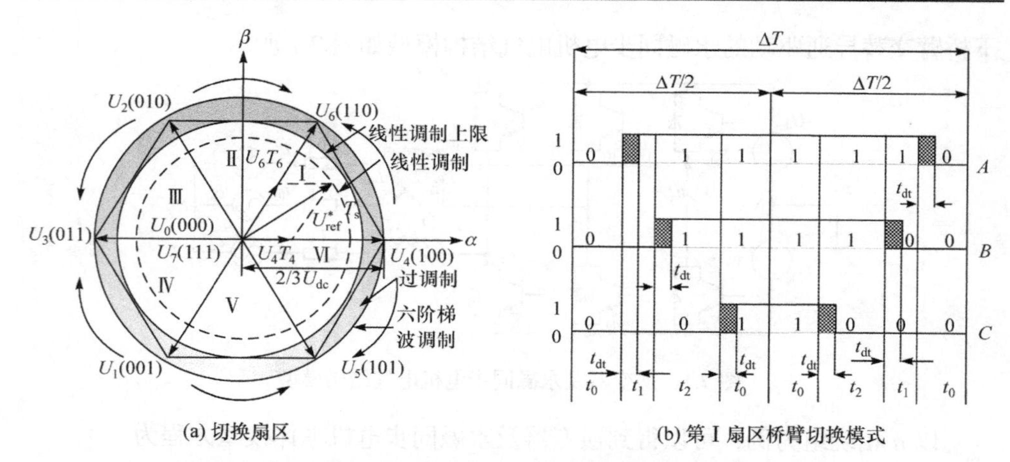


图 7.2　带有死区时间 $t_{dt}$ 设置的 SVPWM 调制逆变器切换示意图

式(7.3)、式(7.5)即为逆变器及永磁同步电机一相绕组模型，它们分别建立了永磁同步电机驱动电压与终端电流及电流跟踪误差的关系式。

3. 估计算法的建模

从现有技术体系来看，永磁同步电机的位置及速度估计算法可分为两大类：基于电机基波模型的方法与基于电机谐波模型的方法。基于电机基波模型的方法主要根据电机的基频理想模型，通过研究电机方程中转子位置、转速与电压及电流的相互关系来估计转子的位置及速度。一般基于追踪反电势及各种观测器技术的方法都属于基于电机基波模型的方法。基于电机谐波模型的方法主要是基于电机结构的物理特性，通过对转子处于不同位置时电压、电流谐波信号的解算来获取转子的位置及速度信息，有代表性的方法是高频信号注入法。另外，通过建立转子处于不同位置时电感值的表格，由实时计算的电感值与其进行比对来确定转子位置也属于此类方法[161]。

基于基波模型的估计算法可由非线性映射函数 $\Gamma_{\text{b\_m}}$ 、 $\mathscr{R}_{\text{b\_m}}$ 表示：

$$\Gamma_{\text{b\_m}}\left(\hat{\omega}_{\text{r}},\dot{\hat{\omega}}_{\text{r}},u^*,u^{\text{av}},i^*,i,R,L,J,T_{\text{L}},k_\omega\right)=0 \tag{7.6}$$

$$\mathscr{R}_{\text{b\_m}}\left(\hat{\theta}_{\text{r}},\dot{\hat{\theta}}_{\text{r}},u^*,u^{\text{av}},i^*,i,R,L,J,T_{\text{L}},k_\theta\right)=0 \tag{7.7}$$

式中，$\hat{\omega}_{\text{r}}$ 、$\hat{\theta}_{\text{r}}$ 为估计转速及估计位置；$u^*$ 、$u^{\text{av}}$ 为理想输入电压及实际输入电压；$i^*$ 、$i$ 为指令电流及实测电流；$R$ 、$L$ 为绕组电阻及电感；$J$ 、$T_{\text{L}}$ 为转子转动惯量及负载转矩；$k_\omega$ 、$k_\theta$ 为算法控制参数。

同理，基于谐波模型的估计算法可由非线性映射函数 $\Gamma_{\text{h\_m}}$ 、 $\mathscr{R}_{\text{h\_m}}$ 来表示(对于谐波模型，可忽略绕组电阻及转动惯量等一些低频成分对算法的影响)：

$$\Gamma_{\mathrm{h\_m}}\left(\hat{\omega}_{\mathrm{r}},\dot{\hat{\omega}}_{\mathrm{r}},u^{*},u^{\mathrm{av}},i^{*},i,L,k_{\omega}\right)=0 \tag{7.8}$$

$$\mathcal{R}_{\mathrm{h\_m}}\left(\hat{\theta}_{\mathrm{r}},\dot{\hat{\theta}}_{\mathrm{r}},u^{*},u^{\mathrm{av}},i^{*},i,L,k_{\theta}\right)=0 \tag{7.9}$$

以高频信号注入法为例，位置估计算法的基本原理是在指令电压端叠加高频成分 $\boldsymbol{u}_{\mathrm{qds\text{-}c}}^{\mathrm{s}^{*}}=\boldsymbol{u}_{\mathrm{s\text{-}c}}^{*}\mathrm{e}^{\mathrm{j}\omega_{\mathrm{c}}t}$，利用高频激励下的永磁同步电机模型 $\boldsymbol{u}_{\mathrm{qds\text{-}c}}^{\mathrm{s}}\approx\boldsymbol{L}_{\mathrm{qds}}^{\mathrm{s}}\cdot\dot{\boldsymbol{i}}_{\mathrm{qds\text{-}c}}^{\mathrm{c}}$，通过检测电机出线端电流的负序分量可以得到[162]：

$$\frac{\hat{\theta}_{\mathrm{r}}}{\theta_{\mathrm{r}}}=\frac{k_{\mathrm{P\theta}}k_{\mathrm{err}}s+k_{\mathrm{I\theta}}k_{\mathrm{err}}}{s^{2}+k_{\mathrm{P\theta}}k_{\mathrm{err}}s+k_{\mathrm{I\theta}}k_{\mathrm{err}}} \tag{7.10}$$

式中，$k_{\mathrm{err}}$ 为转子估计位置差系数；$k_{\mathrm{P\theta}}$、$k_{\mathrm{I\theta}}$分别为追踪转子位置的控制器参数。

估计算法的几个性能指标如下。

1) 收敛性

估计算法的收敛性是指在一定转速范围及初始条件下，受控系统起动算法后能准确追踪到转子的实际位置角及速度。对于不同的估计算法，描述其收敛性的指标是不同的，以基频模型观测器算法为例，可定义：

(1) 算法初值敏感性。初值敏感性包括对转子初始位置预估的敏感性及输入变量的初值敏感性，例如，对于观测器方法，起动观测器时需要预先知道转子的大致初始位置；而对于一般非线性状态观测器法，其能观性还与初始输入值有关。

(2) 观测器有效带宽。线性或非线性观测器本质上是一种反馈控制系统。依照控制系统带宽的定义，设原始状态为一正弦信号，在保证观测算法收敛的前提下，估计状态 $\hat{x}$ 与原状态 $x$ 相对误差开始大于 29.3%时所对应的频率值即为观测器有效带宽 $\omega_{\mathrm{OBW}}$：

$$0\leqslant\omega\leqslant\omega_{\mathrm{OBW}} \tag{7.11}$$

固定带宽的观测器是以牺牲观测效果为代价的，尤其是对于大范围运行的永磁同步电机无传感器矢量控制系统，其状态观测性能受工作频率以及叠加到观测器输入端的高频干扰影响较大，可通过设计观测器自适应增益律对其加以改进。

2) 实时性

估计算法的实时性是指在一定软件算法及硬件运算平台支撑下，受控系统起动算法后能在控制周期内完成对转子位置及速度的估计，并有足够的时间裕量完成整个控制系统的其他算法。

3) 相对独立性

估计算法的相对独立性是指算法对不同类型或同一类型不同型号的永磁同步

电机具有普遍适用性，例如，既可以适用于表面安装式永磁同步电机，也可以适用于具有凸极特性的内置式永磁同步电机；同时，算法对模型参数依赖较小或对参数变化具有较强的鲁棒性。

### 7.2.2 PMSM-SVC 关联分析

从 PMSM-SVC 系统驱动流程来看，理论驱动电压 $\boldsymbol{u}_{\mathrm{a,b,c}}^{*}(k)$ 的设计由指令电流 $\boldsymbol{i}_{\mathrm{a,b,c}}^{*}(k)$ 及电机模型参数 $R$、$L$ 等决定，指令电流由转速给定信号 $\omega_{\mathrm{r}}^{*}(k)$ 及具体控制策略确定，电机的实际作用电压 $\boldsymbol{u}_{\mathrm{a,b,c}}^{\mathrm{av}}(k)$ 由带有死区效应以及非线性特性的逆变器产生，$\boldsymbol{u}_{\mathrm{a,b,c}}^{\mathrm{av}}(k)$ 加载到电机电枢绕组产生终端电流 $\boldsymbol{i}_{\mathrm{a,b,c}}(k)$ 及反电势 $\boldsymbol{e}_{\mathrm{a,b,c}}(k)$，合成电流矢量与转子磁势相互作用产生转子旋转运动，估计算法通过电机终端电流、控制电压及相应模型参数对转子位置角 $\hat{\theta}_{\mathrm{r}}(k)$ 及速度 $\hat{\omega}_{\mathrm{r}}(k)$ 进行实时估计，其中转子位置角 $\hat{\theta}_{\mathrm{r}}(k)$ 用于矢量控制坐标变换计算，$\hat{\omega}_{\mathrm{r}}(k)$ 用于速度控制器的反馈比较。由此可见，PMSM-SVC 控制系统组成部分之间紧密联系、相互作用，估计算法的设计应充分考虑到系统模型参数、控制器性能及逆变器特性与其的关联与作用。

1. 模型方程项与估计算法匹配性

基于电机基波模型的方法设计中，可以通过增加对模型参数的在线辨识环节或提高算法本身对参数误差的鲁棒性来提高状态估计的准确性与稳定性。基于电机谐波模型的方法设计中，可通过提高模型方程的频域分辨率及区分能力来削弱高次谐波对状态估计的干扰与影响。

2. 电流控制器与估计算法匹配性

永磁同步电机无传感器控制系统设计中，电流控制器带宽是与控制性能紧密相关的重要指标，同时对估计算法的可实现性及稳定性产生重要影响。控制器带宽决定系统的稳态及暂态性能：控制器带宽过宽则不能保证对指令信号跟踪的平稳性与快速性；控制器带宽过窄则对控制对象的适应性差、调速性能不好。

预期控制效果对估计算法产生直接影响，控制的不精确性会增加观测器的调节与设计负担；控制的不平稳性则可能导致观测器不稳定，造成整个控制系统失调。为了表征控制器对估计算法的匹配性，可以引入如下两个指标。

1)平均跟踪延迟

电机出线端电流平均跟踪延迟(average tracking delay, ATD)反映控制器对指令信号的跟踪实时性，其计算公式如下：

$$\mathrm{ATD}=\frac{1}{n_{\max}}\cdot\left(\sum_{n=1}^{n_{\max}}d_{n}\right) \tag{7.12}$$

式中，$d_n$为第 $n$ 个控制周期结束后实测电流相对指令电流的跟踪延迟时间。最大控制周期数 $n_{\max}$ 的选取由电机的工作状态决定，稳态情况下一般取 8~10 个控制周期即可，暂态过程中由于电流变化比较剧烈，可取稳态情况下的 3～5 倍。

2) 总谐波失真

电机出线端电流总谐波失真(total harmonic distortion, THD)反映控制器对指令信号的跟踪平稳性，其计算公式如下：

$$\mathrm{THD}=\frac{1}{I_1}\cdot\left(\sum_{n=2}^{\infty}I_n^2\right)^{1/2} \tag{7.13}$$

式中，$I_1$、$I_n$分别为基频电流分量有效值及第 $n$ 次谐波电流分量有效值。具体计算过程中，最大谐波次数 $n$ 的选取由观测算法的有效带宽决定。观测器带宽与控制器带宽的比对决定了估计算法在系统稳态及暂态过程中状态估计的性能。

以图 7.3 为例说明如下。上阴影带表示控制器带宽，下阴影带表示观测器带宽，控制器与观测器中心频率点的动态调整可以达到稳态及暂态过程中状态的折中估计。其中，稳态过程中要求两者的中心频率尽量重合并接近调速点；暂态过程中两者同时向调速点缩减频带，提高控制的快速性及观测的稳定性。在此基础上，通过调整观测器的增益可进一步提升观测器的中心频率点，改善暂态过程中的状态估计效果。以此类推，任何能从控制器端提高电流跟踪准确性及稳定性的措施都将改善转子位置角及速度估计的精确性及稳定性。

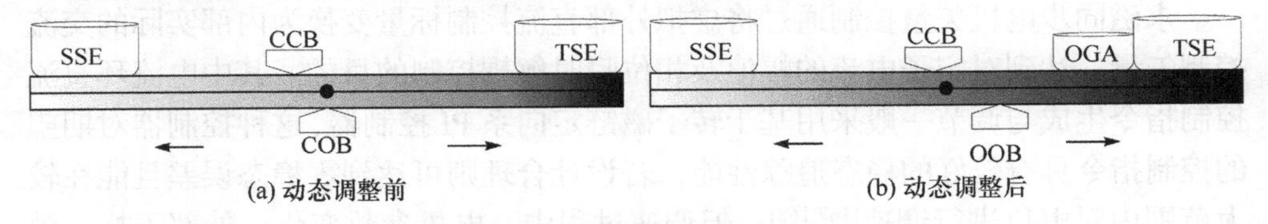


图 7.3　控制器与观测器动态匹配关系图

CCB(center of controller bandwidth): 控制器带宽中心频率

COB(center of observer bandwidth): 观测器带宽中心频率

SSE(steady state estimation): 稳态情形下状态估计

TSE(transient state estimation): 暂态情形下状态估计

OGA(observer gain adjusting): 观测器增益调整

阴影条形带从浅至深表示中心频率由低到高

● 表示中心频率处

3. 逆变器单元与估计算法匹配性

逆变器对估计算法的匹配性主要是提高 VSI 逆变器输出电压品质，减少由于功率器件驱动信号设置死区时间造成的输出电压畸变及过零电流箝位现象，从而提高电能变换质量与效率，如此可以与电流控制器协同作用，共同抑制电机出线端电流的高频纹波，提高估计算法运行的稳定性。

提高逆变器与估算法匹配度的方法主要有如下几种：一是采用新型脉宽调制律，如消除指定谐波的 SPWM 调制；二是从控制器端对死区时间及功率器件非线性特性进行补偿[163,164]；三是研究新型逆变器拓扑结构及电能变换方式，如空间矢量调制矩阵变换器(matrix converter with space vector modulation, MC-SVM)等[165,166]。

## 7.3 电流控制器性能研究及其对估计算法适应性分析

通过对 PMSM-SVC 关联建模及分析可知，电流控制器环节对指令电流跟踪的快速性、精确性及平稳性是无传感器控制系统设计的重要指标，其对估计算法的实际应用具有较大影响。本节主要分析应用于 PMSM-SVC 系统的两种主要类型的电流控制器(即 PMSM、PID 电流控制器与 PMSM、PCC 电流控制器)的基本特性，研究模型不确定性、外部转矩干扰及逆变器死区等对控制器动静态性能的影响。在此基础上，对比分析两种电流控制器算法对观测器算法的适应性，给出相应的数值仿真结果。

### 7.3.1 PMSM-PID 电流控制器特性

永磁同步电机矢量控制通过将虚拟外部直流控制标量变换为内部实际的交流控制矢量，达到对定子电流的幅值及相位瞬时解耦控制的目的。其中电流环直流控制指令生成与调节一般采用基于转子磁链定向系 PI 控制器，这种控制器对期望的控制指令具有较好的稳态追踪性能，若设计合理则可达到零稳态误差且能在较大范围内对电机进行调速[167,168]；但调速过程中，电机参数变化、外部干扰、模型方程本身对转速的依赖以及逆变器采样延迟等因素的存在，使得其动态调节性能并不是十分理想。因此，找到影响电流控制器动态性能的主要因素并建立其性能评估的尺度与方法是很有必要的[169,170]。

经典单输入单输出系统控制器设计与分析的工具(如根轨迹法、频域分析法)很难应用到永磁同步电机这类多输入多输出系统。文献[171]和文献[172]应用复矢量的描述方法分析了交流感应电动机电流控制器的动态特性。本小节基于这一思路将永磁同步电机多输入多输出模型方程转化为等价形式的单输入单输出模型方程，进而应用复矢量根轨迹法以及频域分析法等对其电流控制器指令跟踪性能进行对比研究，建立反映调节器针对外部干扰及模型不确定性的抗扰强度函数(dynamic stiffness function, DSF)。

1. 永磁同步电机调速系统的复矢量建模

永磁同步电机建立在等效两相定子坐标系的模型方程(设电机为隐极式)为

$$\begin{cases} \mathrm{p}i_{\mathrm{q}}^{\mathrm{s}} = -\left(\dfrac{R_{\mathrm{s}}}{L_{\mathrm{s}}}\right) i_{\mathrm{q}}^{\mathrm{s}} + \left(\dfrac{1}{L_{\mathrm{s}}}\right) u_{\mathrm{q}}^{\mathrm{s}} + K_{\mathrm{E}}\omega_{\mathrm{r}}\cos\theta_{\mathrm{r}} \\ \mathrm{p}i_{\mathrm{d}}^{\mathrm{s}} = -\left(\dfrac{R_{\mathrm{s}}}{L_{\mathrm{s}}}\right) i_{\mathrm{d}}^{\mathrm{s}} + \left(\dfrac{1}{L_{\mathrm{s}}}\right) u_{\mathrm{d}}^{\mathrm{s}} - K_{\mathrm{E}}\omega_{\mathrm{r}}\sin\theta_{\mathrm{r}} \end{cases} \tag{7.14}$$

式中，上标 s 表示静止参考坐标系；p 表示微分算子；$K_{\mathrm{E}}$ 为反电势常数；$\theta_{\mathrm{r}}$、$\omega_{\mathrm{r}}$ 分别为转子电角度及机械转速。在复平面内，式(7.14)的反电势项可表示为

$$\begin{pmatrix} K_{\mathrm{E}}\omega_{\mathrm{r}}\cos\omega_{\mathrm{r}}t \\ -K_{\mathrm{E}}\omega_{\mathrm{r}}\sin\omega_{\mathrm{r}}t \end{pmatrix}_{\mathrm{EMF}} = -K_{\mathrm{E}}\omega_{\mathrm{r}}\mathrm{e}^{\mathrm{j}\omega_{\mathrm{r}}t} \tag{7.15}$$

故永磁同步电机基于复矢量描述的模型方程为

$$\mathrm{p}\boldsymbol{i}_{\mathrm{qds}}^{\mathrm{s}} = -\frac{R_{\mathrm{s}}}{L_{\mathrm{s}}}\boldsymbol{i}_{\mathrm{qds}}^{\mathrm{s}} + \frac{1}{L_{\mathrm{s}}}\boldsymbol{u}_{\mathrm{qds}}^{\mathrm{s}} - K_{\mathrm{E}}\omega_{\mathrm{r}}\mathrm{e}^{\mathrm{j}\omega_{\mathrm{r}}t} \tag{7.16}$$

若用 $\boldsymbol{f}$ 表示静止参考坐标系(以 s 表示)与同步旋转参考坐标系(以 r 表示)之间相同矢量的变换关系，则其自身及微分的表述形式为

$$\boldsymbol{f}_{\mathrm{qd}}^{\mathrm{s}} = \boldsymbol{f}_{\mathrm{qd}}^{\mathrm{r}}\mathrm{e}^{\mathrm{j}\omega_{\mathrm{r}}t} \tag{7.17}$$

$$\mathrm{p}\left(\boldsymbol{f}_{\mathrm{qd}}^{\mathrm{s}}\right) = \mathrm{p}\left(\boldsymbol{f}_{\mathrm{qd}}^{\mathrm{r}}\mathrm{e}^{\mathrm{j}\omega_{\mathrm{r}}t}\right) = \mathrm{p}\left(\boldsymbol{f}_{\mathrm{qd}}^{\mathrm{r}}\right)\mathrm{e}^{\mathrm{j}\omega_{\mathrm{r}}t} + \mathrm{j}\omega_{\mathrm{r}}\boldsymbol{f}_{\mathrm{qd}}^{\mathrm{r}}\mathrm{e}^{\mathrm{j}\omega_{\mathrm{r}}t} \tag{7.18}$$

将式(7.17)和式(7.18)代入式(7.16)可以得到永磁同步电机转子磁链定向系的复矢量方程为

$$\mathrm{p}\boldsymbol{i}_{\mathrm{qds}}^{\mathrm{r}} = -\frac{R_{\mathrm{s}}}{L_{\mathrm{s}}}\boldsymbol{i}_{\mathrm{qds}}^{\mathrm{r}} + \frac{1}{L_{\mathrm{s}}}\boldsymbol{u}_{\mathrm{qds}}^{\mathrm{r}} - \mathrm{j}\omega_{\mathrm{r}}\boldsymbol{i}_{\mathrm{qds}}^{\mathrm{r}} - K_{\mathrm{E}}\omega_{\mathrm{r}} \tag{7.19}$$

经过这样的变换，永磁同步电机模型方程就从多输入多输出系统转换为单输入单输出系统。图 7.4 将前面的模型方程转换为形象的单输入单输出框图。

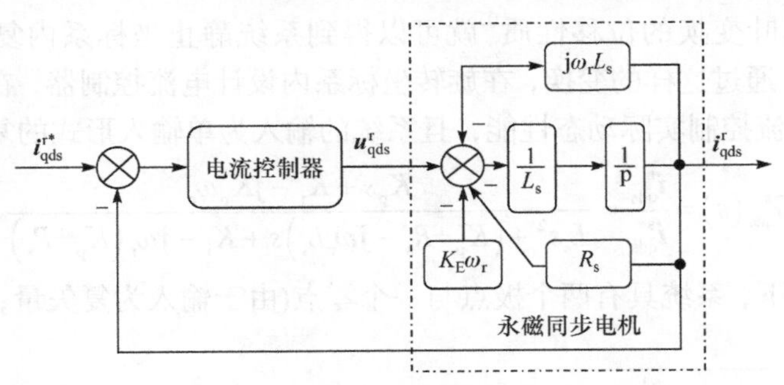


图 7.4　具有电流控制器的永磁同步电机复矢量控制框图

注意到对于单输入单输出系统，单输入的复矢量形式为

$$\boldsymbol{i}_{\mathrm{qds}}^{\mathrm{r}}=\boldsymbol{i}_{\mathrm{qs}}^{\mathrm{r}}-\mathrm{j}\boldsymbol{i}_{\mathrm{ds}}^{\mathrm{r}} \tag{7.20}$$

将式(7.20)代入式(7.19)就可得到矩阵形式的建立在转子磁链定向系的方程。在这个坐标系内，各种电参量具有直流标量的形式，因此工业上一般采用简单的PI控制器对逆变器电流进行调节。

这种形式的控制器具有优异的稳态性能，稳态误差可调整到零；但调速过程中动态特性并不是十分理想，表现为随着转速的升高控制器性能逐渐恶化，这是由于电机模型方程(7.19)中包含与转速相关的交叉耦合项，具体如下[171]。

其一是由于进行旋转变换而产生的耦合项：

$$P=\mathrm{j}\omega_{\mathrm{r}}\boldsymbol{i}_{\mathrm{qds}}^{\mathrm{r}} \tag{7.21}$$

其二是由反电势产生的电磁交叉耦合项：

$$Q=K_{\mathrm{E}}\omega_{\mathrm{r}} \tag{7.22}$$

从控制的角度讲，若这两项能从式(7.19)中得以解耦，则电流调节动态方程将不再依赖转速，显然，对这样的RL负载能实现快速而精确的电流控制；进一步地，反电势耦合项可视为动态方程的干扰项，从电流控制器的设计角度来看，若控制器能对诸如反电势干扰项及更广泛意义的外部干扰进行补偿，则这样的电流调节器比一般的依赖精确数学模型的PI控制器具有更强的鲁棒性与抗干扰性。

2. 影响控制器性能的主要因素分析

1) 旋转变换耦合项对电流控制器性能的影响

首先对电磁交叉耦合项(7.22)进行解耦，则可以得到简单RL负载形式的模型方程。系统在旋转参考坐标系的复矢量闭环传递函数为

$$G_{\mathrm{qds}}^{\mathrm{r}}(s)=\frac{\boldsymbol{i}_{\mathrm{qds}}^{\mathrm{r}}}{\boldsymbol{i}_{\mathrm{qds}}^{\mathrm{r}*}}=\frac{K_{\mathrm{p}}s+K_{\mathrm{i}}}{L_{\mathrm{s}}s^{2}+\left(R_{\mathrm{s}}+K_{\mathrm{p}}+\mathrm{j}\omega_{\mathrm{r}}L_{\mathrm{s}}\right)s+K_{\mathrm{i}}} \tag{7.23}$$

应用傅里叶变换的位移性质①就可以得到系统静止坐标系内复传递函数如式(7.24)所示。通过这样的变换，在旋转坐标系内设计电流控制器，在静止坐标系内分析系统电流控制实际动态性能，且系统的输入为单输入形式的复矢量。

$$G_{\mathrm{qds}}^{\mathrm{s}}(s)=\frac{\boldsymbol{i}_{\mathrm{qds}}^{\mathrm{s}}}{\boldsymbol{i}_{\mathrm{qds}}^{\mathrm{s}*}}=\frac{K_{\mathrm{p}}s+K_{\mathrm{i}}-\mathrm{j}K_{\mathrm{p}}\omega_{\mathrm{r}}}{L_{\mathrm{s}}s^{2}+\left(K_{\mathrm{p}}+R_{\mathrm{s}}-\mathrm{j}\omega_{\mathrm{r}}L_{\mathrm{s}}\right)s+K_{\mathrm{i}}-\mathrm{j}\omega_{\mathrm{r}}\left(K_{\mathrm{p}}+R_{\mathrm{s}}\right)} \tag{7.24}$$

开环情况下，系统具有两个极点与一个零点(由于输入为复矢量，因此极点不

---

① 位移性质就是对于任一时间函数$f(t)$的傅里叶变换$F[f(t)]$，若时间函数沿$t$轴向左或向右位移$t_0$，则其傅里叶变换为$F[f(t\pm t_0)]=\mathrm{e}^{\pm\mathrm{j}\omega t_0}F[f(t)]$。

必关于实轴对称)：

$$\text{pole}_{\text{qds}}^{\text{ops}}(1) = -R_{\text{s}}/L_{\text{s}}, \quad \text{pole}_{\text{qds}}^{\text{ops}}(2) = \text{j}\omega_{\text{r}} \tag{7.25}$$

$$\text{zero}_{\text{qds}}^{\text{ops}} = -\left(K_{\text{i}}/K_{\text{p}}\right) + \text{j}\omega_{\text{r}} \tag{7.26}$$

由开环零极点及幅值与相角条件可以绘制系统的复矢量根轨迹及零极点分布如图 7.5 所示。

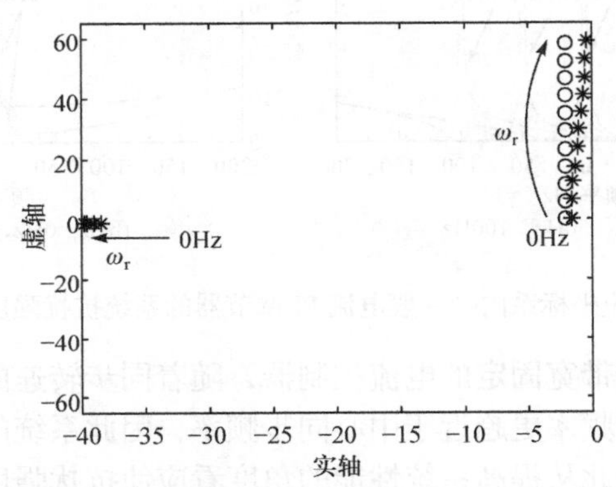


图 7.5　静止坐标系内系统复矢量根轨迹及零极点分布

○为开环零点；×为开环极点；∗为闭环极点

永磁同步电机参数设置为 $R_{\text{s}}$=0.39Ω，$L_{\text{s}}$=0.444mH；电流控制器参数设置为 $\left(K_{\text{i}}/K_{\text{p}}\right)=200$，$K_{\text{p}}$=1.39，开环截止频率为100Hz。从图 7.5 中可以看出，低频时，控制器零点与闭环主导极点近似相互对消，系统时间响应主要由非主导闭环极点决定，具有较快的响应速度。随着同步转速的升高，系统闭环主导极点趋近虚轴，与 PI 控制器的闭环零点(此例为开环零点)交互作用增强，这使得系统响应速度变慢、超调量增加，控制器整体性能趋于恶化。

2) 反电势耦合项对电流调节器性能的影响

显然，反电势耦合项可视为一个与电机转速严格成比例的可显化的基频干扰成分，可更一般地表示为 $\boldsymbol{V}_{\text{Dqds}}^{\text{r}}$。反电势干扰与控制器的输出叠加到一起作用于 RL 负载形式的永磁同步电机系统。为了考察反电势耦合项对系统性能的影响，即从控制信号的反方向看也就是其对电流调节器输出性能的影响，可以建立系统抗扰强度函数为

$$\frac{\boldsymbol{V}_{\text{Dqds}}^{\text{s}}}{\boldsymbol{i}_{\text{qds}}^{\text{s}}} = \frac{\boldsymbol{V}_{\text{Dqds}}^{\text{r}}}{\boldsymbol{i}_{\text{qds}}^{\text{r}}}\left(s - \text{j}\omega_{\text{r}}\right) = L_{\text{s}}s + R_{\text{s}} + K_{\text{p}} + \frac{K_{\text{i}}}{s - \text{j}\omega_{\text{r}}} \tag{7.27}$$

抗扰强度函数的物理意义是：在电流调节器作用下，产生单位受扰输出需要作用的外部干扰强度。显然，抗扰强度函数数值越大，系统对干扰的鲁棒性越好、对外部干扰的补偿能力也越强。特别地，当 $s$=j$\omega_{\text{r}}$，即干扰频率等于同步旋转频率

时，抗扰强度为无穷大。根据式(7.27)可绘制系统不同频率时抗扰强度频域响应曲线。图 7.6 分别为$\omega_r$=0Hz、50Hz、100Hz 及$\omega_r$=0Hz、25Hz、75Hz 两组情况下的抗扰强度函数曲线。图 7.6(b)虚线为改变绕组电阻 $R_s$ 时相应基频的对比曲线。

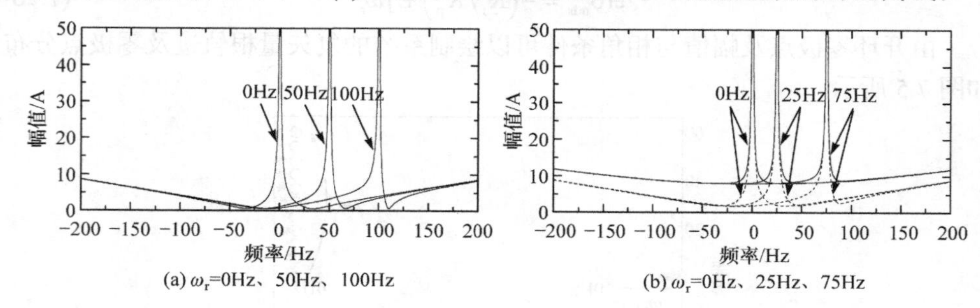


图 7.6　静止坐标系内带一般电流 PI 调节器的系统抗扰强度函数曲线

可以看出，对于带宽固定的电流控制器，随着同步转速的提高，抗扰强度函数最小正值所对应的频率更趋近于中心同步频率，因此系统的抗扰强度随频率的提高而显著降低，因此从提高系统性能的角度看应使抗扰强度函数在基频附近具有足够裕量的带宽。

3) 逆变器采样延迟对电流调节器性能的影响

在永磁同步电机数字化控制系统实现中，逆变器采样延迟是一个不可忽视的因素，其根本原因在于逆变器功率器件触发发生在定时器下溢中断产生时，比较寄存器(COMCONA 和 COMCONB)根据电流采样进行重装载。可用一阶延迟环节式(7.28)对其进行描述，时间常数$\tau_d$一般取为采样周期的 1.5～2 倍：

$$\frac{\boldsymbol{u}_{qds}^{r}}{\boldsymbol{u}_{qds}^{r*}}=\frac{1}{\tau_d s+1} \tag{7.28}$$

此时永磁同步电机控制系统的复矢量控制框图如图 7.7 所示。

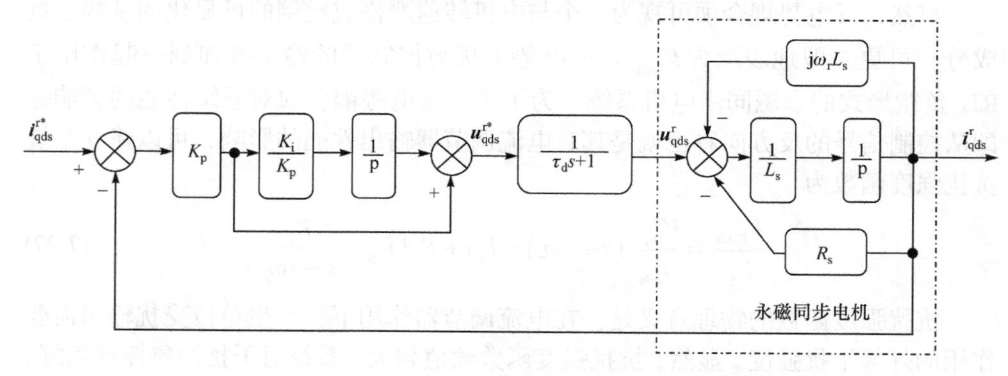


图 7.7　旋转坐标系内考虑延迟环节的复矢量控制框图

由式(7.29)可以得到系统在静止坐标系内的开环传递函数如式(7.30)所示，系统增加了一个开环极点 $\left(-1/\tau_{\mathrm{d}}+\mathrm{j}\omega_{\mathrm{r}}\right)$ 。

$$G_{\mathrm{qds}}^{\mathrm{r}}(s)=\frac{\boldsymbol{i}_{\mathrm{qds}}^{\mathrm{r}}}{\boldsymbol{i}_{\mathrm{qds}}^{\mathrm{r}*}}=\frac{K_{\mathrm{p}}s+K_{\mathrm{i}}}{s\left(\tau_{\mathrm{d}}s+1\right)\left(L_{\mathrm{s}}s+R_{\mathrm{s}}+\mathrm{j}\omega_{\mathrm{r}}L_{\mathrm{s}}\right)} \tag{7.29}$$

$$G_{\mathrm{qds}}^{\mathrm{ops}}(s)=\frac{\boldsymbol{i}_{\mathrm{qds}}^{\mathrm{ops}}}{\boldsymbol{i}_{\mathrm{qds}}^{\mathrm{ops}*}}=\frac{K_{\mathrm{p}}s+K_{\mathrm{i}}-\mathrm{j}\omega_{\mathrm{r}}K_{\mathrm{p}}}{\left(s-\mathrm{j}\omega_{\mathrm{r}}\right)\left(\tau_{\mathrm{d}}s-\mathrm{j}\omega_{\mathrm{r}}\tau_{\mathrm{d}}+1\right)\left(L_{\mathrm{s}}s+R_{\mathrm{s}}\right)} \tag{7.30}$$

系统在静止坐标系内的复矢量根轨迹如图 7.8 所示 $\left(\tau_{\mathrm{d}}=0.002\right)$。当转速升高时主导零极点分离，系统动态响应更趋恶化，尤其是当转速超过一定范围时系统将不稳定。

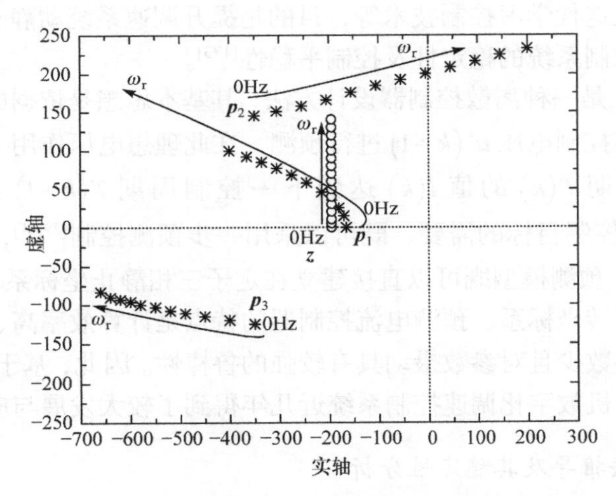


图 7.8　静止坐标系内考虑延迟环节的系统复矢量根轨迹

○为闭环零点；∗为闭环极点

### 3. 主要结论

综上分析，可以得到如下主要结论：

(1) PMSM-PID 调速系统具有较好的低速特性。随着转速的提高，系统动态响应速度变慢、超调量增加，抗外部干扰能力下降，对指令电流的跟踪将出现较大的幅值与相位偏差。这种与永磁同步电机负载相结合表现出来的固有特性使其调速适应性差，电流内环的调节性能得不到保证。

(2) PMSM-PID 控制系统的改进主要是调整传递函数零极点的分布，但受参数变化及较大范围调速应用的限制，电流控制器调节与跟踪能力有限。

(3) 逆变器采样延迟及由于同一桥臂功率器件死区时间的设置导致输入电压发生畸变，其对控制器整体性能具有显著影响。

### 7.3.2　PMSM-PCC 电流控制器特性

根据 7.3.1 节对电流环 PMSM-PID 控制器调节性能的分析可见，虽然传统 PID 控制方法具有普适性、参数易于调整及控制灵活简便的优点，但其在基于交、直轴电流矢量解耦控制的永磁同步电机调速系统中存在诸多局限性，主要表现为调速适应性差、调节能力受限，对由逆变器与电枢绕组构成的电流环具有一定的不可控性(即对指令电流跟踪能力差、终端电流易发生较大畸变)，尤其是当电流控制环节与位置及速度估计环节配合起来组成无传感器控制系统时，控制可靠性及稳定性得不到有效的保证。因此，各种新型控制理论与技术不断被尝试应用到永磁同步电机的电流环控制当中，如变结构控制技术、预测控制技术、模型参考自适应控制技术及迭代学习控制技术等，目的是提升调速系统动静态品质、减少转矩脉动、提高控制系统的稳定性及控制平稳性[173]。

PCC 本质上是一种离散控制器设计方法，其基本思想是依据电机基波模型对下一控制周期的控制电压 $\boldsymbol{u}^*(k+1)$ 进行预测，在此理想电压作用下，使目标电流从当前控制周期 $T(k)$ 的值 $\boldsymbol{i}(k)$ 达到下一控制周期 $T(k+1)$ 期望的电流值 $\boldsymbol{i}^*(k+1)$。根据控制目标的需要，既可以采用一步预测控制[79,81]，也可以采用多步预测控制[174]；预测模型既可以直接建立在定子三相静止坐标系，也可以建立在转子磁链定向旋转坐标系。预测电流控制器的特点是计算效率高、跟踪性能好，计算所需电机参数少且对参数摄动具有较强的鲁棒性。因此，基于 PCC 电流控制器的永磁同步电机数字化调速控制系统近几年得到了较大发展与应用。

1. 控制算法推导及其稳定性分析

根据图 7.1 所示逆变器及永磁同步电机电气结构模型，将式(7.2)进行离散化可得到：

$$u_{\mathrm{a}}(k)=R_{\mathrm{a}}i_{\mathrm{a}}(k)+\frac{L_{\mathrm{aa}}\left(\theta_{\mathrm{e}}(k)\right)+L_{\mathrm{ab}}\left(\theta_{\mathrm{e}}(k)\right)+L_{\mathrm{ac}}\left(\theta_{\mathrm{e}}(k)\right)}{T_{\mathrm{s}}}\cdot\left(i_{\mathrm{a}}(k+1)-i_{\mathrm{a}}(k)\right)+K_{\mathrm{E}}\omega_{\mathrm{e}}(k)\sin\left(\theta_{\mathrm{e}}(k)\right)\tag{7.31}$$

定义 $L_{\mathrm{a}}\left(\theta_{\mathrm{e}}(k)\right)=L_{\mathrm{aa}}\left(\theta_{\mathrm{e}}(k)\right)+L_{\mathrm{ab}}\left(\theta_{\mathrm{e}}(k)\right)+L_{\mathrm{ac}}\left(\theta_{\mathrm{e}}(k)\right)$，对于工作于饱和状态的凸极型电机，其幅值近似不变；而对于一般的表面安装式永磁同步电机，由于永磁材料相对回复磁导率接近 1(即永磁体磁导率很小，约为 0)，$L_{\mathrm{a}}\left(\theta_{\mathrm{e}}(k)\right)$ 的幅值也近似不变。$K_{\mathrm{E}}$ 为反电势常数，$T_{\mathrm{s}}$ 为采样周期，$\omega_{\mathrm{e}}$ 为转子电角速度，$\theta_{\mathrm{e}}$ 为转子电角度。利用电机一相绕组模型(7.31)及模型参数对输入电压进行预测，使当前周期绕组实际电流 $i_{\mathrm{a}}(k)$ 在预测控制电压作用下跟踪下一周期期望的电流值

$i_{\mathrm{a}}^{*}(k+1)$：

$$u_{\mathrm{a}}^{*}(k)=R_{\mathrm{a0}}i_{\mathrm{a}}(k)+\frac{L_{\mathrm{a0}}\left(\theta_{\mathrm{e}}(k)\right)}{T_{\mathrm{s}}}\cdot\left(i_{\mathrm{a}}^{*}(k+1)-i_{\mathrm{a}}(k)\right)+K_{\mathrm{E0}}\omega_{\mathrm{e}}(k)\sin\left(\theta_{\mathrm{e}}(k)\right) \tag{7.32}$$

式中，$R_{\mathrm{a0}}$、$L_{\mathrm{a0}}\left(\theta_{\mathrm{e}}(k)\right)$ 及 $K_{\mathrm{E0}}$ 为模型真实参数值；$\hat{e}(k)=K_{\mathrm{E0}}\omega_{\mathrm{e}}(k)\sin\left(\theta_{\mathrm{e}}(k)\right)$ 为绕组反电势。可见，式(7.32)即为基于反电势估算的 PCC 一步预测控制电压(electromotive force based one-step predictive current control, EFOS-PCC)计算公式，永磁同步电机其他两相预测控制电压的计算与此类似。参数的不精确性及时变性导致实际电流 $i_{\mathrm{a}}(k+1)$ 不能准确跟踪期望电流 $i_{\mathrm{a}}^{*}(k+1)$，将式(7.32)代入式(7.31)可以得到：

$$\begin{aligned}i_{\mathrm{a}}(k+1)&=\frac{1}{L_{\mathrm{a}}\left(\theta_{\mathrm{e}}(k)\right)}\cdot\Big(\left(T_{\mathrm{s}}\Delta R-\Delta L\right)i_{\mathrm{a}}(k)+L_{\mathrm{a0}}\left(\theta_{\mathrm{e}}(k)\right)i_{\mathrm{a}}^{*}(k+1)\\&\quad-T_{\mathrm{s}}\Delta K_{\mathrm{E}}\omega_{\mathrm{e}}(k)\sin\left(\theta_{\mathrm{e}}(k)\right)\Big)\\&\approx\frac{1}{L_{\mathrm{a}}\left(\theta_{\mathrm{e}}(k)\right)}\cdot\left(-\Delta L i_{\mathrm{a}}(k)+L_{\mathrm{a0}}\left(\theta_{\mathrm{e}}(k)\right)i_{\mathrm{a}}^{*}(k+1)-T_{\mathrm{s}}\Delta K_{\mathrm{E}}\omega_{\mathrm{e}}(k)\sin\left(\theta_{\mathrm{e}}(k)\right)\right)\end{aligned} \tag{7.33}$$

式中，$\Delta R=R_{\mathrm{a0}}-R_{\mathrm{a}}$；$\Delta L=L_{\mathrm{a0}}\left(\theta_{\mathrm{e}}(k)\right)-L_{\mathrm{a}}\left(\theta_{\mathrm{e}}(k)\right)$；$\Delta K_{\mathrm{E}}=K_{\mathrm{E0}}-K_{\mathrm{E}}$；约等式成立是由于 $T_{\mathrm{s}}\ll L_{\mathrm{a}}/R$。由式(7.33)可以看出，电流跟踪误差主要是由反电势常数及绕组电感这两项参数的不精确引起的。

将 $T_{\mathrm{s}}\Delta K_{\mathrm{E}}\omega_{\mathrm{e}}(k)\sin\left(\theta_{\mathrm{e}}(k)\right)$ 视为干扰项，可得到实际电流对期望电流的传递函数为

$$\frac{i_{\mathrm{a}}(z)}{i_{\mathrm{a}}^{*}(z)}=\frac{\left(\dfrac{L_{\mathrm{a0}}}{L_{\mathrm{a}}}\right)z}{z-\left(1-\dfrac{L_{\mathrm{a0}}}{L_{\mathrm{a}}}\right)} \tag{7.34}$$

依据离散系统 $z$ 域稳定性分析理论[175]，要使控制系统稳定则 $z$ 传递函数极点必须落在单位圆内。对于系统(7.34)，其特征方程为

$$\lambda(z)=z-\left(1-\frac{L_{\mathrm{a0}}}{L_{\mathrm{a}}}\right) \tag{7.35}$$

由于其根为实轴上的单极点，因此其参数变化稳定域为 $0<\left(L_{\mathrm{a0}}/L_{\mathrm{a}}\right)<1$。

预测控制电压的生成有多种方法，如依据调节终点电流跟踪误差为零的停摆理想条件 $\left(即 i_{\mathrm{a}}^{\mathrm{e}}(k+1)=i_{\mathrm{a}}^{*}(k+1)-i_{\mathrm{a}}(k+1)=0\right)$ 设计多步迭代预测电流控制(multi-step dead-beat predictive current control, MSDB-PCC)算法[157]，则由式(7.5)可

得到第 $k$ 个采样周期的平均切换电压为

$$u_{\mathrm{a}}^{\mathrm{av}}(k)=u_{\mathrm{a}}^{*}(k)+\frac{L_{\mathrm{a}}(\theta_{\mathrm{e}}(k))}{T_{\mathrm{s}}}i_{\mathrm{a}}^{\mathrm{e}}(k) \tag{7.36}$$

由式(7.36)及式(7.4)可以得到对 $u_{\mathrm{a}}^{*}(k)$ 的估计值为

$$u_{\mathrm{a}}^{*}(k-1)=u_{\mathrm{a}}^{\mathrm{av}}(k-1)+\frac{L_{\mathrm{a}}(\theta_{\mathrm{e}}(k))}{T_{\mathrm{s}}}\cdot\left(i_{\mathrm{a}}^{\mathrm{e}}(k)-i_{\mathrm{a}}^{\mathrm{e}}(k-1)\right) \tag{7.37}$$

假设在相邻的两个控制周期内 $u_{\mathrm{a}}^{*}(k)=u_{\mathrm{a}}^{*}(k-1)$，将式(7.37)代入式(7.36)可以得到PCC 二步迭代预测控制电压的计算公式为

$$u_{\mathrm{a}}^{\mathrm{av}}(k)=u_{\mathrm{a}}^{\mathrm{av}}(k-1)+\frac{L_{\mathrm{a}}(\theta_{\mathrm{e}}(k))}{T_{\mathrm{s}}}\cdot\left(2i_{\mathrm{a}}^{\mathrm{e}}(k)-i_{\mathrm{a}}^{\mathrm{e}}(k-1)\right) \tag{7.38}$$

进而，如果应用线性插值法对理想输入驱动电压 $u_{\mathrm{a}}^{*}(k)$ 进行估计：$u_{\mathrm{a}}^{*}(k)=2u_{\mathrm{a}}^{*}(k-1)-u_{\mathrm{a}}^{*}(k-2)$，则由上述推导过程可以得到 PCC 三步迭代预测控制电压的计算公式为

$$u_{\mathrm{a}}^{\mathrm{av}}(k)=2u_{\mathrm{a}}^{\mathrm{av}}(k-1)-u_{\mathrm{a}}^{\mathrm{av}}(k-2)+\frac{L_{\mathrm{a}}(\theta_{\mathrm{e}}(k))}{T_{\mathrm{s}}}\cdot\left(3i_{\mathrm{a}}^{\mathrm{e}}(k)-3i_{\mathrm{a}}^{\mathrm{e}}(k-1)+i_{\mathrm{a}}^{\mathrm{e}}(k-2)\right) \tag{7.39}$$

注意到式(7.38)及式(7.39)需要知道当前控制周期电流跟踪误差 $i_{\mathrm{a}}^{\mathrm{e}}(k)$，可应用式(7.37)对其进行一步预测：

$$\begin{aligned}i_{\mathrm{a}}^{\mathrm{e}}(k)&=i_{\mathrm{a}}^{\mathrm{e}}(k-1)+\frac{T_{\mathrm{s}}}{L_{\mathrm{a}}(\theta_{\mathrm{e}}(k))}\cdot\left(u_{\mathrm{a}}^{*}(k-2)-u_{\mathrm{a}}^{\mathrm{av}}(k-1)\right)\\&=2i_{\mathrm{a}}^{\mathrm{e}}(k-1)-i_{\mathrm{a}}^{\mathrm{e}}(k-2)+\frac{T_{\mathrm{s}}}{L_{\mathrm{a}}(\theta_{\mathrm{e}}(k))}\cdot\left(u_{\mathrm{a}}^{\mathrm{av}}(k-2)-u_{\mathrm{a}}^{\mathrm{av}}(k-1)\right)\end{aligned} \tag{7.40}$$

将式(7.40)代入式(7.38)可得到新的 PCC 三步迭代预测控制电压的计算公式为

$$u_{\mathrm{a}}^{\mathrm{av}}(k)=-u_{\mathrm{a}}^{\mathrm{av}}(k-1)+2u_{\mathrm{a}}^{\mathrm{av}}(k-2)+\frac{L_{\mathrm{a}}(\theta_{\mathrm{e}}(k))}{T_{\mathrm{s}}}\cdot\left(3i_{\mathrm{a}}^{\mathrm{e}}(k-1)-2i_{\mathrm{a}}^{\mathrm{e}}(k-2)\right) \tag{7.41}$$

同理，对 $u_{\mathrm{a}}^{*}(k-1)$ 进行线性插值：$u_{\mathrm{a}}^{*}(k-1)=2u_{\mathrm{a}}^{*}(k-2)-u_{\mathrm{a}}^{*}(k-3)$，可以得到PCC 四步迭代预测控制电压的计算公式为

$$\begin{aligned}u_{\mathrm{a}}^{\mathrm{av}}(k)=&-u_{\mathrm{a}}^{\mathrm{av}}(k-1)+5u_{\mathrm{a}}^{\mathrm{av}}(k-2)-3u_{\mathrm{a}}^{\mathrm{av}}(k-3)\\&+\frac{L_{\mathrm{a}}(\theta_{\mathrm{e}}(k))}{T_{\mathrm{s}}}\cdot\left(6i_{\mathrm{a}}^{\mathrm{e}}(k-1)-8i_{\mathrm{a}}^{\mathrm{e}}(k-2)+3i_{\mathrm{a}}^{\mathrm{e}}(k-3)\right)\end{aligned} \tag{7.42}$$

式(7.38)、式(7.39)、式(7.41)、式(7.42)对参数变化的稳定性分析如下。在第 $k$ 个控制周期，由输入控制电压 $u_{\mathrm{a}}^{\mathrm{av}}(k)$ 作用可得到该控制周期结束时实际电流误差为

$$i_a^e(k+1)=\frac{T_s}{L_{a0}(\theta_e(k))}\cdot\left(u_a^*(k)-u_a^{av}(k)\right)+i_a^e(k) \tag{7.43}$$

将式(7.38)、式(7.39)、式(7.41)、式(7.42)分别代入式(7.43)，并由式(7.36)可得闭环系统传递函数$G(z)=i_a(z)/i_a^*(z)$的特征方程依次为

$$\lambda(z)=z^2-2\left(1-\frac{L_a}{L_{a0}}\right)z+\left(1-\frac{L_a}{L_{a0}}\right) \tag{7.44}$$

$$\lambda(z)=z^3-3\left(1-\frac{L_a}{L_{a0}}\right)z^2+3\left(1-\frac{L_a}{L_{a0}}\right)z-\left(1-\frac{L_a}{L_{a0}}\right) \tag{7.45}$$

$$\lambda(z)=z^3-3\left(1-\frac{L_a}{L_{a0}}\right)z+2\left(1-\frac{L_a}{L_{a0}}\right) \tag{7.46}$$

$$\lambda(z)=z^4-6\left(1-\frac{L_a}{L_{a0}}\right)z^2+8\left(1-\frac{L_a}{L_{a0}}\right)z-3\left(1-\frac{L_a}{L_{a0}}\right) \tag{7.47}$$

根据劳斯-赫尔维茨(Routh-Hurwitz)稳定判据①，上述特征方程的根在$z$平面单位圆内的充分必要条件分别如下[157]。

(1) 对于式(7.38)：$0<(L_a/L_{a0})\leqslant 1.33$。

(2) 对于式(7.39)：$0.5<(L_a/L_{a0})\leqslant 1.14$。

(3) 对于式(7.41)：$0.8<(L_a/L_{a0})\leqslant 1.23$。

(4) 对于式(7.42)：$0.94<(L_a/L_{a0})\leqslant 1.08$。

由此可得到算法的$z$域根轨迹如图7.9所示。对于每一个算法，图中分别绘制了绕组电感小于模型真实值$(L_a\leqslant L_{a0})$及大于模型真实值$(L_a>L_{a0})$情形下特征方程的极点分布。从图中可以看出，各算法在绕组电感低估的参数范围内其电流跟踪稳定性对参数变化较为敏感，其中算法(7.38)的稳定域最大，对参数变化具有完全鲁棒性，基于理想输入电压线性插值预测的算法(7.39)及对当前控制周期的电流跟踪误差进行估计的算法(7.41)和算法(7.42)，其根轨迹从原点呈放射状迅速向单位圆趋近，说明其对参数变化的稳定域逐步减小。在绕组电感高估的参数范围内存在类似的现象。

直接基于模型的基本PCC算法(7.32)具有原理简单的特点，但其计算过程中需要转子位置及速度等信息，对于PMSM-SVC系统来说增加了设计的复杂性且算法在实现过程中没有考虑逆变器死区等非线性因素对输出电压的影响，故电流调节动静态性能不好，输出电流纹波较大且存在比较明显的零电流箝位现象；同

① 劳斯-赫尔维茨稳定判据通过$z$-$\omega$变量代换($z=(1+\omega)/(1-\omega)$)，由变换后系统特征方程的系数及符号来判断原系统的稳定性。

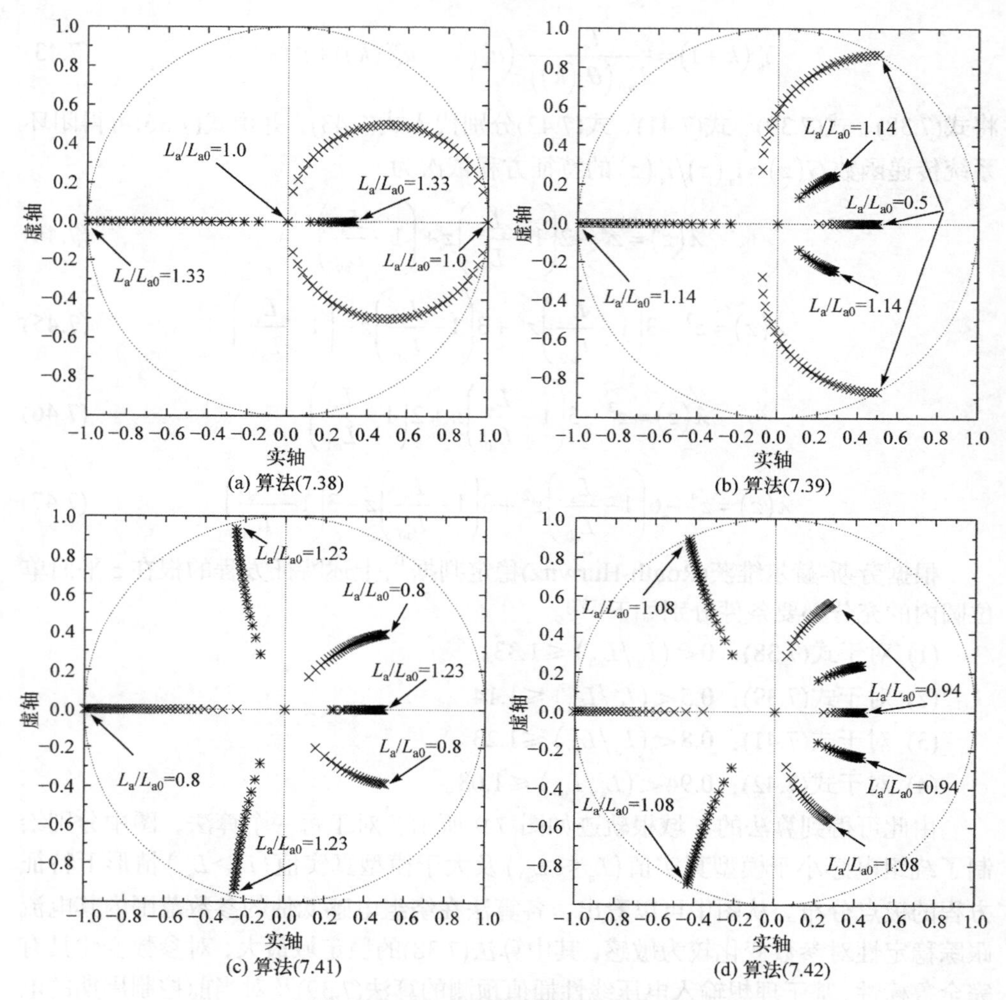


图 7.9　PCC 多步预测算法 $z$ 域根轨迹

×为 $L_a \leqslant L_{a0}$；∗为 $L_a > L_{a0}$

时模型参数的不精确也降低了控制系统性能。

基于间接模型的 PCC 算法(7.38)、算法(7.39)、算法(7.41)、算法(7.42)的计算过程中所需的参数较少，其以电流跟踪的实际效果作为直接控制目标，因此算法本身蕴含了对逆变器死区等非线性因素的补偿。但算法对参数摄动稳定域较小，缺乏有效的反馈控制机制使输出电流纹波较大。

## 2. 电流跟踪误差解析及算法改进

通常情况下，控制器的电流跟踪误差可表示为

$$i_{\mathrm{a}}^{\mathrm{e}}=i_{\mathrm{a}}^{*}-i_{\mathrm{a}}=\underbrace{i_{\mathrm{a\_SF}}^{\mathrm{e}}+i_{\mathrm{a\_SN}}^{\mathrm{e}}}_{\text{高频}}+\underbrace{i_{\mathrm{a\_PM}}^{\mathrm{e}}+i_{\mathrm{a\_DT}}^{\mathrm{e}}}_{\text{低频}} \tag{7.48}$$

式中，$i_{\mathrm{a\_SF}}^{\mathrm{e}}$ 为 SVPWM 逆变器功率开关高频切换导致的电流误差；$i_{\mathrm{a\_SN}}^{\mathrm{e}}$ 为数控系统随机采样噪声导致的电流误差；$i_{\mathrm{a\_PM}}^{\mathrm{e}}$ 为模型参数不精确性导致的电流误差；$i_{\mathrm{a\_DT}}^{\mathrm{e}}$ 为逆变器死区非线性导致的电流误差。

可以看出，$i_{\mathrm{a\_SF}}^{\mathrm{e}}$、$i_{\mathrm{a\_SN}}^{\mathrm{e}}$ 为跟踪误差电流的高频成分，统一以 $\boldsymbol{i}_{\mathrm{a}}^{\mathrm{err\_h}}$ 表示；$i_{\mathrm{a\_PM}}^{\mathrm{e}}$、$i_{\mathrm{a\_DT}}^{\mathrm{e}}$ 为跟踪误差电流的低频成分，统一以 $\boldsymbol{i}_{\mathrm{a}}^{\mathrm{err\_l}}$ 表示。PCC 控制器的设计目标就是研究上述高频及低频误差成分的产生机理，在控制器设计中对误差成分进行合理利用进而对其加以消除或减弱。

本小节以基本预测控制器(7.32)为例，研究误差信号低频及高频成分反馈与控制器型别的关系。

1) 跟踪误差低频成分提取型电流控制器(low-frequency error extracted predictive current controller, LFEE-PCC)设计

跟踪误差低频成分 $\boldsymbol{i}_{\mathrm{a}}^{\mathrm{err\_l}}$ 主要影响因素为电机参数的不精确性及逆变器非线性等，提取这些低频成分并将其用于 PCC 的反馈设计如图 7.10(a)所示。低通全极型滤波器网络的传递函数一般为

$$F_{\mathrm{L}}(s)=\frac{b_0}{s^n+a_1s^{n-1}+a_2s^{n-2}+\cdots+a_{n-1}s+a_n} \tag{7.49}$$

从研究问题的方便出发，这里选取幅频特性与频率成反比的纯积分型滤波器：$F_{\mathrm{L}}(s)=1/(\tau s)$，其中，$\tau=1/b_0$ 为积分时间常数，由此可以得到 PCC 的实际输入 $i_{\mathrm{a}}^{**}(k)$ 与参考输入 $i_{\mathrm{a}}^{*}(k)$ 的频域关系为

$$i_{\mathrm{a}}^{**}(s)=i_{\mathrm{a}}^{*}(s)+\left(\frac{1}{\tau s}\right)\cdot i_{\mathrm{a}}^{\mathrm{e}}(s) \tag{7.50}$$

将式(7.50)的时域形式方程离散化可以得到：

$$i_{\mathrm{a}}^{**}(k+1)=i_{\mathrm{a}}^{*}(k+1)+\left(\frac{T_{\mathrm{s}}}{\tau}\right)\cdot\sum_{j=0}^{k}\left(i_{\mathrm{a}}^{*}(j)-i_{\mathrm{a}}(j)\right) \tag{7.51}$$

将式(7.51)代入式(7.33)并对等式两边取 $z$ 变换，可以得到实际电流 $i_{\mathrm{a}}$ 对期望电流 $i_{\mathrm{a}}^{*}$ 的 $z$ 域传递函数为①

① 此处 $z$ 域传递函数的求取利用了 $z$ 变换的迭值定理，即若 $g(k)=\sum_{i=0}^{k}x(i),k=0,1,\cdots$，则 $G(z)=\frac{z}{z-1}X(z)$。

$$\frac{i_{\mathrm{a}}(z)}{i_{\mathrm{a}}^{*}(z)}=\frac{\left(\frac{L_{\mathrm{a0}}}{L_{\mathrm{a}}}\right)\left(z^{2}-\left(1-\frac{T_{\mathrm{s}}}{\tau}\right)z\right)}{z^{2}+\left(\frac{L_{\mathrm{a0}}}{L_{\mathrm{a}}}\left(1+\frac{T_{\mathrm{s}}}{\tau}\right)-2\right)z+\left(1-\frac{L_{\mathrm{a0}}}{L_{\mathrm{a}}}\right)} \tag{7.52}$$

由此可见，误差电流低频成分的反馈增加了系统型别，根据劳斯-赫尔维茨稳定判据可以得到此时系统稳定的充分必要条件为

$$0<\left(\frac{L_{\mathrm{a0}}}{L_{\mathrm{a}}}\right)<\frac{4}{(T_{\mathrm{s}}/\tau)+2} \tag{7.53}$$

当$T_{\mathrm{s}}/\tau$取不同值时可拓展系统的参数变化稳定域。图 7.10(b)为$T_{\mathrm{s}}/\tau=0.95$、0.45 及 0.125 时的 $z$ 域根轨迹。可以看出，随着积分时间常数的增大，系统对电感参数变化的稳定域逐渐增大，系统的稳定裕度同时增加，表明误差低频成分反馈有助于提升系统性能，改善预测控制系统算法的稳定性。

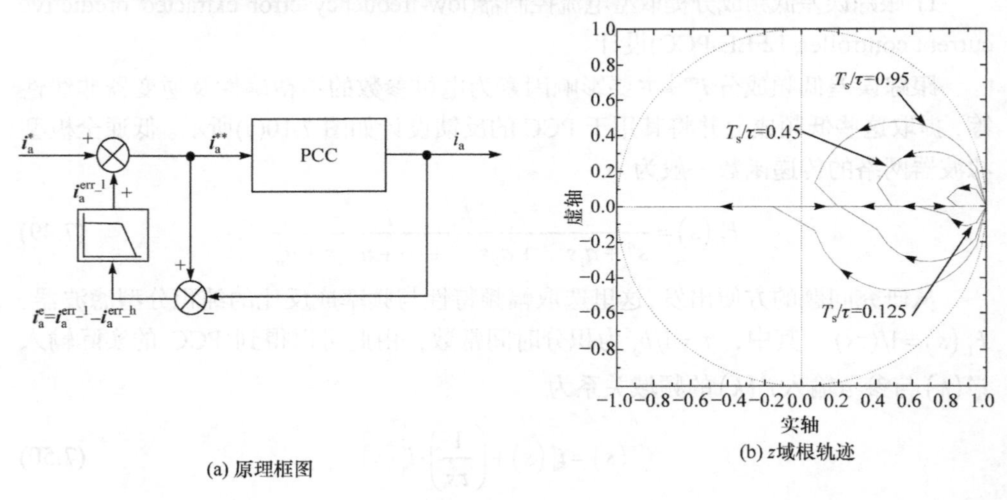

(a) 原理框图　　(b) $z$域根轨迹

图 7.10　LFEE-PCC 设计

2) 跟踪误差高频成分提取型电流控制器(high-frequency error extracted predictive current controller, HFEE-PCC)设计

跟踪误差高频成分$i_{\mathrm{a}}^{\mathrm{err\text{-}h}}$主要影响因素为逆变器功率器件高频切换及随机采样噪声等，提取这些高频成分并将其用于 PCC 的反馈设计如图 7.11 所示。

高通全极型滤波器网络的传递函数一般为

$$F_{\mathrm{H}}(s)=\frac{b_0 s^n}{a_n s^n+a_{n-1}s^{n-1}+a_{n-2}s^{n-2}+\cdots+a_1 s+1} \tag{7.54}$$

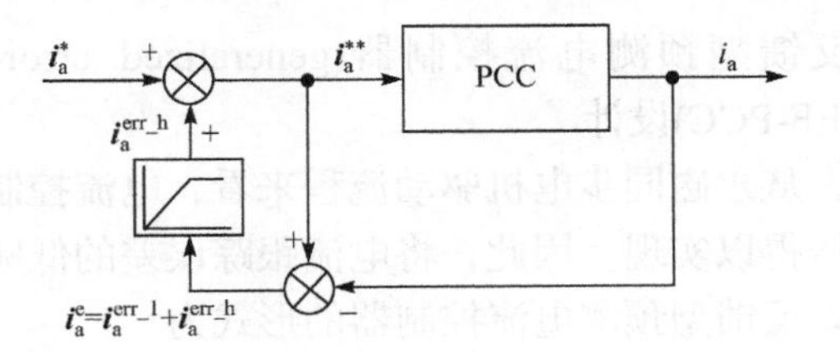


图 7.11 HFEE-PCC 设计框图

从研究问题的方便出发，这里选取一阶形式的高通滤波器：$F_H(s) = s/(\tau s + 1)$，由此可得到 PCC 实际输入 $i_a^{**}(k)$ 与参考输入 $i_a^*(k)$ 的频域关系式（$\tau = a_1/b_0$）为

$$i_a^{**}(s) = i_a^*(s) + \frac{s}{\tau s + 1} i_a^e(s) \tag{7.55}$$

将式(7.55)的时域形式方程离散化得到：

$$i_a^{**}(k+1) = i_a^*(k+1) + \frac{T_s \cdot e^{-(kT_s/\tau)}}{\tau} \cdot \sum_{j=1}^{k} \left( i_a^*(j) - i_a^*(j-1) - i_a(j) + i_a(j-1) \right) \tag{7.56}$$

将式(7.56)代入式(7.33)并对等式两边取 $z$ 变换，可以得到实际电流 $i_a$ 对期望电流 $i_a^*$ 的 $z$ 域传递函数为

$$\frac{i_a(z)}{i_a^*(z)} = \frac{z^2 + \left( \dfrac{L_{a0}}{L_a} \cdot \left( \dfrac{T_s}{\tau} \right) - e^{-(T_s/\tau)} \right) z}{z^2 - \left( 1 - \dfrac{L_{a0}}{L_a} \cdot \left( 1 - \left( \dfrac{T_s}{\tau} \right) \right) + e^{-(T_s/\tau)} \right) z + \left( 1 - \dfrac{L_{a0}}{L_a} \right) \cdot e^{-(T_s/\tau)}} \tag{7.57}$$

由此可见，误差电流高频成分的反馈同样增加了系统型别，依据劳斯-赫尔维茨稳定判据可以得到此时系统稳定的充分必要条件为

$$\begin{cases} 0 < \left( \dfrac{L_{a0}}{L_a} \right) < \dfrac{2\left(1 + e^{-(T_s/\tau)}\right)}{1 - (T_s/\tau) + e^{-(T_s/\tau)}} \\ 0 < \left( e^{-(T_s/\tau)} + (T_s/\tau) \right) < 1 \end{cases} \tag{7.58}$$

从式(7.58)中的第二式可以看出，由于函数 $f(T_s/\tau) = \exp(-T_s/\tau) + (T_s/\tau)$ 为单调递增函数，因此 $\forall (T_s/\tau) > 0 \Rightarrow f(T_s/\tau) > 1$，无论 $(T_s/\tau)$ 取何值都不能满足算法的稳定性条件，因此应避免在预测电流控制器设计中引入高频误差反馈成分；同时也说明，对于任何形式的反馈控制器设计，误差信号中高频成分对控制器稳定性具有较大影响，这与 PID 控制器设计中一般避免使用微分前馈的原理是一致的。

3) 一般误差反馈型预测电流控制器(generalized error-feedback predictive current controller, GEF-PCC)设计

综合以上分析，从永磁同步电机驱动流程来看，电流控制误差的反馈最终要通过逆变器驱动电压得以实现。因此，将电流跟踪误差的低频反馈成分进行扩展就可以得到一般误差反馈型预测电流控制器的形式为

$$u_{\mathrm{a}}^{\mathrm{av}}(k+1)=\frac{L_{\mathrm{a}}}{T_{\mathrm{s}}}\cdot\left(i_{\mathrm{a}}^{*}(k+1)-i_{\mathrm{a}}(k)\right)+\hat{e}_{\mathrm{a}}(k)+k_{\mathrm{p}}\cdot\left(i_{\mathrm{a}}^{*}(k)-i_{\mathrm{a}}(k)\right)+k_{\mathrm{i}}\cdot\sum\Delta i_{\mathrm{a}}(k) \tag{7.59}$$

式中，$\sum\Delta i_{\mathrm{a}}(k)=\sum\Delta i_{\mathrm{a}}(k-1)+\left(i_{\mathrm{a}}^{*}(k)-i_{\mathrm{a}}(k)\right)$，$\Delta i_{\mathrm{a}}(k)=i_{\mathrm{a}}^{*}(k)-i_{\mathrm{a}}(k)$；反电势 $\hat{e}_{\mathrm{a}}(k)=K_{\mathrm{E0}}\omega_{\mathrm{e}}(k)\sin\left(\theta_{\mathrm{e}}(k)\right)$；$k_{\mathrm{p}}$ 为误差反馈比例系数；$k_{\mathrm{i}}$ 为误差反馈累加系数。

为了分析算法的稳定性，将理想情形下的控制电压表达式代入式(7.59)，则可得到：

$$\begin{aligned}&\underbrace{\frac{L_{\mathrm{a0}}}{T_{\mathrm{s}}}\cdot\left(i_{\mathrm{a}}(k+1)-i_{\mathrm{a}}(k)\right)+e_{\mathrm{a}}(k+1)}_{u_{\mathrm{a}}^{\mathrm{av}}(k+1)}\\&=\frac{L_{\mathrm{a}}}{T_{\mathrm{s}}}\cdot\left(i_{\mathrm{a}}^{*}(k+1)-i_{\mathrm{a}}(k)\right)\\&\quad+\underbrace{\frac{L_{\mathrm{a0}}}{T_{\mathrm{s}}}\cdot\left(i_{\mathrm{a}}(k)-i_{\mathrm{a}}(k-1)\right)+e_{\mathrm{a}}(k)-\frac{L_{\mathrm{a}}}{T_{\mathrm{s}}}\cdot\left(i_{\mathrm{a}}(k)-i_{\mathrm{a}}(k-1)\right)}_{\hat{e}_{\mathrm{a}}(k)}\\&\quad+k_{\mathrm{p}}\cdot\left(i_{\mathrm{a}}^{*}(k)-i_{\mathrm{a}}(k)\right)+k_{\mathrm{i}}\cdot\sum\Delta i_{\mathrm{a}}(k)\end{aligned} \tag{7.60}$$

将方程两边进行移项并整理得到：

$$\begin{aligned}&i_{\mathrm{a}}(k+1)-2\left(1-\frac{L_{\mathrm{a}}}{L_{\mathrm{a0}}}\right)i_{\mathrm{a}}(k)+\left(1-\frac{L_{\mathrm{a}}}{L_{\mathrm{a0}}}\right)i_{\mathrm{a}}(k-1)+\frac{T_{\mathrm{s}}}{L_{\mathrm{a0}}}k_{\mathrm{p}}i_{\mathrm{a}}(k)+\frac{T_{\mathrm{s}}}{L_{\mathrm{a0}}}k_{\mathrm{i}}\sum i_{\mathrm{a}}(k)\\&=\frac{L_{\mathrm{a}}}{L_{\mathrm{a0}}}i_{\mathrm{a}}^{*}(k+1)+\frac{T_{\mathrm{s}}}{L_{\mathrm{a0}}}k_{\mathrm{p}}i_{\mathrm{a}}^{*}(k)+\frac{T_{\mathrm{s}}}{L_{\mathrm{a0}}}k_{\mathrm{i}}\sum i_{\mathrm{a}}^{*}(k)+\underbrace{\frac{T_{\mathrm{s}}}{L_{\mathrm{a0}}}\cdot\left(e_{\mathrm{a}}(k)-e_{\mathrm{a}}(k+1)\right)}_{\text{干扰项}}\end{aligned} \tag{7.61}$$

若将 $(T_{\mathrm{s}}/L_{\mathrm{a0}})\cdot\left(e_{\mathrm{a}}(k)-e_{\mathrm{a}}(k+1)\right)$ 视为干扰项，则可以得到实际电流 $i_{\mathrm{a}}$ 对期望电流 $i_{\mathrm{a}}^{*}$ 的 $z$ 域传递函数为

$$\frac{i_{\mathrm{a}}(z)}{i_{\mathrm{a}}^{*}(z)}=\frac{\dfrac{L_{\mathrm{a}}}{L_{\mathrm{a0}}}z^{3}+\left(\dfrac{T_{\mathrm{s}}k_{\mathrm{p}}}{L_{\mathrm{a0}}}+\dfrac{T_{\mathrm{s}}k_{\mathrm{i}}}{L_{\mathrm{a0}}}-\dfrac{L_{\mathrm{a}}}{L_{\mathrm{a0}}}\right)z^{2}-\dfrac{T_{\mathrm{s}}k_{\mathrm{p}}}{L_{\mathrm{a0}}}z}{z^{3}+\left(2\dfrac{L_{\mathrm{a}}}{L_{\mathrm{a0}}}-3+\dfrac{T_{\mathrm{s}}k_{\mathrm{p}}}{L_{\mathrm{a0}}}\right)z^{2}+\left(3-3\dfrac{L_{\mathrm{a}}}{L_{\mathrm{a0}}}-\dfrac{T_{\mathrm{s}}k_{\mathrm{p}}}{L_{\mathrm{a0}}}+\dfrac{T_{\mathrm{s}}k_{\mathrm{i}}}{L_{\mathrm{a0}}}\right)z-\left(1-\dfrac{L_{\mathrm{a}}}{L_{\mathrm{a0}}}\right)} \tag{7.62}$$

因此，其特征方程为

$$\lambda(z)=z^3+\left(2\frac{L_a}{L_{a0}}-3+\frac{T_s k_p}{L_{a0}}\right)z^2+\left(3-3\frac{L_a}{L_{a0}}-\frac{T_s k_p}{L_{a0}}+\frac{T_s k_i}{L_{a0}}\right)z-\left(1-\frac{L_a}{L_{a0}}\right) \tag{7.63}$$

对特征方程(7.63)应用劳斯-赫尔维茨稳定判据可得到系统稳定的充分必要条件如式(7.64)所示，其中第一式可称为电感差值域条件，第二式可称为辅助参数域条件：

$$\begin{cases}\left(\left(\frac{1}{2}\cdot\frac{T_s k_i}{L_{a0}}-\frac{T_s k_p}{L_{a0}}\right)\cap\left(\frac{1}{4}\cdot\frac{T_s k_i}{L_{a0}}\right)\right)<\left(\frac{L_a}{L_{a0}}\right)<\frac{4}{3}+\frac{1}{6}\left(\frac{T_s k_i}{L_{a0}}\right)-\frac{1}{3}\left(\frac{T_s k_p}{L_{a0}}\right)\\ \left(\frac{L_a}{L_{a0}}\right)^2+\frac{T_s k_p}{L_{a0}}\left(\frac{L_a}{L_{a0}}\right)-\frac{T_s k_i}{L_{a0}}>0\end{cases} \tag{7.64}$$

与算法(7.32)、算法(7.38)、算法(7.39)、算法(7.41)及算法(7.42)相比较，带有一般电流误差反馈的算法(7.59)的特征方程增加了误差反馈比例系数 $k_p$、误差反馈累加系数 $k_i$ 及采样周期 $T_s$ 这 3 个参数项，通过对其进行适当调节可以改善控制器对电感参数变化的鲁棒性，提高系统稳定性及参数变化稳定裕度。

图 7.12 为电感值低估情形下对可变参数进行两种不同设置时电流控制器特征方程 $z$ 域根轨迹。其中，由图 7.12(a)与图 7.9(b)对比可看出，具有误差反馈的一步预测改进算法可以达到与三步迭代预测算法相同的控制效果，在电感值低估情形下两者具有相似的参数变化稳定域。进一步对误差反馈系数进行修正，则由图 7.12(b)可以看出，系统参数变化稳定域得到较大拓展(稳定域从 $L_a/L_{a0}\in[0.5,1.0]$ 拓展至 $L_a/L_{a0}\in[0.1,1.0]$)，同时从一步预测算法推导及稳定性分析中可以看出，叠加低频电流误差反馈后可以增加控制器对反电势估计误差的稳定性。

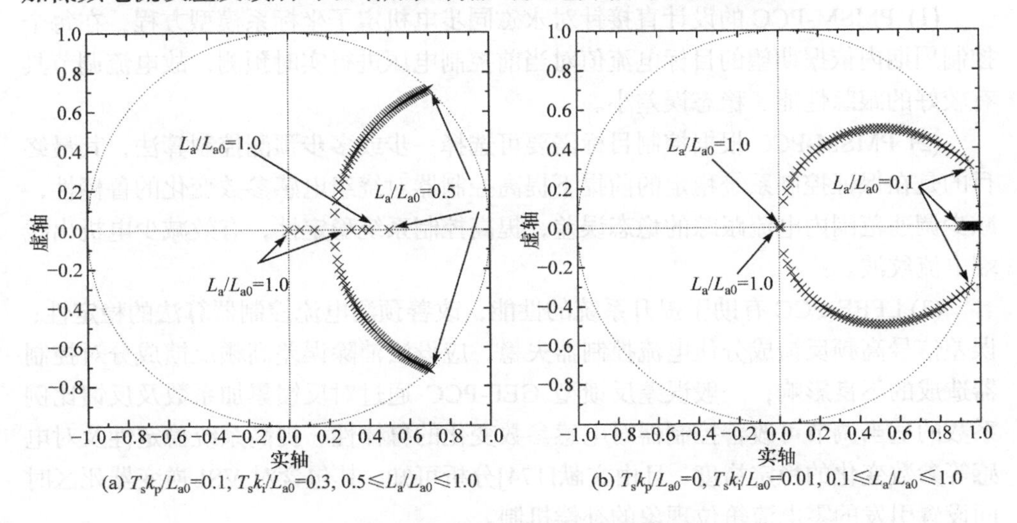

(a) $T_s k_p/L_{a0}=0.1,\ T_s k_i/L_{a0}=0.3,\ 0.5\leqslant L_a/L_{a0}\leqslant 1.0$　(b) $T_s k_p/L_{a0}=0,\ T_s k_i/L_{a0}=0.01,\ 0.1\leqslant L_a/L_{a0}\leqslant 1.0$

图 7.12　电感值低估情形下控制器 $z$ 域根轨迹

图 7.13(a)、图 7.13(b)分别为电感值低估固定情形下反馈比例系数 $k_p$ 及反馈累加系数 $k_i$ 对系统稳定性的影响情况，每种情形下反馈系数取值都有其固定的范围，这是反馈型预测电流控制器设计中需要首先考虑的因素，后续内容将具体研究预测电流控制器特性与永磁同步电机无传感器控制系统性能的关系。

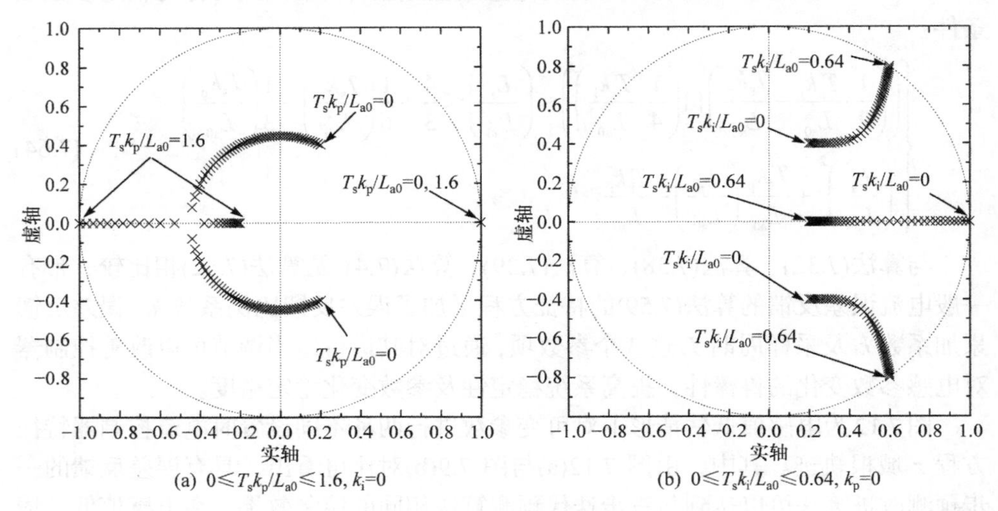

(a) $0\leqslant T_sk_p/L_{a0}\leqslant 1.6,\ k_i=0$　　(b) $0\leqslant T_sk_i/L_{a0}\leqslant 0.64,\ k_p=0$

图 7.13　$L_a/L_{a0}$=0.8 时系统参数变化稳定域

3. 主要结论

综上分析，可以得到如下主要结论：

(1) PMSM-PCC 的设计直接针对永磁同步电机定子坐标系模型方程，在每个控制周期内依据期望的目标电流值对当前控制电压进行实时预测，故电流调节具有较好的跟踪性能、稳态误差小。

(2) PMSM-PCC 根据控制目标需要可选择一步或多步预测控制算法，其最终目的是在保证控制系统稳定的前提下提高控制器对绕组电感参数变化的鲁棒性，减少调速范围内电流跟踪的稳态误差，提高控制系统稳定性，有效减少电机出线端电流纹波。

(3) LFEE-PCC 有助于提升系统的性能，改善预测电流控制器算法的稳定性；误差信号高频反馈成分使电流控制器失稳，应设法消除误差高频反馈成分对控制器造成的不良影响；一般误差反馈型 GEF-PCC 通过对反馈累加系数及反馈比例系数的适当调节可改善控制器对电感参数变化的鲁棒性、提高系统稳定性及对电感等参数变化的稳定裕度，且由文献[174]分析可知，其包含对 VSI 逆变器死区时间设置引发的零电流箝位现象的补偿机制。

(4) 传统的跟踪误差不同频率成分提取主要采用线性系统积分型滤波器，频域分辨率低，对于不同的调速系统，其频率适应性差。为了提高预测电流控制器的控制效果，应采用适用于较宽频带范围内中、低频成分提取的信号处理工具。

(5) 研究表明，预测电流控制器在暂态过程中(如起动、调速及加(减)负载等情形)的动态响应速度较慢，原因在于当电流跟踪误差较大时，预测电压矢量可能超过逆变器输出电压幅值的限制，其收敛到实际值的调整时间比其他类型的控制器要长[81,160]。

### 7.3.3 控制器对观测器适应性比较及仿真验证

本节主要依据前面提出的表征电流控制器对观测算法匹配性的两项主要性能指标(平均跟踪延迟及总谐波失真)研究一般形式电流环控制器及一般类型 MSDB-PCC、改进的 LFEE-PCC 以及 GEF-PCC 对电机出线端电流纹波与平均跟踪延迟的作用及影响。

由交流电机矢量控制的一般原理，外环由期望的速度或转矩产生指令电流信号，内环由电流控制器产生实时驱动电压。从转子位置角及速度估计算法角度来看，电流环性能直接影响状态估计的实时性及稳定性，因此，这里建立矢量控制仿真框图如图 7.14 所示。速度环一般采用带一阶低通滤波环节的 PI 控制器进行调节(对象：$i_{\mathrm{dq}}^{*} \to i_{\mathrm{abc}}^{*}$)，电流环根据测试需要选用不同控制策略(对象：$i_{\mathrm{abc}}^{*} \to u_{\mathrm{abc}}^{*}$)。

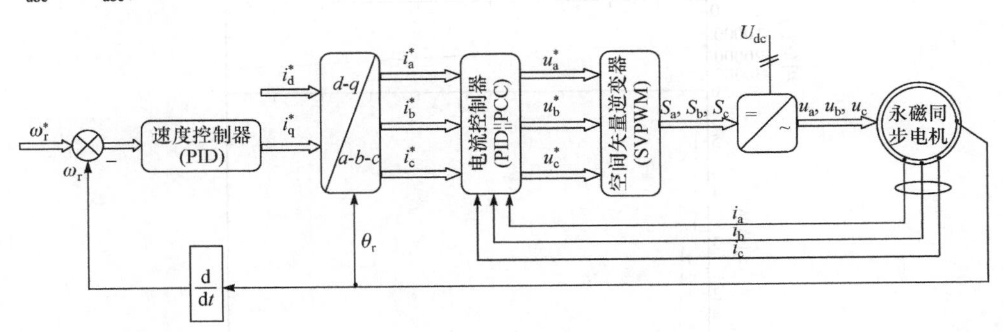


图 7.14 永磁同步电机矢量控制仿真信号流程图

本例仿真电机参数设置如下：$R$=0.39Ω、$L$=$L_d$=$L_q$=0.444mH；其他参数设置如下：电机极对数 $n_p$=3、反电势常数 $K_E$=0.1105V · s、转动惯量 $J$=0.0155kg · m$^2$、黏滞摩擦系数 $f_s$=0.0037N · m · s/rad。电流控制环节根据研究问题的需要选取不同类型的控制方式。逆变器功率器件开关信号由空间矢量脉宽调制技术产生，同一桥臂上下交替导通留有一定的死区时间($t_{dt}$=20μs)，直流母线电压 $U_{dc}$=300V，载波是周期为 $T_s$、高度为 $T_s/2$ 的三角波($T_s$=200μs)。

图 7.15～图 7.18 为额定转速 $\omega_r^* = 60\text{rad/s}$ 、负载 $T_L$=1.2N · m 情况下电流控制环分别采用 PID 控制器、三步 MSDB-PCC、改进的 LFEE-PCC 及 GEF-PCC 四种情形下，电机三相电枢绕组电流波形及其相应一相绕组电流频谱图。各种算法在参数设置中均考虑了电感变化对系统稳定性的影响。

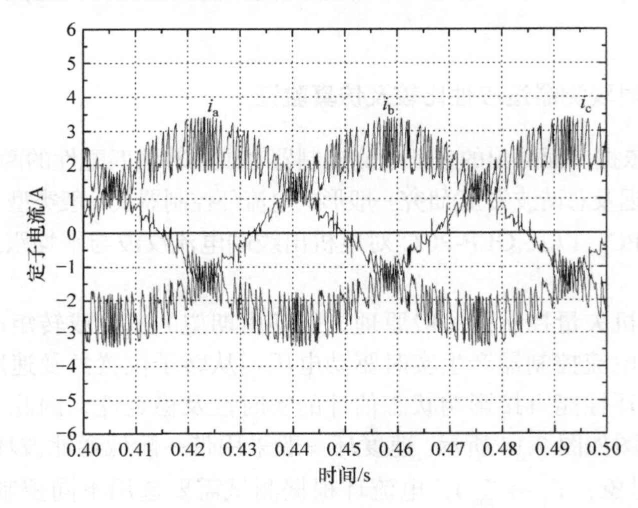


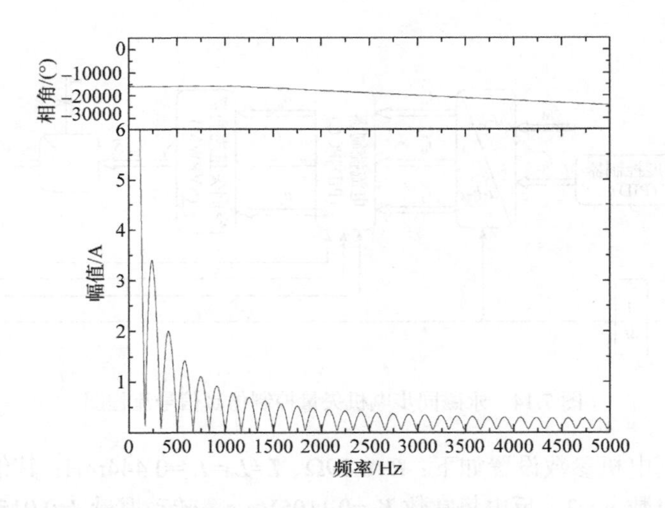


图 7.15　采用 PID 控制器的电流波形及其频谱($T_s$=20μs, $k_p$=2, $k_i$=0.8)

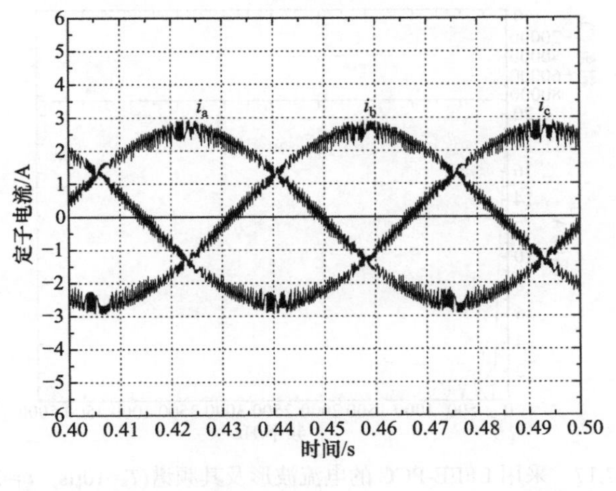


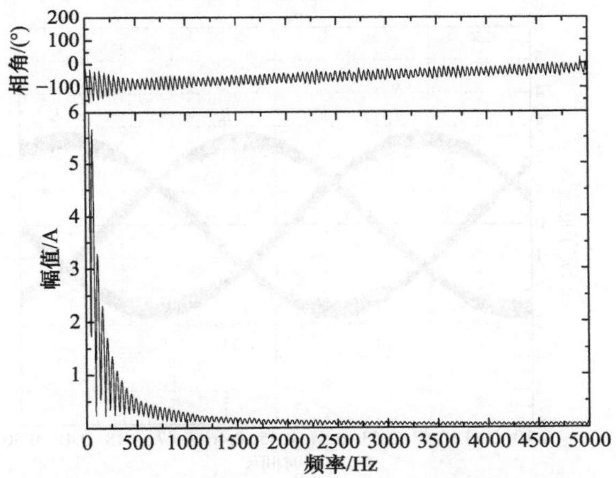


图 7.16　采用三步 MSDB-PCC 的电流波形及其频谱($T_s$=10μs)

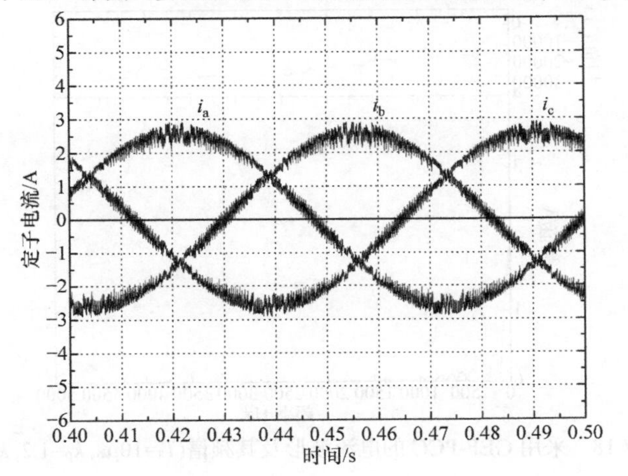

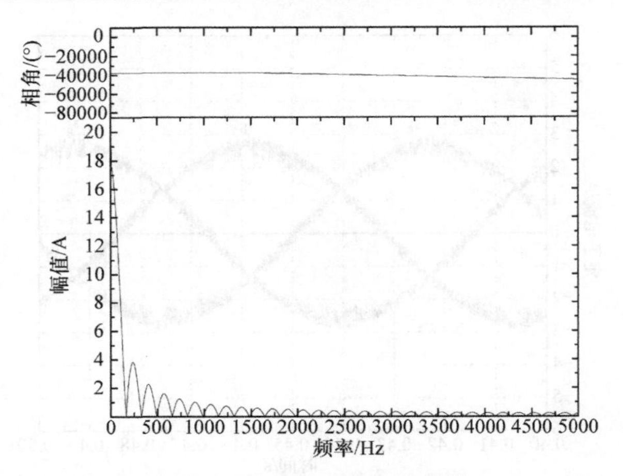


图 7.17　采用 LFEE-PCC 的电流波形及其频谱($T_s$=10μs, $\tau_i$=20)

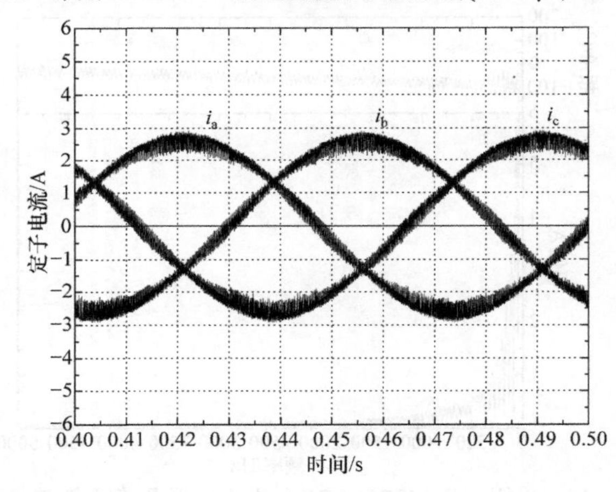


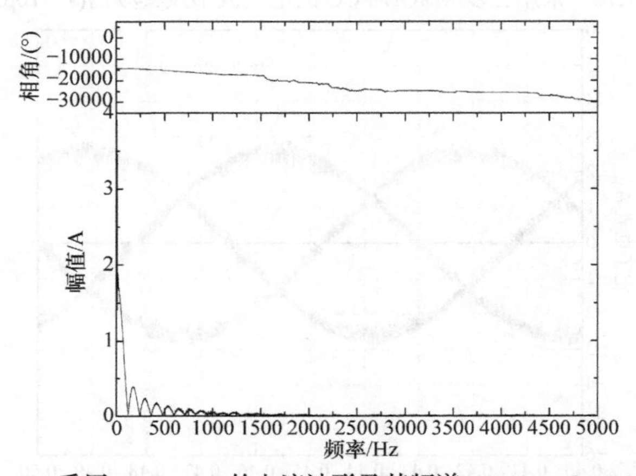


图 7.18　采用 GEF-PCC 的电流波形及其频谱($T_s$=10μs, $k_p$=1.2, $k_i$=8)

图 7.19～图 7.22 为采用以上四种不同的电流控制策略时系统对正弦指令电流的跟踪情况，其中转速设定为 500r/min、$L_a/L_{a0}=0.8$。

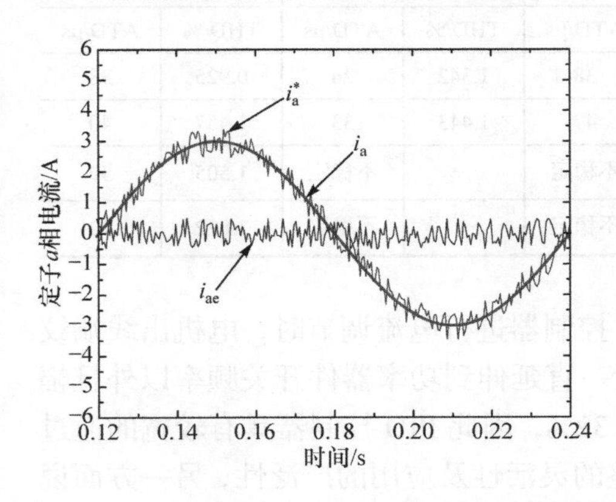


图 7.19　PID 电流控制器控制策略下跟踪效果

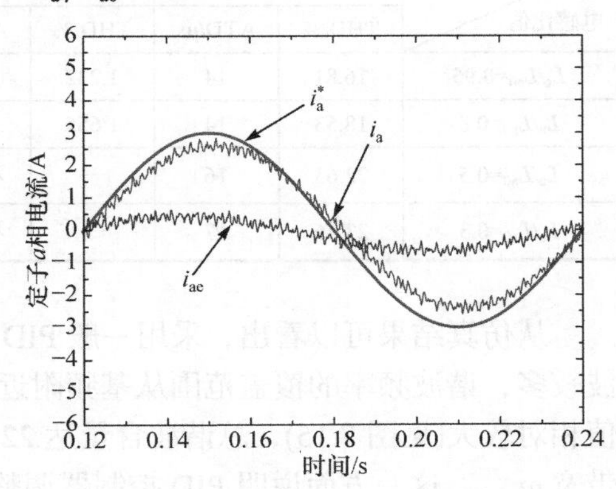


图 7.20　三步 MSDB-PCC 控制策略下跟踪效果

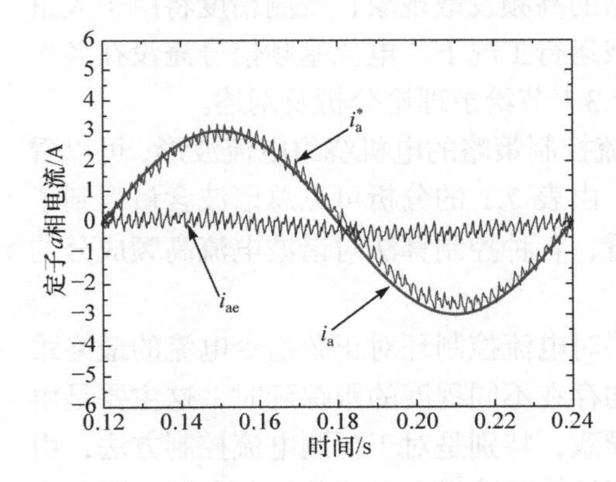


图 7.21　LFEE-PCC 控制策略下跟踪效果

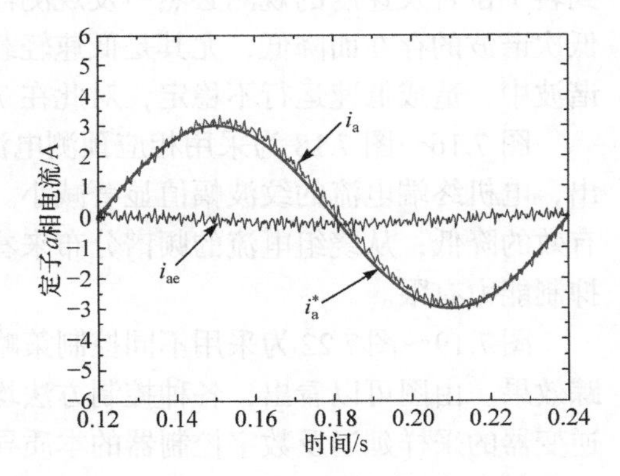


图 7.22　GEF-PCC 控制策略下跟踪效果

表 7.1 为在绕组电感不同估计值情况下，电流环采用 PID 控制器及几种预测电流控制器时电机出线端电流总谐波含量及平均跟踪延时，其中，对于算法 LFEE-PCC 取 $T_s/\tau=0.45$；对于算法 GEF-PCC，取 $T_s=20\mu s$，$k_p=1.2$，$k_i=8$。

**表 7.1　一相绕组电流总谐波含量及平均跟踪延时**

| 指标 / 电感比值 | PID | | MSDB-PCC | | LFEE-PCC | | GEF-PCC | |
|---|---|---|---|---|---|---|---|---|
| | THD/% | ATD/μs | THD/% | ATD/μs | THD/% | ATD/μs | THD/% | ATD/μs |
| $L_a/L_{a0}$=1.5 | 22.32 | 18 | — | 不稳定 | 1.220 | 27 | — | 不稳定 |
| $L_a/L_{a0}$=1.2 | 21.58 | 15 | 2.203 | 30 | 1.165 | 22 | 0.996 | 37 |
| $L_a/L_{a0}$=1 | 09.95 | 12 | 1.008 | 34 | 0.803 | 26 | 0.862 | 36 |

续表

| 指标<br>电感比值 | PID | | MSDB-PCC | | LFEE-PCC | | GEF-PCC | |
|---|---|---|---|---|---|---|---|---|
| | THD/% | ATD/μs | THD/% | ATD/μs | THD/% | ATD/μs | THD/% | ATD/μs |
| $L_a/L_{a0}$=0.95 | 16.81 | 14 | 1.232 | 38 | 1.342 | 24 | 0.925 | 38 |
| $L_a/L_{a0}$=0.8 | 18.53 | 14 | 1.655 | 47 | 1.443 | 33 | 1.457 | 40 |
| $L_a/L_{a0}$=0.5 | 22.63 | 16 | — | 不稳定 | — | 不稳定 | 1.505 | 39 |
| $L_a/L_{a0}$=0.3 | 23.46 | 17 | — | 不稳定 | — | 不稳定 | 1.822 | 42 |

从仿真结果可以看出，采用一般PID控制器进行电流调节时，电机出线端纹波较多，谐波频率的覆盖范围从基频附近一直延伸到功率器件开关频率以外且幅值相对较大(见图7.15)，总谐波含量达22.32%，因此PID控制器具有较宽的通过带宽$\omega_{OBW}$，这一方面说明PID控制器调整的灵活性及应用的广泛性，另一方面说明此类控制器的控制精度低、抑制外部扰动的能力较差，将此终端电流直接应用到转子位置及速度的观测必然引发观测器的高频发散现象，观测精度将由于大量低次谐波的存在而降低，尤其是低速轻载运行工况下，电流基频信号淹没在各次谐波中，造成低速运行不稳定，对此在7.3.1节给予理论分析及阐述。

图7.16～图7.18为采用相应预测电流控制策略的电机绕组电流波形，可以看出，电机终端电流的纹波幅值显著减小。由表7.1的分析可见总谐波含量得到了有效的降低；从绕组电流的频谱分布来看，各种控制算法对谐波电流高频成分的抑制能力有限。

图7.19～图7.22为采用不同控制策略时电流控制环对正弦指令电流的最终跟踪效果。由图可以看出，各种控制方法均存在不同程度的跟踪延时，这主要是由逆变器的采样延迟及数字控制器的本质导致，特别是对于预测电流控制方法，由于在每个采样周期预测电流控制器时需要计算跟踪指令电流的控制电压，因此本质上存在随预测步数变化而变化的1～3个控制周期跟踪延迟(见图7.20～图7.22及表7.1)，而PID控制器由于采样的连续性及控制实时性而具有相对较小的跟踪延迟。从幅值跟踪效果来看，预测控制器幅值跟踪效果优于PID控制器，主要表现为指令跟踪电流纹波幅值较小，尤其是对于引入低频误差反馈的LFEE-PCC算法及比例微分修正的GEF-PCC算法，幅值跟踪与一般基于多步预测的MSDB-PCC控制算法相比具有较大的改观。

综上分析，若单纯从伺服调速的角度出发，任何一种能抑制转矩纹波、具有较好动静态控制效果的控制方式都可成为整个控制系统各个环节的调节器，但从无位置传感器控制大系统角度出发，控制器的设计不仅应考虑到外在的实际控制效果，也要考虑到控制系统各个环节的控制品质，尤其是对于电流环调节环节，其性能与品质直接决定了观测算法对输入信号的适应性及稳定性。

正是意识到传统 PID 控制器的诸多局限性，更多学者研究诸如预测控制技术[160,161]、自适应控制技术[162]、非线性控制技术[17,163]、智能控制技术[164,165]、迭代学习控制技术[166]等在永磁同步电机电流控制环的应用，目的是提升控制器的品质、减少转矩脉动、提高控制系统的稳定性及平稳性。从这个意义上说，基于直接转矩或电流控制的控制方式要优于基于间接转矩控制的矢量控制方式。尽管矢量控制方式在业界已成为事实上的标准，但从诸多学者及文献研究工作中可以看出，适用于永磁同步电机系统的新型或改进控制技术始终是研究的重要方面。同时，控制性能的提高对降低位置及速度估算难度、提高自检测算法的可靠性、易用性及稳定性具有重要的意义。

## 7.4　本章小结

本章阐述了永磁同步电机转子位置及速度估计算法与系统其他要素关联性概念，对影响转子状态估计算法可实现性、稳定性及可靠性的一般因素及其作用机理进行了分析；基于电流控制器对状态观测适应性思想研究了 PID 以及 PCC 的主要性能，在此基础上分析了电流控制器设计中误差电流低频及高频反馈成分对预测电流控制器稳定性及指令电流跟踪性能的影响。第 8 章根据上述研究结论将具体研究一类适应于 PMSM-SVC 系统、能对电机终端电流跟踪性能及频谱分布进行有效控制，同时基于对 PID 及 PCC 进行时频域改进的小波控制器设计。

# 第8章　基于多分辨率小波分析的速度/位置估计预测电流控制器设计

## 8.1　引　言

本章继续对电流控制器对观测算法的适应性分析及控制器改进设计问题展开研究，设计对前面 PID 及 PCC 进行时频域改进的多分辨率小波分析控制器；分析并研究小波阈值消噪的基本理论与技术，将其应用到 PMSM-SVC 速度估计 NTOCF-HGO 输入及位置估计 RPECM-DDC 驱动的前置滤波环节。

## 8.2　适应于 PMSM-SVC 两类小波控制器设计

由前述分析可知，PID 电流环控制器的控制精度低、调速适应性及抗扰能力差，绕组电流中含有频率分布广泛、幅值较为显著的纹波，其对转子状态估计的稳定性及可靠性造成不利影响；PCC 电流环控制器虽然从一定程度上改善了终端的电流品质，但其对各种高次谐波的甄别及抑制能力不强，电流跟踪具有相对较大的相位延迟。据此，本节将数字信号处理理论中的多分辨率分析概念及方法引入电流控制器设计之中，充分利用小波分析具有极强的时频分辨能力的优异特性，研究两类改进的新概念控制器设计，即 MRW-PID 小波控制器与 MRW-PCC 小波控制器。

### 8.2.1　小波控制器设计的基本原理及目的

永磁同步电机电流环小波控制器主要是利用小波分析表现出的优异时频分辨特性，对具有较宽频带分布特征的电枢绕组电流跟踪误差进行多尺度解析(即高频信号采用小时间窗进行分析，低频信号采用大时间窗进行分析)，将经过时频定位的分解信号按照控制目标进行重构以产生新的控制变量。

文献[176]通过对无刷直流电机电枢绕组电流小波分解系数的利用，达到直接对逆变器换向进行控制的效果。文献[177]针对无刷直流电机低频共振伺服系统设计了一类小波多尺度解析 PID 控制器，能有效抑制测量噪声、负载转动惯量变化及外部转矩干扰等不确定因素，显著提高了系统的动态响应特性。文献[178]应用小波控制器实现了 IPMSM 的精确速度控制，仿真及实验表明暂态调速过程中速度跟踪无超调且对负载变化具有较强的适应性。

以上文献研究工作都是针对外部速度环进行小波控制器设计。从多环控制技术(multi-loop control technique, MLCT)的功能与作用来看，外部速度环通过对速度或转矩的控制产生期望的指令电流，内部电流环则产生实际的控制电压，各环节性能的最优化是整个调速系统高性能的基础，而外环性能的发挥依赖系统内环的优化。尤其是电流控制环，它是高性能调速伺服系统构成的根本，其动态响应特性直接关系到矢量控制策略的实现并影响整个系统的性能，也影响转子位置及速度估计的效果[179-182]。

本节结合 PMSM-SVC 系统进行电流环的 MRW 小波控制器设计，目的是提升输出控制电压品质、减少终端电流谐波含量，提高位置及速度估计算法的稳定性。

1. 小波变换及多分辨率分析的概念

小波变换(wavelet transform, WT)是继傅里叶变换(Fourier transform, FT)及短时傅里叶变换(short time Fourier transform, STFT)后出现的新型信号分析方法及工具。傅里叶变换是一种纯频域信号分析方法，它所反映的是整个信号全部时间下的整体频域特征，而不能提供任何局部时间段上的频率信息；短时傅里叶变换虽然同时具有时域及频域的分辨特性，但其进行信号分析的基函数大小及形状与时间及频率无关而保持固定不变，这对于分析时变信号来说是不利的。小波变换兼有时域及频域分辨能力，同时克服了基函数不随频率变化、缺乏离散正交基的缺点，是信号分析中一种比较理想的数学工具。小波变换在信号图像处理、模式识别及机电控制等领域获得了极为广泛的应用[183-186]。

1) 小波

小波即小区域的波，其确切定义为：设$\psi(t)$为一平方可积函数，即$\psi(t)\in L^2(\mathbf{R})$，若其傅里叶变换$\Psi(\omega)$满足条件：

$$\int_{\mathbf{R}}\frac{\left|\Psi(\omega)\right|^2}{\omega}\mathrm{d}\omega<\infty \tag{8.1}$$

则称$\psi(t)$为一个小波基函数，并称式(8.1)为小波函数可容许性条件。由其可推导出$\Psi(\omega)=0$的结论，这意味着$\psi(t)$是能量有限的函数，即它的幅度在 $t\to\infty$时趋于 0，从而使$\psi(t)$是延伸范围有限的真正意义上的小波。小波基函数在时频域的有效延伸范围有限且位置固定。为了分析时频域有效延伸范围与位置不同的信号，小波时频域有效延伸范围及位置应能调节，方法就是对小波基函数进行伸缩、平移，生成以下函数族：

$$\left\{\psi_{a,\tau}(t)\right\}=\left(a^{-\frac{1}{2}}\cdot\psi\left(\frac{t-\tau}{a}\right)\right),\quad a>0;\ \tau\in\mathbf{R} \tag{8.2}$$

式中，$a$称为尺度因子；$\tau$称为平移因子。

2) 连续小波变换(continuous wavelet transform, CWT)

将任意平方可积空间中的函数 $f(t)$ 在小波基函数下展开，这种展开称为函数 $f(t)$ 的连续小波变换，其表达式为

$$\mathrm{WT}_f(a,\tau)=\langle f(t),\ \psi_{a,\tau}(t)\rangle=\frac{1}{\sqrt{a}}\int_{\mathbf{R}} f(t)\cdot\overline{\psi\left(\frac{t-\tau}{a}\right)}\mathrm{d}t \tag{8.3}$$

对于不同的尺度因子及位移因子，连续小波变换对输入信号进行等窗口面积解析，即小尺度对应短时高频信号、大尺度对应长时低频信号，因此小波变换是一种变分辨率的时频联合分析方法。在连续变化的尺度因子 $a$ 及位移因子 $\tau$ 下，小波基函数 $\psi_{a,\tau}(t)$ 具有很大的相关性，因此信号 $f(t)$ 的连续小波变换系数 $\mathrm{WT}_f(a,\tau)$ 的信息量是冗余的，从节约计算量、提高运算速度的角度考虑，应在不丢失原信号信息的情况下尽量减小小波变换系数的冗余度。

3) 离散小波变换(discrete wavelet transform, DWT)

如果将小波基函数 $\psi_{a,\tau}(t)$ 进行离散化得到 $\psi_{m,n}(t)$，再对原始信号进行小波变换就得到离散小波变换。进一步地，若 $\psi_{m,n}(t)$ 满足正交完备性条件①，则此时小波变换系数无任何冗余度，可最大限度地减小小波变换的计算量。

据此，小波变换的重要研究领域之一就是寻找具有一定正则性的可作为 $L^2(\mathbf{R})$ 空间标准正交基的 $\psi_{m,n}(t)$。一种最常用的离散方法就是将尺度按幂级数进行离散化，即取 $a_m=a_0^m\left(m\in\mathbf{Z},a_0\neq 1\right)$，一般取 $a_0=2$，此时离散小波变换就转变为对二尺度方程的分析。若小波基函数只在尺度上进行二进离散而位移仍取连续变化，则此时称为二进小波变换。二进小波变换仍具有连续小波变换的平移不变特性，这使其在小波信号消噪中获得了广泛的应用。

4) 多分辨率分析(multi-resolution analysis, MRA)

多分辨率分析又称为多尺度分析，是建立在函数空间概念上的理论。多分辨率分析框架由满足下述性质的一系列闭子空间 $\{V_j,\ j\in\mathbf{Z}\}$ 组成：

(1) 一致单调性：

$$\cdots\subset V_{-2}\subset V_{-1}\subset V_0\subset V_1\subset V_2\subset\cdots\subset L^2(\mathbf{R})$$

(2) 渐近完全性：

$$\bigcap_{j\in\mathbf{Z}} V_j=\{0\},\quad \bigcup_{j\in\mathbf{Z}} V_j=L^2(\mathbf{R})$$

(3) 伸缩规则性：

$$f(t)\in V_j \Leftrightarrow f\left(2^j t\right)\in V_{j+1}\left(j\in\mathbf{Z}\right)$$

---

① 正交完备性指函数空间 $X$ 中的函数序列 $\{\psi_{m,n}\}_{m,n\in\mathbf{Z}}$ 满足正交性条件且其极限都在 $X$ 中。

(4) 平移不变性：

$$f(t)\in V_0 \Rightarrow f(t-k)\in V_0,\quad \forall k\in \mathbf{Z}$$

(5) 正交基存在性：存在$\varphi \in V_0$，使得$\{\varphi(t-k)\}_{k\in\mathbf{Z}}$为$V_0$的正交基，即

$$V_0=\overline{\underset{k}{\operatorname{span}}\{\varphi(t-k)\}},\quad \int_{\mathbf{R}}\varphi(t-k)\varphi(t-l)\mathrm{d}t=\delta_{k,l}$$

由定义可见，若$\{\varphi(t-k)\}_{k\in\mathbf{Z}}$为$V_0$的正交基，则$\left\{\varphi_{j,k}(t)=2^{j/2}\varphi\left(2^j t-k\right)\right\}_{k\in\mathbf{Z}}$必然为函数空间$V_j$的标准正交基，因此函数空间$\{V_j,\ j\in\mathbf{Z}\}$都是由同一函数$\varphi(t)$经伸缩后的平移系列所张成，$\varphi(t)$称为多分辨率分析尺度函数，其对应的函数空间称为尺度空间。

进一步定义尺度空间$\{V_j,\ j\in\mathbf{Z}\}$的补空间如下：$V_{j+1}=V_j\oplus W_j$，$V_j\perp W_j$，则$\{W_j,\ j\in\mathbf{Z}\}$构成$L^2(\mathbf{R})$的一系列正交函数空间。若设$\{\psi(t-k)\}_{k\in\mathbf{Z}}$为空间$W_0$的一组正交基，则$\left\{\psi_{j,k}(t)=2^{j/2}\psi\left(2^j t-k\right),k\in\mathbf{Z}\right\}$必定为函数空间$W_j$的标准正交基，因此函数空间$\{W_j,\ j\in\mathbf{Z}\}$都是由同一函数$\psi(t)$经伸缩后的平移系列所张成，$\psi(t)$称为多分辨率分析小波函数，其对应的函数空间称为小波空间。小波空间是两个相邻尺度空间的差，其相互关系如图 8.1 所示。

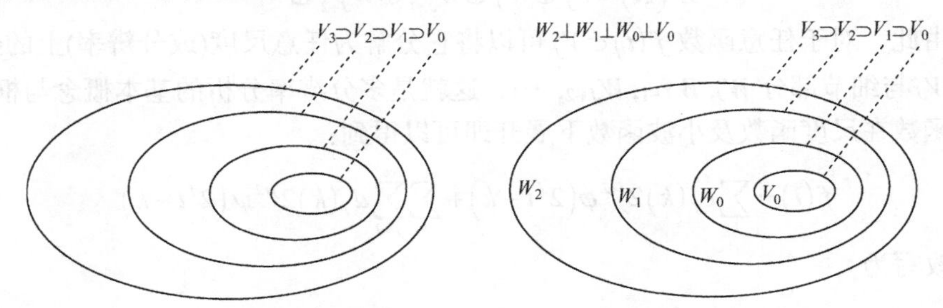


图 8.1　尺度函数空间、小波函数空间及其相互关系

5) 滤波器组(filter banks)

对于相邻尺度空间有$\varphi(t)\in V_0 \Leftrightarrow \varphi(2t)\in V_1$且$V_0\subset V_1$及$W_0\subset V_1$，由此可得到描述其最基本特征的尺度函数$\varphi(t)$与小波函数$\psi(t)$之间关系的二尺度方程组：

$$\varphi(t)=\sum_n h_0(n)\cdot\varphi_{1,n}(t)=\sum_n h_0(n)\cdot\sqrt{2}\varphi(2t-n),\quad n\in\mathbf{Z} \tag{8.4a}$$

$$\psi(t)=\sum_n h_1(n)\cdot\varphi_{1,n}(t)=\sum_n h_1(n)\cdot\sqrt{2}\varphi(2t-n),\quad n\in\mathbf{Z} \tag{8.4b}$$

容易证明，展开系数$h_0(n)$与$h_1(n)$是由尺度函数$\varphi(t)$与小波函数$\psi(t)$决定的

且与具体的尺度无关，一般$h_0(n)$与$h_1(n)$称为滤波器组系数。描述二尺度方程展开的滤波器组系数具有如下重要的物理概念及应用价值[187,188]。

(1) $h_0(n)$及$h_1(n)$的总和分别为$\sum_n h_0(n)=\sqrt{2}$，$\sum_n h_1(n)=0$。

(2) 定义滤波器系数$h_0(n)$及$h_1(n)$的傅里叶变换分别为$H_0(\omega)=\sum_n h_0(n)\mathrm{e}^{-\mathrm{j}\omega n}$及$H_1(\omega)=\sum_n h_1(n)\mathrm{e}^{-\mathrm{j}\omega n}$，则在频域内有$H_0(\omega=0)=1$及$H_1(\omega=0)=0$。由此可见，尺度函数$\varphi(t)$具有低通特性，而小波函数$\psi(t)$具有高通特性，对应的滤波器组分别称为低通滤波器组与高通滤波器组。

(3) 滤波器组系数$h_0(n)$及$h_1(n)$具有偶次移位正交性：

$$\left\langle h_{0,1}(n-2k),\, h_{0,1}(n-2l)\right\rangle=\delta(k-l) \tag{8.5}$$

(4) 滤波器组系数$h_0(n)$及$h_1(n)$满足如下关系：

$$h_1(n)=\pm(-1)^n h_0(N-n),\quad N\text{为任意奇数} \tag{8.6}$$

滤波器组的概念及方法与具有紧支集正交小波基的构造及信号的多分辨率分析具有密切联系[189]。

综上所述，对于任意平方可积空间，在尺度$J$下可以得到：

$$L^2(\mathbf{R})=V_J\oplus W_J\oplus W_{J+1}\oplus W_{J+2}\oplus\cdots \tag{8.7}$$

由此，对于任意函数$f(t)\subset V_J$可以将它分解为任意尺度(或分辨率)上的逼近部分$V_J$与细节部分$W_J, W_{J+1}, W_{J+2}, \cdots$，这就是多分辨率分析的基本概念与框架。将原函数在尺度函数及小波函数下展开即可以得到：

$$f(t)=\sum_k c_J(k)2^{J/2}\varphi\left(2^J t-k\right)+\sum_k\sum_{j=J}^{\infty}d_j(k)2^{j/2}\psi\left(2^j t-k\right) \tag{8.8}$$

或者改写为

$$f(t)=\sum_k c_J(k)\varphi_{J,k}(t)+\sum_k\sum_{j=J}^{\infty}d_j(k)\psi_{j,k}(t) \tag{8.9}$$

信号$f(t)$展开式(8.8)或展开式(8.9)中，第一项代表信号的低分辨趋近部分，第二项代表信号函数的高分辨细节部分，$c_J(k)$与$d_j(k)$分别称为尺度展开系数与小波展开系数，在正交小波基下有

$$c_J(k)=\left\langle f(t),\varphi_{J,k}(t)\right\rangle=\sum_k f(t)\cdot\overline{\varphi_{J,k}(t)} \tag{8.10a}$$

$$d_j(k)=\left\langle f(t),\psi_{j,k}(t)\right\rangle=\sum_k f(t)\cdot\overline{\psi_{j,k}(t)} \tag{8.10b}$$

计算小波分解系数的快速小波变换算法(fast wavelet transform, FWT)是著名的 Mallat 塔式算法，其利用二尺度方程的基本关系可以得到：

$$c_J(k)=\sum_m h_0(m-2k)\cdot c_{J+1}(m),\quad m=2k+n \tag{8.11a}$$

$$d_j(k)=\sum_m h_1(m-2k)\cdot c_{j+1}(m),\quad m=2k+n;\ j=J,J+1,\cdots \tag{8.11b}$$

式(8.11a)与式(8.11b)说明，在 $J$ 尺度下，尺度展开系数 $c_J(k)$ 与小波展开系数 $d_j(k)$ 可由 $J$+1 尺度下的尺度展开系数 $c_{J+1}(k)$ 经滤波器组系数 $h_0(n)$ 与 $h_1(n)$ 进行加权求和得到。

系数一次分解过程等价于对输入尺度展开系数序列 $c_{J+1}(k)$ 进行双通道滤波，然后进行降采样，其算法结构如图 8.2(a)所示，而信号多尺度解析实际是将信号在不同时间(以移位因子表征)及不同频率尺度(以尺度因子表征)上进行分解，提取信号在各个尺度上所表现的特征(以小波展开系数表征)。对离散信号的三次小波分解分析如图 8.2(b)所示。

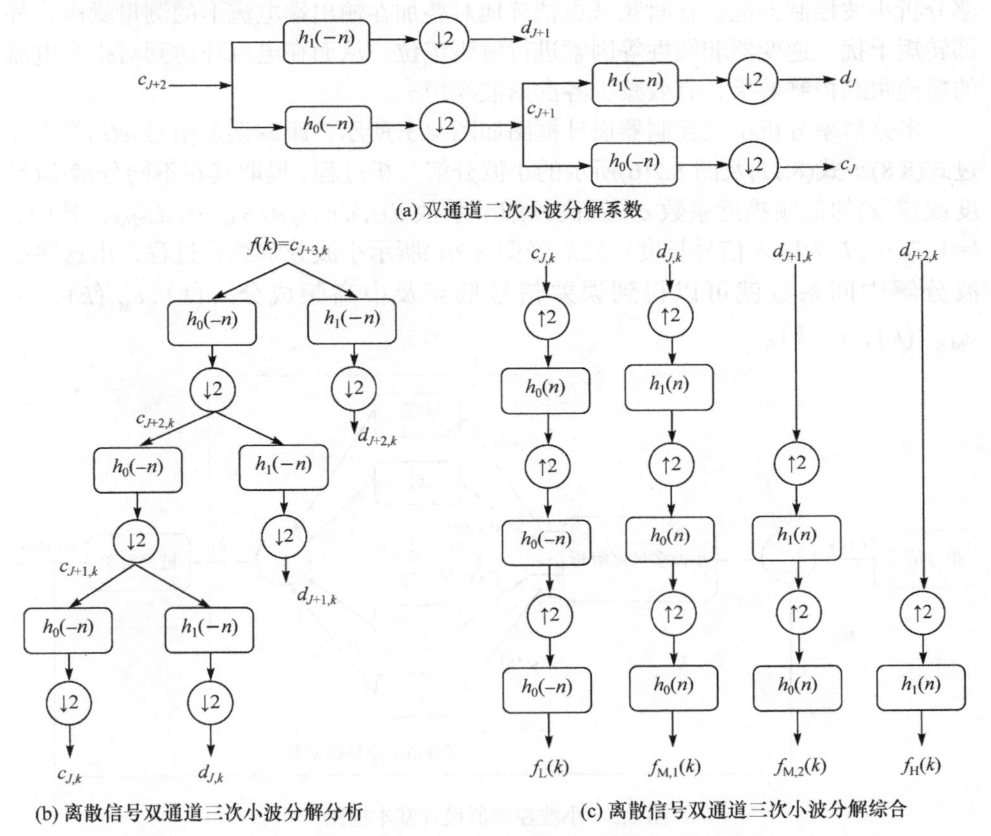


图 8.2　小波分析快速算法结构及流程[①]

① 符号“↓2”表示降采样；符号“↑2”表示升采样。

Mallat 分解快速算法对信号的小波分析是一种从精到粗的计算过程，即初始系数的选取设定为足够大的尺度，使得对原始信号的采样数据 $f(k\cdot\Delta t)$ 在该尺度下可以很好地近似原始函数，而不再需要任何小波系数来描述该尺度上的细节，如此逐次代入式(8.11a)和式(8.11b)就可以得到各尺度下的展开系数。Mallat 塔式算法使小波变换具有与快速傅里叶变换算法一样的快速性与高效性，这使小波变换在工程界具有广泛的实用性[190]。

2. 小波控制器的基本结构及设计指标

小波控制器的设计建立在对控制目标跟踪误差多分辨率分析之上，与前述 PID 电流环控制器及 PCC 相比，虽然小波控制器本质也是对电流跟踪误差加以利用，但由于其对误差信号的多分辨率分析具有优异的时频分辨特性，这使多分辨率分析小波控制器能够在时频域更精确地对叠加在输出端电流上的测量噪声、外部转矩干扰、逆变器非线性等因素进行解析定位，从而在电流环达到对指令电流的精确跟踪控制效果，有效减少各次谐波噪声。

多分辨率分析小波控制器设计框图如图 8.3 所示，跟踪误差信号 $e(k)$首先经过式(8.8)～式(8.11)及图 8.2(b)所示的小波分解分析过程，提取其在不同分辨率(尺度或频段)的低频趋近系数 $c_{J,k}$ 及高频细节系数 $d_{J,k}, d_{J+1,k}, d_{J+2,k}, \cdots, d_{J+N,k}$，其中，$k=1, 2, \cdots, L$ 为输入信号长度；然后经图 8.2(c)所示小波分解综合过程，由这些小波分解中间系数就可以得到误差信号低频及中高频成分 $e_{\mathrm{L}}(k), e_{\mathrm{M},1}(k), \cdots, e_{\mathrm{M},N-1}(k)$，$e_{\mathrm{H}}(k)$。

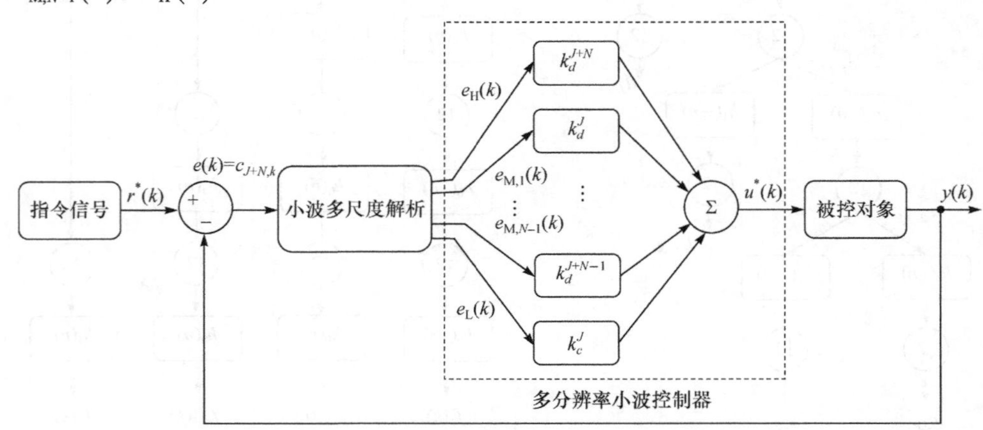


图 8.3　小波控制器设计基本框图

将这些分解出来的不同频率成分信号由增益系数 $k_c^J, k_d^J, k_d^{J+1}, k_d^{J+2}, \cdots, k_d^{J+N}$ 进行加权求和就可以得到相应的控制信号，其中，$N$ 为小波分解级数，分解级数越大，对误差的高频细节的分辨率就越高。针对不同的控制对象及控制目标，小波控制器的设计指标是不同的。

文献[177]分别针对低频共振调速伺服系统及低惯量位置伺服系统，应用小波控制器达到了对转矩扰动及负载惯量不匹配的抑制效果，其设计的基本指标是平滑控制器的输出信号，提高控制器带宽及控制的稳定性。文献[178]针对内埋式永磁同步电机调速系统，通过小波变换解析出不同频带的速度跟踪误差，用以补偿模型参数的不确定性、高频未建模动态及动态速度指令变化，其设计的基本指标是改善伺服系统的动态响应特性、减少动态超调。

针对永磁同步电机无传感器矢量控制系统内部电流调节环节，其控制对象为非线性特性显著的逆变器功率开关器件及永磁同步电机本体，小波控制器设计的指标主要是提升控制电压品质，减少电机出线端电流特定频率谐波成分，提高电流控制器对观测器算法的匹配性及适应性。

### 8.2.2　小波基函数及分解级数选取原则

1. 小波基函数的选取

小波基函数的选取取决于三个主要方面：一是应用目标；二是小波基函数本身所具有的特性能否达成这一目标；三是控制实时性要求。

1) 应用目标方面的考虑

由 8.2.1 节中“小波控制器的基本结构及设计指标”的分析，小波控制器用来提高电流控制器对观测算法的匹配性及适应性。在对电流跟踪误差信号的小波分解中，应能体现出跟踪误差信号在不同频带的时频定位特性：经小波变换解析出来的低频趋近信号主要用来产生驱动控制电压，中频细节信号主要用来改善逆变器的动态响应特性，而高频噪声及干扰信号应通过加权系数项予以消除。因此，小波基函数首先应具有较好的频率检出性，在时域及频域内具有较快的衰减速度，即具有良好的正则性。

2) 小波基函数特性方面的考虑

小波特性可从时域、频域及时频域等三方面来描述。表征小波时域特性的基本指标有时窗宽度或时域分辨率、波形形状及对称性、消失矩数目及正则度；表征小波频域特性的基本指标有频窗宽度或频域分辨率、中心频率、平直度及高端(低端)衰减速度；表征小波时频域综合特性的基本指标有时频平面结构的面积与形状(矩形、扇形、平行四边形等)、正交性及冗余度[188]。

小波基函数的正交性、紧支性及消失矩特性对本章电流环小波控制器的设计具有重要的影响。小波函数的正交性可最大限度地减小小波变换系数的冗余度、减少变换过程中的计算量；小波基函数的紧支性保证信号能量的集中性及滤波器组系数长度的有限性，使信号的小波分解具有工程实用性。小波基函数的消失矩特性使信号在小波展开时消去其高阶平滑部分，使研究电流误差信号的高阶变化及奇异性成为可能。

此外，上述小波基函数的基本特性在实际工程应用中是通过小波滤波器组(wavelet filter banks)的零极点分布(map of zeros and poles)、幅值-相位特性(magnitude-phase characteristics)、能量分布特性(energy distribution characteristics)及频带特性(frequency bandwidth characteristics)等指标具体反映的，选取小波基函数应根据控制目标对此进行充分考虑[191,192]。

3) 控制实时性方面的考虑

在满足以上时频分辨性及正交紧支性的基础上，小波基函数在时域的长度(等效为滤波器组系数长度)对实时控制的实现具有较大影响。短时小波使离散信号小波变换过程中的运算量小，但变换结果易受人为因素干扰。长时小波在离散信号小波变换过程中虽然提升了分辨质量，但显著增加了计算负担。

参照文献[193]提出的 MDL(minimum description length)标准可综合选取最优小波基函数：

$$\mathrm{MDL}(k,n)=\min_{k,n}\left(\frac{3}{2}k\log_2 N_{\mathrm{L}}+\frac{N_{\mathrm{L}}}{2}\log_2\left\|\tilde{\boldsymbol{\alpha}}_n-\boldsymbol{\alpha}_n^{(k)}\right\|^2\right) \tag{8.12}$$

式中，$N_{\mathrm{L}}$ 为离散信号长度；$\tilde{\boldsymbol{\alpha}}_n$ 为离散信号序列经长度为 $n$ 的滤波器组变换后的矢量序列$\left(\tilde{\boldsymbol{\alpha}}_n=W_n f\right)$；$\boldsymbol{\alpha}_n^{(k)}$ 为含有 $k$ 个非零参数的映射序列$\left(\boldsymbol{\alpha}_n^{(k)}=\Theta^k\tilde{\boldsymbol{\alpha}}_n=\Theta^k\left(W_n f\right)\right)$，$0\leqslant k<N_{\mathrm{L}}$，$1\leqslant n\leqslant M_{\mathrm{F}}$，$M_{\mathrm{F}}$ 为小波滤波器组长度。

综上分析，选定 Daubechies 于 1988 年构造的 db 小波作为内环小波控制器设计中的小波基函数[194]，其尺度函数及小波函数的形状如图 8.4 所示(选取 $N$=4 及 $N$=20)。具体应用中采用基于双通道滤波器组的 Mallat 塔式分解算法进行小波变换，滤波器组系数如表 8.1 所示。

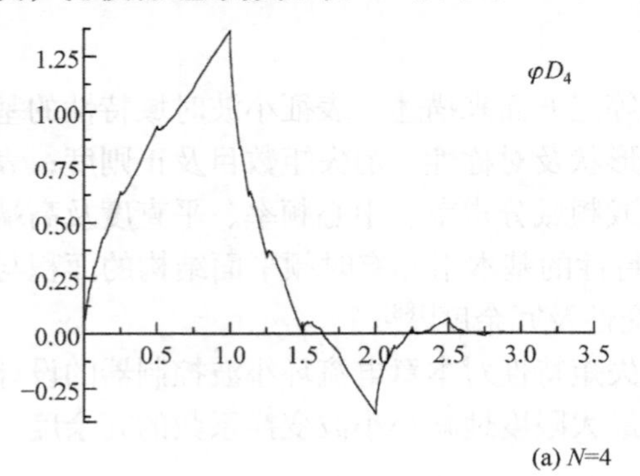


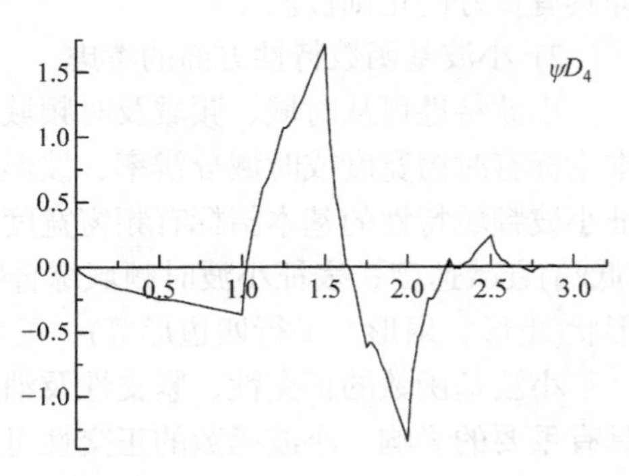


(a) $N$=4

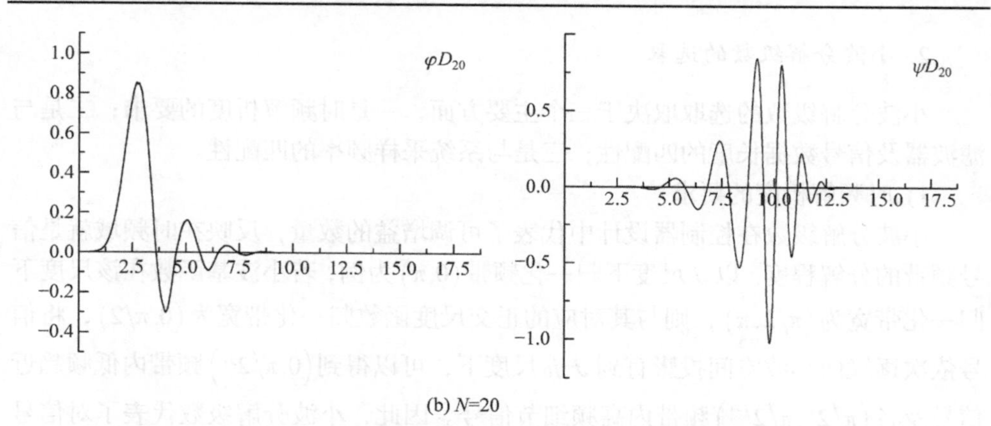


(b) $N$=20

图 8.4　Daubechies 紧支集正交尺度函数及小波函数($N$=4,20)

**表 8.1　Daubechies($N$=4,20)紧支集小波滤波器组系数**

| $N$ | $n$ | $h_0(n)$ | $h_1(n)$ |
|---|---|---|---|
| 4 | 0 | −0.48296291314453 | −0.12940952255126 |
| | 1 | −0.83651630373781 | −0.22414386804201 |
| | 2 | −0.22414386804201 | −0.83651630373781 |
| | 3 | −0.12940952255126 | −0.48296291314453 |
| 20 | 0 | −0.02667005790055 | −0.00001326420289 |
| | 1 | −0.18817680007763 | −0.00009358867032 |
| | 2 | −0.52720118893158 | −0.00011646685513 |
| | 3 | −0.68845903945344 | −0.00068585669496 |
| | 4 | −0.28117234366057 | −0.00199240529519 |
| | 5 | −0.24984642432716 | −0.00139535174707 |
| | 6 | −0.12594627437729 | −0.01073317548330 |
| | 7 | −0.12736934033575 | −0.00360655356699 |
| | 8 | −0.09305736460355 | −0.03321267405936 |
| | 9 | −0.07139414716635 | −0.02945753682184 |
| | 10 | −0.02945753682184 | −0.07139414716635 |
| | 11 | −0.03321267405936 | −0.09305736460355 |
| | 12 | −0.00360655356699 | −0.12736934033575 |
| | 13 | −0.01073317548330 | −0.12594627437729 |
| | 14 | −0.00139535174707 | −0.24984642432716 |
| | 15 | −0.00199240529519 | −0.28117234366057 |
| | 16 | −0.00068585669496 | −0.68845903945344 |
| | 17 | −0.00011646685513 | −0.52720118893158 |
| | 18 | −0.00009358867032 | −0.18817680007763 |
| | 19 | −0.00001326420289 | −0.02667005790055 |

2. 小波分解级数的选取

小波分解级数的选取取决于三个主要方面，一是时频解析度的要求；二是与滤波器及信号数据长度的匹配性；三是与系统采样频率的匹配性。

1) 时频解析度的要求

小波分解级数在控制器设计中代表了可调增益的数量，反映在时频域就是信号频带的分解程度。以 $J$ 尺度下归一化频带 $(0,\pi)$ 为例，若小波基函数在该尺度下归一化带宽为 $(\pi/2,\pi)$，则与其对应的正交尺度函数归一化带宽为 $(0,\pi/2)$，将信号依次逐级向小波空间投影直到 $J$-$j_0$ 尺度下，可以得到 $\left(0,\pi/2^{j_0}\right)$ 频带内低频趋近信号及各 $\left(\pi/2^j,\pi/2^{j-1}\right)$ 频带内高频细节信号。因此，小波分解级数代表了对信号的时频解析度。以额定转速 3000r/min 运行的电机为例，转速折合成频率为 50Hz，若以逆变器 SVPWM 调制方式下开关频率 12kHz 为参考频率，则电机出线端电流实际是包含较大频率范围(低频为 25～500Hz、中频为 0.5～1.5kHz、高频为 1.5～16kHz)的一个非平稳信号，对其进行小波多尺度解析从而产生相应的控制信号，需要根据控制对象的特点合理选取分解级数。

2) 与滤波器及信号数据长度的匹配性

与 PID 数字控制器的实现形式类似，小波数字控制器功能的实现同样需要对历史数据加以利用。当前控制周期的采样数据与若干顺序历史周期的数据组成反映控制系统当前及历史状态的数据序列，这就存在信号长度 $N_L$ 与分解级数 $N$ 的匹配性问题。同时，滤波器组系数长度 $M_F$ 也对分解级数提出相关要求：短时小波需要通过增加分解级数来提高时频分辨率，而长时小波则需要减少分解级数提高计算效率。据此分析，对于长度为 $N_L=2^N$ 的数据序列，可参照文献[177]给出的小波分解级数的经验量化选取公式：

$$N \leqslant \log_2\left(\frac{2N_L-1}{M_F-1}+1\right) \tag{8.13}$$

3) 与系统采样频率的匹配性

系统采样频率 $f_s$ 代表控制系统数据的实时更新率，也代表数据序列在 $N$ 级小波分解下具体的频带分布情况：

$$f_{(n)}=2^n\cdot\left(\frac{f_s}{N_L}\right),\quad n=1,2,\cdots,N \tag{8.14}$$

以采样频率 $f_s$=800Hz、$N_L$=8、$N$=3 为例，选取 db4 小波作为基函数，则各分解级数下的信号频带分布如下。$f_{(1)}\_c_1$: 0～100Hz(中心频率为 50Hz)；$f_{(1)}\_d_1$: 100～200Hz(中心频率为 150Hz)；$f_{(2)}\_d_2$: 200～400Hz(中心频率为 300Hz)；$f_{(3)}\_d_3$: 400～800Hz(中心频率为 600Hz)。

显然，对于永磁同步电机调速系统，应针对其额定转速及调速比遴选合适的数据长度及分解级数，保证基频电流信号落在低频趋近频段中心频率附近。

### 8.2.3　MRW-PID 控制器设计及分析

传统 PID 控制器是一种线性控制器，它根据指令信号 $r^*(k)$ 与实际输出 $y(k)$ 的差值 $e(k)=r^*(k)-y(k)$ 构成偏差型控制律：

$$u^*(k)=k_\mathrm{p}\cdot e(k)+k_\mathrm{i}\cdot\left(\sum_{j=0}^{k}e(j)\cdot T\right)+k_\mathrm{d}\cdot\left(\frac{e(k)-e(k-1)}{T}\right) \tag{8.15}$$

式中，$k_\mathrm{p}$ 为比例控制系数；$k_\mathrm{i}$ 为积分时间常数；$k_\mathrm{d}$ 为微分时间常数；$T$ 为控制器采样周期。

其中，比例环节根据实时偏差产生与其大小成比例的控制量，随着比例系数的增大，控制器带宽得以拓展，但系统超调量随之增大、控制稳定性降低。积分环节主要用于消除稳态误差；微分环节反映偏差信号的变化趋势，在控制系统中引入前馈修正信号，从而加快系统动作速度、减少调节时间。

改进的 MRW-PID 是在传统 PID 有差控制思想的基础上，针对 7.3.1 小节的研究结论，在永磁同步电机电流调节环节中应用小波多分辨率的分析理论与方法，对经反馈比较得到的偏差信号进行小波分析，根据控制对象(逆变器及永磁同步电机本体)的特点由具体的控制目标选用合适的小波基函数及分解级数，通过对低频趋近系数及中、高频细节系数进行适当加权求和得到相应的控制电压信号(见图 8.3)：

$$u^{**}(k)=k_\mathrm{c}^{J}\cdot e_\mathrm{L}(k)+k_\mathrm{d}^{J}\cdot e_{\mathrm{M},1}(k)+\cdots+k_\mathrm{d}^{J+N-1}\cdot e_{\mathrm{M},N-1}(k)+k_\mathrm{d}^{J+N}\cdot e_\mathrm{H}(k) \tag{8.16}$$

比较控制律(8.15)及控制律(8.16)可以看出，MRW-PID 控制器对偏差系数 $c_{J+N,k}(k)$ 也即偏差信号 $e(k)=r^*(k)-y(k)$ 的利用方式及程度与传统的 PID 控制器具有较大的区别，主要表现在以下方面：

(1) 传统 PID 控制器从宏观层面对偏差信号加以利用，强调对偏差信号整体的利用性质及形式，例如，通过对控制偏差的比例放大、积分累积及微分前馈达到预期控制效果，但偏差信号本身含有大量谐波成分，这使控制器输出信号受系统未建模动态、参数不确定性及外部扰动的影响较大，因此基于微分先行的前馈控制很少用于实际 PID 控制器设计中，各种改进的 PID 控制策略(如抗积分饱和 PID 算法及带滤波器的 PID 算法[195])不断尝试应用到实际的控制器设计中。

(2) MRW-PID 控制器通过对偏差信号的多分辨率分析，在不同尺度上解析出信号的低频趋近系数及中高频细节系数。由这些中间系数通过小波重构即可得到对原始偏差信号在不同频段范围内的合成信号。这些分离出来的信号包含丰富的系统信息，如低频成分代表连续控制周期内的跟踪偏差，不同尺度下的中频成分则代表相邻尺度间的差值量，而高频成分则代表测量噪声及外部干扰。

图 8.5 为 PID 控制策略下，对系统在连续两个控制周期内采样 512 点电流数据后进行三级小波分析的结果。由图 8.5(a)可以看出，原始偏差信号是在较宽频带范围内分布的非平稳信号，经图 8.5(b)所示小波分析后，其低尺度趋近信号对原始信号进行滤波平滑，较好地复现了原始信号的低频变化特征分量，而不同尺度下的细节信号则对原信号的微分变化趋势分量及噪声分量进行了充分提取及描述[177]。

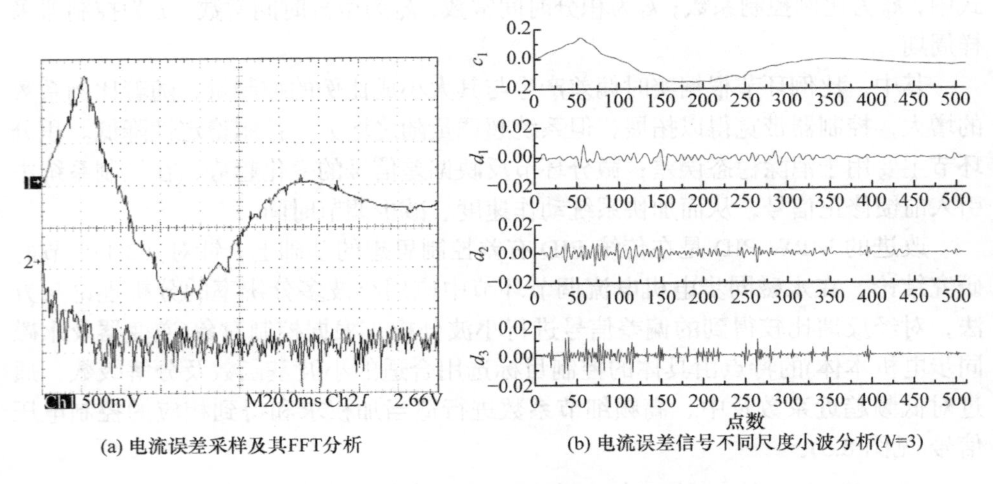


(a) 电流误差采样及其FFT分析　　(b) 电流误差信号不同尺度小波分析($N$=3)

图 8.5　永磁同步电机控制系统电流偏差信号小波分析

(3) MRW-PID 控制器对偏差信号的利用针对性高于一般 PID 控制器。以偏差信号比例成分为例，MRW-PID 控制器通过对偏差信号的小波分解，其比例加权的对象为包含较少谐波成分的趋近成分 $e_L(k)$，而 PID 控制器比例加权的对象是经直接测量得到的误差信号 $e(k)$。前者有助于在提升比例增益的情况下保持控制系统的稳定性、提高动态响应速度及抑制外部干扰；而后者则由于包含各种频率的谐波成分使控制器带宽下降、稳定度降低。

(4) MRW-PID 控制器带宽对观测器带宽的动态匹配。小波变换是一种变分辨率的时频联合分析方法。当分析低频信号(对应于调速系统低速运行)时其时间窗较大。当分析高频信号(对应于调速系统高速运行)时其时间窗较小。稳态过程中(对应于调速系统恒速运行状态)小波分析的时间窗固定。暂态过程中(对应于调速系统调速、突加卸负载等过渡运行状态)小波分析时间窗随频率的变化而自动伸缩。这种时频自适应性使 MRW-PID 控制器的带宽可以根据电机不同的工作状态向中心频率处自动趋近，如图 7.3 所示。因此其对观测器带宽具有动态匹配性，而对于一般的 PID 控制器，当控制器参数设定后其带宽固定不变。

### 8.2.4　MRW-PCC 控制器设计及分析

MRW-PCC 控制器设计主要根据 7.3.2 小节的研究结论，融合 LFEE-PCC 及 GEF-PCC 两种改进型预测电流控制器设计思想，在预测电流控制器前端相应频率成分提取环节采用小波分辨率分析方法，主要基于以下几点原因：

(1) 传统的跟踪误差频率成分提取主要采用线性系统积分型滤波器，其频域分辨率低、信号经滤波后产生相位延迟且其对不同类型的调速系统的频率适应性差。

(2) 普通的有限长单位冲击响应(finite impulse response, FIR)数字滤波器及无限长单位冲击响应(infinite impulse response, IIR)数字滤波器存在不同程度的相位延迟，即使对于具有线性相位延迟特性的 FIR 滤波器，其相位补偿量随频率的变化而变化。而对于应用前置小波变换的信号处理方式，其所需数据长度短且经小波分析综合后的信号相位延迟小，不会影响到控制系统对精确性及实时性的要求。

(3) 由前述小波控制器设计中小波基函数及分解级数选取的基本原则可知，对于信号的小波分析其不同尺度下的频率解析成分分布在以某一频率为中心的频带范围内，因此在误差特定频率成分提取型预测电流控制器设计中，小波分解的能量分布集中特性及频带特性是决定控制器性能的主要指标。在保证系统实时控制的前提下，对小波基函数及分解级数的选取应充分兼顾这两项指标。

① 能量分布集中特性反映信号在经小波多分辨率分析后在特定频带的能量集中性，即相邻频带的频率混叠较少、能量泄漏较少。采用巴塞瓦能量守恒定理，在正交小波基分解下，信号 $f(n)$ 的能量总和可表示为[187]

$$\sum_{n=1}^{N_{\mathrm{L}}}\left|f(n)\right|^2=\sum_{n=1}^{N_{\mathrm{L}}}\left|c_J(n)\right|^2+\sum_{j=J}^{J+N}\sum_{n=1}^{N_{\mathrm{L}}}\left|d_j(n)\right|^2 \tag{8.17}$$

式中，各项参数的意义同前。据此，信号总能量在各级小波分解级数下的分布可表示为相应小波分解系数的平方和。例如，设待分析信号为 512 点数据的叠加高频测量噪声 $\sigma_{\mathrm{n}}(t)$ 及逆变器高频切换成分的电机基频电流($\omega_{\mathrm{r}}$=3000r/min)：

$$i(t)=\underbrace{3\times\sqrt{2}\sin(2\pi\cdot 50t)}_{\text{基频电流}}+\underbrace{0.5\times\sqrt{2}\sin(2\pi\cdot 800t)}_{\text{高频切换分量}}+\underbrace{\sigma_{\mathrm{n}}(t)}_{\text{高频测量噪声}} \tag{8.18}$$

由图 8.6(a)及图 8.6(b)可以看出，对具有相同数据长度的同一信号采用不同基函数进行小波分解，其各个尺度下信号的频率含量是不同的。以趋近信号所在尺

度 $a_5$ 为例，经 db4 小波分析综合后的信号比 db20 小波分析含有较多谐波成分，说明在短时小波分解下，信号发生了较为严重的能量泄漏，相邻尺度频率发生混叠。

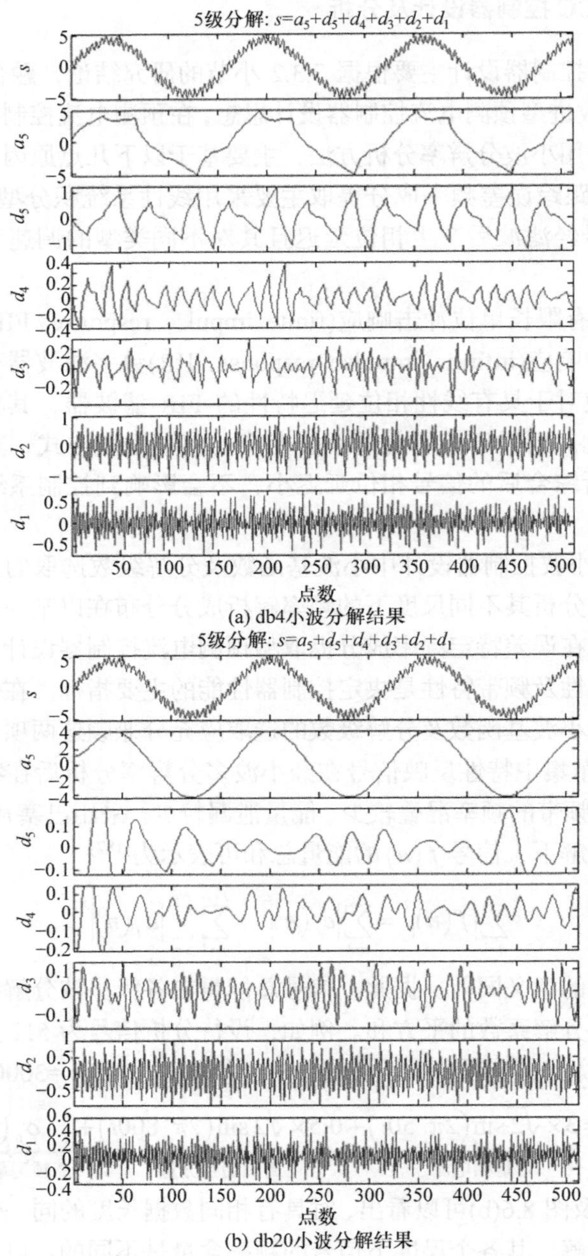

(a) db4小波分解结果


(b) db20小波分解结果

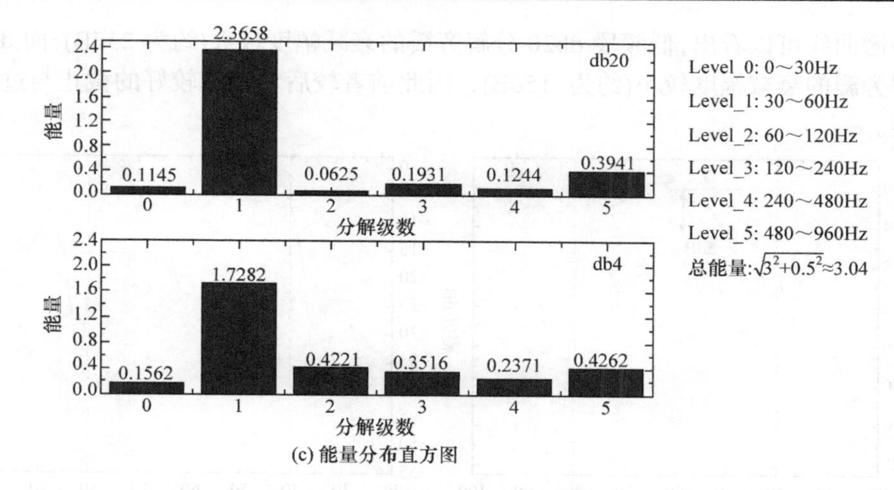

(c) 能量分布直方图

图 8.6　指定信号为式(8.18)的小波分解及其能量分布直方图

上述分析结果反映在能量分布直方图 8.6(c)上即为 db20 小波分解信号能量集中在主频段 30～60Hz 及 480～960Hz 上，而 db4 小波分解能量向相邻频段发生了较大分量的泄漏。因此，对于时频域定位要求较高的 MRW-PCC 设计场合，应选用能量集中性较好的长时小波，相应地需要较长的数据长度及计算时间。

② 频带特性反映小波变换对信号的频率选择性或通过性，即相应分解尺度下信号 $s(t)$ 在某一频率范围的幅频响应特性。与 FIR 型或 IIR 型数字滤波器不同的是，信号经小波分解及综合后可无延迟地解析出各个倍频带的频率成分，在误差信号低频特征信息提取上具有准确、快速的特点。为了表征小波分析的频带特性，由信号的能量概念引入各级分解尺度下幅值响应的特征值：

$$\text{a.e.}_{s(t)}\left(\text{Level\_}k\right)=\sqrt{\frac{1}{N_{\text{L}}}\sum_{i=1}^{N_{\text{L}}}\left(\text{coef.}(k,i)\right)^{2}} \tag{8.19}$$

式中，$\text{coef.}(k,i)$ 为 $k$ 级小波分解的第 $i$ 个系数。与其相对应的分贝值为

$$\text{dB}\left(\text{Level\_}k\right)=20\log_{2}\left(\text{a.e.}_{s(t)}\left(\text{Level\_}k\right)\Big/\max\left(\text{a.e.}_{s(t)}\left(\text{Level\_}j\right)\right)\right) \tag{8.20}$$

式中，$j=0,1,\cdots,N$。由此，对单位有效幅值正弦信号 $s(t)=\sqrt{2}\sin(2\pi ft)$ 分别应用 db4 及 db20 小波进行小波分析可以得到各自分解级数下的频带特性。

图 8.7 为信号频率在 20～100Hz 内每增加 1Hz 情况下小波第二级分解级数下的频率-幅值曲线。可以看出，对于中心频率为 60Hz 的第二级频段，db4 分解通频带具有较为显著的约 5dB 的幅度纹波，而 db20 分解的通频带较为平坦，说明后者较前者具有较好的频率选择性或称为通频性[189]；其次，从两种小波分解

的旁瓣曲线可以看出，低频段 db20 分解旁瓣的衰减幅度较大(约为 25dB)，而 db4 分解旁瓣的衰减幅度较小(约为 15dB)，因此前者较后者具有较好的截止与过渡特性。

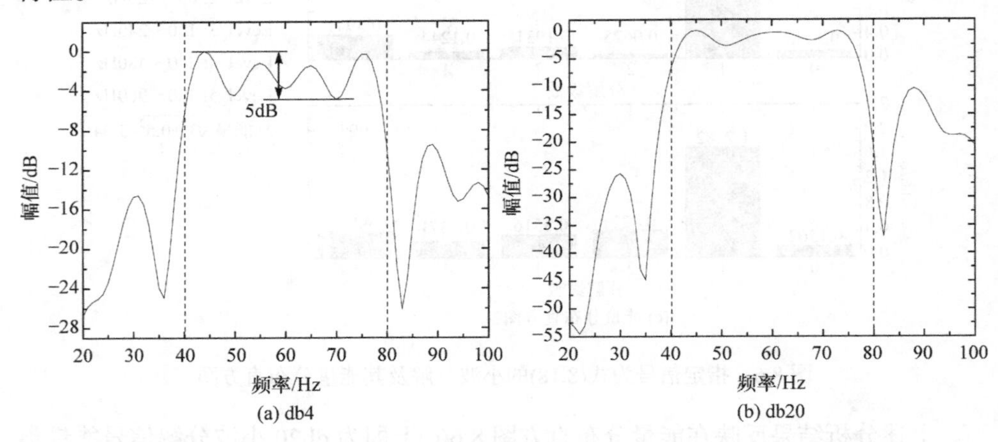


图 8.7　信号第二级小波分解频带特性(频段范围为 40～80Hz; 中心频率为 60Hz)

综上分析，在 MRW-PCC 设计中，基于对偏差信号低频信息提取的需要，应选择能量分布集中、各级分解具有较好通频特性及截止特性的 db20 小波作为小波分解基函数。

与 MRW-PID 控制器对误差信号的利用方式类似，MRW-PCC 同样是对经小波分析出的低频及中频信息进行加权，根据采样频率 $f_s$ 及数据长度的 $N_L$ 的关系式(8.14)确定电流基频所在频段，向下依次选用 1～2 级中频段频率信息即可满足 PCC 对电流跟踪误差低频信息提取的需要。

## 8.3　基于小波硬软阈值折中消噪的观测器前置滤波

在信号分析与处理理论中，信号消噪主要用来削弱信号的杂波成分、提升信号低频特征成分的品质，将其应用到 NTOCF-HGO 观测器输入信号等前置滤波中，可以达到对叠加在电机绕组出线端电流中测量噪声及逆变器载波调制带来的各种高频成分的有效抑制。信号消噪研究一般可分为两个方向。一个是紧凑编码方案，即假定消噪信号频率成分集中在较窄频带上，相关方法有低通滤波、带通滤波及高通滤波等。紧凑编码基于主观经验假定信号有用成分集中在特定频带上，因此紧凑编码的消噪结果是次优的；其次，考虑到紧凑编码消噪会带来难以有效补偿的滤波延迟，因此其不适合应用于 NTOCF-HGO 等前置滤波环节。另一个是稀疏编码，即小波消噪，小波消噪根据信号变换的小波系数决定基函数的取舍，因此消噪结果中频率成分可以覆盖整个频率区间。小波消噪对基函数的选取主要通过阈值法，因此小波消噪又称为小波阈值消噪[196]。

### 8.3.1　小波阈值消噪算法原理及步骤

1) 小波阈值消噪算法的主要理论依据

在信号的小波分解中，小幅值系数通常表现为噪声或其他高频干扰成分，其小波变换系数随尺度的增大而减小；而大幅值系数则能真正反映信号的低频主体特征，即通过小波变换使信号能量集中在一些大的小波系数中，而噪声能量分布于整个小波域内。通过设置阈值使信号系数保留而将大部分噪声系数减小为零，那么在重构信号中便不再含有该噪声。由此可见，各分解尺度下阈值的估计及设定就成为小波阈值消噪的重要研究内容。阈值的设定应随尺度的增大而自适应地减小，同时应选择最佳小波基使其适应于信号特征的变化，这样才能保证大多数噪声能有效滤出。

2) 小波阈值消噪算法的基本步骤

(1) 首先对采样信号进行小波分解，小波变换系数可表示为 $\alpha_{j,k}=W_n(f)$，其中，$W_n$ 为包含小波滤波器系数的正交矩阵。

(2) 通过一定的原理或准则确定各分解尺度下对小波变换系数进行甄别的阈值$\delta$。在各尺度下尽可能提取出原始信号的小波系数而去除属于噪声的小波系数。

(3) 最后由经过阈值化处理的小波系数 $\tilde{\alpha}_{j,k}$ 进行信号重构(即逆小波变换)就可得到消噪后的信号 $\tilde{f}=W_n^{-1}(\tilde{\alpha}_{j,k})$。

小波系数的取舍仅由其与阈值的硬性比较来确定，即把小波系数中小于及等于阈值 $\delta$ 的系数全部设为零，而大于阈值的系数保持不变，即

$$\tilde{\alpha}_{j,k}=\begin{cases}0\,, & |\alpha_{j,k}|\leqslant\delta \\ \alpha_i, & |\alpha_{j,k}|>\delta\end{cases}\qquad j,k\in\mathbf{Z} \tag{8.21}$$

称这样的小波阈值消噪为硬阈值小波消噪法，显然，经过硬阈值化处理的小波系数的幅值分布变得不连续，重构信号必然出现相应的噪声成分，但其对突变信号消噪的效果比较好。

鉴于此，Donoho 提出了小波软阈值消噪法[197,198]，即除将小于特定阈值的小波分解系数设置为零外，还将大于阈值的小波分解系数向零缩减：

$$\tilde{\alpha}_{j,k}^{(\delta)}=\operatorname{sgn}(\alpha_{j,k})\cdot(|\alpha_{j,k}|-\delta)_+,\quad j,k\in\mathbf{Z} \tag{8.22}$$

式中，运算符 $(x)_+=\{x,\forall x\geqslant 0;\ 0,\forall x<0\}$。小波软阈值消噪法可以比较有效地克服硬阈值消噪带来的不连续问题，但也由此带来信号重构的失真问题。

### 8.3.2 小波硬软阈值折中消噪算法

根据前述分析，硬阈值函数能较好地保留信号边缘的局部特征，对突变信号的消噪效果比较好；软阈值函数则比较平滑，可以克服部分小波变换系数置零时造成的不连续问题，但容易造成信号边缘模糊等失真现象。为了兼顾硬阈值及软阈值方法各自的优点，并考虑到实际永磁同步电机出线端电流信号中常包含转矩脉动及外部干扰引发的非平稳突变成分的特点，将硬阈值与软阈值小波变换系数估计的方法结合起来，通过对硬软阈值的折中加权以达到更好的消噪效果。

1) 硬软阈值折中小波消噪定义

小波系数估计的硬软阈值折中法定义为对各自阈值的凸加权处理[199,200]：

$$\tilde{\alpha}_{j,k}^{(\delta)}=\begin{cases}\beta\alpha_{j,k}+(1-\beta)\operatorname{sgn}(\alpha_{j,k})\cdot\left(\left|\alpha_{j,k}\right|-\delta\right)_{+}, & \left|\alpha_{j,k}\right|\geqslant\delta\\ 0, & \left|\alpha_{j,k}\right|<\delta\end{cases} \tag{8.23}$$

式中，$0\leqslant\beta\leqslant1$称为凸加权折中因子(特别地，$\beta=0$时为软阈值估计法；$\beta=1$时为硬阈值估计法)。凸加权折中因子的引入使经过阈值处理后的小波变换系数$\tilde{\alpha}_{j,k}^{(\delta)}$介于$\left(\left|\alpha_{j,k}\right|-\delta\right)$与$\left|\alpha_{j,k}\right|$之间，一方面秉承了软阈值消噪关于克服硬阈值消噪带来重构信号不连续问题的思想，另一方面减小了小波变换系数经阈值处理后与真实值之间的差异，使估计出来的小波系数$\tilde{\alpha}_{j,k}^{(\delta)}$更接近真实的小波系数。

2) 变换阈值分层设计

由前述分析可知，各种噪声的小波变换系数随尺度的增大而减小(噪声信号在细节空间具有更好的定位，因此小波变换系数特征显著)。因此为达到较好的消噪效果，每一层小波分解系数所采用的阈值应随信号小波系数特性的变化而变化：

$$\delta_j=\sigma_j\cdot\sqrt{2\ln M_{\mathrm{N}}}\cdot\frac{j-1}{j} \tag{8.24a}$$

$$\sigma_j=\frac{1}{0.6475}\sum_{i=1}^{M_{\mathrm{N}}}\frac{\left|d_{i,\mathrm{N}}\right|}{M_{\mathrm{N}}} \tag{8.24b}$$

式中，$\delta_j$为第$j$层小波变换阈值大小；$\sigma_j$为第$j$层噪声的标准方差；$M_{\mathrm{N}}$为第$j$层小波系数长度；$d_{i,\mathrm{N}}$为第$j$层小波系数高频系数。

### 8.3.3 小波硬软阈值折中消噪算例

为了验证小波硬软阈值折中消噪对 NTOCF-HGO 观测器等输入信号前置滤波的有效性及实用性，本节设计受测量噪声及逆变器功率器件高频切换污染的信号去噪对比实验。实验信号选取为永磁同步电机运行过程中实际测量得到的相绕组电流。为了检验小波消噪对非平稳信号的有效性，测量信号包含电机反转的瞬态过程(见图 8.8(a))。去噪策略分别选取为硬阈值消噪法(式(8.21))、软阈值消噪法(式(8.22))及硬软阈值折中消噪法(式(8.23))，其中硬软阈值折中消噪法设置凸加权折中因子$\beta$=0.6。综合考虑小波分解运算速度及小波基函数频带特性，选取 db4 小波在五尺度上应用相应阈值算法及变换阈值策略进行消噪实验。

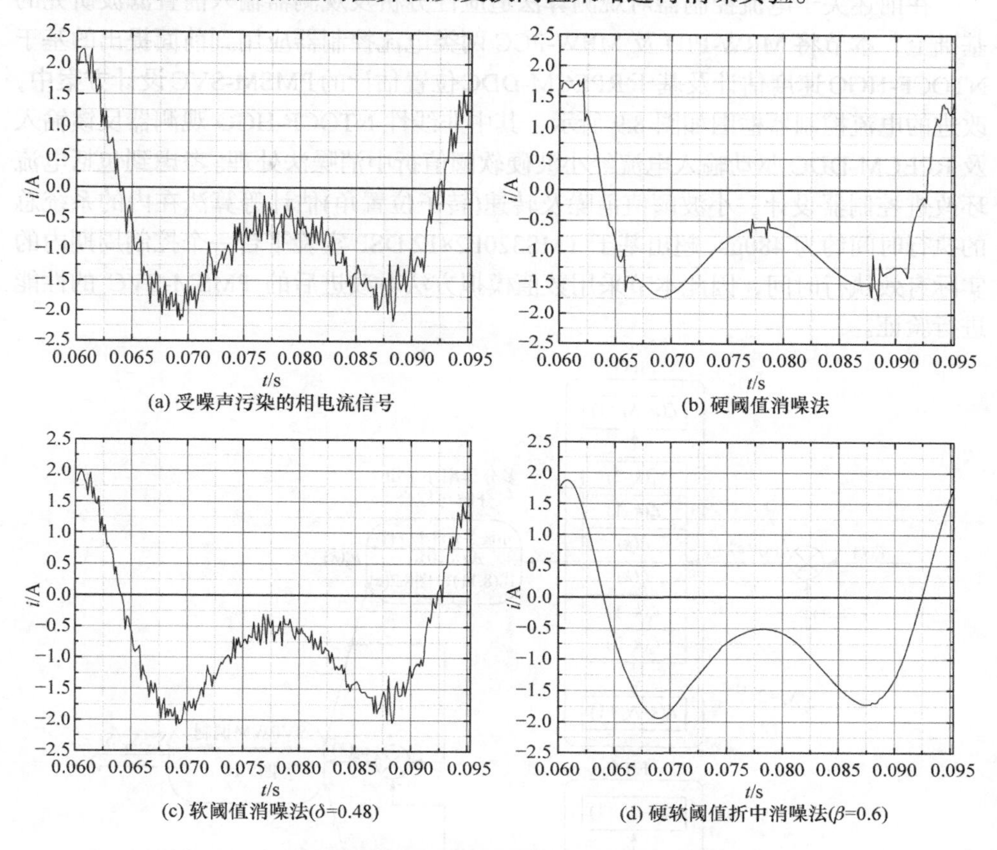


图 8.8　永磁同步电机调速系统一相电流小波阈值消噪对比实验

图 8.8(b)为采用硬阈值消噪算法的信号处理结果，其中小波变换各级阈值选取为(3.559, 1.345, 0.691, 0.527, 0.404)。可以看出，由于部分小波系数被硬性置零，虽然大部分噪声被滤除，但在反转过零点等多处重构电流信号出现“尖刺”等不连续现象。图 8.8(c)为采用软阈值消噪法的信号处理结果，虽然从一定程度上克服了硬阈值消噪不连续的现象，但杂波成分较多、波形失真。图 8.8(d)为综合采用硬软阈值折中消噪法的电流信号处理结果，小波分解各层阈值按照式(8.24a)及式(8.24b)进行设定。可以看出，消噪后的信号如实地反映了原始信号的变化趋势且波形光滑、无任何“尖刺”现象，达到了理论预期的消噪效果。

## 8.4 改进后的 PMSM-SVC 对比仿真实验结果及分析

在前述关于电流控制器对观测算法适应性分析及观测器输入前置滤波研究的基础上，本节将 MRW-PID 及 MRW-PCC 两类电流控制器应用到前面提出的基于 NTOCF-HGO 速度估计及基于 RPECM-DDC 位置估计的 PMSM-SVC 设计方案中，改进的电流控制器框图如图 8.9 所示，其中非线性 NTOCF-HGO 观测器反馈输入及 RPECM-DDC 驱动输入电流经小波硬软阈值折中消噪法处理。考虑到包括电流环改进控制器设计、小波阈值消噪及转速(转子位置角)估计等算法在内的系统总的执行时间约为 480μs，超出基于 TMS320F2812 DSP 实验平台一个控制周期内的实际有效执行时间，因此本节采用数值模拟方法对改进后的 PMSM-SVC 的性能进行验证。

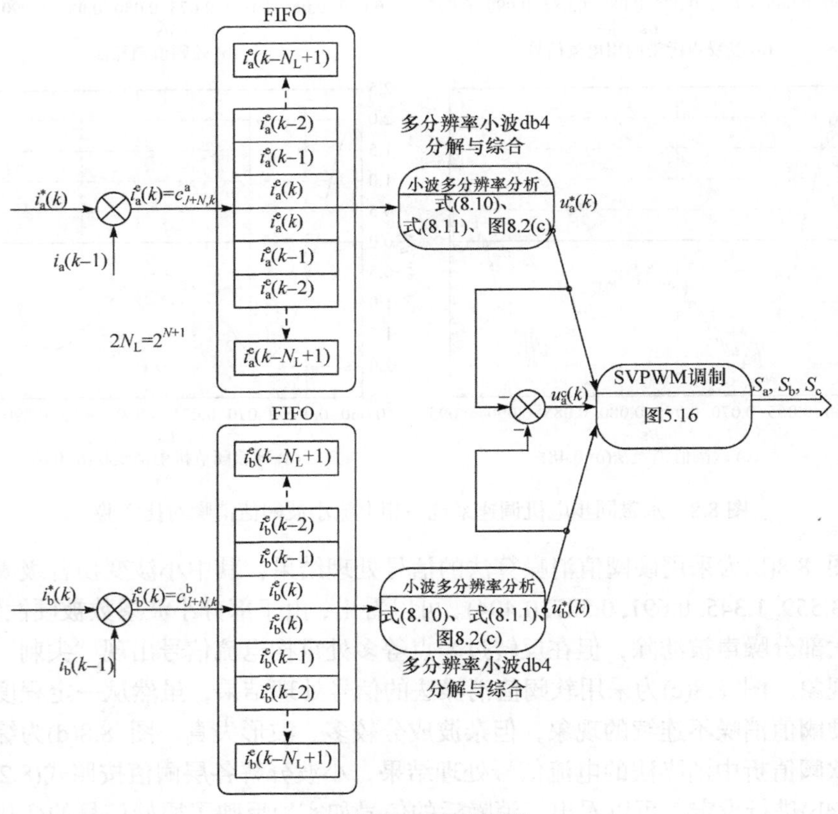


(a) 新型MRW-PID控制器

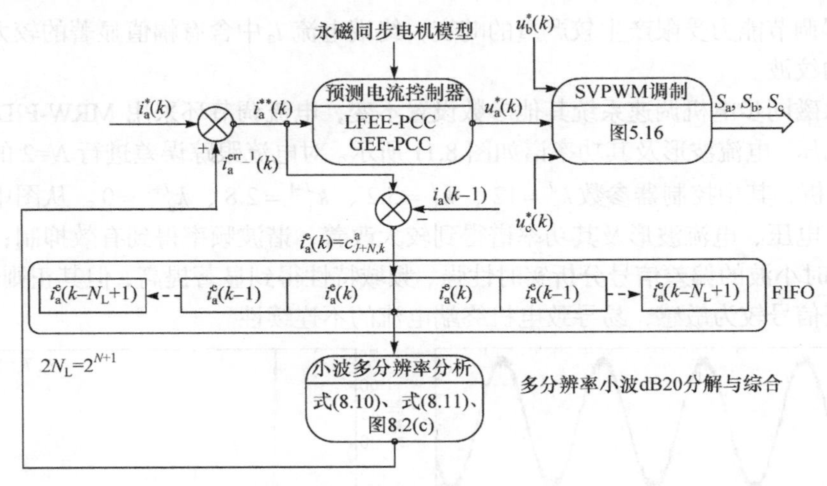


(b) 新型MRW-PCC

图 8.9　改进的小波控制器结构框图

MRW-PID 及 MRW-PCC 两类电流控制器对偏差信号的小波解析采用文献[177]中提出的对称型 FIFO 数据结构，控制周期内所利用数据总长度为 $2N_L = 2^{N+1}$；对于 LFEE-PCC 及 GEF-PCC 这两类均需要利用电流控制偏差的预测电流控制器，其前端统一进行基于 db20 小波的 $N$=3 多分辨率分析。仿真中，永磁同步电机的工作基频设定为 100Hz，SVPWM 调制逆变器的载波频率设定为 10kHz。

图 8.10 为电流调节环采用一般 PID 控制器时永磁同步电机调速系统输入相电压、绕组终端相电流及其相应功率谱波形。相电压 $u_{an}$ 的脉冲宽度调制效果由于

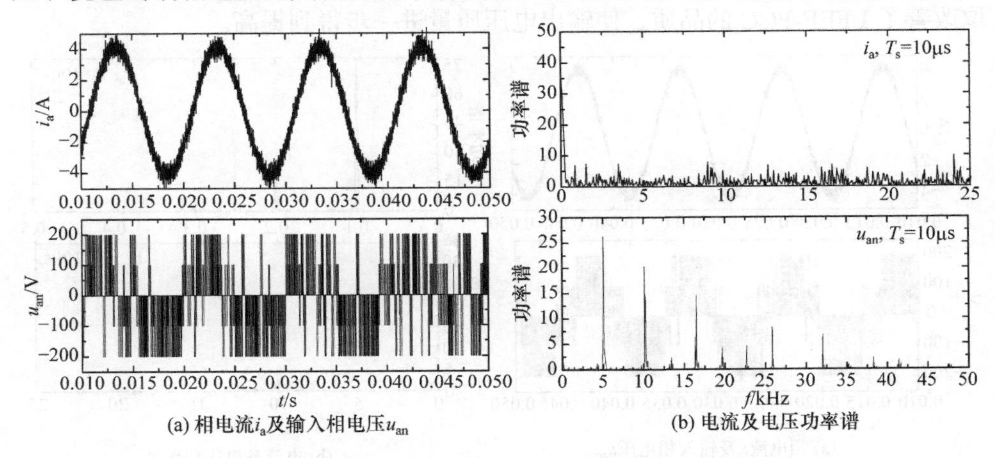


(a) 相电流$i_a$及输入相电压$u_{an}$　　(b) 电流及电压功率谱

图 8.10　一般 PID 控制器终端电压、电流及其功率谱

控制器调节能力受限产生较严重的畸变，终端电流 $i_a$ 中含有幅值显著的较大频率范围的纹波。

永磁同步电机调速系统其他参数设置不变，电流调节环采用 MRW-PID 控制器时电压、电流波形及其功率谱如图 8.11 所示。对电流跟踪误差进行 $N$=2 的两级 MR 分析，其中控制器参数 $k_c^J=12$、$k_d^J=5.2$、$k_d^{J+1}=2.8$、$k_d^{J+2}=0$。从图中可以看出，电压、电流波形及其功率谱得到较大改善，谐波频率得到有效抑制；基于 db4 短时小波的偏差信号分析实时性强、频域特性得到显著提高，但其正则性差、对突变信号较为敏感，易导致电机终端电流的不连续性。

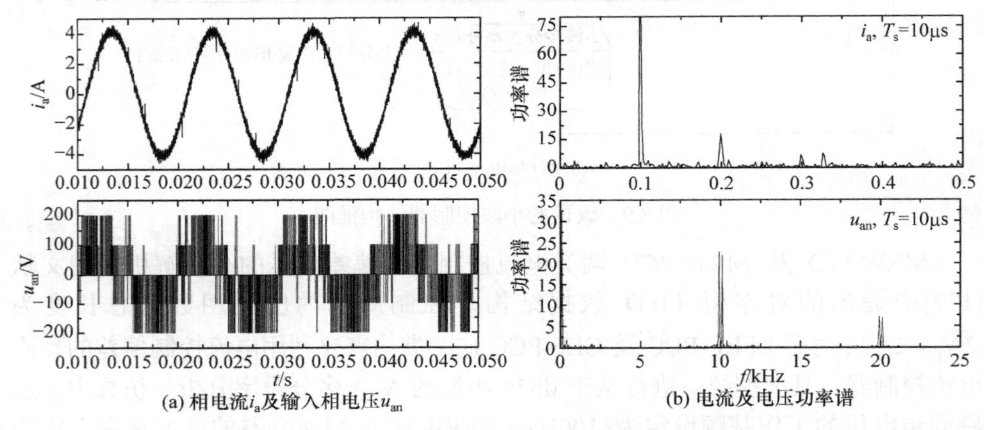

(a) 相电流$i_a$及输入相电压$u_{an}$　　(b) 电流及电压功率谱

图 8.11　MRW-PID 控制器终端电压、电流及其功率谱

图 8.12 为电流调节环采用基于 LFEE-PCC 预测电流控制策略的 MRW-PCC 控制器时电压、电流波形及其功率谱。基于 db20 小波分析的误差电流低频成分提取改善了 LFEE-PCC 的品质，使输出电压质量进一步得到提高。

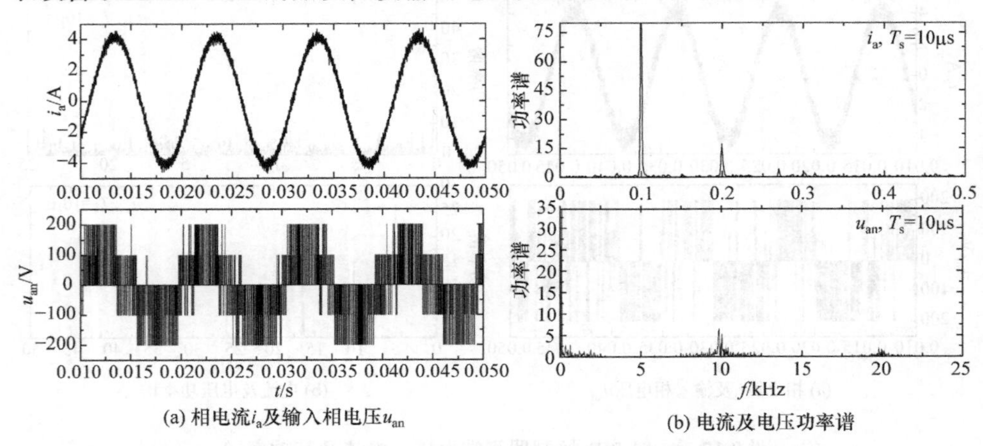

(a) 相电流$i_a$及输入相电压$u_{an}$　　(b) 电流及电压功率谱

图 8.12　基于 LFEE-PCC 预测电流控制策略的 MRW-PCC 控制器终端电压、电流及其功率谱

图 8.13 为电流调节环采用基于 GEF-PCC 预测电流控制策略的 MRW-PCC 控制器时电压、电流波形及其功率谱。控制器参数设置为 $T_s$=10μs、$k_p$=1.2、$k_i$=8、$\left(L_a/L_{a0}\right)=0.8$、$N$=3。预测控制电压 $u_a^{av}\left(k\right)$ 的生成叠加经 db20 小波解析出的电流跟踪误差低频比例及累加成分，显著改善了控制电压的品质，提高了电机终端响应电流的时频域质量，为提高 PMSM-SVC 闭环控制稳定性及可靠性提供了保证。

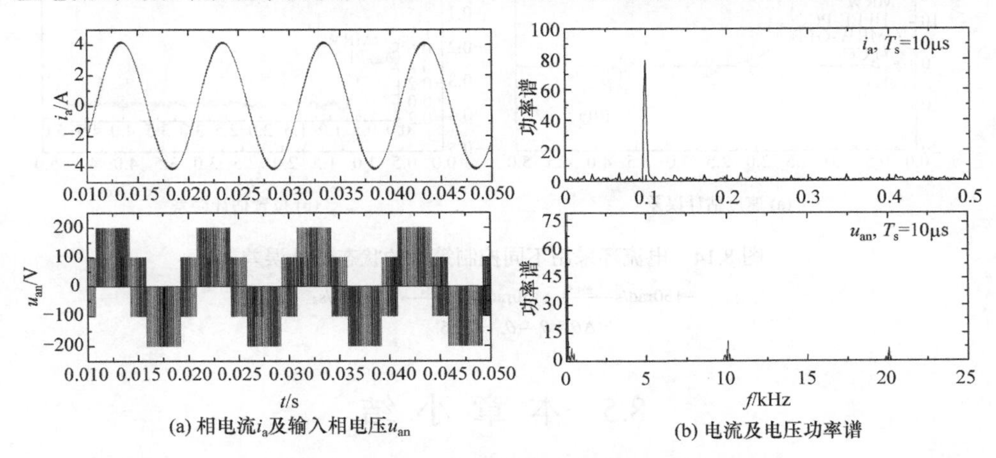

(a) 相电流 $i_a$ 及输入相电压 $u_{an}$　(b) 电流及电压功率谱

图 8.13　基于 GEF-PCC 预测电流控制策略的 MRW-PCC 控制器终端电压、电流及其功率谱

针对改进后两类 MRW-PID 及 MRW-PCC 电流控制器设计 PMSM-SVC 仿真实验，实验基本流程如图 7.14 所示，其中转子位置角及速度检测由 NTOCF-HGO 速度估计模块式(5.30)及 RPECM-DDC 位置估计模块图 5.11(b)替换。

MRW-PCC 的内核分别采用 HFEE-PCC 及 GEF-PCC，电机工作基频设定为 150rad/s(正反转)，数据长度 $N_L=2^N=32$，据此可由式(8.14)确定数据采样频率 $f_s=16\text{kHz}$，误差低频信息提取频段确定为 0～250Hz，控制器的其他参数设置同前；MRW-PID 控制器的参数设置同图 8.11 中的分析。

图 8.14 为采用不同类型电流控制器时基于 NTOCF-HGO 及 RPECM-DDC 估计算法的无传感器运行转子速度及位置估计偏差，在 PID 控制器状态估计临界稳定环境下，两类改进控制器的应用均改善了状态估计效果，其中两类 MRW-PCC 控制器显著抑制了模型以及逆变器非线性等因素引发的状态估计高频发散现象，提高了稳态过程状态估计的精度及稳定性，尤其对基于 GEF-PCC 策略的低频信息提取型小波控制器，通过适当调整控制器参数 $k_p$、$k_i$ 以及数据采样周期 $T_s$，可取得较为理想的预期效果；而 MRW-PID 控制器对于改善系统的状态估计动态特性具有显著作用，适用于动态负载及动态指令。

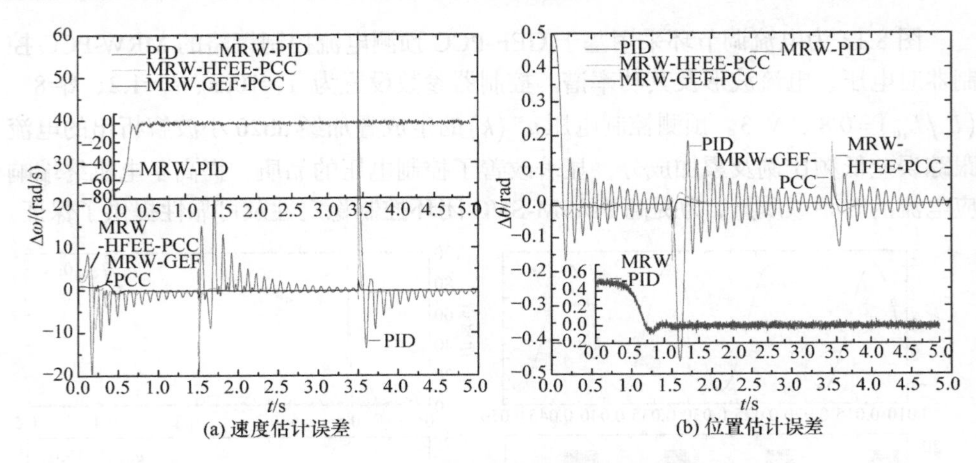

(a) 速度估计误差 (b) 位置估计误差

图 8.14 电流环采用不同控制策略的状态估计误差

$$-150\text{rad/s}\xrightarrow{\text{经}1.5\text{s}}150\text{rad/s}\xrightarrow{\text{经}3.5\text{s}}-150\text{rad/s};$$

$$\Delta\theta_0=\theta_0-\theta_{r0}=28.6^\circ$$

# 8.5 本 章 小 结

本章针对永磁同步电机无传感器矢量控制的稳定性及可靠性对电流调节环节提出的性能需求，分析并设计了两类对终端响应电流时频域进行改进的小波控制器，即 MRW-PID 小波控制器与 MRW-PCC 小波控制器。MRW-PID 小波控制器通过对偏差信号的多分辨率分析，在不同尺度上解析出信号低频趋近系数及中高频细节系数，由这些中间系数通过小波重构即可得到对原始偏差信号在不同频段范围内的合成信号，该控制器对偏差信号利用的针对性高于一般 PID 控制器，能够实现控制器带宽对观测器带宽的动态匹配，对改善系统状态估计的动态特性具有显著的作用。MRW-PCC 小波控制器在预测电流控制器前端相应频率成分提取环节采用小波分辨率分析方法，在保证低频段能量分布集中的前提下具有一般数字滤波器的平坦通频特性，且具有较小的相位延迟，综合 HFEE-PCC 和 GEF-PCC 控制策略的小波预测电流控制器可显著抑制模型非线性及逆变器非线性等因素引发的状态估计高频发散，提高了稳态过程状态估计的精度及稳定性。本章均对以上分析结论给出了严格的仿真验证。

## 参 考 文 献

[1] 陈国瑞. 工程电磁场与电磁波. 西安: 西北工业大学出版社, 1998.

[2] 唐任远. 现代永磁电机理论与设计. 北京: 机械工业出版社, 2011.

[3] Zeid S M. An analysis of permanent magnet synchronous motor drive[Ph.D. Thesis]. St. John's: Memorial University of Newfoundland, 1998.

[4] 冯垛生, 曾岳南. 无速度传感器矢量控制原理与实践. 2 版. 北京: 机械工业出版社, 2006.

[5] 陈晓青. 高性能交流伺服系统的研究与开发 [博士学位论文]. 杭州: 浙江大学, 1996.

[6] Itoh J I, Nomura N, Ohsawa H. A comparison between V/f control and position-sensorless vector control for the permanent magnet synchronous motor. Proceedings of IEEE Power Conversion Conference, Osaka, 2002: 1310～1315.

[7] Bae B H, Sul S K, Kwon J H, et al. Implementation of sensorless vector control for super-high-speed PMSM of turbo-compressor. IEEE Transactions on Industrial Applications, 2003, 39(3): 811～818.

[8] Depenbrock M. Direct self-control of inverter-fed machine. IEEE Transactions on Power Electronics, 1988, (3): 20～29.

[9] 李华德. 交流调速控制系统. 北京: 电子工业出版社, 2003.

[10] 田淳. 无位置传感器同步电机直接转矩控制理论研究与实践 [博士学位论文]. 南京: 南京航空航天大学, 2001.

[11] 贾洪平, 贺益康. 永磁同步电机滑模变结构直接转矩控制. 电工技术学报, 2006, 21(1): 1～6.

[12] 周扬忠, 胡育文, 田蕉. 永磁同步电机控制系统中变比例系数转矩调节器设计研究. 中国电机工程学报, 2004, 24(9): 204～208.

[13] 李君, 李毓洲. 无速度传感器永磁同步电机的 SVM-DTC 控制. 中国电机工程学报, 2007, 27(3): 28～34.

[14] 胡跃明. 非线性控制系统理论与应用. 2 版. 北京: 国防工业出版社, 2005.

[15] 夏晓华, 高为炳. 非线性系统控制及解耦. 北京: 科学出版社, 1997.

[16] 韦笃取, 罗晓曙, 方锦清, 等. 基于微分几何方法的永磁同步电动机的混沌运动的控制. 物理学报, 2006, 55(1): 54～59.

[17] 刘栋良. 永磁同步电机伺服系统非线性控制策略的研究 [博士学位论文]. 杭州: 浙江大学, 2006.

[18] 陈冲, 齐虹. 非线性状态反馈解耦控制的交流数字调速系统. 电工技术学报, 1999, 14(1): 12～16.

[19] 胡跃明. 变结构控制理论与应用. 北京: 科学出版社, 2003.

[20] 陈志梅, 王贞艳, 张井岗. 滑模变结构控制理论与应用. 北京: 电子工业出版社, 2012.

[21] 方斯琛, 周波, 黄佳佳, 等. 滑模控制永磁同步电动机调速系统. 电工技术学报, 2008, 23(8): 29～35.

[22] 骆再飞. 滑模变结构理论及其在交流伺服系统中的应用研究 [博士学位论文]. 杭州: 浙江大学, 2003.

[23] 谢新民, 丁锋. 自适应控制系统. 北京: 清华大学出版社, 2004.

[24] Sozer Y. Direct adaptive control of permanent magnet motors[Ph.D. Thesis]. New York: Rensselaer Polytechnic Institute, 1999.

[25] Altaey A, Kulaksiz A A. Stability analysis of sensorless speed control of IPMSM. IEEJ Transactions on Electrical and Electronic Engineering, 2017, 12(2): 101～112.

[26] Garin S, Mohammad N U. MTPA- and FW-based robust nonlinear speed control of IPMSM drive using Lyapunov stability criterion. IEEE Transactions on Industry Applications, 2016, 52(5): 4365 - 4374.

[27] 张洪帅,王平,韩邦成. 基于模糊 PI 模型参考自适应的高速永磁同步电机转子位置检测. 中国电机工程学报, 2014, 34(12): 1889～1897.

[28] 张日东. 非线性预测控制及应用研究 [博士学位论文]. 杭州: 浙江大学, 2007.

[29] 李志勇. 迭代预测控制算法及其应用研究 [博士学位论文]. 长沙: 中南大学, 2006.

[30] Amor K, Mohamed B, Moncef G. Model reference adaptive system based adaptive speed estimation for sensorless vector control with initial rotor position estimation for interior permanent magnet synchronous motor drive. Electric Power Components and Systems, 2013, 41(1):47～74.

[31] Chan T F, Wang W, Borsje P, et al. Sensorless permanent-magnet synchronous motor drive using a reduced-order rotor flux observer. IET Electric Power Applications, 2008, 2(2): 88～98.

[32] Fehrmann E A, Kenny B H. Automating the transition between sensorless motor control methods for the NASA glenn research center flywheel energy storage system. The 2nd International Energy Coversion Enginerring Conference AIAA 2004-5602, Providence: American Institute of Aeronautics and Astronautics, 2004.

[33] Kang K L, Kim J M, Hwang K B, et al. Sensorless control of PMSM in high speed range with iterative sliding mode observer. Proceedings of the 19th Annual IEEE Applied Power Electronics Conference and Exposition(APEC'2004), Anaheim, 2004: 1111～1116.

[34] 张剑, 许镇琳, 温旭辉. 新型无位置传感器永磁同步电机状态估计及其误差补偿方法研究. 电工技术学报, 2006, 21(1): 7～11.

[35] Santanu M, Arijit M, Debjyoti C, et al. An efficient power delivering scheme for sensorless drive of Brushless DC motor. Microsystem Technologies, 2018, (1): 1～8.

[36] Damodharan P, Vasudevan K. Sensorless brushless DC motor drive based on the zero-crossing detection of back electromotive force (EMF) from the line voltage difference. IEEE Transactions on Energy Conversion, 2010, 25(3): 661～668.

[37] Zhang Y, Utkin V. Sliding mode observers for electric machines. Proceedings of IEEE 28th Annual Conference on Industrial Electronics, Control, Instrumentation, and Automation(IECON'02), Sevilla, 2002: 1842～1847.

[38] Elbuluk M, Li C S. Sliding mode observer for wide-speed sensorless control of PMSM drives. Proceedings of IEEE 23th Industry Applications Conference, Ohio, 2003: 480～485.

[39] Hicham A, Mohamed D, Abdellatif R, et al. Sliding mode observer for position and speed

estimations in brushless DC motor (BLDCM). Proceedings of 2004 IEEE International Conference on Industrial Technology(ICIT'04), Hammamet, 2004: 121～126.

[40] Texas Instruments. TI Digital Motor Control Solutions. Texas: Texas Instrument, 2005.

[41] 邱忠才，郭冀岭，王斌，等. 基于卡尔曼滤波滑模变结构转子位置观测器的 PMSM 无差拍控制. 电机与控制学报, 2014, 18(4): 60～65.

[42] 黄雷，赵光宙，年珩. 基于扩展反电势估算的内插式永磁同步电动机无传感器控制. 中国电机工程学报, 2007, 27(9): 59～63.

[43] 秦峰，贺益康，贾洪平. 基于转子位置自检测复合方法的永磁同步电机无传感器运行研究. 中国电机工程学报, 2007, 27(3): 12～17.

[44] Gu C, Wang X L, Shi X Q, et al. A PLL-based novel commutation correction strategy for a high-speed brushless DC motor sensorless drive system. IEEE Transactions on Industrial Electronics, 2018,65(5): 3752～3762.

[45] Briz F, Degner M W, García P, et al. Comparison of saliency-based sensorless control techniques for AC machines. IEEE Transactions on Industrial Applications, 2004, 40(4): 1107～1115.

[46] 秦峰，贺益康，刘毅，等. 两种高频信号注入法的无传感器运行研究. 中国电机工程学报, 2005, 25(5): 116～121.

[47] Jang J H, Sul S K, Ha J I, et al. Sensorless drive of surface-mounted permanent-magnet motor by high-frequency signal injection based on magnetic saliency. IEEE Transactions on Industrial Applications, 2003, 39(4): 1031～1038.

[48] Pablo G, Briz F, Degner M W, et al. Accuracy, bandwidth, and stability limits of carrier signal injection based sensorless control methods. IEEE Transactions on Industry Applications, 2007, 43(4): 990～1000.

[49] Shinnaka S. A new speed-varying ellipse voltage injection method for sensorless drive of permanent-magnet synchronous motors with pole saliency—New PLL method using high-frequency current component multiplied signal. IEEE Transactions on Industrial Applications, 2008, 44(3): 777～788.

[50] Bolognani S, Tubiana L, Zigliotto M. Extended Kalman filter tuning in sensorless PMSM drives. IEEE Transactions on Industry Applications, 2003, 39(6): 1741～1747.

[51] 郑泽东，李永东, Fadel M, 等. 基于扩展Kalman滤波器的PMSM高性能控制系统. 电工技术学报, 2007, 22(10): 18～23.

[52] Gan M G, Wang C Y. An adaptive nonlinear extended state observer for the sensorless speed control of a PMSM. Mathematical Problems in Engineering, 2015, (1): 1～14.

[53] Liu B Y. Speed control for permanent magnet synchronous motor based on an improved extended state observer. Advances in Mechanical Engineering, 2018,10(1): 157～162.

[54] Xu J F, Wang F Y, Xie S F, et al. A new control method for permanent magnet synchronous machines with observer. The 35th Annual IEEE Power Electronics Specialists Conference, Aachen, 2004: 1404～1408.

[55] Comanescu M, Batzel T. Sliding mode MRAS speed estimators for sensorless control of induction machine under improper rotor time constant. IEEE International Symposium on Industrial Electronics, Vigo, 2007: 2226～2231.

[56] Young S K, Sang K K, Young A K. MRAS based sensorless control of permanent magnet synchronous motor. SICE Annual Conference, Fukui, 2003: 1632～1637.
[57] 秦峰. 基于电力电子系统集成概念的PMSM无传感器控制研究 [博士学位论文]. 杭州: 浙江大学, 2006.
[58] 刘毅, 贺益康, 秦峰, 等. 基于转子凸极跟踪的无位置传感器永磁同步电机矢量控制研究. 中国电机工程学报, 2005, 25(17): 121～126.
[59] Liang Y, Li Y D. Sensorless control of PM synchronous motors based on MRAS method and initial position estimation. The 6th International Conference on Electrical Machines and Systems(ICEMS'2003), Beijing, 2003: 96～99.
[60] Xiao X, Li Y, Zhang M, et al. A sensorless control based on MRAS method in interior permanent magnet machine drive. Proceedings of IEEE 2005 International Conference on Power Electronics and Drive Systems(PEDS 2005), Kuala Lumpur, 2005: 734～738.
[61] 孙凯, 许镇琳, 邹积勇. 基于自抗扰控制器的永磁同步电机无位置传感器矢量控制系统. 中国电机工程学报, 2007, 27(3): 18～22.
[62] 孙海军, 赵成明, 李俊, 等. 灰色预测法PMSM无传感器控制系统. 电机与控制学报, 2007, 11(6): 604～608.
[63] 孙海军, 郭庆鼎, 高松巍, 等. 系统辨识法永磁同步电机无传感器控制. 电机与控制学报, 2008, 12(3): 244～247.
[64] 司利云. 开关磁阻电机间接位置检测方法研究 [博士学位论文]. 西安: 西北工业大学, 2008.
[65] Chang Y C, Tzou Y Y. Single-chip FPGA implementation of a sensorless speed control IC for permanent magnet synchronous motors. Proceedings of IEEE Power Electronics Specialists Conference(PESC 2007), Orlando, 2007: 593～598.
[66] Zhou Z Y, Li T C, Takahashi T, et al. FPGA realization of a high-performance servo controller for PMSM. Proceedings of the 19th Annual IEEE Applied Power Electronics Conference and Exposition(APEC'04), Anaheim, 2004: 1604～1609.
[67] Zhang S Y, Li L J, Liu H X, et al. Sensorless control of permanent magnet synchronous motor based on sliding mode adaptive system. Journal of Hebei University of Science and Technology, 2016, 37(4): 382～389.
[68] Tursini M. Initial rotor position estimation method for PM motors. IEEE Transactions on Industry Applications, 2003, 39(6): 1630～1640.
[69] Lee W J, Sul S K. A new starting method of BLDC motors without position sensor. IEEE Transactions on Industry Applications, 2006, 42(6): 1532～1538.
[70] Nakashima S, Inagaki Y, Miki I. Sensorless initial rotor position estimation of surface permanent magnet synchronous motor. IEEE Transactions on Industry Applications, 2000, 36(6): 1598～1603.
[71] 韦鲲, 金辛海. 表面式永磁同步电机初始转子位置估计技术. 中国电机工程学报, 2006, 26(22): 104～109.
[72] Kim H, Huh K K, Lorenz R D, et al. A novel method for initial rotor position estimation for IPM synchronous machine drives. IEEE Transactions on Industry Applications, 2004, 40(5): 1369～

1378.
[73] Jeong Y S, Lorenz R D, Thomas M, et al. Initial rotor position estimation of an interior permanent-magnet synchronous machine using carrier-frequency injection methods. IEEE Transactions on Industry Applications, 2005, 41(1): 38～45.
[74] 陈书锦, 李华德, 李擎, 等. 永磁同步电动机起动过程控制. 电工技术学报, 2008, 23(7): 39～44.
[75] 王鑫, 李伟力, 程树康, 等. 实心转子永磁同步电动机起动性能. 电机与控制学报, 2007, 11(4): 349～358.
[76] Babak N M, Farid M T, Sargos F M. Mechanical sensorless control of PMSM with online estimation of stator resistance. IEEE Transactions on Industry Applications, 2004, 40(2): 457～471.
[77] 尚喆, 赵荣祥, 窦汝振. 基于自适应滑模观测器的永磁同步电机无位置传感器控制研究. 中国电机工程学报, 2007, 27(3): 23～27.
[78] Kim J S, Doki S, Ishida M. Improvement of IPMSM sensorless control performance using fourier transform and repetitive control. Proceedings of IEEE 28th Annual Conference on Industrial Electronics, Control, Instrumentation, and Automation(IECON'02), Sevilla, 2002: 597～602.
[79] Moon H T, Kim H S, Youn M J. A discrete-time predictive current control for PMSM. IEEE Transactions on Power Electronics, 2003, 18(1): 464～472.
[80] Gulez K, Adam A A, Buzcu I E, et al. Using passive filters to minimize torque pulsations and noises in surface PMSM derived field oriented control. Simulation Modelling Practice and Theory, 2007, 15: 989～1001.
[81] Wipasuramonton P, Zhu Z Q. Predictive current control with current-error correction for PM brushless AC drives. IEEE Transactions on Industry Applications, 2006, 42(4): 1071～1079.
[82] Lorenz R D. Future motor drive technology issues and their evolution. Proceedings of IEEE Power Electronics and Motion Control Conference(EPE-PEMC 2006), Portorož, 2006: 18～24.
[83] Lorenz R D. Key technologies for future motor drives. Proceedings of the 8th International Conference on Electronic Machines and System(ICEMS'2005), Nanjing, 2005: 1～6.
[84] Li M W, Chiasson J, Bodson M, et al. Observability of speed in an induction motor from stator currents and voltages. IEEE 44th Conference on Decision and Control, Seville, 2005: 3438～3443.
[85] Solsona J, Valla M I, Muravchik C. A nonlinear reduced order observer for permanent magnet synchronous motors. IEEE Transactions on Industrial Electronics, 1996, 43(4): 492～497.
[86] 张波, 李忠, 毛宗源, 等. 一类永磁同步电动机混沌模型与霍夫分叉. 中国电机工程学报, 2001, 21(9): 13～17.
[87] Jing Z J, Yu C, Chen G R. Complex dynamics in a permanent-magnet synchronous motor model. Chaos Solutions and Fractals, 2004, (22): 831～848.
[88] 朱芳来. 非线性控制系统观测器研究 [博士学位论文]. 上海: 上海交通大学, 2003.
[89] 李伟固. 正规形理论及其应用. 北京: 科学出版社, 2000: 14～22, 48～56.
[90] Krener A J, Xiao M Q. Nonlinear observer design in the siegel domain. SIAM Journal on Control

and Optimization, 2002, 41(3): 932～953.

[91] 李颖晖, 张保会. 正规形理论在电力系统稳定性研究中的应用(一～五). 电力自动化设备, 2003, 23(6-10): 1–5, 1–5, 1–4, 5–9, 9–13.

[92] Pushkin C U. Sliding mode measurement feedback control for antilock braking systems. IEEE Transactions on Control Systems Technology, 1999, 7(2): 271～281.

[93] 王江, 王先来, 王海涛. 非线性系统变结构观测器. 控制理论与应用, 1997, 14(4): 603～607.

[94] 刘粉林, 陈兵, 王银河, 等. 一类非线性系统的变结构鲁棒观测器. 控制理论与应用, 2000, 17(2): 303～305.

[95] Vargas J A R , Hemerly E M. Neural adaptive observer for general nonlinear systems. Proceedings of IEEE American Control Conference, Chicago, 2000: 708～712.

[96] Alessandri A, Cervellera C, Grassia A F, et al. Design of observers for continuous-time nonlinear systems using neural networks. Proceedings of the 2004 American Control Conference, Boston, 2004: 2433～2438.

[97] Kou S R, Elliott D, Tarn T J. Exponential observers for nonlinear dynamic systems. Information and Control, 1975, (29): 204～216.

[98] Rajamani R. Observers for nonlinear systems. IEEE Transactions on Automatic Control, 1998, 43(3): 397～401.

[99] Raghavan S, Hedrick J K. Observer design for a class of nonlinear systems. International Journal of Control, 1994, 59(2): 515～528.

[100] Reif K, Sonnemann F, Unbehauen R. An EKF-based nonlinear observer with a prescribed degree of stability. Automatica, 1998, 34(9): 1119～1123.

[101] 马克茂, 马萍. Lipschitz 非线性系统观测器设计新方法. 控制理论与应用, 2003, 20(4): 643～646.

[102] 王占山, 张化光, 黎明, 等. 一类非线性状态观测器的设计. 东北大学学报(自然科学版), 2003, 24(11): 1025～1028.

[103] Banks S P. A note on nonlinear observers. International Journal of Control, 1981, 34(1): 185～190.

[104] 郑大钟. 线性系统理论. 2 版. 北京: 清华大学出版社, 2002.

[105] Bestle D, Zeitz M. Canonical form observer design for nonlinear time-variable systems. International Journal of Control, 1983, 38(2): 419～431.

[106] Li C W, Tao L W. Observing nonlinear time-variable systems through a canonical form observer. International Journal of Control, 1986, 44(6): 1703～1713.

[107] 姜建芳, 向峥嵘. 一类非线性系统的鲁棒状态观测器. 南京理工大学学报, 2001, 25(6): 602～605.

[108] 段广仁, 吴爱国. 广义线性系统的干扰解耦观测器设计. 控制理论与应用, 2005, 22(1): 123～126.

[109] Gauthier J P, Hammouri H, Othman S. A simple observer for nonlinear systems applications to bioreactors. IEEE Transactions on Automatic Control, 1992, 37(6): 875～890.

[110] Lynch A F, Bortoff S A. Nonlinear observers with approximately linear error dynamics: The

multivariable case. IEEE Transactions on Automatic Control, 2001, 46(6): 927～932.

[111] Bornard G, Hammouri H. A high gain observer for a class of uniformly observable systems. IEEE Proceedings of the 30th Conference on Decision and Control, Brighton, 1991: 1494～1496.

[112] Krener A J , Isidori A. Linearization by output injection and nonlinear observers. Systems & Control Letters, 1983, 3(1): 47～52.

[113] Kazantzis N, Kravaris C. Nonlinear observer design using Lyapunov's auxiliary theorem. Systems & Control Letters, 1998, 34(5): 241～247.

[114] Krener A J, Xiao M Q. Observers for linearly unobservable nonlinear systems. Systems & Control Letters, 2002, 46(4): 281～288.

[115] Baddas L B, Boutat D, Barbot J P , et al. Quadratic observability normal form. Proceedings of the 40th IEEE Conference on Design and Control, Orlando, 2001: 2942～2947.

[116] 向峥嵘，吴晓蓓，陈庆伟，等. 非线性 MIMO 系统的降维状态观测器. 控制理论与应用, 2000, 17(1): 89～95.

[117] 韩京清. 一类不确定对象的扩张状态观测器. 控制与决策, 1995,10(1): 85～88.

[118] 韩正之，潘丹杰，张钟俊. 非线性系统的能观性和状态观测器. 控制理论与应用，1990, 7(4): 1～9.

[119] 陈省身，陈维桓. 微分几何讲义. 北京：北京大学出版社, 1989.

[120] 陈维桓. 微分流形初步. 北京：高等教育出版社, 1998.

[121] 程代展. 非线性系统的几何理论. 北京：科学出版社, 1988.

[122] Sundarapandian V. Nonlinear observer design for bifurcating systems. Mathematical and Computer Modelling, 2002, 36(1): 183～188.

[123] Hermann R, Arthur J K. Nonlinear controllability and observability. IEEE Transactions on Automatic Control, 1977, 22(5): 728～740.

[124] 杨儒珊，康惠骏，冯勇. 永磁同步电动机系统的能控性与能观性分析. 上海大学学报(自然科学版), 2005, 11(3): 234～237.

[125] Sebastian I R, Moreno J, Gerardo E P. Global observability analysis of sensorless induction motors. Automatica, 2004, 40(6): 1079～1085.

[126] Rheinboldt W C. Differential-algebraic systems as differential equations on manifolds. Mathematics of Comutation, 1984, 43(118): 473～482.

[127] Birk J, Zietz M. Extended luenberger observer for nonlinear multivariable systems. International Journal of Control, 1988, 47(6): 1823～1836.

[128] Krener A J, Respondek W. Nonlinear observers with linearizable error dynamics. SIAM Journal on Control and Optimization, 1985, 23(2): 197～216.

[129] Luenberger D G. Observers for multivariable systems. IEEE Transactions on Automatic Control, 1966, 11(2): 190～197.

[130] 曹建福，韩崇昭，方洋旺. 非线性系统理论及应用. 西安：西安交通大学出版社, 2002.

[131] Esfandiari F, Khalil H K. Output feedback stabilization of fully linearizable systems. International Journal of Control, 1992, 56(5): 1007～1037.

[132] Khalil H K . Hign gain observers in nonlinear feedback control. New Directions in Nonlinear

Observer Design(Lecture Notes in Control and Information Sciences), 1999, 24(4): 249～268.
[133] Gildas B. Further results on hign-gain observers for nonlinear systems. Proceedings of the 38th Conference on Decision and Control, Arizona, 1999: 2904～2910.
[134] Rehbinder H, Hu X M. Nonlinear pitch and roll estimation for walking robots. Proceedings of the IEEE International Conference on Robotics and Automation, San Francisco, 2000: 2617～2622.
[135] Khurram A. Position and speed sensorless control of permanent magnet synchronous motors[Ph.D. Thesis]. East Lansing: Michigan State University, 2001.
[136] Wang W W. A comparative study of nonlinear observers and control design strategies[Ph.D. Thesis]. Cleveland: Cleveland State University, 2003.
[137] Khalil H K , Strangas E G , Miller J M. A robust torque controller for induction motors without rotor position sensors. Proceedings of the 17th International Conference on Electronic Machines and System(ICEMS'96), Vigo, 1996.
[138] 肖春燕. 电压空间矢量脉宽调制技术的研究及其实现 [硕士学位论文]. 南昌: 南昌大学, 2005.
[139] 北京精仪达盛科技有限公司. EL-DSPMCK 电机控制实验开发套件实验指导书. 北京: 北京精仪达盛科技有限公司, 2006.
[140] 宋聚明. 永磁同步电动机控制系统及其优化控制研究[博士学位论文]. 西安: 西安交通大学, 2003.
[141] 邓聚龙. 灰色控制系统. 武汉: 华中工学院出版社, 1987.
[142] Urasaki N, Senjyu T, UezaLo K. An accurate modeling for permanent magnet synchronous motor drives. IEEE Transactions on Industry Applications, 2000, 35(3): 387～392.
[143] 张建民, 王科俊. 永磁同步电机的模糊混沌神经网络建模. 中国电机工程学报, 2007, 27(3): 7～11.
[144] 王丰效. 非等间距组合灰色预测模型. 数学的实践与认识, 2007, 37(21): 39～43.
[145] 王钟羡, 吴春笃, 史雪荣. 非等间距序列的灰色模型. 数学的实践与认识, 2003, 33(10): 16～20.
[146] Vapnik V N. The Nature of Statistical Learning Theory. New York: Springer-Verlag, 1995.
[147] 李应红, 尉询楷, 刘建勋. 支持向量机的工程应用. 北京: 兵器工业出版社, 2004.
[148] Cristianini N, Shawe-Taylor J. 支持向量机导论. 李国正, 王猛, 曾华军, 译. 北京: 电子工业出版社, 2004.
[149] 陈宝林. 最优化理论与算法. 北京: 清华大学出版社, 2005
[150] Fung G, Mangasarian O L. Proximal support vector machine classifiers. Proceedings of Knowledge Discovery and Data Mining, San Francisco, 2001: 77～86.
[151] 彭新俊. 支持向量机若干问题及应用研究[博士学位论文]. 上海: 上海大学, 2008.
[152] 陈世元. 交流电机磁场的有限元分析. 哈尔滨: 哈尔滨工程大学出版社, 1998.
[153] 黄明星. 新型永磁同步电机的设计、分析与应用研究[博士学位论文]. 杭州: 浙江大学, 2008.
[154] 谢德馨, 阎秀恪, 张奕黄, 等. 旋转电机绕组磁链的三维有限元分析. 中国电机工程学报, 2006, 26(21): 143～148.

[155] Ansoft Electric Machine Design Reference(Revision: June, 2008). Ansoft Corporation, 2008.

[156] Ichikawa S, Tomita M, Doki S, et al. Sensorless control of permanent-magnet synchronous motors using online parameter identification based on system identification theory. IEEE Transactions on Industrial Electronics, 2006, 53(2): 363～372.

[157] Gerwich H B, Poh C L, Newman M J, et al. An improved robust predictive current regulation algorithm. IEEE Transactions on Industry Applications, 2005, 41(6): 1720～1733.

[158] Cortés P, Rodríguez J, Quevedo D E, et al. Predictive current control strategy with imposed load current spectrum. IEEE Transactions on Power Electronics, 2008, 23(2): 612～618.

[159] 徐建英, 刘贺平. 永磁同步电动机的鲁棒 MR-ILQ 最优电流控制. 控制与决策, 2006, 21(8): 893～897.

[160] Faiz J, Azizian M R, Azami M A. Simulation and analysis of brushless DC motor drives using hysteresis, ramp comparison and predictive current control techniques. Simulation Practice and Theory, 1996, 3(6): 347～363.

[161] Kulkarni A B, Ehsani M. A novel position sensor elimination technique for the interior permanent-magnet synchronous motor drive. IEEE Transactions on Industry Applications, 1982, 28(1): 144～150.

[162] Jang J H, Ha J I, Ohto M, et al. Analysis of permanent-magnet machine for sensorless control based on high-frequency signal injection. IEEE Transactions on Industry Applications, 2004, 40(6): 1595～1604.

[163] 段善旭, 孙朝晖, 张凯, 等. 基于重复控制的 SPWM 逆变电源死区效应补偿技术. 电工技术学报, 2004, 19(2): 52～57.

[164] 何正义, 季学武, 瞿文龙. 一种新颖的基于死区时间在线调整的 SVPWM 补偿算法. 电工技术学报, 2009, 24(6): 42～47.

[165] 郭有贵, 陈才学, 朱建林, 等. 空间矢量调制矩阵变换器驱动的异步电机直接转矩控制系统. 控制理论与应用, 2008, 25(2): 383～388.

[166] Andrzej M T, Wang Z Q, Nagashima J M, et al. Comparative investigation of PWM techniques for a new drive for electric vehicles. IEEE Transactions on Industry Applications, 2003, 39(5): 1396～1403.

[167] Rowan T R , Kerman R L. A new synchronous current regulator and an analysis of current-regulated PWM inverter. IEEE Transactions on Industry Applications, 1986, IA-22(4): 678～690.

[168] Ohm D Y, Oleksuk R J. On practical digital current regulator design for PM synchronous motor drives. Applied Power Electronics Conference & Exposition, 1998, 1(1): 56～63.

[169] 陈德为, 张培铭. 光机电转动式电器动态特性测试装置的研究. 电工电能新技术, 2007, 26(2): 67～70.

[170] 万山明, 吴芳, 黄声华. 永磁同步电机的数字化电流控制环分析. 华中科技大学学报(自然科学版), 2007, 35(5): 53～56.

[171] Blanco F B, Degner M W, Lorenz R D . Analysis and design of current regulators using complex vectors. IEEE-IAS Annuual Meeting, New Orleans, 1997: 1504～1511.

[172] Holtz J, Quan J, Pontt J, et al. Design of fast and robust current regulators for high-power drives

based on complex state vriables. IEEE Transactions on Industry Application, 2004, 40(5): 1388～1397.
[173] Kim K H . Model reference adaptive control-based adaptive current control scheme of a PM synchronous motor with an improved servo performance. IET Electric Power Applications, 2009, 3(1): 8～18.
[174] Terrence J S, Robert E B. Dead-time issues in predictive current control. IEEE Transactions on Industry Applications, 2004, 40(3): 835～844.
[175] 刘植桢, 郭木河, 何克忠. 计算机控制. 北京: 清华大学出版社, 1981.
[176] Murat Y, Tucay R N, Ustun O. A wavelet study of sensorless control of brushless DC motor through rapid prototyping approach. IEEE International Conference on Mechatronics, 2004: 334～339.
[177] Parvez S, Gao Z Q. A wavelet-based multiresolution PID controller. IEEE Transactions on Industry Applications, 2005, 41(2): 537～543.
[178] Khan M, Rahman M. Implementation of a new wavelet controller for interior permanent-magnet motor drives. IEEE Transactions on Industry Applications, 2008, 44(6): 1957～1965.
[179] 陈荣, 邓智泉, 严仰光. 永磁同步伺服系统电流环的设计. 南京航空航天大学学报, 2004, 36(2): 220～225.
[180] 吴钦木, 李叶松, 秦忆. 交流伺服系统可重构控制器设计方法的研究. 电气传动, 2007, 37(4): 48～51.
[181] 陈荣. 永磁同步电机伺服系统研究 [博士学位论文]. 南京: 南京航空航天大学, 2004.
[182] Uddin M N, Radwan T S, George G H, et al. Performance of current controllers for VSI-fed IPMSM drive. IEEE Transactions on Industry Applications, 2000, 36(6): 1531～1538.
[183] Burrus C S, Gopinath R A, Guo H T. Introduction to Wavelets and Wavelet Transforms: A Primer. 程正兴, 译. 北京: 机械工业出版社, 2008.
[184] Daubechies I. Ten Lectures on Wavelets. 李建平,杨万年译. 北京: 国防工业出版社, 2004.
[185] 曲文龙, 李海燕, 刘永伟, 等. 基于小波和支持向量机的多尺度时间序列预测. 计算机工程与应用, 2007, 43(29): 182～185.
[186] 吕锋, 孙杨, 文成林, 等. 基于小波分析的电机故障振声诊断方法. 电机与控制学报, 2004, 8(4): 322～328.
[187] 彭玉华. 小波变换与工程应用. 北京: 科学出版社, 2005.
[188] 陈祥训. 对几个小波基本概念的理解. 电力系统自动化, 2004, 28(1): 1～6.
[189] Vetterli M, Herley C. Wavelets and filter banks: Theory and design. IEEE Transactions on Signal Processing, 1992, 40(9): 2207～2232.
[190] Mallat S G. A theory for multiresolution signal decomposition: The wavelet representation. IEEE Transactions on Pattern Analysis and Machine Intelligence, 1989, 11(7): 674～693.
[191] Chethan P B E. Understanding wavelet analysis and filters for engineering applications[Ph.D. Thesis]. Ruston: Louisiana Tech University, 2003.
[192] Misiti M, Misiti Y, Oppenheim G,et al. Wavelet Toolbox User’s Guide, The Math Works, Inc., 1996.

[193] Uddin M N, Radwan T S, Rahman M A. Performance of interior permanent magnet motor drive over wide speed range. IEEE Transactions on Energy Convers, 2002, 17(1): 79～84.

[194] Daubechies I. Orthonormal bases of compactly supported wavelets. Communications on Pure and Applied Mathematics, 1988, 41: 909～996.

[195] 刘金琨. 先进 PID 控制及其 MATLAB 仿真. 北京: 电子工业出版社, 2003.

[196] 祝海龙. 统计学习理论的工程应用[博士学位论文]. 西安: 西安交通大学, 2002.

[197] Donoho D L. De-noising by soft-thresholding. IEEE Transactions on Information Theory, 1995, 41(3): 613～627.

[198] Donoho D L. Nonlinear wavelet methods for recovery of signals,densities, and spectra from indirect and noisy data. Proceedings of Symposia in Applied Mathematics, Texas, 1993: 173～205.

[199] 周静, 陈允平, 周策, 等. 小波系数软硬阈值折中方法在故障定位消噪中的应用. 电力系统自动化, 2005, 29(1): 65～68.

[200] 孙铁. 基于自适应提升小波的信号去噪技术研究[博士学位论文]. 合肥: 中国科学技术大学, 2008.

[193] Uddin M N, Radwan T S, Rahman M A. Performance of interior permanent magnet motor drive over wide speed range. IEEE Transactions on Energy Conversion, 2002, 17(1): 79-84.
[194] Daubechies I. Orthonormal bases of compactly supported wavelets. Communications on Pure and Applied Mathematics, 1988, 41: 909-996.
[195] 刘金琨. 先进PID控制及其MATLAB仿真. 北京: 电子工业出版社, 2003.
[196] [illegible]. 统计学习理论的工程应用[博士学位论文]. 西安: 西安交通大学, 2002.
[197] Donoho D L. De-noising by soft-thresholding. IEEE Transactions on Information Theory, 1995, 41(3): 613-627.
[198] Donoho D L. Nonlinear wavelet methods for recovery of signals, densities, and spectra from indirect and noisy data. Proceedings of Symposia in Applied Mathematics. Texas, 1993: 173-205.
[199] 周静, 陈允平, 周策. [illegible]中的应用. 电力系统自动化, 2005, 29(1): 65-68.
[200] [illegible]. 基于自适应提升小波的信号去噪技术研究[博士学位论文]. 合肥: 中国科学技术大学, 2003.